中国气象局　南京信息工程大学共建项目资助精品教材

现代天气预报教程

苗春生　主编

气象出版社
China Meteorological Press

内容简介

本书是在南京信息工程大学原有的《短期天气综合分析预报》教材的基础上,总结多年的天气分析预报教学经验,吸收近年来常用天气预报技术和方法基础上编写的。教程具有现代天气动力学理论与实际相结合的特色,是现代天气分析预报业务进展的总结和提炼。考虑到我国气象业务台站现代天气业务的发展与需求,本教程由从事天气学教学的老师和国内气象业务部门的专家共同编写。

本书分为十三章,主要介绍中国四季天气气候特征、中国重要天气过程、卫星资料在天气分析预报中的应用、雷达图像资料在天气监测和预报中的应用、风廓线探测资料应用、我国天气业务常用的国内外数值模式及产品、数值预报产品释用方法、现代天气诊断分析、现代预报技术、预报员工作平台、灾害性天气预警与服务等。

本书不仅可作为气象院校"现代天气预报综合实习"课程的教材,而且对于在气象及相关领域从事天气预报的科研及业务人员也有重要的参考价值。

图书在版编目(CIP)数据

现代天气预报教程/苗春生主编. —北京:气象
出版社,2013.4
ISBN 978-7-5029-5695-0

Ⅰ.①现… Ⅱ.①苗… Ⅲ.①天气预报-教材
Ⅳ.①P45

中国版本图书馆 CIP 数据核字(2013)第 068910 号

出版发行:气象出版社			
地　　址:北京市海淀区中关村南大街 46 号		**邮政编码**:100081	
总 编 室:010-68407112		**发 行 部**:010-68409198	
网　　址:http://www.cmp.cma.gov.cn		**E-mail**: qxcbs@cma.gov.cn	
责任编辑:杨泽彬		**终　　审**:章澄昌	
封面设计:博雅思企划		**责任技编**:吴庭芳	
印　　刷:三河市鑫利来印装有限公司			
开　　本:720mm×960mm　1/16		**印　　张**:26	
字　　数:506 千字			
版　　次:2013 年 4 月第 1 版		**印　　次**:2013 年 4 月第 1 次印刷	
印　　数:1~5000		**定　　价**:58.00 元	

本书如存在文字不清、漏印以及缺页、倒页、脱页等,请与本社发行部联系调换

序

　　自古以来,气象灾害就持续不断给全人类的生活带来了巨大的影响。20 世纪初至今,全球范围内各类极端气象灾害造成了空前的经济损失和人员伤亡,引起了全人类的共同关注。我国更是一个气象灾害频发的国家,气象灾害占自然灾害的 70% 以上。

　　遗憾的是人类尚没有办法有效地减少或控制高影响天气的发生。如果我们可以基于高准确率的预测,提前掌握气象灾害的发生规模和规律,并据此制定应急预案,则能够最大程度地减少气象灾害造成的损失和影响,挽救成百上千人的生命。因此,高准确率和精细化水平的气象预报预测始终是气象服务发展的重要标志,是气象部门的首要职责,是气象工作者的第一追求。同时,也是全球性的大气科学难题。

　　目前,借助于先进的精密仪器设备,日趋完善的数值预报模型,精细化程度越来越高的预报预测系统,已经可以为预报员提供更为全面和准确的信息资料,使预报员站在更高的起点之上开展更准确的预报。以数值预报、卫星气象、雷达气象为代表的新知识和新技术已经成为预报员必须学习和掌握的内容。

　　南京信息工程大学在传统的天气学、数理统计与预报员经验相结合的天气预报方法的基础上,融合了数值预报及卫星、雷达、风廓线仪等主要的现代探测技术资料的应用方法,通过凝练和升华,理论与实践并重,将新的天气预报技术和方法汇编成《现代天气预报教程》一书。该书还涵盖了我国天气业务常用数值天气预报产品及释用方法、气象诊断分析方法、现代预报技术、灾害性天气预警与服务等,这些都是当代天气预报员需要熟练掌握的理论知识和技术方法。

　　该书是目前内容较新、覆盖面较广、具有较高使用价值的学生工具书，也适用于新预报员上岗学习。同时，该书的问世，还为学校气象类专业和相关学科建设提供了智力支持。希望气象工作者在学习使用有关知识和技术方法的过程中，不断锻炼和提高自己的预报实践能力，为将来成为应用型、复合型、研究型专业人才打好基础。

李泽椿

中国工程院院士

2013 年 3 月

前　言

　　长期以来,南京信息工程大学的天气学老师一直秉承"为满足天气预报实践教学的需要,注意收集现代天气分析预报的新技术、新方法"的传统。在此基础上,《短期天气综合分析预报》一书于 1998 年在校内印刷,成为本校大气科学类学生天气预报综合实习的教材。进入 21 世纪,我国天气预报业务现代化建设取得丰硕成果,现有教材早已不能满足教学和实践的需要。由于各种先进的预报技术方法散落在不同的书籍、文献和技术总结中,为此我们再一次组织校内的老师和国内气象业务部门的专家编写了这本《现代天气预报教程》。

　　我们编写本教材,主要是基于教学和实践的需要,在强调理论和方法重要性的同时,突出实践性和可操作性。本书的每一章后面均附有思考题,教学中可根据授课内容和课时要求,结合教程中的案例、思考题进行教学和讨论。希望通过感性认识和理性思考,达到培养现代天气预报员的目的。

　　在编写过程中,如何将理论、技术、方法和应用有机、科学地结合在一起,是我们编写本教程的目标。我们希望通过在这方面的探索和努力,并且经过实践教学检验,促使教程得到不断的完善和发展。本教程无论在内容还是体系上均是基于前人在多方面的研究成果上完成的,我们必须向本教程参考材料的所有作者表示敬意和感谢。教程编写过程中还得到了中国气象局和南京信息工程大学的支持。特别得到气象出版社杨泽彬编辑的鼎力帮助,对他的高度负责和忘我的工作精神表示敬意。

　　本教程是首次印刷,其中部分内容取自大气科学专业天气综合实习教材《短期天气综合分析预报》一书(苗春生组织编写),并在教学中使用多年。新教材的教学效果有待教学实践检验。编好一本教程是不容易的事,由于笔者学识有限和时间仓促,错误和不足之处难免,敬请广大读者批评指正并提出宝贵修改意见。

　　本教程的第一、第七、第八章由苗春生编写,第二章由王丽娟编写,第三章由徐菊艳编写,第四、第十一章由江燕如编写,第五章和附录由唐卫亚编写,第六章由赵光平编写,第九章由钱代丽编写,第十、第十二章由张小玲(张涛、方翀、刘鑫华)编写。

　　本教程得到中国气象局和南京信息工程大学局校共建精品教材项目和国家科技支撑计划"气象影视图形图像制作播出技术研究和应用(No.2012BAH05B01)"课题资助。

苗春生

2012 年 10 月于南京

目　　录

第1章　天气预报引论

1.1　天气预报概述

天气预报是根据气象观(探)测资料,应用天气学、动力学、统计学原理和方法,对某区域或某地点未来一段时间的天空状况、天气现象作出定性或定量的预测。

随着现代气象科技的发展,特别是多源大气观(探)测资料的丰富和数值预报模式水平的提高,现代天气预报的方法与手段有了很大进展。现代天气预报是指以数值预报产品为基础,以人机交互业务系统为工作平台,综合应用多种天气分析预报方法与技术,对某区域或某地点未来一定时段的天空状况和天气现象作出定量或定性的预测、预警。天气预报结论是大气科学为国民经济建设和人民生活服务最重要的手段。准确及时的天气预报对于经济建设、国防建设及保障人民生命财产安全有极大的社会和经济意义。天气预报员需要深刻认识现代天气预报技术的发展特点,明确发展趋势,才能够把握其发展方向,更好地开发和应用新的预报技术,为天气预报这一大气科学重要领域的发展作出贡献。

1.1.1　天气预报的发展

天气预报的发展始终以人类社会的需求为动力。自古以来,人类就对天气现象和物候进行观测,并在此基础上总结出诸如"朝霞不出门,晚霞行千里"等天气谚语,人们据此开始制作纯经验性的天气预报。

随着科学技术的进步,从16世纪末到20世纪初逐渐出现了利用气象仪器进行地面观测。如1597年伽利略(Galileo)、1643年托里拆利(E. Torricelli)发明气压表,1667年胡克(R. Hooker)制成压板式风速器等。1820年,德国气象学家布兰底斯(H. W. Brands)以通信方式收集了1783年3月6日欧洲39个地面观测站资料(包括天气、气压、温度、风等),在莱比锡把它们一一填在地图上,用德国洪堡(A. Humbold)画等温线的方法(1817)绘制等压线,作成现代天气图的雏形,即世界上第一张天气图诞生。

1885 年,法国巴黎天文台台长、发现海王星的著名天文学家勒费里埃利用天气图追索克里米亚战争时出现的风暴(1854 年 11 月 12—16 日),并在学术会议上宣布"若组织观测网,迅速将观测资料集中一地,分析绘制天气图,便可推知未来风暴的行径"。此后,气象台站和气象观测网开始建立,初步形成了地面气象观测体系,即天气学萌生。荷兰于 1860 年开始正式发布天气预报,成为近代天气预报发展的标志。

20 世纪 20 年代至 60 年代初,大气探测由地面观测发展到高空探测阶段,实现了对大气的三维探测,出现了高空天气图。罗斯贝(C. G. Rossby)揭示出行星波并提出著名的大气长波理论,不但为后来出现的大气环流数值模拟和数值天气预报开辟了道路,而且使当时的预报工具成为地面图与高空图并重,天气预报的水平达到了新的高度。

以 1960 年 4 月 1 日第一颗气象卫星(美国泰罗斯 1 号)发射成功为主要标志,大气探测进入了遥感、遥测阶段。这不但促进了中尺度气象学、卫星气象学、雷达气象学等学科的发展,也为数值预报的发展提供了条件。

天气预报虽不能阻止某种天气现象的发生,但正确的天气预报却可使人们避害趋利,减少灾害性天气造成的损失。由于人们的生活与生产活动的需要,天气预报早就成为一项重要的科学活动。早在 19 世纪初期,就已有天气观测和预报的组织和活动。到目前为止,它已经历了 200 余年的发展历程,按其不同发展时期的不同特点,可分为以下几个主要阶段。

(1)单站(经验)预报阶段

在电报发明之前,各处的观测资料不能及时传送,因而不能及时了解天气现象和天气系统在空间上的分布特点,只能利用当地单站的天气资料及其变化进行预报。各地都有许多天气谚语,它们实际上是利用这些观测资料与天气演变的规律,进行天气预报的经验总结。由于应用的是单站的资料,不能全面地反映出平面或空间的天气状况分布及其变化。因此,预报的准确率不高。但由于天气现象与局地的环境具有非常密切的关系,即便在当今天气预报技术非常先进的时代,单站天气预报方法(预报经验)仍是现代天气预报的一种补充。

(2)地面天气图阶段

电报发明之后,在 1854 年 11 月时任法国巴黎天文台台长的天文学家勒费里埃利用西欧与中欧稀少的同期多天的气压和风的资料,第一次绘制了供事后研究用的天气图并讨论了克里米亚战争的天气形势。到 1857 年,Buys-Ballot 利用这些天气图给出了风与气压场的关系,这就是具有重要科学意义的 Buys-Ballot 定理。1861年在英国开始业务化天气图分析,此后,欧洲各国便先后开展了天气图的分析,于是形成了天气学发展的高潮。

这一阶段工作,主要是根据外推法来预报天气,利用稀少测站的气压与风的记录,预测气压系统的移动,并根据气压上升或下降,来预测未来的天气。1887 年,英国气象学家拉尔夫·艾伯克龙比(Abercromby)总结自 1860—1880 年的天气图预报的经验,提出了气旋的天气图模式。

(3)单站与天气图预报方法结合阶段——挪威学派的建立

大约在 1906 年以后,皮耶克尼斯(V. Bjerknes)会同其他科学家,开始系统地研究了大气状态与运动的理论和方法。这些结果反映在他们的《动力气象学和水文学》、《静力学与运动学》两部巨著之中。在 1918—1928 年这一段时期内,V. Bjerknes与 J. Bjerknes,Solberg,Bergeron 等人,在挪威开始利用这些理论与方法,对实际天气资料与天气图进行了分析,并首先分析与发现了大气中的不连续面,称之为锋面。随后,他们又将低压中的冷锋和暖锋结合起来,创立了近代锋面—气旋模式。利用气团与锋面的概念,把它作为天气分析和预报的主要着眼点,这就是挪威学派标志性的成果,它对近代天气学的发展起到了重要的作用。

(4)高空天气图的引入与波动理论的建立阶段

由于无线电探空技术的发展,使得人们对高空气象的状况有了进一步的了解。1939 年,Rossby 根据大量的天气图资料,分析了大气中的半永久活动中心与高空波动的关系,指出气旋或反气旋是在高空波动的特定位置下发展起来的,并对高空波动的移动作了理论分析。他指出,旋转大气中的 Beta 作用使大气波动具有特殊的性质,这种波动的移动、静止与天气过程有密切关系,这种波动后来称之为 Rossby 波,由此天气学就与动力学紧密结合起来。在此后一段较长时期内,除了应用长波理论来指导天气预报外,还用它来预测地面气旋的发生与发展。Petterssen 利用高空涡度变化,来诊断地面气旋发展的问题。这是近代天气学发展的一个重要阶段。这一阶段的主要特点是把天气学与大气动力学密切地结合起来,为近代天气学的发展奠定了基础。而近年来提出的位势涡度的气旋发展理论,是这些理论的进一步延深,它已成为当前诊断天气系统发展的一种前沿理论。

(5)数值天气预报的研究与应用阶段

计算机技术的发展,使得利用表征大气动量守恒、质量守恒和热量守恒的偏微分方程组(控制大气运动的 6 个方程)来定量预报大气要素(6 个要素)与状况成为可能(Richardson,里查逊),从 1950 年利用计算机制作第一张天气预报图后,经过数十年的努力,数值天气预报的方法已成为业务天气预报的不可或缺的重要工具。目前,不仅能制作大尺度业务数值天气预报,而且还可以制作中小尺度的业务数值天气预报和台风、沙尘暴等专业数值天气预报。

另外,可以利用数值预报输出大量的物理量场来进行诊断分析。需指出,利用数值预报的产品,结合单站的天气资料,进行统计分析,并作出单站的天气预报,是天气预报方法中最普遍的一种方法,通常称之为模式输出统计方法(MOS 或 PP),这些方法对于提高数值预报准确率是有用的。数值预报产品的释用是当前天气预报中的一种重要而有效的方法。

（6）数值预报与卫星、雷达等先进探测技术综合应用阶段

1960 年美国首先发射了第一颗气象卫星，至今，除美国外，中国（FY 系列）、欧盟、俄罗斯、日本等国家先后发射了 40 余颗业务气象卫星。对天气预报来说，气象卫星资料具有广泛而直接的应用。由于对海洋上几乎没有日常观测资料，只有通过气象卫星的监测，才能得到海洋及资料稀少地区的气象信息。由于近年来气象卫星反演技术的发展，从气象卫星资料中可以发掘许多对天气预报有用的信息。同时气象卫星资料的反演与同化也大大地改进了数值预报的初始场，使数值预报的准确率有了显著的提高。气象卫星资料对于海洋上台风中心的定位、台风的移动、对流云团与暴雨的监测，也起到了不可缺少的作用。

1960 年，多普勒（Doppler）雷达用于天气探测。它很好地监测雷暴、降水等系统的结构，结合气象卫星，并可很好地了解这些系统的移动、发生、发展及其演变，因而可在较短时间内作出灾害性天气的预报。近年来，气象卫星、雷达和自动监测站资料的应用，已使天气预报的方法有了很大的变化，甚至于在概念上也发生了改变。例如，临近预报或短时预报（Nowcasting）就是利用新一代多普勒气象雷达这种先进的探测手段和通信工具，以及各种统计方法，作出及时的短期内（如 0～6 h 内）发生的天气预报。

从以上的天气预报发展简史可以看出，由于探测手段的发展，对天气现象、天气系统和天气过程的认识逐步深入，特别是近年来气象卫星、雷达与其他新的探测技术的发展，发现了许多新的观测事实，这不仅为天气预报而且为大气科学提出了许多新问题。所以，对于观测资料的收集与分析，是大气科学的最重要的基础工作。大型超级并行计算机在气象领域的应用，使得海量大气数据及时处理和开展各类复杂的数值天气预报变成了可能。现代探测技术、信息技术和大气科学理论相结合是现代天气预报的发展方向，目前我国已初步建立了以数值预报为基础、人机交互信息加工处理系统为平台、综合应用多种预报技术方法的天气预报业务技术体系和以天气业务为基础的多种气象业务。

1.1.2　现代天气预报的重要理论

大气科学理论的深入研究是揭示大气运动物理机制和天气变化规律、发展现代天气预报技术方法的基础。对现代天气预报产生过重要影响的大气科学经典理论有温带气旋发生发展理论、大气长波理论和准地转运动理论。

（1）温带气旋发生发展理论

1920 年前后，皮耶克尼斯（V. Bjerknes）等在研究了大量地面天气图基础上，把

风场、温度场结合起来,提出了气团、锋面、气旋概念和学说及斜压概念和环流理论,形成了气象界第一个学派即挪威学派(也称卑尔根学派),为近代天气预报奠定了理论基础。根据这一理论,明确提出了天气预报的两个主要步骤:利用天气图预报气团、锋面和气旋的未来位置;根据预报的天气形势,预报未来的天气。这种传统的预报思路和方法一直沿用至今。

(2)大气长波理论

长波理论是大气科学历史上的一个重大发现,并由此引起一系列的理论研究,相继提出了大气运动的地转适应理论(Rossby 1938)、行星波的斜压不稳定理论(Charney 1947)、能量频散理论(Rossby *et al*. 1949)和正压不稳定理论(郭晓岚 1949),以及大气运动的尺度分析理论(Charney 1949)等。

这些研究使理论气象学,即动力气象学逐渐形成并迅速发展。其主要特点是应用了热力学和流体力学的基本概念和原理,用数学的语言系统地说明关于大气热力和动力过程的基本规律。动力气象学的建立和发展,虽远未使大气科学达到完善的地步,但为定量研究大气运动,为数值模拟和数值天气预报的发展奠定了可靠的理论基础。采用从动力气象学推论出的预报方程,进行定性应用,则使天气预报从纯经验外推走向理论指导下的物理分析。

(3)准地转运动理论

准地转理论(quasi-geostrophic theory,简称 Q-G 理论)是近代动力气象学和天气预报的基础。中纬度大气的许多基本结构都可以使用准地转理论加以描述,因此它是中纬度天气学,或者说是中纬度地区天气预报的主要理论依据。从某种角度讲,常规方法的天气预报就是这一理论的定性应用。要理解中纬度大尺度准地转运动理论的概念和意义,首先必须要了解准地转运动理论是通过什么方式得到的,为什么大气大尺度运动会有准地转的性质,它的物理原因是什么,当地转平衡被破坏后,什么样的物理机制使其重新恢复到地转平衡等。准地转运动理论涉及地转近似形成的物理原因、准地转运动与次级环流的关系、地转适应理论、准地转运动的定义等。以准地转理论为基础推导出的涡度方程、ω 方程、位势倾向方程和高空、地面预报方程是近代天气分析预报的理论基础。

1.2　现代天气预报的基本概念

现代天气预报涉及大气动力学、大气热力学、气象统计学等专业基础课和天气学、数值天气预报、卫星气象学、雷达气象学等专业课。天气学(synoptic meteorology)是大气科学中的一个主要分科,是分析和研究天气现象,天气系统发生、演变规律及其预报原理和方法的学科。现代天气学应用数学、物理等基本理论和方法来研究大气运动的基本特征和规律。现代天气预报已广泛应用了天气图、卫星云图、雷达图像，并广泛应用计算机进行数值计算、图像处理等现代技术手段进行综合天气分析和预测。

1.2.1 天气、天气系统、天气过程的含义

天气：是指某一瞬间或一定时段内，某一地区各种天气要素（如压、温、湿、云、降水等）所综合体现的大气状态。例如，常规天气预报，今天白天到夜里南京地区，阴有时有小雨，东北风 3～4 级，今天最高温度 30℃，最低温度 26℃。有时也把对人类有影响的天气状态作为天气来描述，如阴、晴、冷、暖、干、湿等，但不够严密。

天气系统：一般是指在气压、风、温度等主要气象要素的空间分布上具有一定结构特征的大气运动系统。它们往往是大气中天气变化和分布的独立系统，如高压、低压、锋面、高空槽、台风等。天气系统是在三度空间内发生和演变的，需要用多种合作因素、资料来揭露和表达。

天气过程：天气或天气系统的发生、发展、消失及其演变的全部历程。它包含时间和空间演变。如寒潮过程、梅雨过程、台风过程。

1.2.2 天气预报分类

按天气业务预报时效划分，为临近预报（0～3 h）、短时天气预报（3～12 h）、短期天气预报（1～3 天）、中期天气预报（4～10 天）、延伸期天气预报（11～30 天）和长期天气预报（短期气候预测）（30 天以上），其中延伸期天气预报尚未真正形成业务。

按天气业务发展的阶段划分，可分为两个阶段：传统天气预报和现代天气预报，进入现代天气预报业务的标志是数值天气分析预报产品在天气预报中的广泛应用并成为天气预报的基础。传统天气预报开始于 19 世纪中叶，现代天气预报在发达国家大约开始于 20 世纪 70 年代末 80 年代初，我国则开始于 20 世纪 90 年代初。

按天气业务预报对象划分，可分为天气形势预报、气象要素预报、天气引发的气象灾害预报。

1.2.3 天气预报步骤

（1）气象资料收集

气象站观测的数据是天气预报的基础，气象站越多，预报越准确。为此，全世界建立了成千上万个气象站，配置了各种天气雷达，并在太空布设了多颗气象卫星，组成全球大气监测网。这个监测网每天在规定的时间里同时进行观测，从地面到高空，从陆地到海洋，全方位、多层次地观测大气变化，并将观测数据迅速汇集到各国国家气象中心，然后转发世界各地。气象台的计算机将收集到的数据进行处理和运算，得

到天气图、数值预报图等,为预报员提供预报依据。

(2)气象资料分析和预报

气象资料分析处理常用的方法有两种:一种是传统的填绘天气图,就是将同一时刻同一层次的气象数据填绘在一张特制的图上,称为天气图。经过对天气图上的各种气象要素进行分析,预报员可以了解当前天气系统(台风、锋等)的分布和结构,按照大气动力学原理和天气预报的经验判断天气系统与具体天气(雨、风、雾等)的联系及其未来演变情况,从而作出各地的天气预报。另一种是为数值预报模式的初始场和物理量场提供科学可靠的大气资料数据,模式运行后的产品即为特定区域和时段的天气形势预报和气象要素预报。

(3)通过各类媒体对社会发布天气预报,提供公益服务、专业服务和决策服务。

1.3　短期天气预报方法与技术

目前短期和短时、临近天气预报业务所涉及的天气预报方法主要有:天气图预报方法、数值预报方法、统计预报方法及其他多种预报方法。天气分析涉及的面很广,主要有天气图分析、天气雷达资料分析、气象卫星资料分析、风廓线分析、GPS/MET资料分析、闪电资料分析等。随着我国气象探测系统的发展,新资料不断涌现,分析和应用多种资料是提高灾害性天气监测率和预报准确率的必由之路。

天气图及其辅助图表是天气分析和预报的重要工具,预报员应用天气图方法制作预报时,同样需要根据气旋学说、锋面学说、长波理论、不稳定理论、降水学说等天气学知识和各种分析工具,在这些“天气图”上画出灾害性天气的落区,制作灾害性天气预报,因此,天气图分析和预报仍然是现代天气业务不可或缺的重要工具。

数值天气预报包括分析和预报两个部分。数值天气分析是要得到一个接近真实的初始场,数值天气预报就是用数值模式从初始场开始积分预报未来的天气形势和气象要素。数值预报中的天气形势预报水平早已超过有经验的预报员的水平,因而成为天气业务的基础。数值分析预报产品解释应用是制作站点和格点气象要素预报的重要方法,使用的方法包括 MOS、PP、人工智能等。

集合预报业务对于延长预报时效和提高灾害性天气概率预报水平已经发挥重要的作用。集合预报分为多初值、多过程、多模式的集合。各国预报业务中心用得最多的是多初值集合预报,预报员面对许多业务中心的数值分析预报产品,根据多年使用的经验进行主观集成,制作预报产品,在检验各家模式优劣的基础上,发展客观定量的集合预报方法,一定会提高灾害性天气的预报水平。

数值预报对灾害性天气的预报准确率和时空分辨率不高,因此,短时临近天气预报业务近年来得到发展。目前,短时临近预报主要是利用天气雷达、气象卫星、自动气象站、闪电定位等实况资料对灾害性天气进行识别,然后根据过去位置的变化规律进行外推预报。由于短时临近预报的准确率和时空分辨率高,因此,短时临近预报在气象防灾减灾中具有特殊的重要作用。

1.3.1　天气图预报方法

所谓天气图就是标有同一时间、不同地点天气现象和气象要素的地图。天气图分地面、高空两大类。从天气图上可一目了然地看到天气系统和天气的分布,知道冷空气、暖空气在哪里,哪里刮风下雨、哪里天气晴好。连续分析不同时刻天气图,就知道天气系统的移向移速,从而判断本地未来受什么天气系统影响,会出现什么天气。

天气图预报方法已有 100 多年历史,自从有电报后,各地同时间观测的气象资料能及时集中到各国的气象中心,分析出天气图。从天气图上看到一个个高、低压系统在移动,这类天气系统在移动过程中给各地带来了天气变化。从天气图上分析出天气系统,预报它们在未来的移动和强度变化(包括生成和消亡),就能推论各地区未来天气的变化,这就是天气图预报方法的主要依据。分析各种天气图或其他辅助图表,目的就在于及时分析出引起各地天气变化的天气系统。

天气图预报方法首先要作出天气形势预报,即预报出天气图上已有的天气系统,它们未来的移动和强度变化,同时还要判断有无新生的天气系统产生。天气形势预报图作出后,根据天气形势再作出各地区的天气(阴、晴、雨、雪和灾害性天气等)预报。在天气形势预报中,最简单的方法是外推法,即假定未来天气系统的移动和变化与起始时刻的情况相同。其次是气象预报员在长期天气预报的实践中,总结出有关天气系统移动或强度变化的经验预报规则,这些经验规则在天气形势预报中也有很大作用。此外,从动力气象学的一些理论中,也可以推论出一些有关天气形势预报的规则,气象预报员根据这些就可以作出未来的天气形势预报。

天气形势预报作出后,根据天气形势再作出各地区的天气要素(阴、晴、雨、雪和灾害性天气等)预报。天气要素预报困难较大,即使天气形势预报正确,天气要素预报不一定就预报正确,因为天气形势和天气要素并不是一一对应的。所以,从天气形势预报过渡到具体的天气预报,主要依靠气象预报员的分析判断。预报员在长期预报实践中,将本地区的重要天气编成档案或分成类型,天气形势预报确定后,从档案中找出最类似的过去个例或天气型,根据它们作出天气预报。在过去 40 年中,天气形势预报进展很快,但从天气形势过渡到具体天气要素预报,却没有很大进展,这是目前天气图预报方法中的主要问题。

1.3.2　数值天气预报方法

天气、气候现象是地球大气运动的结果,它们受一定的物理定律的支配,这些定律可以用一组微分方程来表示。从一定的初始状态出发,在一定的环境条件(即边界条件)下求出这一微分方程组的解,就可以对未来的天气或气候状况作出预报。由于方程组的复杂性,这一过程必须借助于现代高性能计算机使用数值方法才能求解,这就是数值预报。根据预报对象的时间尺度,可以将数值预报分为短期或中期数值天气预报、气候模式预测等;而根据预报的空间范围与尺度又可以分为全球数值预报、区域数值预报、中尺度数值预报等。不同对象的数值预报所使用的技术方案与预报产品都有很大区别,例如,数值天气模式关注并预报具体的天气过程与气象要素的演变,而短期气候模式关注并预测月与季节尺度的冷暖、旱涝趋势,而不是具体的天气过程。

(1)数值预报的步骤

1)要求对所预报的天气系统从生成到消亡的主要物理过程有所认识,并将其概括成一组物理定律。

2)将这组物理定律用数学方程组表达出来,并且对这个方程组用电子计算机来求解。由于电子计算机的速度和容量有限,对方程组必须作适当简化。

3)将起始时刻的各层天气图资料编入机器。

4)由计算机对这组方程进行求解,便算出未来各个时刻、各个地点和各高度上的等压面高度、温度、湿度和风速矢量的三个分量 u, v, w 的预报值。

(2)数值预报的现状

近 20 年来,随着数值模式不断改进和完善,数值预报准确率也在不断提高。目前,3~4 天的形势预报已相当准确,10 天以内的形势预报也有相当的参考价值。但是,诸如降水、温度、风、云等天气要素的数值预报准确率还不高。因此,在制作天气要素预报时,如何应用国内外中短期数值天气预报的产品,采取现代统计学方法,建立要素预报数学模型和预报方程组,较好地发布短期天气要素预报,是一条实现客观预报、定量预报的重要途径。

一个数值预报业务系统一般涉及:观测资料的获取和预处理、客观分析(数值同化)、预报模式(一般包括初始化,预报模式本身和部分后处理程序)、预报结果的显示(数据和图形)与发布。

(3)数值预报分类

1)根据预报对象的时间尺度划分:短期数值天气预报(1~3 天);中期数值天气预报(4~10 天);气候模式预测等(10 天以上)。

2)根据预报的空间范围与尺度划分:全球数值预报(T639L61);区域数值预报(HLAFS);中尺度数值预报(WRF,GRAPES-MESO 等)。

不同对象的数值预报所使用的技术方案与预报产品都有很大区别。例如,一般的数值天气预报关注并预报具体的天气过程与气象要素的演变,而短期气候模式预测则关注并预报月与季节尺度的冷暖、旱涝趋势而不是具体的天气过程。

（4）我国数值预报发展历程

我国数值预报从 20 世纪 50 年代开始起步，已积累了许多经验和方法，培养和训练了一大批人才。引进、消化和自主研发是我国数值预报模式发展的主要途径，我国数值预报发展的里程碑：

1956 年，顾震潮等开始了国内数值天气预报研究。

1958 年，两张 24 h、48 h 寒潮路径数值预报图问世。

1959 年，第一张正压模式的欧亚形势预报图。

1961 年，建立了求解原始方程的"半隐式差分方案"。

1969—1978 年，制作 3 层原始方程模式 72 h 短期业务预报。

1980 年 7 月，中国气象局在业务中开始使用 A 模式。

1982 年 2 月，B 模式。

1991 年 6 月，中期数值预报模式 T42L19。

1995 年 6 月，改进为 T63L16。

1997 年 6 月，改进为 T106LL19。

2002 年 9 月，改进为 T213LL31。

2006 年 7 月，非静力中尺度预报模式 GRAPES。

2007 年年底，T639 全球模式进入准业务化运行。

2009 年 5 月，GRAPES 全球模式进入准业务化运行。

2010 年 5 月，成立国家数值预报中心。

数值预报中心成立以来，业务化运行了 T639 全球中期数值预报模式，研发了具有中国自主知识产权的气象预报数值模式 GRAPES 及多种专业预报业务模式。为国内各级天气预报业务部门提供了丰富的预报产品和指导。同时，国家数值预报中心整合国家级力量，形成发展合力，组建了资料同化团队、物理过程团队、区域模式团队和检验评估团队，并借用国外华人科学家的科研能力提高研发水平，不断改进和提高 GRAPES 系统的业务能力。除此之外，其他一些针对不同业务需求的数值预报模式也先后在实际业务中使用，如台风预报模式、沙尘暴预报模式、环境预报模式、城市规划分析模式等。

（5）数值产品解释应用技术

数值预报产品解释应用（简称释用，下同），顾名思义就是对数值预报产品的进一步解释和应用，具体来说就是利用大量的历史资料，通过统计、动力、人工智能等方法，并综合预报经验，对数值预报的结果进行分析、订正，最终给出更为精确的客观要素预报结果或者特殊服务需求的预报产品。常用几种数值预报产品解释应用技术包括模式直接输出法（DMO）、完全预报法（PP）、模式输出统计法（MOS）、动力相似预报法、人工神经元网络释用等。

(6)集合预报

大气本身的混沌特性使得数值模式对于初始场的微小误差十分敏感,而初始资料的误差和模式的误差带来了大气初始状态的不确定性和大气模式的不确定性,利用数值预报模式在确定性预报的初始场上叠加适当小扰动,从而形成稍有差别的多个初始场,作出多个动力延伸预报。用带有这种扰动的初值制作一系列预报,并将这些预报的集合称之为集合预报。

集合预报是近年天气预报领域的一个重大发展,集合预报系统的使用和发展大致经历了 3 个阶段:第一阶段,集合预报的产品主要是邮票图、集合平均图,使用结果表明集合平均的技巧评分好于单个确定性预报,为集合预报奠定了基础。第二阶段,进一步发展了面条图、分类图、概率图等。第三阶段,各种预报图的信息进一步延伸到了要素预报,对集合预报产品的可信度也有了一定的认识。

集合预报优于确定性预报,集合预报已成为未来数值预报发展的方向之一,最终可能会取代目前单一的确定性预报,成为业务预报的主要使用产品。

1.3.3 天气预报业务自动化

天气预报业务以大气观测为基础,以气象信息传输、气象资料收集处理为前提,以天气分析和预报为核心,以气象保障为目的,以气象业务管理为保证。其主要特点之一是需要处理的信息量大,要求及时准确。因此,利用电子计算机和现代通信技术,紧密结合实际工作的需要,实现天气预报业务自动化、智能化,是气象业务现代化的必由之路。

气象信息综合分析处理系统 3.0(MICAPS 3.0)是我国自行研制的现代气象业务系统。MICAPS 是英文 Meteorological Information Comprehensive Analysis and Process System 的缩写。中文意思是"气象信息综合分析处理系统"。作为综合图像处理系统,"MICAPS"集气象信息显示(包括各类常规天气图表、卫星云图、雷达拼图、传真图、指导预报图等)、国家地理数据(诸如行政区域图、地形图、湖泊河流、主要铁路公路等)、历史气象数据(如气温、降水量极值等)、人机交互处理、气象预报服务产品加工为一体,它的最终目标是成为预报人员的工作平台,建立以数值预报及其解释应用为基础的新预报业务流程,这一系统已在全国各省(区、市)、地市级气象台站推广使用。

1.4 短期天气预报思路

预报员在制作天气预报时,应当先从分析大范围环流背景开始,由远到近,由粗到细逐步地集中分析影响当地天气的环流系统和天气过程。有经验的预报员在制作短期天气预报时,常运用这种预报思路。大框架是:首先分析和判断近期大气环流背景及主导系统,其次分析、判断未来影响本地的天气系统及其影响部位的主要结构特征,尔后考察其中可能存在相应中小尺度系统的征兆,然后再分析局地的天气实况和气象条件,做到理解、判断和订正数值预报及上一级的指导预报意见,同时综合考虑动力统计释用方法和统计学综合预报的结果,最终作出自己的预报。

(1)了解检查上一班的预报效果

了解上一班的预报思路,并对上一班预报结果进行认真的检查,不仅是一般工作程序的需要,更重要的是有助于预报员总结经验,建立或调整自己的预报思路,以适应天气形势发展的实际情况。检查的内容应包括对天气形势,重点是对影响系统的预报和天气现象、气象要素两方面。最好能将上班预报结论和天气实况都按数量化的表达方式输入到数据库中储存下来,以便事后进行月、年评分和技术总结时使用。

(2)熟悉上级指导预报意见

上一级的指导预报,一般有两方面的内容:一是以数值天气预报为主的环流形势预报,二是各种物理量预报图和要素预报图。熟悉了这些有用的预报,加以订正和进行深入细致地针对本地区的天气分析,在此基础上,作出本地天气预报。

(3)分析环流背景,判别主导系统

在进行天气图形势分析之前,要对目前 MICAPS 系统显示的天气图作必要的人工修补,包括修改不合理的等值线、补绘地面锋面、高低压中心、雨区、雾区和大风区;高空槽线、切变线和高低压中心等。

就时空尺度的匹配关系来说,环流演变主要与中长期天气变化及其预报相联系。但是在短期预报中,了解环流的演变,将会给预报员提供重要的背景知识,因此,它仍是短期预报流程中不可缺少的基本环节之一。

对环流的分析,着重回答以下三个问题:

①目前亚、欧范围内大型环流的基本特征。

②目前和未来预报时段内,本地区是受长波或超长波槽控制还是受脊的控制。

③这种长波槽、脊是基本稳定还是会有大的调整变化。

按一般经验,在中纬度西风带环流,若本地处于中纬度西风带基本稳定的长波脊控制下,通常以晴天为主或者可能有弱的天气过程出现。若是受基本稳定的长波槽或槽前锋区的控制,通常是以短波替换、间歇性中等强度天气过程为主。但要注意,若遇"北槽南涡",或在梅雨锋区(副热带锋区)短波替换却可能导致大暴雨天气,不同于一般中纬度极锋锋区波动。

而若遇有大的长波调整过程,则很可能出现转折性的天气过程,需要特别认真地对待。当然,对于具体地区的天气预报,还要进一步地分析影响系统。

　　副热带系统也有类似的背景变化,但对它们的分析、判断一般要比中纬度西风带困难。夏季西太平洋副高与大陆上的副热带高压东西方向震荡和南北方向摆动,也常常受东亚中纬度西风带波动的影响。副热带高压的减弱和增强通常与西风带长波槽、脊的移动有关。

　　(4)分析判断影响系统

　　本步骤中涉及的温带气旋、锋面、热带气旋等天气系统是对我国各地短期天气过程的最常见的影响系统,每个系统所对应的天气及其生消演变的物理过程,请参阅天气学教程。此处,仅对如何考虑本地区短期天气影响系统的思路步骤提出建议。

　　1)明确未来预报时段内有无新的影响系统将会侵袭本地区并导致明显的天气变化。

　　2)如果有,需判断该影响系统属于哪种类型。为此,需要查看影响系统邻近区域短期数值预报产品输出的等压面图上温、压、风场以及涡度、散度、湿度、垂直速度、高空急流等物理量场分析和预报图,并进行高低空配合分析,需要时可调用垂直剖面图分析,以揭示影响系统的三度空间结构特征。其中,高低层涡度、散度的配置及低层比湿、水汽通量散度、垂直速度等物理量有直接重要的参考价值。还可参考气象卫星云图分析进行类比和判断。如果归类有困难,可以试用逐次剔除的方法。若仍难以判断,则建议细心收集保存各方面有关资料,进行事后总结分析,写出技术报告或分析论文。

　　3)通过比较,了解当前系统与同类影响系统典型模式的主要差别。

　　4)比较各家数值预报产品的预报图和上级指导预报意见,判断或者订正上级指导产品对该影响系统演变的预报。

　　5)判断、预计未来本地区将受到哪些影响系统控制,本地处于该系统的哪个部位,相应的天气类型。进行初步判断或订正上级台站对本地区天气和气象要素的预报意见。

　　(5)分析中小尺度系统

　　中小尺度天气系统是直接产生局地灾害性天气的实体,因此,研究中小尺度天气系统的生成与发展是天气预报员的重要课题。中小尺度天气系统主要指中尺度雨带、雨团、中尺度对流复合体(MCC)、雷暴、飑线和龙卷风等中尺度对流系统(MCS)。目前由于常规观测站网密度的限制,中小天气系统及与之有关的局地灾害性天气分析预报主要依靠中尺度数值预报模式(如 MM5、WRF)的产品输出以及分析卫星云图和雷达回波图像和加密观测资料。

　　(6)分析局地气象条件

　　大的环流形势背景和影响天气系统分析确定之后,局地天气条件将是影响局地天气变化的重要因素。目前分析局地天气条件,特别是局地灾害性天气,如暴雨发生的条件,主要的方法是分析相关的辅助图表和有关大气状况的物理参数。

（7）考虑地形影响

地形影响如迎风坡增大降水，背风坡减弱降水，下游背风坡的上升运动使对流云发展，降水量、气温因地形高度而变化的规律，风口出现的大风，峡谷大风，背风坡的焚风效应，海陆风和地形风，盆地逆温与多雾等均与地形有关。在进行分析预报时，都应给予考虑。

（8）应用客观定量预报方法

除了数值模式具有气象要素场预报能力外，动力学释用方法和统计学释用方法均是在数值预报产品基础上进一步开发的客观定量预报方法，预报的对象都是具体时段内，定量化的气象要素，大多是重要的灾害性天气，如暴雨、高温、大风降温等。

1.5　其他天气预报方法简介

1.5.1　短时临近天气预报

短时预报是指 $0\sim12$ h 的天气预报，临近预报是指当时的天气监测和 $0\sim3$ h 的外推预报。由于预报时限的增加，需要考虑系统的发展变化，预报不能仅靠线性外推，还需依赖于其他预报技术。短时预报的内容，既有中小尺度天气的时空分布预报，也包括详细地提供降水、温度、湿度、风、云和能见度等的具体预报，以便尽可能满足军事气象保障和各类经济部门的特殊气象服务要求，但它的预报对象，重点还是中小尺度灾害性天气，因而它与制作一般的短期天气预报相比，对观测、处理和传递天气情报等有完全不同的新要求。

短时临近预报涉及强对流天气预报，包括冰雹、龙卷、雷暴大风、短时强降水和强雷电等灾害性天气。由于强对流天气主要由中尺度天气系统直接产生，其预报思路和方法与传统短期预报有很大的不同，需要更多地依赖于多普勒天气雷达、气象卫星、风廓线雷达、GPS 水汽、加密观测等现代大气探测资料的分析预报方法与技术。

根据国外一些部门的客观验证，临近预报和短时预报已取得了初步效果。美国对强天气（包括龙卷风和对流风暴）的监测验证结果显示，临界成功指数（critical success index，CSI）已从 0.25（1975 年）上升至 0.50（1991 年）。但总体来说，中尺度天气的预报水平相当低，更不用说小尺度天气的预报了。对于不少突发性的局地强烈的天气几乎完全预报不出来。我国自 20 世纪 80 年代以来，不少地区和城市也开展了临近和短时预报试验和业务工作，其中的问题，除资料不足以外，主要是没有适当的预报方法，大多数是沿用短期预报的概念和方法，因而预报水平不高，这是我们所面临的必须解决的一个重要问题。

我国已建设的新一代天气雷达网，为预报员作好临近预报提供了一个很好的平台。对于突发气象灾害,如果能提前半小时预报出它的位置和强度,同时又能将警报发送到受影响的地区,就可以大大减少生命财产的损失,临近预报的效益是很明显的。在作好灾害性天气临近预报业务的同时,还需要研发客观定量的临近预报系统,结合天气雷达、气象卫星、自动气象站等观测资料和数值预报产品,开发基于边界层、风暴和云特性的预报算法,预报风暴产生、发展和消亡,区分龙卷风、冰雹、大风、强降水等,作好临近预报,延长预警的时效,可极大地提高灾害性天气预报与服务的水平。

1.5.2　中期天气预报

中期天气预报时效一般为 4～10 天。制作中期天气预报,首先要掌握天气气候特点,分析天气气候背景和近期天气变化实况;其次,需要分析和了解各家数值模式预报的北半球范围内大尺度环流形势的演变和经纬向环流的发展趋势、环流有无明显转折、南北两支系统的相互影响,锋区、急流和副高等大型环流的演变特点等;同时还要分析 850 hPa 温度场和地面气压场的分布特点,然后再参考其他图表和客观要素预报,结合预报经验,最后综合分析判断,确定出未来主要天气过程的开始、持续、结束及天气特点等天气趋势预报,重点是中期时段内有无灾害性天气过程。

近年来,随着数值预报的发展,中期预报进入了新的发展时期。中期数值预报提供的大量实时格点场资料,包括形势场和物理量的预报,为中期天气预报提供了丰富的信息,这些信息可以更准确地描述大气环流背景的转换以及天气系统的演变过程。目前,数值预报产品释用已成为中期预报的重要手段,客观预报方法也越来越多。预报员在人机交互处理系统工作站和微机上,调阅分析加工各种数值预报产品、客观预报产品、基本图表、历史资料等,并结合预报经验,综合决策,制作出未来 4～15 天中期天气趋势预报和要素预报。

但是由于数值预报的局限性,数值预报产品的误差随预报时效不断增大,因此中期天气预报虽然以数值预报产品为基础,但不能是简单地发布数值预报结果。预报员在制作中期预报时,要充分考虑模式的性能,特别是模式最近的预报性能和预报变化的趋势,首先要对产品进行订正。从这个角度来说,中期天气预报应是多结果的集合,不仅是多模式、多方法的客观集合,也包括预报员的主观经验集合。欧洲中期天气预报中心(ECMWF)的各类中期预报目前位居国际领先。

1.6　天气预报业务现状

1.6.1　国外天气预报业务

在天气预报技术方面,2008 年欧洲中期天气预报中心数值预报产品的可用时效在北半球达 8.5 天；美国 NCEP 国家水文预报中心 1 in*（相当于大雨）24 h、48 h 定量降水预报的 TS 评分分别为 34%,28%,2 in(相当于暴雨)24 h、48 h 定量降水预报的 TS 评分分别为 28%,21%；美国、日本台风路径预报 24 h 误差分别为 106 km，118 km,48 h 误差分别为 211 km,206 km。在短期气候预测方面，国际上一些主要的业务中心，如美国国家环境预测中心（NCEP）、美国气候预测中心（CPC）、IRI、欧洲哈德莱中心（Hadley Center）、欧洲数值天气预报中心（ECMWF）以及亚洲的日本气象厅（JMA）、韩国气象局（KMA）等机构已逐渐从纯粹采用统计预测方法进行短期气候预测业务，转变为以动力学预测为基础的统计预测。

在应用气象技术方面，欧洲中心已经建立了多个服务对象的水资源预报和应用系统，能够提供 3～5 km,1～5 天的局地的或者区域的洪水预报。美国的气象机构为 3400 个预报位置提供河流径流量的预报信息。在交通气象预报方面，布设专门的道路天气观测站点，建立了道路天气信息系统，观测路面状况（路面温度、状况及除冰物质浓度）和气象要素（温、湿、风、降雨量及能见度），研究强降雨、积雪、积冰、雾等高影响天气气象条件对道路交通的不利影响。国际上作物模型技术和地理信息系统（GIS）技术在农业气象中应用较为广泛，美国把作物模型与 GIS 有机地结合起来，模拟气象条件对农作物生长发育和产量形成的影响，欧盟建立了基于作物模型作物生长监测系统，并在区域和国家尺度上开展了作物长势监测和产量预测业务服务。

在预报方法和预报技术的研究开发上，各发达国家根据各自的天气特点，发展具有明确预报理念的预报方法和预报技术。如具有中纬度天气预报技术特色的位涡理论（PV thinking），在法国天气预报业务中获得了充分的应用。中尺度天气预报方法（Ingredients-based Forecasting Methodology）被广泛应用在美国、澳大利亚等国家的中尺度强天气预报中，美国国家强风暴预报中心（SPC）对集合预报产品的解释应用也主要使用该预报方法。澳大利亚的最优化集成释用（OCF）利用基于偏差订正的多模式最优集成预报技术，它对温度预报具有很好的效果。

自 20 世纪 90 年代，美国国家天气局（NWS）开始开展依靠数值预报模式指导产品来实现预报产品格点化的工作。至此，气象预报预测业务已从人工制作文字预报转变为利用图形软件工具制作图形预报。发达国家的预报平台一般都具有操作简单、调阅方便快捷和多专业版本的特征。其共同特征有：基于 Linux 系统，具有快速、集成、自动、交互和报警等功能；多专业化版本；支持模式产品，卫星、雷达、闪电、GIS 等各种资料；具有动画、叠加、剖面、时间序列、温度对数气压（T-lnP）等图形显示功能。此外，预报平台的开发与预报方法和技术的研发捆绑发展。提供具有特色预报方法和预报产品的集成预报系统是近年来系统开发的主流特点。

---

* 1 in＝25.4 mm(准确值)。

　　随着遥感探测资料特别是雷达资料的应用研究以及遥感反演技术、信息技术(IT)和 GIS 技术等的发展,着眼于强对流天气精细化预报的短时临近预报系统的开发应用成为各发达国家预报技术综合发展水平的体现,短时临近预报系统建设更充分呈现出预报技术与预报平台集成化发展的趋势。如美国国家大气研究中心(NCAR)发展的雷暴识别、跟踪、分析和临近预报系统(TITAN)和美国强风暴实验室(NSSL)开发的预警决策支撑系统(WDSS)等。NCAR 研发的临近预报系统 TITAN 主要使用雷达产品进行雷暴的识别、追踪、分析和 1 h 内的临近外推预报。NSSL 研发的 WDSS 主要使用雷达产品进行风暴单体以及冰雹、龙卷风和破坏性大风的识别和追踪。

1.6.2　国内天气预报预测业务

　　我国已初步建立以数值预报为基础、人机交互信息加工处理系统为平台、综合应用多种预报技术方法的天气预报业务技术体系和以天气业务为基础的专业气象业务。目前,国内已建立了由全球中期天气预报模式、中尺度数值预报模式、全球集合预报系统、热带气旋路径数值预报模式、沙尘暴数值模式,紫外线、海浪以及污染物扩散传输模式等组成的较完整的数值预报业务体系。完成了全球业务数值预报模式 T213 到 T639 的升级,模式水平分辨率达到了 30 km,垂直分辨率提高到了 60 层,可用预报时效已达到 6 天。由我国自主发展的新一代全球/区域同化预报系统(Global/Regional Assimilation PrEdiction System,GRAPES),该系统的核心部分包括模式动力框架、经过优化选取和改进的物理过程参数化方案、三维变分资料同化系统、模式标准初始化系统。GRAPES 基本试验应用系统已经建立,部分核心成果已具备了业务应用能力。覆盖全国范围的 GRAPES 区域数值预报水平分辨率已达 15 km。建立了 GRAPES 全球中期(1~10 天)预报研究系统以及面向超级城市群精细化预报示范试验系统,部分成果已在防灾减灾气象保障实际业务中得到了试验应用;按照引进—吸收—消化—再创新和技术集成的思路,建立了精细区域中尺度预报和全球海浪数值预报系统,业务中尺度模式(MM5)由全国 27 km 提高到全国 12 km;为 2008 年北京奥运会服务的精细模式(最高水平分辨率达到 1 km)在引进吸收消化的基础上进行了创新,在解决多普勒雷达等资料的变分同化和开发符合我国天气实际情况的物理过程研究等方面取得了实质性进展。初步建立了数值预报检验流程。我国已初步建立短时临近预报业务系统,灾害性天气的临近和短时预报水平不断提高,由过去的依靠经验预报发展到应用基于卫星、雷达、自动气象站等各种监测手段和信息的预报技术。数值预报产品释用技术不断发展,天气预报水平稳定提高,台风路径预报已接近国际先进水平。气象信息综合分析处理系统(MICAPS)实现了技术换代和版本升级,增强了雷达、自动站等多种资料显示分析功能,提升了整体显示控制、地理信息应用和预报产品交互生成能力。

目前我国开展的预报预测业务主要有:短期天气预报在逐日定量降水预报的基础上逐步向高时间分辨率(6 h)定量降水预报方面发展,目前已开始进行 0～24 h 时效 6 h 间隔定量降水预报。中期天气预报持续发展旬降水量、平均温度距平和天气过程的统计要素预报,开展了 4～7 天的逐日要素预报和精细化天气预报业务,初步开展了 10～30 天统计要素的延伸期天气预报业务。基于数值预报产品释用技术,发布国内外 2000 多个城市的 1～7 天逐日温度、降水等气象要素客观预报。短期气候预测业务从时间尺度上分,主要包括每月气候预测(每月底前发布)、汛期气候预测(每年 4 月初发布)和年度气候预测(每年 11 月初发布,年度气候预测包含了当年冬季和次年春季的季节气候预测)。增加秋季预测(8 月底前发布),并在 2 月底前给出对年度预测中的春季气候预测的更新预测,在 5 月和 6 月再给出对于汛期的滚动订正预测。从预测要素上分,短期气候预测主要包括月、季节降水和气温的趋势,冷空气、台风、沙尘暴等次数预测,森林(草原)火险、春播天气、霜冻、东北低温、梅雨等趋势预测。

在专业气象业务发展方面,初步建立了水文气象、海洋气象、交通气象、航空气象、城市环境气象等专业气象业务。开展了全国七大江河及其 86 个子流域的面雨量预报业务;50 km 分辨率的水文模型已经业务运行,据此建立了全国渍涝风险等级预报业务;建立了基于地理信息系统的国家级道路交通天气信息与预警业务平台,并与交通运输部联合制作和发布全国主要公路气象预报;与中国环境监测总站联合开展了全国 47 个重点城市的空气质量监测和预报工作;建立了高温中暑气象等级预报模型,并与卫生部疾病预防控制中心联合制作和发布高温中暑气象等级预报,同时联合开展了一氧化碳中毒气象条件的科研工作;建立了全国森林火险气象等级客观预报系统,并与国家林业局联合开展全国森林火险气象等级预报工作;另外,与农业部联合开展全国草原火险气象等级预报工作;建立了紫外线指数客观预报系统,开展了全国主要城镇紫外线指数预报工作;在 WMO 支持下开发和建立了航空气象服务数值预报指导产品的英文网站,主要面向发展中国家特别是欠发达国家开展航空气象指导预报,主要产品包括以下 8 类产品:飞行气象文件、航空气象产品(飞机颠簸、飞机积冰)、机场预报指导产品、重要对流参数及对流降水预报、天气图分析产品、沙尘暴监测和预报、雷达图像产品、卫星图像产品。

1.6.3　天气预报业务的发展趋势

今后气象预报业务将朝着精细化、无缝隙方向发展。表现在依托以遥感、遥测为主要技术特征的新一代探测网,对天气、特别是灾害性天气将实现全天候无缝隙实时监测。天气监测的重点将从对天气系统外部宏观特征的监测转变为对其内部细致结构的监测。天气预报将更加精细化和专业化，时间尺度从数分钟到 10 天，并延伸到 30 天，空间水平尺度精细到百米量级，空间垂直尺度涵盖从海洋表层到高层大气；预报对象从大气基本要素拓展到大气中各种天气现象和相关灾害；集合预报技术和海—气、陆—气耦合数值预报系统的开发试验，将使延伸期业务预报成为可能。同时，数值预报将为天气预报业务提供更为重要的支撑，数值分析预报产品的解释应用将成为气象要素精细预报的主要手段。

集合预报将成为未来天气预报技术的重要发展方向，该技术将在不同时空尺度和不同对象的预报中发挥重要作用。全球集合预报主要用于延长预报时效和提高 3 天之后的天气预报水平，同时也将成为次季节预报的主要方法之一，区域集合预报系统将成为提高灾害性天气概率预报效果的主要手段。临近和短时预报业务将得到显著发展。在应用新一代天气雷达监测技术的基础上发展的临近预报系统将大大提高突发气象灾害的预警成功率；多种观测资料结合应用技术的发展，将明显推动临近预报技术的进步，为发展临近预报业务提供有力的技术支撑和保障。发展融合精细数值预报产品，雷达、卫星、自动站等资料的短时预报系统，突发气象灾害的预警时效将进一步提高。海—气、陆—气耦合的延伸期预报模式及集合预报业务系统的发展，将对 10～30 天延伸期预报业务提供支撑；天气过程模型、特征量分析、寻找相关指标等方法的研发，也逐渐应用于大尺度天气过程的趋势预报和气象要素趋势预报中。同时，专业数值预报模式的发展以及气象对行业影响的评估技术和评估模型的建立和完善将进一步提升专业气象预报的客观定量化水平和预报准确率。

除此以外，综合预报分析平台建设使天气预报制作方式更加现代化。综合预报分析平台建设逐步实现 GIS 技术应用、资料的智能分析等功能，同时平台可视化、交互性操作技术的进一步发展，这些将使平台逐步具有智能预报功能，实现预报产品与预报制作方式和流程的一体化。天气预报制作方式将全面融入网络化、数字化、智能化和可视化的技术环境，预报流程将更加规范。在此平台建设过程中，将进一步完善县级气象局结合本地气候特征和实际状况对上级台指导预报所进行订正预报的流程。

未来，随着天气预报工作平台自动化水平和交互能力的大大增强，预报员在天气预报中将进一步发挥其重要作用。预报员的作用体现在对数值预报模式产品和其他客观预报产品性能的掌握和了解，以及对各种资料和方法的综合分析应用和订正能力上，特别是在复杂天气的预报和综合决策中，预报员的主观分析预报能力仍起主要作用。

思 考 题

1. 对现代天气预报产生过重要影响的大气科学经典理论是哪几个？
2. 天气预报技术的发展分为哪几个阶段？
3. 什么是天气？什么是天气系统？什么是天气过程？
4. 短期天气预报方法有哪些？预报思路是什么？
5. 数值预报产品释用方法有哪些？
6. 什么是集合预报？什么是超级集合预报？
7. 简述临近、短时预报的时效和预报方法。

参 考 文 献

毕宝贵.2010.现代天气预报业务介绍(讲座).

何金海.2012.大气科学概论[M].北京:气象出版社.

李建辉.1995.天气预报业务现代化概论[M].北京:气象出版社.

李泽椿.1996.我国终端气象预报中待解决的基础性科学问题(现代大气科学前沿与进展)[M].北京:气象出版社.

柳崇健.1998.天气预报技术若干进展[M].北京:气象出版社.

卢敬华.1998.数值天气预报引论[M].北京:气象出版社.

苗春生.2005.大气科学导论[M].南京气象学院教材.

章国才,矫梅燕.2007.现代天气预报技术和方法[M].北京:气象出版社.

中国天气网.http://www.weather.com.cn/science.

Charney J G. 1947. The dynamics of long waves in a baroclinic westerly current[J]. *J. Meteor.*, **4**:135-162.

Charney J G. 1949. On a physical basis for numerical prediction of large-scale motions in the atmosphere[J]. *J. Meteor.*, **6**:372-385.

Kuo H L. 1949. Dynamic instability of two-dimensional nondivergent flow in a barotropic atmosphere[J]. *J. Meteor.*, **6**:105-122.

Rossby C G. 1938. On the mutual adjustment of pressure and velocity distributions in certain simple current systems Ⅱ[J]. *J. Mar. Res.*, **2**:239-263.

Yeh Tu-cheng. 1949. On energy dispersion in the atmosphere[J]. *J. Meteor.*, **6**:1-16.

第 2 章　中国四季天气气候特征

2.1　中国天气气候简介

我国气候有三大特点:显著的季风特色,明显的大陆性气候和多样的气候类型。

2.1.1　显著的季风特色

我国绝大多数地区一年中风向发生着规律性的季节更替,这是由我国所处的地理位置主要是海陆的配置所决定的。由于大陆和海洋热力特性的差异,冬季严寒的亚洲内陆形成一个冷性高气压,东方和南方的海洋上相对成为一个热性低气压,高气压区的空气要流向低气压区,就形成我国冬季多偏北和西北风;相反,夏季大陆热于海洋,高温的大陆成为低气压区,凉爽的海洋成为高气压区,因此,我国夏季盛行从海洋向大陆的东南风或西南风。由于大陆来的风带来干燥气流,海洋来的风带来湿润空气,所以我国的降水多发生在偏南风盛行的夏半年 5—9 月。可见,我国的季风气候特色不仅反映在风向的转换,也反映在干湿的变化上。形成我国季风气候特点为:冬冷夏热,冬干夏雨。这种雨热同季的气候特点对农业生产十分有利,冬季作物已收割或停止生长,一般并不需要太多水分,夏季作物生长旺盛,正是需要大量水分的季节。我国降水量的季节分配与同纬度地带相比,在副热带范围内和美国东部、印度相似,但与同纬度的北非相比,那里是极端干燥的沙漠气候,年雨量仅 110 mm,而我国华南年雨量在 1500 mm 以上,撒哈拉沙漠北部地区降水只有 200 mm,而我国长江流域年雨量可达 1200 mm,黄河流域年雨量 600 多 mm,比同纬度的地中海多 1/3,而且地中海地区雨水集中在秋冬。由此可见,我国东部地区的繁荣和发达与季风给我们带来的优越性不无关系。

(1)年降水量的空间分布

从中国年降水量分布图(图 2.1)可看出,800 mm 等降水量线在淮河—秦岭—青藏高原东南边缘一线;400 mm 等降水量线在大兴安岭—张家口—兰州—拉萨—喜马拉雅山东南端一线。塔里木盆地年降水量少于 50 mm,其南部边缘的一些地区降水量不足 20 mm;吐鲁番盆地的托克逊平均年降水量仅 5.9 mm,是中国的"旱极"。中国东南部有些地区降水量在 1600 mm 以上,台湾东部山地可达 3000 mm 以上,其东北部的火烧寮年平均降水量达 6000 mm 以上,最多的年份为 8408 mm,是中国的"雨极";中国年降水量空间分布的规律是:从东南沿海向西北内陆递减。各地区差别很大,大致是沿海多于内陆,南方多于北方,山区多于平原,山地中暖湿空气的迎风坡多于背风坡。

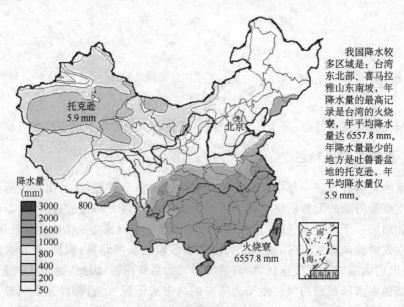

我国降水较多区域是:台湾东北部、喜马拉雅山东南坡,年降水量的最高记录是台湾的火烧寮,年平均降水量达 6557.8 mm。年降水量最少的地方是吐鲁番盆地的托克逊,年平均降水量仅 5.9 mm。

图 2.1　中国年降水量分布

(2)降水量的时间变化

中国降水量的时间变化表现在两个方面,即:季节变化和年际变化。

季节变化是一年内降水量的分配状况。中国降水的季节分配特征是:南方雨季开始早,结束晚,雨季长,集中在 5—10 月;北方雨季开始晚,结束早,雨季短,集中在 7 月、8 月。全国大部分地区夏秋多雨,冬春少雨。

年际变化是年与年之间的降水分配情况。中国大多数地区降水量年际变化较大,一般是多雨区年际变化较小,少雨区年际变化较大;沿海地区年际变化较小,内陆地区年际变化较大。而以内陆盆地年际变化最大。

(3)季风活动与季风区

中国降水在空间分布与时间变化上的特征,主要是由于季风活动影响形成的。发源于西太平洋热带海面的东南季风和赤道附近印度洋上的西南季风把温暖湿润的空气吹送到中国大陆上,成为中国夏季降水的主要水汽来源。

在夏季风正常活动的年份，每年 4 月、5 月暖湿的夏季风推进到南岭及其以南的地区。广东、广西、海南等省（区）进入雨季，降水量增多。

6 月夏季风推进到长江中下游，秦岭—淮河以南的广大地区进入雨季。这时，江淮地区阴雨连绵，由于正是梅子黄熟时节，故称这种天气为梅雨天气。

7 月、8 月夏季风推进到秦岭—淮河以北地区，华东、东北等地进入雨季，降水明显增多。9 月间，北方冷空气的势力增强，暖湿的夏季风在它的推动下向南后退，北方雨季结束。10 月，夏季风从中国大陆上退出，南方的雨季也随之结束。

（4）中国的干湿地区

干湿状况是反映气候特征的标志之一，一个地方的干湿程度由降水量和蒸发量的对比关系决定，降水量大于蒸发量，该地区就湿润，降水量小于蒸发量，该地区就干燥。干湿状况与天然植被类型及农业等关系密切。中国各地干湿状况差异很大，共划分为 4 个干湿地区：湿润区、半湿润区、半干旱区和干旱区（表 2.1）。

表 2.1 干湿地区的划分

	年降水量(mm)	干湿状况	分布地区	植被	土地利用
湿润区	>800	降水量>蒸发量	秦岭—淮河以南、青藏高原南部、内蒙古东北部、东北三省东部	森林	以水田为主的农业
半湿润区	>400	降水量>蒸发量	东北平原、华北平原、黄土高原大部、青藏高原东南部	森林—草原	以旱地为主的农业
半干旱区	<400	降水量<蒸发量	内蒙古高原、黄土高原的一部分、青藏高原大部	草原	草原牧业、灌溉农业
干旱区	<200	降水量<蒸发量	新疆、内蒙古高原西部、青藏高原西北部	荒漠	高山牧业、绿洲灌溉农业

在中国大兴安岭—阴山—贺兰山—巴颜喀拉山—冈底斯山连线以西以北的地区，夏季风很难到达，降水量很少，故唐诗中有"羌笛何须怨杨柳，春风不度玉门关"的名句。习惯上我们把夏季风可以控制的地区称为季风区，夏季风势力难以到达的地区称为非季风区。

2.1.2 明显的大陆性气候

由于陆地的热容较海洋为小，当太阳辐射减弱或消失时，大陆又比海洋容易降温，因此，大陆温差比海洋大，这种特性我们称之为大陆性。

　　我国大陆性气候表现在：与同纬度其他地区相比，冬季我国是世界上同纬度最冷的国家，1月平均气温东北地区比同纬度平均要偏低 15～20℃，黄淮流域偏低 10～15℃，长江以南偏低 6～10℃，华南沿海也偏低 5℃；夏季则是世界上同纬度平均最暖的国家(沙漠除外)。7月平均气温东北比同纬度平均偏高 4℃，华北偏高 2.5℃，长江中下游偏高 1.5～2℃。

　　(1)气温

　　1)冬季气温的分布

　　从1月平均气温图(图 2.2)可看出：0℃等温线穿过了淮河—秦岭—青藏高原东南边缘，此线以北(包括北方、西北内陆及青藏高原)的气温在 0℃ 以下，其中黑龙江漠河的气温在－30℃以下；此线以南的气温则在 0℃以上，其中海南三亚的气温为20℃以上。因此，南方温暖，北方寒冷，南北气温差别大是中国冬季气温的分布特征。

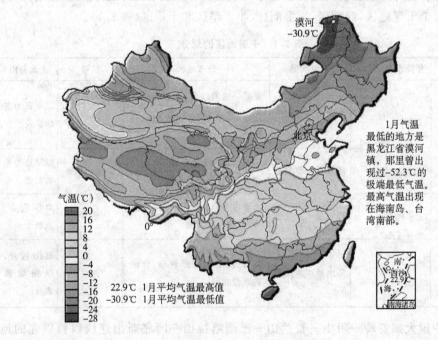

　　漠河
　　-30.9℃

1月气温最低的地方是黑龙江省漠河镇，那里曾出现过-52.3℃的极端最低气温。最高气温出现在海南岛、台湾南部。

气温(℃)
20
16
12
8
4
0
-4
-8
-12
-16
-20
-24
-28

22.9℃ 1月平均气温最高值
-30.9℃ 1月平均气温最低值

北京

0°

南
沙
海
22.9℃
南海诸岛

图 2.2　中国1月份平均气温

　　这一特征形成的原因主要有：

　　①纬度位置的影响。冬季阳光直射在南半球，中国大部处于北温带，由太阳辐射获得的热量少，同时中国南北纬度相差达 50°，北方与南方太阳高度差别显著，故造成北方大部地区气温低，且南北气温差别大。

　　②冬季风的影响。冬季，从蒙古、西伯利亚一带常有寒冷干燥的冬季风吹来，北方地区首当其冲，因此更加剧了北方严寒并使南北气温的差别增大。

2)夏季气温的分布

从中国夏季7月平均气温图(图2.3)上可以看出:除了地势高的青藏高原和天山等以外,大部地区在20℃以上,南方许多地方在28℃以上;新疆吐鲁番盆地7月平均气温高达32℃,是中国夏季的炎热中心。所以,除青藏高原等地势高的地区外,全国普遍高温,南北气温差别不大,是中国夏季气温分布的特征。

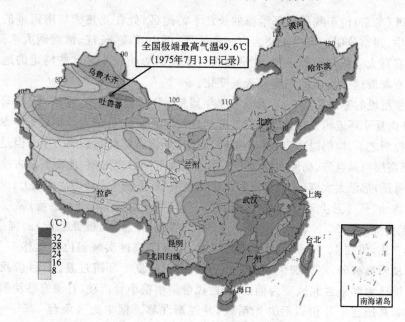

图2.3 中国7月份平均气温

其形成原因有:夏季阳光直射点在北半球,中国各地获得的太阳光热普遍增多。加之北方因纬度较高,白昼又比较长,获得的光热相对增多,缩短了与南方的气温差距,因而全国普遍高温。

(2)日照

中国绝大部分地区地处北回归线以北,冬季太阳入射角度小,日照时间短,获得的太阳光热较少,而且越往北越少;夏季阳光直射点在北半球,因而获得的光热普遍增多,且日照时间长。

2.1.3 多样的气候类型

我国幅员辽阔,最北的漠河位于53°N以北,属寒温带,最南的南沙群岛位于3°N,属赤道气候,而且高山深谷,丘陵盆地众多,青藏高原海拔4500 m以上的地区四季常冬,南海诸岛终年皆夏,云南中部四季如春,其余绝大部分四季分明。

2.2　江苏(南京)春季天气气候简介

2.2.1　江苏(南京)春季气候特征

江苏(南京)位于我国东部沿海的长江下游地区,处在亚热带与南温带的过渡性气候带中,四季分明。境内主要为广阔的平原、低山丘陵,长江、淮河两大水系横贯,周围没有高大连绵的山脉阻挡,地形对天气系统的影响较小。这些特定的地理环境基本上支配着这一地区的气候和天气变化。

这里所说的春季是指3—5月从冬半年到夏半年过渡的季节,即正当冬季环流强度减弱,并向夏季环流转变过渡之际。江苏地处长江下游地区,其春季仍处于冬季型的大气环流控制之下,即仍以冷空气和中高纬西风带环流系统控制影响为主。但是环流强度(包括高层西风急流、高原南侧的南支西风以及东亚沿岸大槽、地面的蒙古冷高压和阿留申低压)都已大大减弱,且稳定程度也明显减小,暖湿气流开始活跃北上。

具体地,从3月上旬起青藏高原南侧的南支西风急流(副热带急流)强度显著减弱,位置仍维持在30°N以南,高原北侧的北支西风带急流(极锋急流)的强度、位置基本无变化,仍在40°N;到4月中下旬以后,南支急流再次减弱位置北移5个纬度;东亚大槽明显减弱,移速加快,表明大气环流开始向夏季环流过渡。5月份我国上空基本气流已由冬季西北风变为偏西风,西风带多小槽小脊活动,且槽脊移动明显。低纬副热带高压在4月份以后开始活跃,并逐渐北移。据中央气象台1951—1970年20年500 hPa平均图分析统计指出,在120°E上副热带高压脊线3月份平均位置在14°N附近,4月份北移到16°N附近,5月份在19°N附近;暖湿空气活跃北上。

对应地面,大陆增暖较快,蒙古高压及阿留申低压均减弱各向西、向东移动,使得我国东北低压及蒙古低压得以发展加深常造成大风、扬沙天气。南方长江中下游地区及东海海面多气旋波活动,常形成连阴雨天气。春季长江下游地区的天气过程复杂,变化迅速,既有强冷空气及寒潮侵袭(能直接影响江苏南京地区)造成晚霜和倒春寒,又有因江淮气旋、切变线影响引起的频繁降水过程,甚至冰雹大风、暴雨。故这一地区春季天气特色主要有三点:一是温度逐渐增高;二是降水逐渐增多;三是天气过程变化迅速,天气多变。

2.2.2　江苏(南京)春季主要天气过程

(1)江淮气旋

江淮气旋是指发生在江淮流域及其以南(南岭以北)的锋面气旋(包括气旋波),是影响本地区春季大风、降水的主要天气系统。

1)江淮气旋发生的频率、源地、路径

江淮气旋一年四季都有发生发展的可能,而以春季和初夏发生得最为频繁。

江淮气旋的源地:①长江流域(30°—32°N)。其路径主要有两条,一是向 ENE 经东海北部到日本南部,另一条往 NNE 经黄海到日本海。②两湖盆地(28°—30°N)。生成于两湖盆地及 30°N 以南湘赣地区的气旋大多从长江入海。发生于上述两地区的江淮气旋占统计数的 80% 以上。③淮河流域(32°—34°N)。

2)江淮气旋的形成

①高空形势

两脊一槽型。在 500 hPa 图上,乌拉尔山附近为暖性高压脊,我国沿海大陆也有一个明显的高压脊(有时该高压脊可伸展至俄罗斯的滨海省附近),贝加尔湖(以下简称贝湖)、蒙古和我国的北部地区为两脊之间的大槽区,在这种环流形势下,当有小槽沿大槽外围向东南方向移动到江淮地区时,在槽前暖平流减压下方将导致地面气旋的生成。该型在未破坏前,江淮气旋可连续多次产生。

两槽一脊型。在 500 hPa 图上,我国东北和乌拉尔山地区分别为低槽区,贝加尔湖地区为脊,我国中高空为较平直的西风气流控制。在这种环流的形势下,当有小槽从青藏高原西边东移,并在高原东侧发展加深时,往往有低涡配合,在槽的下方常有气旋生成。但当高原槽东移中强度趋于减弱,则不利于地面气旋的生成和发展。

暖切变线型。在 700 hPa 图上,东南沿海为副热带高压脊控制,从河西走廊有小高压东移,它与副热带高压之间形成一条东西向的切变线,其位置在江淮流域上空,当有涡沿切变线东移时,在涡的下方往往有气旋生成。

②地面形势

(a)准静止锋上产生波动形成气旋(图 2.4)

当江淮流域有近似东西向的准静止锋时,如果有高空槽或涡移来,槽前减压,正涡度平流使地面形成气旋性环流。偏南气流使锋面向北移动,偏北气流使锋面向南移动。准静止锋变为冷、暖锋。若波动中心继续降压,往往形成气旋,但应指出,有很多气旋波是没有大发展的,而是随即消亡;能发展的一般也只有入海之后才得到发展,在陆地是极少发展的。

(b)冷锋进入倒槽,暖锋锋生形成

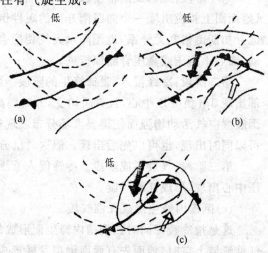

图 2.4　准静止锋上波动发展成江淮气旋
演变过程示意图

气旋(图 2.5)

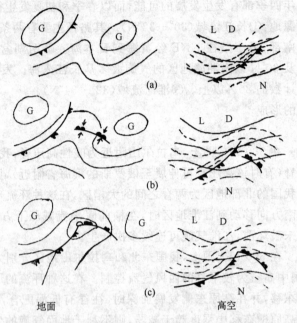

图 2.5　冷锋进入倒槽,暖锋锋生发展成江淮气旋过程示意图

这类气旋形成过程可分为三个阶段:

第一阶段:地面成倒槽阶段。由于低层有强烈的暖湿空气活动,形成华西低压(地面图上相应出现一个向西南开口的暖性倒槽),它可以一直伸展到长江中下游地区。初期倒槽既无锋系,也无降水天气相配合。在其北方有一冷锋缓慢地向东南移动,锋后小高压或高压脊随锋行进。

第二阶段:冷锋侵入、暖锋锋生的阶段。西北方冷锋开始进入倒槽。在倒槽东北部出现 3 h 负变压中心,且有暖切变,此时副高较稳定,且往往加强西伸,暖式切变上因暖湿空气活动增强而使得要素场分布表现有暖锋锋生特征。冷锋进入与暖锋锋生可以同时出现,也可以先后出现。但这时已分别有降水天气相伴产生。

第三阶段:气旋形成阶段。冷锋侵入低压槽中和新生的暖锋相连接,并有闭合低压中心出现,形成江淮气旋。

(c)倒槽内锋生形成江淮气旋

这是指冷暖锋同时在倒槽内锋生而形成的气旋。当有高空低槽或涡发展东移到江淮流域上空时,地面先有西南倒槽发展形成低压,以后由于锋生作用,在倒槽低压内形成冷、暖锋,成为锋面气旋。这时往往先在倒槽内有一片东西向雨区,在其中雨量最大的中心处(常常是一片连续性降水区出现的对流性或雷雨区)形成气旋中心。

　　事实上,江淮气旋在形成发展之前,长江中下游地区常有云层加厚、降水发生,并且雨区逐渐扩大东移,强度也有所增加,在降水区中,风向呈气旋式旋转明显的地方,往往是将要形成气旋中心的地方。其原因是:南方地区水汽充沛,层结稳定度小,在上升运动作用下成云致雨时,能够释放出大量凝结潜热,激发着高层辐散,有利于低空降压与气旋形成。

　　3)江淮气旋的预报

　　①江淮气旋发生的预报

　　江淮气旋的发生,是对流层下半部(甚至可能与更高层的条件有关)温压场演变的结果。在它发生前,从地面图到 925 hPa,850 hPa,700 hPa,500 hPa 图上必然会同时或先后出现若干特征的天气学条件。下面一些经验指标可供参考:

　　(a)当地面图上江淮流域有倒槽,上空又有西南涡东移发展,则可预报将有江淮气旋形成。

　　(b)在江淮流域的低压槽或准静止锋附近地区,连续出现负 3 h 变压中心,则可预报该地区 6~24 h 后有气旋产生。

　　(c)高空图上的冷槽向江淮流域移动,是促使江淮气旋发生发展的重要条件,气旋中心常产生于 850 hPa 图上冷中心的东南方向 350~500 km。

　　(d)长江下游发生气旋前一天,四川地区附近大都有负 3 h 变压中心出现。

　　(e)地面图上,长江中上游有一片降水区逐渐东移,雨区范围不断扩大,同时降水强度有所增强,在有明显的气旋式风向切变的地区,预示将有气旋波形成。

　　(f)在卫星云图上,当青藏高原东部出现云涡时,如果与云涡后面相对应的 500 hPa 图上有温度槽或 24 h 负变温区(即使很弱),则应注意可能发展成稠密云团,若在 30°—40°N,105°—115°E 范围内有稠密云团,并且在其北到东北侧有辐散的卷云羽出现时,一般可预报次日将可能产生江淮气旋。

　　②江淮气旋发展的预报

　　(a)高空有发展的辐散槽自西向东移近气旋上空,槽先后的冷暖平流强烈,槽前有湿舌相伴,湿舌范围内有不稳定性云或雷阵雨,则气旋发展;若气旋前部为冷平流或气旋上空为单纯的暖平流,则气旋削弱或不发展。

　　(b)和地面气旋对应的高空槽东面的高压脊,若发展加强并缓慢移动时,则有利于地面气旋发展,且气旋多向东北方向移动。反之,若高压脊不发展或减弱,并迅速东移时,则不利于地面气旋发展,且气旋多向偏东方向移动。

　　(c)在江淮流域的地面低压槽或准静止锋上,若连续出现负 3 h 变压中心值达 6 hPa或其以上(除去日变化),则未来 6~24 h 内气旋发展加深,并向 3 h 变压负值中心方向移动。

　　(d)700 hPa 闭合低涡。700 hPa 上有闭合低涡,同时低涡的西北方在河套附近有明显的小高压跟随出来。小高压向南—东南方移动,使低涡后部有明显的偏北气流,有利于地面气旋的发展。

(e)蒙古到我国东北的气旋无发展(或填塞、锢囚),则江淮气旋将会发展;反之则减弱。

③江淮气旋移动的预报

江淮气旋移动主要受高空槽前气流的引导,路径和锋区走向一致。一般江淮气旋移速平均为 $25\sim35$ km/h,春季快些,一般以 $40\sim50$ km/h 移动。以下指标可供具体预报时参考。

(a)气旋向负 3 h 变压最大值区域移动。

(b)气旋常沿着副热带高压脊外围气流方向移动。

(c)气旋在未来 24 h 内,往往是沿着风向逆转区与顺转区的不连续地带移动。

(d)气旋前方若有稳定少动的高压脊阻挡,气旋移速减慢,甚至停滞下来;相反,若高压东移减弱,气旋移动将加快。

(e)若 3 h 负变压中心距离气旋中心近,气旋将减速;若距离远,气旋将加速前进。

④江淮气旋的天气

江淮气旋是造成江淮地区大到暴雨的重要天气系统之一。江淮气旋生成后,在长江、淮河、黄河下游等广大地区都会出现降水,降水区主要分布在 700 hPa 槽线附近或切变线与地面锋线之间。春夏之交,在暖锋前靠近气旋中心的地方,若对应高空为西南涡东移或 850 hPa 暖切变线北抬,则多数能出现雷暴、大风和暴雨天气。

迅速发展加深的江淮气旋,不但可以产生暴雨,而且可以产生大风。气旋西部为西北大风,东部为偏南大风。由于气旋出海后往往加强发展,因此常可引起东海和黄海海面的大风天气,风速的大小与气旋的强度有关。在海上一般都会出现 6 级以上的大风。

江淮气旋生成的位置不同,产生的天气也不同。

(a)在两湖盆地生成的气旋,经过宁沪杭地区,几乎都要出现降水,通常是在地面暖锋和 850 hPa 暖切变线通过时发生。

(b)若气旋发生在长江以北,宁沪杭地区处在气旋暖区内无降水,要在冷锋过境时才产生降水。

(c)气旋发生位置偏西(在中南地区),移向偏东,高空切变线较明显时,雨区移向大致与气旋中心移动路径一致,降水时间多在 12 h 之内。

(d)当地面形势属准静止锋波动型,则降水持续时间较长;当 700 hPa 或 850 hPa 属低涡东移型,则降水持续时间也较长。

(e)降水开始时多发生在波动发生前 12 h 内。

(2)春季连阴雨

1)连阴雨的标准

中国气象局的地面观测规范以每日雨量达 0.1 mm 或其以上定为雨日。据此，江苏省气象局规定连阴雨过程标准如下：

①连续 3 天日雨量达 0.1 mm 或其以上，叫做一个降水基本段。每一次连阴雨过程必须包括至少一个基本段。一次过程的总降水量必须在 10 mm 上。

②对 5～7 天的连阴雨过程，雨量达 0.1 mm 或其以上的时段(12 h 一段)与总时段之比必须达到 70% 以上，如含无雨日在内，则该天的日照时数在 5 h 以下。大于 7 天的连阴雨过程，其雨日与总天数之比 70% 或其以上即可。

③如果连续 6 个时段无 0.1 mm 或其以上降水，则作为连阴雨结束。

按照江苏的气候特点，凡出现在 3 月 1 日至 5 月 31 日和 9 月 1 日至 11 月 30 日的连阴雨，分别称为春季和秋季连阴雨。

为揭示连阴雨期内温度状况，将日平均气温距平≥2.0℃(≤2.0℃)成为高(低)温日，一次连阴雨过程高(低)温日占总日数 50% 或其以上时，则称该次连阴雨为高(低)温连阴雨日。

2)春季连阴雨概况

春季连阴雨总雨量不大，100 mm 以上者出现甚少，20 mm 以下者也很少，而以 30～100 mm 为最多。因此，春季连阴雨是 5～7 天以上的连续性的降水，同时细雨霏霏，雨量不大。从天气图上可以看到一次连阴雨的范围很广，往往出现从汉口到上海的长江中下游地区(有时从华南一直到长江)上百万平方千米的一片雨区，由此可见，降水时间长、雨量小和范围广是春季连阴雨的三个基本特点。

3)春季连阴雨的高空 500 hPa 环流特征

春季连阴雨是中纬度西风带系统和中低纬度副热带系统共同作用形成的。连阴雨期间，西风带形势特点是：中纬度地区维持平直环流，不断有小槽、小脊活动，携带小股空气南下；副热带形势特点是：孟加拉湾槽(印缅槽)或副高，不断向北输送暖湿气流，提供水汽来源。是否出现连阴雨则取决于副热带系统活跃的程度；连阴雨长短则取决于西风带系统相对稳定的程度；能否在江苏境内形成连阴雨还取决于两类系统汇合位置是否适当。显然连阴雨是受一种稳定的大型环流所支配的。春季连阴雨开始或结束的形势特征主要表现在西风带系统一方。

①阻塞型(图 2.6)

500 hPa 上乌拉尔山附近存在阻塞高压，中纬度亚欧上空为平直西风环流。急流分为南北两支，北支绕青藏高原北侧经中亚到西伯利亚形成一个宽槽，宽槽后的浅脊向华北和长江中下游地区输送冷空气。南支在里海、巴尔喀什湖(以下简称巴湖)一带有低压槽，槽南部西风气流绕青藏高原南侧并在孟加拉湾形成低槽(印缅槽)，槽

前西南气流一直伸展到长江中下游
地区,并输送暖湿空气(或副高较强
亦可代替印缅槽输送水汽)。由于
南支槽落后于北支槽,有时甚至反
位相,所以南北两支气流在长江中
下游以东汇合,亦即它们所输送的
冷、暖空气在此交绥。相应地
700 hPa上有切变线形成,地面上形
成准静止锋,当 700 hPa 上康定附
近低涡沿切变线移出时,引起地面
静止锋上不断产生气旋波东移。该

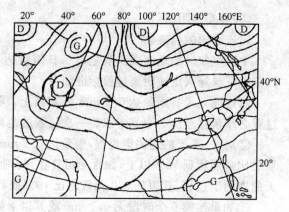

图 2.6　连阴雨阻塞型示意图

型连阴雨天数占春季连阴雨总天数的 52.6%,是春季连阴雨的主要形势。

②低压型(图 2.7)

欧亚的中高纬为一个大型
低涡(或两个以上低压中心)所
控制,它们是极涡偏心于欧亚大
陆的结果。在北欧、冰岛或大西
洋有时有阻塞高压存在。因此,
中纬度亚洲大陆上空为平直西
风环流,在经过青藏高原时也发
生分支,北支在新疆到蒙古间形
成一个浅脊,南支在孟加拉湾附
近形成低槽。此时,南北两支气
流在长江中下游以东地区汇合,
地面静止锋在长江流域到南岭之间摆动。

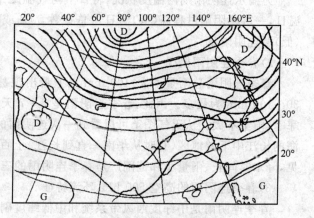

图 2.7　连阴雨低压型示意图

③槽脊型

该型又分为贝湖低槽型和北脊、南槽型。

(a)贝湖低槽型

在乌拉尔山以东 50°N 以北的贝湖两侧是宽广的低槽区,槽内有冷涡;低槽以西
的高压脊内无高压中心,而在鄂霍次克海(以下简称鄂海)北部有时有阻塞高压;有华
西低槽输送暖湿空气,此槽比上述两型的印缅槽位置偏东。700 hPa,850 hPa 上的
影响系统为槽线、切变线,切变线位置的摆动比其他各型大,影响槽在我国西部。

(b)北脊、南槽型

在 40°N 以北的亚欧地区为两槽一脊(图 2.8),其中脊在乌山与贝湖之间;咸海、

里海一带为冷涡或低槽；俄罗斯的滨海省、我国东北及朝鲜为一"平底槽"，槽底在37°N 以北；青藏高原到印缅一带有低槽。"北脊"的脊线在 85°E 附近，"南槽"的槽线在 90°E 附近，槽前的西南气流与脊前的西到西北气流在江苏境内汇合。地面上，持续性静止锋较少，气旋波的发生和影响比较频繁。在低空，一般是槽线转为切变线的形式，并可重复出现，结束过程则是"切转槽"（切变线转为槽线）。在低层北脊和南槽东移时，往往是槽慢脊快，当北脊叠加到南槽上时，使西南气流发展加强，因而阴雨范围扩大，雨量也增大。

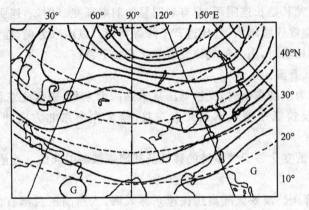

图 2.8　连阴雨北脊、南槽型

　　显然，连阴雨环流形势要求有稳定的大型天气系统如阻塞高压、切断低涡、北方大低涡、孟加拉湾低槽等，同时副热带高压也稳定在 18°—20°N 的菲律宾以东太平洋上，这样就使得环流形势稳定一个相当时段。同时，南支和北支急流上的槽脊位相不同，甚至反位相，从而使冷暖空气在长江流域或其以南交汇，形成切变线和准静止锋。地面冷高压常以比较偏东路径从华北入海，而在蒙古一带维持一较强冷高压，保证冷空气源源不断地南下，华西低压明显活跃。这样就在东亚形成东部气压高于西部的东高西低的形势。低层南支西风上不断有小槽东移，使切变线维持较久，从而造成较长的连阴雨天气。

　　各型连阴雨的环流背景不一样，所以天气也有差异。统计数字表明：

　　(a)低温连阴雨多在阻塞型和低压型内出现（低温过程的几率分别为 60% 和 44%)，北脊、南槽型未出现过高温或低温连阴雨过程；贝湖低槽型出现高温连阴雨过程的几率为 27%。

　　(b)连阴雨平均日数以贝湖低槽型和北脊南槽型较少，尤其贝湖低槽型，因冷空气聚积在贝湖附近，一旦有横槽南摆，就可造成冷空气暴发而使连阴雨结束；贝湖低槽型连阴雨出现位置往往偏于苏南。

　　(c)连阴雨出现时间以阻塞和低压两型最长，而降水的范围却数北脊南槽型最为广泛,但过程雨量比较小。

4)地面气压场特征

春季连阴雨开始前地面气压场基本形势是"东高西低"。但是"西低"的范围、程度各有不同,主要由东部沿海地区的影响系统来定;有东高,西北低、东南高、东路冷锋,高压前部控制四种气压场形势。前两类属变性高压后部控制,后两类是位置偏东的冷性高压控制。

5)连阴雨开始前单站要素的变化

春季连阴雨尤其是长连阴雨,都有着明显的前期征兆。例如,连阴雨前期会出现气温逐日上升,湿度连续增大,气压连日下降等特征。以南京为例,连阴雨开始前,在环流形势进入起始场时,南京的气象要素变化有如下特征:

①单站降压、升温。

②单站风向为东到东南时,反映低压从本站南面东移,雨区先东伸后北抬;单站风为西南风时,反映低压槽从本站北面东移,雨区先向东北方向伸展再南压影响本站。

③单站气压的变化是天气系统的移动及其增强减弱引起的。连阴雨之前气压变化可分三类:

(a)大幅度降压。反映大陆高压快速东移入海;入海高压后部有低槽发展东移,若低槽从北方缓慢南压,则降压时间拉长。

(b)小幅度降压。低压在河套或更北地区东移,很少南下;入海高压的脊西伸达105°E附近,华西无明显列槽东伸;整个长江流域已处于低压带内,江苏气压不高,降压不明显;入海高压后部在长江中游另有分裂小高压,整个长江流域为弱的东西向高压带。

(c)气压上升。这种情况出现在两段连阴雨之间的间歇期的结束场与起始场交叉时期。

6)连阴雨结束的预报

当上述稳定环流形势破坏,阻塞高压等稳定和急流分支消失,即由纬向环流变为经向环流;或是南北两支急流上波动位相重叠,出现大槽、大脊;或是里海脊发展并东移,欧洲槽和东亚大槽强烈发展,这时就预示长江中下游地区连阴雨即将结束。在地面图上有强冷高压和强正变压从新疆向东南方移动,以偏西路径南下,经两湖到长江下游地区出海,造成强烈降温,有时造成霜冻,从而使阴雨天气结束。

(3)春季冷空气活动

1)冷锋

冷锋是春季影响本地区的主要天气系统之一。这里以南京地区为例,经统计分析 1970—1979 年 10 年的资料可知,南京地区春季是全年过境冷锋最多的一个季节。

根据冷锋后主要冷高压的中心位置、冷空气南下的主要方向和冷锋的走向,可将冷锋分为东路冷锋、中路冷锋和西路冷锋三种(有关规定请参阅天气学教材的相关章节)。

　　统计中还发现,春季经过南京的冷锋大多为中等强度,强冷锋在 3 月份稍多些,以后逐月减少。强冷锋以中路为最多,西路次之,东路最少。这些特征与冬半年影响南京的冷空气相似。其中中路冷锋移速为最快,大多数为 30～50 km/h,最快可超过 60 km/h;西路冷锋移速次之,大多数为 30～40 km/h;移动速度最慢的是东路冷锋,平均移速为 20～30 km/h。

　　在预报冷锋南移过程中应注意以下几点:

　　①如果高空槽在华北地区加深,槽后偏北气流加强,有利冷锋南移加快。

　　②如果高空槽东移减弱,或槽后青海一带有小高压东移,高空槽南端逐渐转为切变线,使槽后西北气流转成东北气流,则冷锋南移速度减慢。

　　③当黄海有江淮气旋发展加深时,北来冷锋将加速南下,迅速和江淮气旋的冷锋合并。

　　这里还需提到冷锋锋消问题,因为春季冷锋南下时,有时会有锋消现象,3 月、4 月份较少,5 月份逐渐增多。冷锋锋消的预报可着眼于以下几点:

　　①700 hPa 图上没有冷槽与冷锋相配合,冷锋上空 850 hPa 图上为一高压环流,则锋面在移动过程中较快锋消。

　　②华南低层有一锋区,地面 30°N 一带为东北气流时,则北部冷锋往往扩散南下,锋面逐渐消失。

　　③华北地区浅层冷锋(850 hPa 上没有锋区配合)一般不能移到本区,通常在山东南部或苏北锋消。

　　④河套地区南北向的冷锋,在东移过程中,一般趋于减弱或消失。

　　⑤与冷锋相联系的天气区明显减弱或消失。

　　与春季冷锋相伴的主要天气有:

　　①冷锋降水:据统计,春季各路冷锋经过南京时产生降水的情况差别不大,以西路冷锋稍多些,东路冷锋稍少些。春季冷锋引起南京地区的降水以稳定性降水为多,约占降水总次数的 80%,因冷锋而引起雷雨大约平均一年才 1 次,约占降水总数的 20%。

　　②冷锋大风、浮尘:当蒙古南部、我国河套地区已出现大片风沙、浮尘大风区,在高空低压后部西北气流的吹送下,可与冷锋一起影响南京地区。

　　2)春季寒潮

　　按中国气象局规定,对局地而言,当冷空气影响后,24 h 气温下降 10℃或其以上,最低气温下降到 5℃或其以下,同时伴有 5 级以上偏北大风时即为一次寒潮天气过程。

　　江苏寒潮天气一般出现在 10 月至次年 4 月,个别年份 5 月初还有寒潮。它造成晚霜和早春冻害,是江苏省冬半年的主要灾害性天气之一。对影响江苏的寒潮取例原则是按 10 个代表站(徐州、赣榆、淮安、射阳、东台、高邮、吕泗、南京、溧阳、东山)受冷空气影响程度确定的。当 10 个代表站中有 6 个站 24 h 降温达 8℃以上,且其中至少要有 2 个站降温在 10℃或其以上,有 5 个站最低气温降到 5℃或其以下,并伴有 5 级以上偏北大风(正点观测的风速大于或等于 10 m/s,瞬时风速大于或等于 17.2 m/s)时即定为一次寒潮。

　　影响江苏的寒潮,按季节可划分为秋季寒潮(10—11 月)、冬季寒潮(12 月—次年 2 月)和春季寒潮(3—4 月);按影响地区划分,可分为全省性寒潮、苏北寒潮和苏南寒潮,但绝大部分是全省性寒潮。

　　据江苏省气象台对 1960—1983 年 24 年 10 月至次年 4 月出现的 112 次寒潮统计,其月际分布为:11 月出现最多(27 次),占总数的 24%;次多在 3 月(21 次)占 18%;最少在 10 月(7 次)占 6%。整个冬半年呈现双峰型,两峰之间的"谷"出现在隆冬 1 月。在 3 月过渡季节,由于冷空气活动频繁,而回暖升温也很明显,当有强冷空气侵袭南下时,一方面降温幅度大,另一方面最低温度也容易降到相当低的程度,故而 3 月份易达到寒潮强度,且 3 月份的寒潮频数比隆冬季节的 12 月、1 月、2 月(因基础气温一直较低,24 h 降温幅度不易达到 10℃以上)为多。而在 4 月份,由于气温已明显上升,故强冷空气南下时,虽然可有较大的降温幅度,但最低温度很难降到 5℃以下,所以 4 月份的寒潮频数显著下降。

　　3 月份的寒潮基本上与冬季寒潮性质相同,4 月份寒潮已有春季寒潮特色。大多数的春季寒潮具有过程发展和移动迅速的特征。地面冷高压前方常有东北低压或江淮气旋同时发生发展,一般都伴有一次降水过程(除非有冷高压中心直接南下影响);冷空气多以西路从巴尔喀什湖进入我国新疆、河西走廊到长江中下游地区。且冷空气变性迅速,造成的降温及低温均不及冬季,且气温回升快。

　　春季寒潮环流形势特征、形势预报及大风、降温等要素预报指标均可参阅天气学教科书中有关冬半年寒潮的章节。

　　3)春季冷空气活动造成的灾害性天气现象

　　①霜冻

　　霜是在寒冷、晴朗、静稳的夜间和清晨,水汽在地面物体上凝华而成的冰晶。一般是最低气温在 3~5℃,草温和地面温度已降到 0℃以下,而地面附近空气已达到饱和时才会出现霜,有时虽然没有出现霜,但草温降到 0℃以下,农作物同样会受到严重损害,这称为"霜冻"现象。显然,霜和霜冻的危害主要在于 0℃以下的低温,冬季气温较低,经常会有霜和霜冻的危害出现,但那时农作物大多已收割或处于越冬状态,很少受到损害。而在过渡季节的初春和晚秋,气温一般并不太低,农作物正在生长,如有霜和霜冻就可能造成危害,所以春季的晚霜或终霜以及秋季的早霜或初霜,就成为一个重要的灾害性天气现象而引起分析和预报的注意。

霜的形成有几个必要条件,即:强冷空气控制下,夜里转晴,风速变得弱(1～2 m/s)。由于地形、地物条件不同,不同地点霜的强度会有所不同,甚至仍无霜出现。若不考虑局地性霜冻,要在长江下游全区域或半个区域内形成大范围霜冻,必须有较强的冷高压中心南压到江淮流域,使之出现强烈降温、风停云散的晴朗静稳天气,这时才有可能形成大范围霜冻。至于具体的霜冻地点,要视冷空气的强度和路径而有所不同。

②倒春寒

春季温度有一种反常的变化,称为“倒春寒”,即早期 2 月份起气温偏高,后期3—4 月份温度反而明显偏低。这对小麦生长及早稻育秧都很不利,可导致作物的严重减产。

(4)春季偏南大风

1)综述

高压后部偏南大风,多在春季出现,出现偏南大风时,气压场多是“东高西低”或“南高北低”的形势。春季华东一带大陆由于回暖快而比海面上相对暖和,于是从大陆移到海上的变性冷高压失去热量,使得高压入海后增强,从而出现短暂偏南大风,但这种大风一般风速较小。如果西部有低压东移,特别是低压发展东移时,则可以出现较大而持久的偏南大风。

春季偏南大风 3 月份最多,占春季偏南大风总次数的 38%,以后逐月减少。各月地面气压形势均以东高西低型产生的偏南大风日最多,也是 3—5 月之首;其次是南高北低型、倒槽气旋波型;高压底部型在各月出现的次数均最少。

南京处于不同类型的气压场形势下所吹的风向亦有所不同。在“东高西低”气压场上主要位于高压后部,以东南东—东南风向为最多;在南高北低型气压场中,则多位于南部高压北边缘,盛吹西南—西风;倒槽气旋波类,南京常处于倒槽前部或气旋波顶部,以东—东南东—东南风为最多;在高压底部型中,以东—东南东风向最多。

2)偏南大风气压场形势特征

①东高西低型

地面图上,高压入海后稳定少动;西侧为低压(槽)、倒槽形成发展。高压中心在120°E 以东,35°N 以南;高压能稳定几天,其脊可伸展到西南,这时南京西侧为相对低区。

对应高空,在 850～700 hPa 上也有小高压入海,常由高压脊前部转入高压后部及暖切变线附近(切变线南、北两侧)及 500 hPa 槽前西南气流暖平流作用下,有利西部低压的发展。

②倒槽气旋波型

地面图上,气旋波在两湖盆地或大别山附近形成东移,长江中下游附近地区为东西向倒槽东伸,南京处在气旋波顶部附近或东西向倒槽内;或倒槽气旋波顶部;或南北向倒槽暖区内;倒槽静止锋附近或倒槽冷锋前。

对应 700～500 hPa 上处在脊后槽前西南气流、暖平流影响下,有利于 850 hPa 暖式切变线的增强和地面倒槽内气旋波的发展。

③南高北低型

地面图上,为东西向或东北—西南向带状高压带,大陆高压中心在 30°N 以南,并可伸展到 110°E 附近;海上高压位于 30°N 附近。在 35°N 以北或 40°N 以南为低压区(带),南京处于高压北部边缘。

也可有"L"型高压及一般南高北低型,前者多为好天气,后者多为未来转坏或演变成东高西低型。后者在河套及华北为低压,并常有冷锋配合。

在 850 hPa,700 hPa,500 hPa 中低空上影响系统全部转为脊前槽后,一致西北气流、冷平流;或暖平流随高度升高而减弱;或中低空为一致西南气流、暖平流,层结稳定,地面多为"L"型高压。当 850 hPa 上仍为西北气流(冷平流),而 700～500 hPa 转为槽前西南气流暖平流时,则多为北部低压有冷锋移进。或者在"L"型高压上空一致西北气流下,低空变为暖平流而中空仍为冷平流时层结已变为不稳定性,这时"L"型高压被破坏。

④高压底部偏东大风类

地面图上,地面高压中心或高压带位于 35°N 以北地区;30°N 以南为相对地区(无西南倒槽,无气旋形成);850 hPa 切变线在 30°N 以南。

在 850 hPa 上同地面形势一样多数也转为高压底部,若切变线在 30°N 以南受冷平流控制,700～500 hPa 上已转为脊前槽后一致西北气流;或者 700 hPa 还处在暖式切变气旋性弯曲处的偏西气流影响下,500 hPa 还在槽前,下部冷平流,上部弱暖平流,高压冷锋锋区下方。或者 850～500 hPa 均转为高压后部,低层仍为冷平流,中层已转为暖平流时,反映南京由高压底部将转为东高西低型,南京西部已有南北向低槽移来。

3)偏南大风的预报

首先着眼于预报地区能否出现产生偏南大风有利的气压场形势,判别属哪种类型,并用各型最易出现的最多风向及可能出现最大风速的天气气候背景,可粗略地作出估计值,现举例如下:

例:南京地区东南大风预报。

地面形势:地面和 850 hPa 上有高压中心东移入黄海后,稳定少动,强度变化不大或稍有加强;西南地区有倒槽发展,并逐渐向东北方向延伸至长江中下游。24 h

变压分布:海上为正值,河套及四川北部为负值,达 7~12 hPa。注意以下几点对预报东南大风具有参考价值。

①东南大风日变化显著,一般在上午 9 时、10 时开始增大到 8 m/s 以上,以 12—16 时为最大,以后逐渐减小。

②高压中心入黄海后,如长江中下游地区的西南倒槽发展明显,则在高压入海后 6~8 h 可出现 8 m/s 以上的东南大风;如西南倒槽无明显发展,则高压入海后 20~22 h 后才能达到 8 m/s 以上的东南大风。当高压中心东移到 130°E 以东时,风速会减小。

③东南大风风向的预报,可按接近预报时间的 300 m 或 600 m 空中的风向再向顺时针方向修正 20 度来确定。

④根据南京站低空 300 m、600 m、900 m 风速,按经验公式得出东南大风风速:

$$V(最大) = 0.3(V_{300} + V_{600} + V_{900}) \tag{2.1}$$

式中,V 为风速,单位:m/s。

⑤根据上海和南京之间的气压差,用经验公式得出东南大风的平均风速:

$$V = 3(P_{沪} - P_{宁}) \tag{2.2}$$

2.3　江苏(南京)秋季天气气候简介

2.3.1　江苏省(南京)秋季气候特征

秋季是指 9—11 月,这段时间是夏转冬的过渡季节,这是南方的暖空气实力大为减弱,副热带高压开始南退,北方冷空气开始增强,西风带逐渐南移。

当南方暖湿气流比较活跃、偏强时,又遇北方冷空气活动南下,则冷暖空气较长时间交汇于江淮流域地区时,就会产生秋季连阴雨;有时经常受高压影响,会出现天高气爽、风和日丽,温、湿适中,气候宜人的天气;有时西风带的低压槽、高压脊相继东移影响,槽前西南气流与副高西北侧的偏南气流共同作用,是长江中下游产生降水,但时间不长,低槽过后又转受东移的高压脊控制,于是出现 3~4 天的过程性天气。到晚秋时节,冷空气活动加强,多有强冷空气(甚至寒潮)及早霜。关于寒潮,前面已有叙述,秋季情况大致相同,这里不再赘述。

2.3.2　江苏省(南京)秋季主要天气过程

(1)秋季连阴雨

1)秋季连阴雨的环流形势

连阴雨的出现和维持需要较为稳定的环流型。秋季是由夏转冬的过渡季节,连阴雨环流型既有以北方系统为主的阻塞型和大低压型,又有以南方系统为主的副高型(或称副高偏强型)和台风型。天气过程与春季不同之处有:静止锋持续时间比较短;气旋波的发生次数少;天气过程变异性大而稳定性差;增加了台风槽和东风波的直接影响。但是,作为构成连阴雨的根本原因,春秋两季实质上是一样的,即暖湿空气较活跃,同时有冷空气活动,冷、暖空气的汇合区在江苏一带。但秋季连阴雨暖湿气流的输送主要靠副高,而不是印缅槽。

现以 500 hPa 天气形势特征分为 4 个型进行分析。

①阻塞型

主要特征是乌拉尔山附近为阻塞高压,孟加拉湾到西藏高原不断有低压槽形成维持,使长江中下游地区西南气流比较活跃(图 2.9)。

②大低压型

主要特点是亚洲高纬度地区为宽广的低压区,中纬度地带多短波槽活动,西风环流平直(图 2.10)。

③副高型

副高势力较强而稳定呈带状,副高脊线位于 22°—33°N,江苏地区受暖湿的西南气流控制,西风带不断有低槽东移,引导冷空气频频南下,这是构成秋季连阴雨的主要环流(图 2.11)。

④台风型

主要特点是受台风直接影响。西风带主要特征为东亚地区中纬度环流平直,副高位置偏北,其南侧气流引导台风登陆。因此雨量及暴雨强度均比各型连阴雨大(图略)。

上述几种连阴雨类型在秋季的连阴雨过程中可以是一种或两种,而

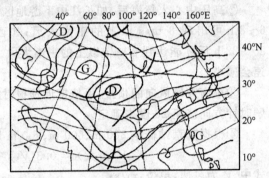

图 2.9　阻塞型示意图

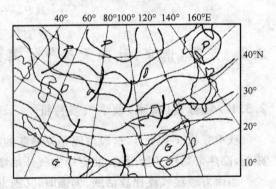

图 2.10　大低压型示意图

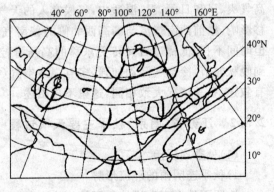

图 2.11　副高型示意图

且各类型之间可以转变。在低层和地面图上的天气系统有低槽、切变线、台风倒槽、东风波、副高西北边缘的西南气流和冷锋、静止锋、气旋波和台风。

上述 4 个环流型概括了秋季连阴雨过程 95％的日数,各型天气特征为:(a)副高型和大低压型平均日数比较多,但该两型雨日数所占的几率较少;(b)秋季唯有台风型低温过程所占几率超过气候概率,原因是台风风雨带来降温或台风倒槽与冷空气结合带来降温;(c)春季的阻塞型和大低压型低温日占几率较多,秋季该两型反而出现高温,尤其大低压型具有气温偏高、连阴雨范围又大的特点;(d)秋季长连阴雨多发生在副高型内。

2)连阴雨结束的环流特征和预报

秋季连阴雨形成因子较为复杂,预报时既要注意中高纬度西风带的环流特征,又要考虑低纬度热带、副热带系统的影响,特别要注意中、低纬度系统的相互牵制作用和冷、暖空气对峙局面的形成。

①高压形势

一种为中纬度地区贝加尔湖以西为较强高压脊东移,或者阻塞高压破坏东移,其前方冷低槽东移南下;另一种是两个西风带浅槽东移同位相相叠加,至沿海加深成东亚大槽。上述过程都是由于较强冷空气大举南下,迫使副高撤退,从而江苏地区受槽后西北气流影响,阴雨结束。

②地面形势

多数为强冷高压或高压脊补充南下,其前方常有冷锋东南下,使雨带南移;另外当台风演变成低压西行消失或东移再入海时,可引发北方冷高压南移使连阴雨结束。

秋季连阴雨结束前的高空形势特征主要是:巴湖、贝湖之间有高脊东移或阻塞高压前强冷空气东移南下,另外,浅槽东移到东亚沿海加深的情况也应注意。总之,连阴雨结束的共同处都是高空环流形势进行调整,引发槽后较强冷空气南下,使暖湿气流南退。因此,预报关键是高空环流形势何时调整,低槽东移加深,地面则为冷高压南伸,冷锋或静止锋南移。所以,密切注意国内外播发的数值预报形势图的变化,尤其是中高纬天气形势的演变是重要的方法和根据。

(2)秋高气爽天气

1)秋高气爽含义

进入秋季后,除华西、华南以外,各地区雨季基本结束。北方冷空气势力加强,一次次南侵的干冷气流迫使夏季一直回旋在我国上空的暖湿空气向南退去。暖湿空气的减少也意味着天空中云系较少,能见度好,形成碧空万里的景象,使人感到秋天的天空特别高。

随着夜渐长,夜晚的天空又无云层遮盖,辐射降温明显,白天吸收的太阳热量不够弥补夜晚散放的热量,于是气温就逐渐降低下来,但降低得还不多,因此是始凉未寒。人们出汗较少,即使出点汗,由于天气晴好、空气干燥,使人身上的汗液很快蒸发掉,有凉爽感。

与此同时,我国地面主要受冷高压的控制,下沉气流盛行,气流下沉时增温,不利于云雨的形成,而且气压较高。人呼吸是肺内气压和外界大气压通过呼吸肌的伸缩产生压力差,如果外界气压变低,那么呼吸会感觉费力,有闷的感觉。相反,气压高就给人"气爽"的感觉。

2)秋高气爽的两种天气形势

①高空暖高压与地面冷高压叠加

秋季是从夏季到冬季的过渡季节,由于冬季风常取暴发性南下形式,首先从地面置换夏季风,迅速而干净。往往通过几次较强冷空气暴发,在15～20天内,即可完成从夏季环流向冬季环流的转变(地面的冷高压脊可由北方一直伸展到南岭附近),而其上空副热带高压脊的东移南撤则相对较慢。因此,有一段时期长江中下游地区低层是冷高压(脊),高空是副热带暖高压(脊)叠加,于是使上述附近地区秋季出现持久的凉爽、晴朗的秋高气爽的天气。例如,1976年9月上旬末到10月中旬就是如此。

②高低空为深厚的冷高压控制

这种形势是有一次较明显的冷空气南下,地面为南北向高压脊(带),中高层的长江中下游地区受东亚槽后高压脊控制,有时高压脊与东南沿海附近的副热带高压相连接,出现较深厚的高压控制区,从而形成大片晴空区。

由于这类连晴天气过程预报较容易,故不再详细讨论其预报问题。

必须指出的是,秋季上述连阴雨天气、秋高气爽天气和过程性天气都可能间隔交叉出现,有时以其中一种天气为主,其他不明显。

(3)秋季出现的其他天气现象

1)大风、降温、寒露风

主要是由于一次强冷空气南下引起,地面冷锋有规律南下,或者是江苏产生气旋发展东移引起大风和降温。

通常把入秋后的日平均气温连续3天低于20℃,作为水稻低温危害的农业气象指标,称为寒露风。江淮流域以南京为代表的多年平均寒露风日期是9月28—29日。一般当寒露风来临偏早时才对水稻有较大危害,而偏晚或正常时则无多大影响。

对寒露风、早初霜、秋季强寒潮等的预报,实质上是较强冷空气暴发预报,因为都是一些强冷空气活动过程所致,这与冬春季节寒潮冷空气的天气形势过程特征基本相同,这里不再赘述。有关偏北大风、降温预报问题可参阅天气学教科书中关于寒潮冷空气的内容。

2）偏南大风

这里是指东南东—南西南风向，风速在 6 级（11 m/s）或以上的东南大风及西南大风。

使用 1971—1980 年 9—11 月逐日天气图以及南京地区逐日极大风资料。南京站出现偏南大风时以地面形势为主，参考高空天气系统及冷暖平流，划分为东高西低型（30 例）、倒槽气旋型（11 例）、高压底部型（12 例）、南高北低型（6 例）四类型，其环流特征可参阅有关春季天气气候的内容。

不管地面是哪一类型，其上空影响系统分别归纳如下：

850 hPa 多为暖式切变线、后部高压、或槽前西南—西西南气流，以暖平流为主，少数为冷平流。

700 hPa 多数处于槽前—脊后西南—西西南气流或切变线附近，暖平流为主。也有时位于槽后—脊前西北—西西北气流，冷暖平流均有可能。少数为高压后部偏南气流。

500 hPa 几乎全为槽前西南气流或宽广西南气流、暖平流或槽后—脊前西北—西西北气流、冷暖平流都有可能。

3）东高西低型偏南大风预报

①思路。此类型前已指出是秋季出现次数较多的一种。从地转风公式（略）知，风速大小主要与气压梯度力成正比。所以，大风预报主要是变性冷高压入海后稳定少动，它西侧有低槽（倒槽）形成、发展或东移，使得位于长江下游的江苏（南京）地区气压梯度加大，从而引起偏南风加强。

②方法与结果（以预报南京的偏南大风为例）。规定入海高压在 34°—40°N、120°—135°E 范围内只能取最强值作为高压中心强度。

经过反复比较挑选，得出用入海高压强度减汉口气压，其差（ΔP）表征南京地区气压梯度，它和南京未来 6～12 h 极大偏南风速（F）有较好地关系。经 1971—1980 年资料计算回归方程为：

$$F = 8.86 + 0.515\Delta P \tag{2.3}$$

用历史资料代入上式并与实况值比较，其平均绝对误差为 0.8 m/s，说明方程效果较好。实际应用时若地面形势符合东高西低类型，就可读取规定范围内高压强度，并用上述方程计算极大风速值 F。

思 考 题

1. 我国气候的基本特征有哪些？
2. 江淮气旋发生的预报着眼点是什么？
3. 江淮气旋发展的预报着眼点是什么？
4. 江苏省连阴雨的标准有哪些？
5. 什么是"倒春寒"？

参 考 文 献

江苏省气象局预报课题组.1988.江苏重要天气分析和预报[M].北京:气象出版社.

梁汉明,张亮.1990.冬半年南京地区强冷空气(寒潮)的影响和大风降温预报[J].气象,**16**(1):
28-33.

南京气象学院气象台.1998.短期天气综合分析与预报[M].北京:气象出版社.

向元珍,包澄澜.1986.长江下游地区的四季天气[M].北京:气象出版社.

第 3 章　中国重要天气过程

3.1　寒潮天气过程

寒潮是北方大范围的冷气团聚集到一定程度后,在适宜的高空大气环流作用下,大规模东移南侵,在此过程中达到一定的降温强度标准的冷空气。寒潮本身所特有的剧烈降温,及其所伴随的大风、暴雪、沙尘暴、冻雨等灾害性天气,对农业、交通、电力、航海及人民的健康都有很大的影响。

3.1.1　寒潮的分类

(1)寒潮的强度分类

根据《寒潮等级国家标准》,按冷空气暴发强度,寒潮划分为:寒潮、强寒潮、特强寒潮。(注:此处寒潮的强度分类主要是针对某一气象站而言,以下类同。)

寒潮:24 h 内日最低气温下降幅度应大于或等于 8℃,或 48 h 下降幅度应大于或等于 12℃,或 72 h 下降幅度应大于或等于 12℃;有些地区也可用 24 h 平均气温下降幅度应大于或等于 8℃,或 48 h 平均气温下降幅度应大于或等于 10℃,或过程(不超过 4 天,下同)平均气温下降幅度应大于或等于 12℃来界定。

过程最低气温应下降到 4℃或其以下,或观测有霜出现。

强寒潮:24 h 内日最低气温下降幅度大于或等于 10℃,或 48 h 内日最低气温下降幅度大于或等于 12℃,或过程最低气温下降幅度大于或等于 14℃。有些地区也可用 24 h 平均气温下降幅度大于或等于 10℃,或 48 h 平均气温下降幅度大于或等于 12℃,或过程平均气温下降幅度大于或等于 14℃来界定。

过程最低气温下降到 3℃或其以下,或地表温度下降到 0℃或其以下。

应伴有 6 级以上大风或 7 级以上阵风,或应同时伴有小到中量的雪或雨夹雪天气。

特强寒潮:24 h 内日最低气温下降幅度大于或等于 12℃,或 48 h 内日最低气温下降幅度大于或等于 14℃,或过程最低气温累计下降幅度大于或等于 16℃。有些地区也可用 24 h 平均气温下降幅度大于或等于 12℃,或 48 h 平均气温下降幅度大于或等于 14℃,或过程平均气温累计下降幅度大于或等于 16℃来界定。

过程最低气温下降到 2℃或其以下,或地表温度下降到 0℃或其以下。

应至少伴有 8 级以上强风、沙尘暴、大到暴雪、雨凇、冻雨等高影响天气中的一种。(注:48 h 或 72 h 内的日最低气温必须是连续下降的。)

(2)寒潮天气过程的影响区域分类

根据《寒潮等级国家标准》,在同一次冷空气过程中,按寒潮天气过程的影响范围可划分为:区域寒潮、北方寒潮、南方寒潮、全国寒潮。(注:我国东部以长江、中西部以秦岭为界,以北区域为北方,以南区域为南方。)

1)区域寒潮

在同一次冷空气过程中,应参照 3.1.1(1)中给出的原则,以行政区域为界,计算该区域性内出现不同强度寒潮的气象站点数之和与该区域性内所有气象站点总数的百分比,将其划分为:区域寒潮、区域强寒潮、区域特强寒潮。

其要求分别为:

①区域寒潮:有 50%以上的气象站至少应满足寒潮条件;

②区域强寒潮:有 60%以上的气象站至少应满足寒潮条件,其中满足强寒潮条件的应不低于 30%;

③区域特强寒潮:有 70%以上的气象站应至少满足寒潮条件,其中满足强寒潮条件的应不低于 40%。

2)北方寒潮

在同一次冷空气过程中,应参照 3.1.1(1)中给出的原则,计算秦岭以北、长江以北出现寒潮的气象站点数的百分率(方法同上),将其划分为:北方寒潮、北方强寒潮、北方特强寒潮。

其要求分别为:

①北方寒潮:有 50%以上的气象站至少应满足寒潮条件;

②北方强寒潮:有 60%以上的气象站至少应满足寒潮条件,其中满足强寒潮条件的应不低于 30%;

③北方特强寒潮:有 70%以上的气象站应至少满足寒潮条件,其中满足强寒潮条件的应不低于 40%。

3)南方寒潮

在同一次冷空气活动中,按照秦岭以南、长江以南出现寒潮的气象站点数的百分率(方法同上)划分为:南方寒潮、南方强寒潮。

其要求分别为:

①南方寒潮:有 50%以上的气象站至少应满足寒潮条件;

②南方强寒潮：有 60% 以上的气象站至少应满足寒潮条件，其中满足强寒潮条件的应不低于 30%。

4）全国寒潮

在同一次冷空气活动中，北方达到寒潮要求的同时，南方也有一定比例的气象站达到寒潮标准。全国性寒潮划分为：全国寒潮、全国强寒潮、全国特强寒潮。

其要求分别为：

①全国寒潮：满足北方寒潮的同时，南方至少有 30% 的气象站达到寒潮标准。

②全国强寒潮：满足北方强寒潮要求的同时，南方至少有 40% 的气象站达到寒潮标准，或至少有 20% 的气象站达到强寒潮标准。

③全国特强寒潮：满足北方特强寒潮要求的同时，南方至少有 50% 的气象站达到寒潮标准，或至少有 30% 的气象站达到强寒潮标准。

就全国而言，单站寒潮在 11 月、12 月份和 3 月、4 月份发生最多，9 月最少；南方的寒潮多发生于春季，以 3 月份为最多，而北方刚好相反，10—12 月份的寒潮明显多于其他月份，尤其是 11 月。（注：此处涉及的气象站均指国家气候观象台、国家气象观测站）

3.1.2　寒潮天气过程的环流型

寒潮天气过程是一种大规模强冷空气活动过程。因此，每次寒潮过程都发生在一定的环流形势背景下。根据 500 hPa 高空形势特征和冷空气活动情况，可以概括出三种主要的环流型，即小槽发展型、低槽东移型和横槽型（朱乾根 等 2007）。

（1）小槽发展型

小槽发展型也称为脊前不稳定小槽东移发展型。这类寒潮是由不稳定短波槽发展引起强冷空气暴发造成的。通常情况下，高空 500 hPa 不稳定小槽最初出现在格陵兰以东洋面上。小槽在东移南下过程中不断发展，最后在亚洲大陆东岸发展成一个大槽，称为东亚大槽。欧亚环流也由纬向型转变为经向型。小槽发展型天气过程实质上是通过不稳定的小槽小脊发展，从大西洋到东西伯利亚地区的倒 Ω 流型环流演变为东亚倒 Ω 流型的过程，这个过程一般需要 5～6 天。此类寒潮冷空气的源地位于格陵兰以东洋面，常取西北路径，经西伯利亚中部南下进入我国（图 3.1）。

（2）低槽东移型

500 hPa 环流形势中，低槽东移型的特点是欧亚大陆基本气流为纬向气流，在平直的纬向气流中槽、脊东移并稍有发展（图 3.2）。此类寒潮的冷空气源地在欧洲，由于冷空气源地离我国较远，在冷气团长途跋涉侵入我国时，由于气团变性，冷空气强度较弱，有时达不到寒潮的强度。不过，在以下三种情况下，冷空气可达到寒潮强度。

1）低槽东移过程中有新鲜冷空气补充使冷空气强度加强；

2）低槽东移到乌拉尔山以东时，里海附近高压脊向北发展，脊前西北气流加强，

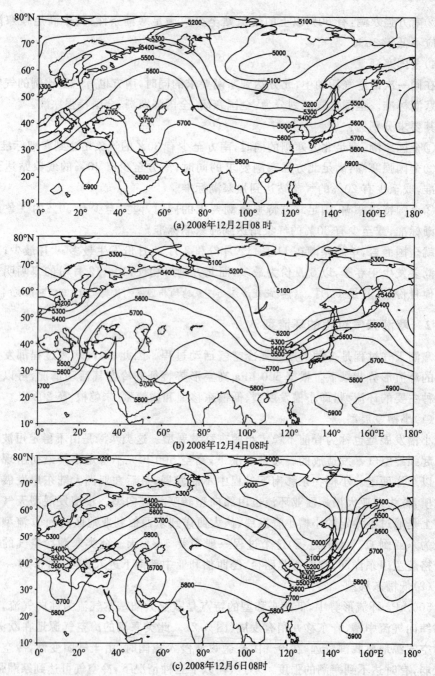

(a) 2008年12月2日08时

(b) 2008年12月4日08时

(c) 2008年12月6日08时

图 3.1　2008 年 12 月 2—6 日的一次寒潮 500 hPa 环流形势演变过程（gpm）

促使新鲜冷空气从新地岛附近加速南下与原低槽中的冷空气合并；

　　3)蒙古气旋、东北低压强烈发展并向东北移去。黄河气旋及江淮气旋的发展将导致冷空气南下暴发寒潮。

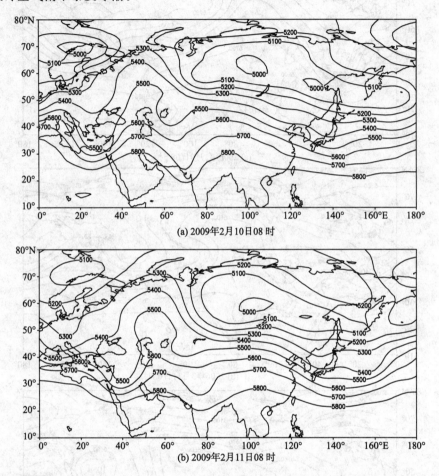

图 3.2　2009 年 2 月 10—11 日的一次寒潮 500 hPa 环流形势演变过程（gpm）

（3）横槽型

　　横槽型寒潮是阻塞形势崩溃引起的强冷空气暴发。在 500 hPa 环流形势中,东亚倒 Ω 流型建立时,极涡向西伸展,形成一个东西向的槽,槽前后是偏北风和偏西风的切变(图 3.3)。冷空气向南暴发过程主要有以下三种不同情况：

　　①横槽转竖；

　　②低层变形场作用；

　　③横槽旋转南下。

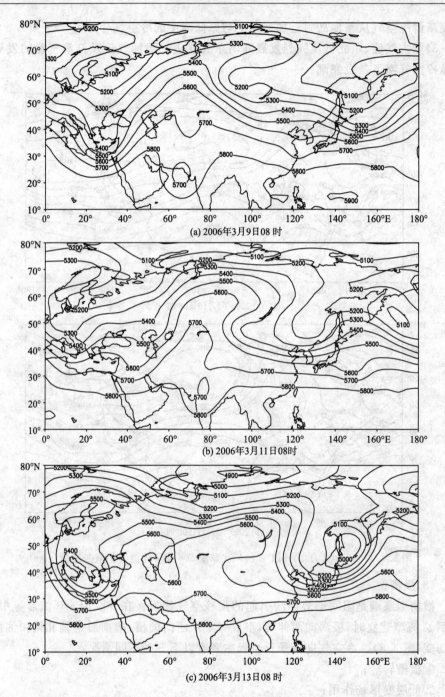

(a) 2006年3月9日08时

(b) 2006年3月11日08时

(c) 2006年3月13日08时

图 3.3　2006 年 3 月 9—12 日的一次寒潮 500 hPa 环流形势演变过程(gpm)

3.2　大型降水天气过程

降水是指地面从大气中获得的水汽凝结物,它包括两部分:一是大气中水汽直接在地面或地物表面及低空的凝结物,如霜、露、雾和雾凇,又称为水平降水;另一部分是由空中降落到地面上的水汽凝结物,如雨、雪、霰、雹和雨凇等,又称为垂直降水。但是单纯的霜、露、雾和雾凇等,不作降水量处理。在中国,中国气象局地面观测规范规定,降水量仅指的是垂直降水,水平降水不作为降水量处理。一天之内 10 mm 以下为小雨,10～25 mm 为中雨,25 mm 以上为大雨,50 mm 以上降水为暴雨,100 mm 以上为大暴雨,200 mm 以上为特大暴雨。大型降水过程主要指空间范围广大的降水过程,包括连续性或阵性的大范围雨雪。例如,梅雨期降水、台风降水等。

3.2.1　中国降水的时空特征

我国幅员辽阔,地形复杂,各地雨量分布得极不均匀,从东南沿海向西北内陆减少。我国南方台湾省、海南省东南部和广东、广西、福建、浙江南部年雨量在 2000 mm 左右,长江流域为 1200 mm 左右,云贵高原为 1000 mm 左右,黄河下游、陕甘南部、华北平原和东北平原为 600 mm 左右,而西北内陆则在 200 mm 以下。此外,青藏高原西北部不足 50 mm,而南疆沙漠地区仅有 10 mm(朱乾根 等 2007)。见图 3.4。

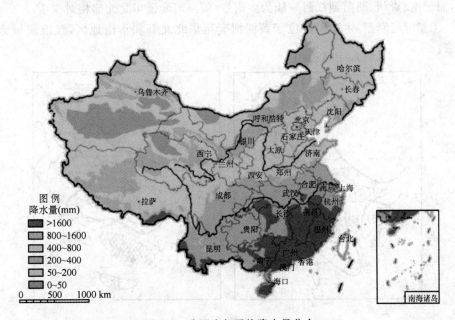

图 3.4　我国多年平均降水量分布

　　我国东部大部分地区位于东亚季风区,每年都具有明显的雨季和旱季之分。所谓雨季是指某个地区出现连续阴雨的时期,而旱季是指在某个地区少雨干旱的时期。全国各地雨季起止时间不尽相同,特别是东部地区的雨季主要由大雨带的南北移动造成。而大雨带的南北移动又和环流系统中西太平洋副热带高压脊线、对流层上层的南亚高压、副热带西风急流以及东亚季风的季节变化密切相关(寿绍文 等 2001)。

　　早在 20 世纪 30 年代、40 年代,竺可桢(1934)和涂长望等(1944)就相继提出,南海夏季风暴发后,随着夏季风的推进,中国东部地区形成华南前汛期、江淮梅雨和华北雨季。陈隆勋等(2000)指出,南海热带季风暴发后,副热带季风雨带随副热带高压北进而北进,前汛期雨季进入盛期,夏季风向北推进使得东部夏季雨带亦向北推进。王遵娅等(2007)最新研究指出,在中国东部存在三个东亚夏季风雨带,分别位于江南地区、长江中下游和华北至东北一带,雨带维持期分别是第 20~34 候、第 35~39 候和第 40~44 候。

　　陈烈庭等(1998)将中国夏季(6—8 月)主要雨带划分为长江型、黄淮西型、黄淮东型和黄河河套型四种类型(图 3.5):

　　①长江型:主要雨带位于长江沿岸及其南侧,黄河以北和华南相对少雨;

　　②黄淮东型:主要雨带偏向黄淮沿海,多雨区位于黄淮平原地区,江南地区和黄河河套至华北北部一带少雨;

　　③黄淮西型:主要雨带偏向黄淮内陆,多雨区位于秦岭—大巴山到淮河流域一线,而云南、贵州、湖南到江西一线为少雨带,黄河河套至华北北部相对少雨;

　　④黄河河套型:主要雨带位于黄河河套至华北北部和华南地区,江淮流域为少雨带。

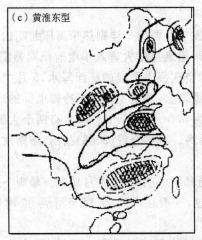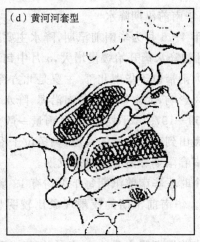

图 3.5　中国东部夏季各型雨带分布(陈烈庭 等 1998)

3.2.2　我国东部春、夏季降水及其环流特征

(1)长江中下游春季连阴雨

每年 3—4 月,我国南方长江中下游一带往往会出现持续性的阴雨天气。有时阴雨天气一次接一次,可导致阴雨天气持续一个月以上。这种连阴雨一般降水强度不大,降水时气温较低,所以也称为低温阴雨。

长江中下游连阴雨的环流型大致有两种。

①欧亚阻高型:乌拉尔山附近存在阻塞高压,中纬度欧亚上空为平直西风环流。急流分成两支,北支绕道青藏高原北边,从中亚到西伯利亚为一个宽槽,宽槽后的浅脊向华北和长江中下游输送冷空气。南支在北边里海形成切断低涡,绕道青藏高原之南,并在孟加拉湾形成低槽。槽前西南气流一直伸展到长江中下游,并输送暖湿空气。

②北方大低涡型:在中高纬度欧亚为一个大型低涡所控制,极涡偏心于欧亚大陆,在北欧冰岛或大西洋有时有阻塞高压存在。在亚洲中纬度大陆上为平直西风环流。这支环流在青藏高原上分支,北支在我国新疆到蒙古形成一个浅脊,南支在孟加拉湾形成低槽。南北两支在长江中下游以东地区汇合,准静止锋在长江流域到南岭之间摆动,其他情况与欧亚阻高型一致。

李麦村等(1977)指出,长江流域春季连阴雨形成是一种超长波在长江流域活动的结果。东亚急流分支比较清楚,急流上的槽脊位相不同甚至反相,这样南支向长江中下游输送的暖湿空气与北支输送的冷空气在长江中下游得以交汇,形成切变线和准静止锋,从而形成阴雨。有一次小槽的东移活动,就有一次降水过程。当这种形势稳定时,就会不断有小槽活动,从而造成连阴雨。

（2）华南前汛期降水

每年 4—6 月为华南前汛期，降水主要发生在西太平洋副热带高压北侧的西风带中。4 月初降水量开始缓慢增大，5 月中旬雨量迅速增大进入华南前汛期盛期。5 月中旬前大雨带位于华南北部，主要是北方冷空气侵入形成的锋面降水，5 月中旬后受东亚季风影响，大雨带移到华南沿海，降水量增大，雨量主要位于冷锋前部的暖区中。华南 1959—1979 年平均 4—6 月雨量一般为 500～1000 mm。降水有两个大值带，一条从武夷山到南岭山脉的南麓，一条位于沿海。万日金等（2008）指出，华南前汛期可分为江南春雨期和南海季风暴发期。

两个时段华南前汛期每年平均有 19 场暴雨，6 月最多，4 月最少。暴雨一般持续 1～3 天。华南前汛期的夜雨现象比较明显，一般在夜间 23 时至清晨 05 时降水量最大。

华南前汛期降水是在一定的中高纬和低纬环流背景下生成的，每次降水过程 500 hPa 环流中高纬和低纬基本都有低槽活动。根据 500 hPa 环流分型，华南前汛期的中高纬环流特征主要包括两脊一槽型、两槽一脊型和多波型三种类型。

（3）江淮梅雨

每年夏初，江淮流域常会出现连阴雨天气，雨量很大，称为江淮梅雨。江淮梅雨可出现两类梅雨：典型梅雨和早梅雨。每年梅雨的起止时间、梅雨期长度和降水量等相差很大。典型梅雨一般出现于 6 月中旬到 7 月上旬，而所谓的早梅雨是出现于 5 月份的梅雨，一般开始于 5 月 15 日前后，梅雨平均天数为 14 天。早梅雨的主要天气特征和典型梅雨相似，只是梅雨期出现较早，出梅后主要雨带不是北跃而是南退。以后雨带如再次北跃，就会出现典型梅雨，因此一年可出现两段梅雨。典型梅雨期一般为 20～24 天，雨量为 200～400 mm。有些年份（如 1954 年）梅雨期长达 40 天，有些年份（如 1958 年）则出现空梅，雨带从华南直接北跃至华北，没有在江淮地区停留。根据雨带位置不同又可分为江枯淮多型、南枯江淮局地多雨型、南多北少型。

典型梅雨的高层环流特征表现为南亚高压从高原向东移动，位于长江流域上空，当高压消失或东移出海时，梅雨即告结束。梅雨期的中层环流形势也是较稳定的。西太平洋副热带高压呈带状分布，其脊线从日本南部至我国华南，呈东北—西南走向，在 120°E 处的脊线位置稳定在 22°N 左右。低纬度地区在印度东部或孟加拉湾一带有一个稳定的低压槽，使得江淮流域盛行西南风，与北方来的偏西气流汇合，有利于锋生并带来充沛的水汽。中纬度巴尔喀什湖及其东岸建立了两个稳定的浅槽，而高纬度地区（50°—70°N）则有阻塞高压活动。阻高可分为三类：三阻型，即在高纬地区常有稳定的三个阻塞高压（脊）；双阻型，即高纬地区有两个稳定的阻塞高压（脊）；单阻型，在亚洲高纬地区有一个阻塞高压，通常位于贝加尔湖北面，此时我国东北低槽尾部可伸到江淮地区。梅雨期间，700 hPa 或 850 hPa 常有江淮切变线，其南部有一与之近乎平行的低空西南风急流,雨带常位于低空急流和 700 hPa 切变线之间。在地面图上江淮流域有准静止锋停滞。

　　1991 年长江中下游和淮河流域出现了大范围、持久性暴雨,导致该地区洪水泛滥。当年江淮梅雨从 5 月 19 日开始,结束于 7 月 13 日。这段时间江淮一带总雨量在 500 mm 以上,江苏省兴化市梅雨期总降水量曾达到 1294 mm,比常年同期偏多 1~3 倍。1991 年江淮梅雨期欧亚大气环流具有持久的稳定性。从梅雨第二阶段 6 月 2—20 日 500 hPa 月平均的高度场(图 3.6)可以看出,中高纬度乌拉尔山地区和鄂霍次克海附近稳定维持阻塞形势(双阻型)。从乌拉尔山阻高南部出现西风环流显著分支现象。南面的一支西风沿 40°N 从地中海经里海、沿黄淮而向日本方向流去,西风风速轴线稳定维持在 35°N 左右,最大值出现在 120°—130°E。贝加尔湖维持一低槽。副热带高压大陆段脊线位置稳定维持在 20°—25°N。欧亚中高纬度持久而稳定的大气环流,使乌拉尔山阻高南部分支的西风环流,频频产生扰动东传,把北方冷空气一次次地带入我国,与副热带高压西北侧的西南暖湿气流交汇于江淮流域。1991 年江淮梅雨期的三个主要降水时段与中高纬度的阻塞高压削弱和重建有一定的对应关系,每次乌山阻高的减弱和崩溃过程,均伴随着一次强的冷空气南下。三次强冷空气南下,促使江淮流域形成三个明显的梅雨时段(丁一汇 等 1993)。

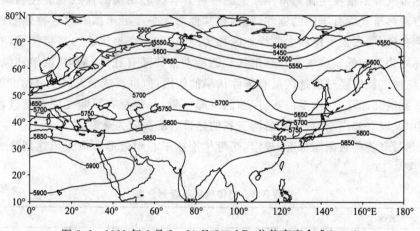

图 3.6　1991 年 6 月 2—20 日 500 hPa 位势高度合成(gpm)

　　(4)华北及东北雨季降水

　　每年 7 月中旬至 8 月下旬雨带移到华北和东北地区形成当地的雨季降水。华北和东北的雨季降水特点与华南前汛期和江淮梅雨显著不同。其具有鲜明的特点:①降水强度大,持续时间短;②降水局地性强,年际变化大;③降水时段集中;④暴雨和地形关系密切等。

　　华北暴雨主要发生在东高西低或两高对峙的环流形势下。东北地区暴雨的环流特征是 500 hPa 上位于 110—120°E 的长波槽与位于 30°N 以北的副热带高压脊相结合,且中低层具有西南风急流,在急流北段产生暖锋式切变。在此形势下,地面气旋(黄河气旋或江淮气旋)活动频繁,当它移动到东北时常产生暴雨。当有台风北上进入长波槽前时,常产生特大暴雨。此外,高空冷涡也是华北和东北地区夏季降水和暴雨的重要环流形势。

在形成华北暴雨的环流系统中,日本海高压是一个关键系统。日本海高压属于副热带高压性质。日本海高压一般可维持 3~5 天,长者可达 7~10 天。它对暴雨的形成有两个作用:①阻挡低槽的东移,并和槽后青海高压脊对峙形成南北向切变线,使得西南涡在此停滞;②日本海高压的南侧东风或东南风气流可向华北地区输送水汽。

日本海高压的形成主要有这样几种方式:①由大陆高压东移经过河套、华北,然后进入日本海,稳定后形成日本海高压;②北方高压脊与伸入到日本海的西太平洋副热带高压脊合并而成;③西太平洋副热带高压北移或西伸也可形成日本海高压。

3.3　台风天气过程

热带气旋是指发生在热带洋面上的一种具有暖心结构的强烈气旋性涡旋,不同的地方对热带气旋有不同的称呼,我国和其他西太平洋沿岸国家称这种强烈的热带气旋为台风,而东太平洋和大西洋地区称为飓风,印度洋地区称为热带风暴,有些地区还称之为热带低压或气旋。热带气旋的活动常伴随有狂风、暴雨、巨浪和风暴潮。因此,热带气旋对经过的地区虽有解除伏旱的作用,但也会造成人民生命财产的巨大损失。我国北起辽宁,南至广东、广西的沿海一带,每年都有可能受到热带气旋的影响,其中又以登陆广东、福建和台湾三省的热带气旋次数为最多。

《热带气旋等级国家标准》规定,热带气旋按中心附近地面最大风速划分为 6 个等级(表 3.1):

表 3.1　热带气旋等级划分表

名称	属性
超强台风(Super TY)	底层中心附近最大平均风速≥51.0 m/s,也即风力 16 级或其以上
强台风(STY)	底层中心附近最大平均风速 41.5~50.9 m/s,也即风力 14~15 级
台风(TY)	底层中心附近最大平均风速 32.7~41.4 m/s,也即风力 12~13 级
强热带风暴(STS)	底层中心附近最大平均风速 24.5~32.6 m/s,也即风力 10~11 级
热带风暴(TS)	底层中心附近最大平均风速 17.2~24.4 m/s,也即风力 8~9 级
热带低压(TD)	底层中心附近最大平均风速 10.8~17.1 m/s,也即风力 6~7 级

3.3.1　台风发生的源地及移动路径

全世界每年平均有 80～100 个热带气旋发生,其中绝大部分发生在太平洋和大西洋上。经统计发现,西太平洋台风发生主要集中在 4 个地区(图 3.7)。

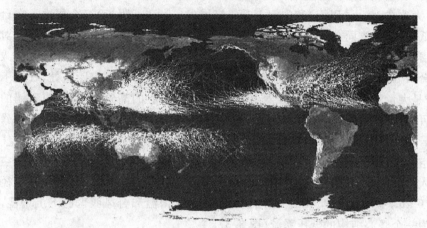

图 3.7　1985—2005 年全球所有热带气旋及其移动路径

(1)菲律宾群岛以东和琉球群岛附近海面。这一带是西北太平洋上台风发生最多的地区,全年几乎都会有台风发生。1—6 月主要发生在北纬 15 度以南的菲律宾萨马岛和棉兰老岛以东的附近海面,6 月以后这个发生区则向北伸展,7—8 月出现在菲律宾吕宋岛到琉球群岛附近海面,9 月又向南移到吕宋岛以东附近海面,10—12 月又移到菲律宾以东的 15°N 以南的海面上。

(2)关岛以东的马里亚纳群岛附近。7—10 月在群岛四周海面均有台风生成,5月以前很少有台风,6 月和 11—12 月主要发生在群岛以南附近海面上。

(3)马绍尔群岛附近海面上(台风多集中在该群岛的西北部和北部)。这里 10 月发生台风最为频繁,1 和 6 月很少有台风生成。

(4)我国南海的中北部海面。这里以 6—9 月发生台风的机会最多,1—4 月则很少有台风发生,5 月逐渐增多,10—12 月又减少,但多发生在 15°N 以南的北部海面上。

热带气旋的路径一般受 700 hPa 或 500 hPa 高空气流的引导,它的移动速度也同高空气流的流速有关。据统计,影响我国的热带气旋路径主要有四类:①西移路径,②西北移路径,③转向路径,④特殊路径(如打转、蛇行、停滞、突变等)。热带气旋的移动速度平均约 20～30 km/h,转向时移速较慢,转向后移速较转向前要快些。

3.3.2　台风的结构

　　台风内各种气象要素的水平分布可以分为外层区(包括外云带和内云带)、云墙区和台风眼区三个区域;铅直方向可以分为低空流入层(大约在 1 km 以下)、高空流出层(大致在 10 km 以上)和中间上升气流层(1～10 km 附近)三个层次。在台风外围的低层,有数支同台风区等压线的螺旋状气流卷入台风区,辐合上升,促使对流云系发展,形成台风外层区的外云带和内云带;相应云系有数条螺旋状雨带。卷入气流越向台风内部旋进,切向风速也越来越大,在离台风中心的一定距离处,气流不再旋进,于是大量的潮湿空气被迫强烈上升,形成环绕中心的高耸云墙,组成云墙的积雨云顶可高达 19 km,这就是云墙区。台风中最大风速发生在云墙的内侧,最大暴雨发生在云墙区,所以云墙区是最容易形成灾害的狂风暴雨区。当云墙区的上升气流到达高空后,由于气压梯度的减弱,大量空气被迫外抛,形成流出层,只有小部分空气向内流入台风中心,并下沉,造成晴朗的台风中心,这就是台风眼区。台风眼半径约为10～70 km,平均约为 25 km。云墙区的潜热释放增温和台风眼区的下沉增温,使台风成为一个暖心结构的低压系统(图 3.8)。

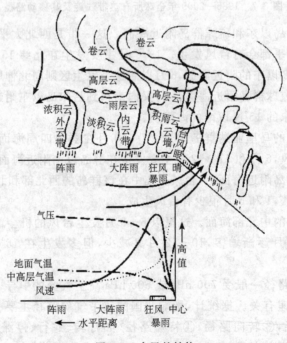

图 3.8　台风的结构

3.3.3　台风发生、发展的条件

台风发生、发展的必要条件可归纳为 4 个方面。

(1)热力条件

台风发生、发展必须要有足够大的海面或洋面,同时海表温度必须在 26～27℃以上。这是扰动形成暖心结构的基础。

(2)初始扰动

要使条件不稳定大气的不稳定能量得以释放,发展为台风的动能,必须有一个触发机制。这就要求低层必须有一个初始扰动。

(3)一定的地转偏向力作用

地转偏向力能使辐合气流逐渐形成为强大的逆时针旋转的水平涡旋。在赤道上由于地转偏向力为零,所以极难生成台风。即使有低压存在,也很容易被辐合气流所填塞。在赤道附近,地转偏向力也很小,即使存在水平风速辐合,正涡度不能产生或者产生得极慢。因此,扰动必须在距离赤道 5 个纬度以外,且具有足够强的旋转来维持强大的梯度运动。

(4)对流层风速垂直切变小

如果垂直风速切变小,则在一个水平范围不大的热带初始扰动中分散的积云、积雨云所释放的凝结潜热就会集中在一个有限的空间范围内。否则,高空风速大,积云对流释放的凝结潜热就会被迅速带离初始扰动区的上空,往各个方向散去。这样,最多使一个较大范围略微增暖,气压普遍略有下降,而不可能在一个几百千米范围内生成一个强烈的台风。

3.3.4　台风形成的 CISK 机制

由积云对流和天气尺度扰动两者相互作用所产生的不稳定性(Charney *et al.* 1964),被称作第二类条件性不稳定(Conditional Instability of Second Kind,缩写为 CISK)。

在热带条件不稳定的大气中,当低层具有天气尺度的扰动时,不稳定能量就会释放,转变为台风发展的动能。许多理论研究都证明,首先是条件不稳定性最适合产生积云对流,而平常的条件不稳定性就不能解释天气尺度有规律的运动。观测又表明,平均热带天气甚至在行星边界层中也并不饱和。因此气块在获得正浮力之前,必须先受到相当强的强迫抬升。这样的强迫抬升只有在低空辐合区才有。因此必须把积云对流和大尺度运动看做是相互作用的。积云对流提供驱动大尺度扰动所需的热能,而大尺度扰动又产生发生积云对流所需的湿空气辐合。积云对流释放凝结潜热使对流层中、上层不断增暖,并使得高层气压升高,产生辐散。高层辐散又促使低层

扰动中心的气压降低,产生辐合。这种大尺度的低层辐合,又提供了积云对流发展的水汽。如此循环从而导致扰动不断发展形成台风。这就是 CISK 作用的机制(朱乾根 等 2007)。

3.4　对流性天气过程

对流性天气过程主要指雷暴、冰雹、飑、龙卷风等由大气中旺盛对流所产生的严重灾害性天气。

"雷暴"即积雨云中所发生的雷电变作的激烈放电现象。因其一般伴有阵雨,所以常与"雷雨"通称。雷雨是夏季常见的降水形式。通常把只伴有降雨的雷暴称为"一般雷暴"。有的雷暴会伴有暴雨、大风、冰雹、龙卷风等严重的灾害性天气现象。一般把伴有这些严重灾害性天气现象之一的雷暴叫做"强雷暴"。

3.4.1　雷暴的结构及雷暴天气的成因

(1)雷暴云的结构特征

产生雷暴的积雨云叫做雷暴云。一个雷暴云叫做一个雷暴单体,其水平尺度约十几千米。多个雷暴单体成群成带地聚集在一起叫做雷暴群或雷暴带。它们的水平尺度有时可达数百千米。每个雷暴单体的生命史大致可分为发展、成熟和消散三个阶段。每个阶段约持续十几分钟至半小时左右。在不同的阶段中雷暴云的结构有不同的特征。发展阶段即积云阶段,其主要特征是上升气流贯穿于整个云体。成熟阶段的特征是开始产生降水,并且由于降水的拖曳作用而产生了下沉气流。但在下沉气流的上方,上升气流仍贯穿云体。云中上升气流通度的垂直分布呈抛物线状,即为上、下层小,中层最大。消散阶段的特征是下沉气流占据了云体的主要部分。

雷暴群可由好几个同时处于不同阶段的雷暴单体所组成。多单体的雷暴群的结构往往会随着每个单体的新陈代谢而发生变化。单体的生命期约为半小时至 1 h。但多单体的雷暴群作为整体可存在几小时。

(2)一般雷暴天气的成因

发生雷暴时,通常出现雷电、降雨、阵风等天气现象以及压、温、湿等气象要素的变化。这些现象主要发生在雷暴云的成熟阶段,下面分别讨论它们的成因。

1)雷电

雷电是由积雨云中"温差起电"以及其他起电作用所造成的。一般当云顶发展到 $-20℃$ 等温线高度以上时,就会出现闪电和雷鸣。第一次闻雷表明云顶已达 $-20℃$ 等温线高度附近。随着云顶增高,闪电、雷鸣便愈益频繁。一般来说,云中放电强度及频度与雷暴云的高度、强度有关。因此,雷电现象可用以判断雷暴强度。

2)降雨

在雷暴云中上升气流最强区附近,一般有水滴累积区,当累积量超过上升气流承托能力时,便开始降雨。由于累积区中的水倾盆而下,因而造成阵雨或暴雨。阵雨持续时间为几分钟到一小时不等,视雷暴云的强弱及含水量多少而定。雷暴群和雷暴带形成的降水区也呈片状或带状。由于雷暴群(带)中,每个单体强弱不一,所以降水量分布很不均匀。而且因雷暴云常常跳跃式地传播,因此降水量也有跳跃(间隔)式分布的情况。

3)阵风

在积云阶段,地面风一般很弱。低空有向云区的辐合,促使上升气流发展。到了雷暴云的成熟阶段,云中产生的下沉气流冲到地面附近时,向四周散开,因而造成阵风。一般来说,阵风发生前,风力较弱,风向不定,但多偏南风。阵风发生时,风向常呈气旋式旋转,然后又呈反气旋式旋转。移动缓慢的雷暴,云下的流出气流几乎是径向(即向四面八方铺开)的。然而多数情况下,在雷暴移向的下风方的风速要大于上风方。

4)压、温、湿的变化

由于下沉气流中水滴的蒸发使下沉气流几乎保持饱和状态,所以下沉空气由上层至下层是按湿绝热增温的。上层冷空气虽然在下沉过程中会变暖些,但升温率小,到地面时,仍比四周地面空气要冷。因此在雷暴云下形成一个近乎饱和的冷空气团,因其密度较大,所以气压较高,这个高压叫"雷暴高压"。当雷暴云向前移动时,云下的雷暴高压也随之向前移动,当它移过测站时,就使该站发生气温下降、气压涌升、相对湿度上升、露点或绝对湿度下降等气象要素的显著变化。其变化幅度取决于雷暴云的强度和测站相对于雷暴云的位置,雷暴中心经过地区变化明显,边缘地区则变化较小。

(3)冰雹天气形势

冰雹天气形势可分为下列几种类型。

1)高空冷槽型

对流层内有清楚锋区的高空冷槽,移动显著,由于上、下锋区移速不一致,可出现前倾槽和后倾槽,降雹可在锋前,也可在锋上。主要降雹机制是锋面移动促使前方暖湿空气抬升而成。此类降雹按降雹区和高空槽的相互位置,又可分为槽后和槽前降雹两个副类。

2)高空冷涡型

高空 500 hPa 有闭合低压中心,并配合有冷温度槽或冷中心。高空冷涡是一深厚的辐合系统,强的正涡度中心有利于低层暖湿空气抬升,并且移速较慢,可以连续几天出现冰雹。据统计,雹区多出现在冷涡的东南象限、距冷涡中心 7 个纬距的范围内。影响我国降雹的冷涡中心一般在贝加尔湖和蒙古国一带生成,以后向东南方向移入我国。这种冷涡可分成东北冷涡、蒙古冷涡、西北冷涡。主要影响地区在 100°E以东,35°N 以北。

3)高空西北气流型

500 hPa 等压面上有稳定的长波槽,温度槽落后于高度槽,长波槽随高度而后倾。在槽后西北气流里不断有小股冷空气滑下来,而且风速垂直切变较强,可促使低层暖湿空气的不稳定能量释放并形成冰雹。因为长波槽稳定,所以同一地区可连续几天降雹。此型在 4—9 月都可出现。降雹地区主要在 100°E 以东,32°N 以北。

4)南支槽型

春季,在我国长江以南广大地区上空,西北极锋急流与西南副热带急流交替出现,也就是冷、暖空气交汇频繁。欧亚环流特点为极锋锋区退至 40°N,西西伯利亚到蒙古国为一宽广的低压区,贝加尔湖一带为低压活动区,冷空气自西向东活动,而500 hPa 和 300 hPa 等压面上,南支槽脊活跃。孟加拉湾出现清楚的南支槽,槽前西南气流与北进的西太平洋副热带高压西侧的西南气流汇合,在高空形成一支强风带——副热带急流。当对流层中、低层暖区内出现辐合中心、辐合带、切变线等系统时,暖湿气流受到抬升,容易造成剧烈的对流性天气。

3.4.2　强对流天气的环流背景

强对流天气的发生一般需要很大的不稳定能量和很强的抬升力。通常,在一些特定的环流形势下能够满足这些条件。例如,在稳定层结下,前倾槽附近,高、低空急流交叉点附近,高空冷涡、阶梯槽形势以及中小尺度系统都非常有利于不稳定能量的累积和加强,并产生强烈的上升运动。这些条件都非常有利于强对流天气的产生。

强对流天气产生的有利环流背景在全国各地不尽相同。以华北地区为例,强对流天气常出现在东亚为经向型环流背景下,其 500 hPa 影响系统主要为华北冷涡、横槽、阶梯槽、低槽以及西北风气流等,有时也有暖切变线的北抬。华北冷涡和横槽可造成大范围降雹系统。

强雷暴发生、发展的有利条件:

(1)逆温层

逆温层是稳定层结,一般起到阻碍对流发展的作用。但是,它能储存大气中的不稳定能量,有利于不稳定能量的积累。一旦逆温层被破坏,大量的不稳定能量释放出来,就会产生强对流天气。

(2)前倾槽

在前倾槽之后和地面冷锋之间的区域,由于高空槽后的干冷平流,低层冷锋前的暖湿平流,从而加强了大气的不稳定度。因此,在此区域容易形成强烈的对流性天气。

（3）低层辐合、高层辐散

一般如果在对流层低层有辐合，而其上又叠加上辐散流场，那么上升运动将加强，抬升力更大，常造成严重的对流性天气。

（4）高、低空急流

强对流天气的发展往往和较大的风的垂直切变有关。强的风速垂直切变一般出现在高空急流通过的地区。此外，低空急流对冰雹和其他强对流天气的形成也是有利的。低空急流的作用主要是造成低层很强的暖湿空气平流，加强层结不稳定，而且可以加强低层扰动，触发不稳定能量的释放。在低空急流上空，如果同时有高空急流通过，往往会产生严重的对流性天气。

（5）中小尺度系统

中小尺度系统对强风暴的产生具有重要作用。在高空辐散场的背景下，地面中小尺度低压、辐合区，可以促使对流强烈发展。下沉气流出现后，形成飑中系统（雷暴高压、飑线等）。而飑线的形成造成云中出现和维持斜升气流，有利于形成稳定的雷暴云。

思　考　题

1. 什么是寒潮？单站寒潮的标准是什么？
2. 寒潮天气的预报主要有哪两个方面？
3. 寒潮天气过程的预报在高空天气图和地面天气图分别需关注什么系统？
4. 在寒潮发生的 3～5 天前，上游地区的系统会有什么特点？
5. 华南前汛期暴雨的降水系统有哪些？
6. 上海和江苏入梅与出梅的标准是什么？
7. 台风在东风带和西风带中路径分别偏向哪一侧？
8. 台风的运动与哪一系统关系最为密切？
9. 天气图中容易产生强对流天气的区域有哪些？
10. 冰雹形成的条件有哪些？

参 考 文 献

陈联寿，丁一汇. 1979. 西太平洋台风概论[M]. 北京：科学出版社.

陈烈庭，吴仁广. 1998. 中国东部夏季雨带类型与前期北半球 500 hPa 环流异常的关系[J]. 大气科学，**22**(6)：849-857.

陈隆勋，李薇，赵平，等. 2000. 东亚地区夏季风暴发过程[J]. 气候与环境研究，**5**(4)：45-355.

丁一汇. 1993. 1991 年江淮流域持续性特大暴雨研究[M]. 北京:气象出版社.

国家气象中心气候资料室. 1991. 寒潮年鉴[M]. 北京:气象出版社.

李麦村,潘菊芳,田生春,等. 1977. 春季连续低温阴雨天气的预报方法[M]. 北京:科学出版社.

寿绍文,励申申,王善华,等. 2002. 天气学分析[M]. 北京:气象出版社.

涂长望,黄士松. 1944. 中国夏季风之进退[J]. 气象学报,**18**(1):12-20.

万日金,吴国雄. 2008. 江南春雨的时空分布[J]. 气象学报,**66**(3):310-319.

王遵娅,丁一汇. 2006. 近 53 年中国寒潮的变化特征及其可能原因[J]. 大气科学,**30**(6):
　　　1068-1076.

王遵娅,丁一汇. 2008. 中国雨季的气候学特征[J]. 大气科学,**32**(1):1-13.

竺可桢. 1934. 东南季风与中国之雨量[J]. 地理学报,**1**(1):12-27.

朱乾根,林锦瑞,寿绍文,等. 2007. 天气学原理和方法[M]. 第 4 版. 北京:气象出版社.

Charney J G,Elliasen A. 1964. On the growth of the hurricane depression[J]. *J. Atmos. Sci.*,**21**:69-75.

第 4 章　卫星资料在天气分析预报中的应用

卫星云图是气象卫星最易、最早进行的观测项目之一,也是最早在气象业务中发挥作用的卫星资料。

卫星云图为天气预报提供云参数、大气流场和各种大气物理过程等重要的气象信息,能监视常规天气图上无法发现的诸如中、小尺度灾害性天气现象;更重要的是卫星云图能提供海洋、人烟稀少的高原和沙漠地区的气象观测资料。同时,由于卫星云图的时空分辨率高,对于监测海洋、地理、农作物生长和森林火灾也有重要作用。

面对一张卫星云图,通常要按以下几方面进行分析:

(1)区分不同通道的云图,即判断是哪个光谱通道的图像;

(2)把地表和云区别开来,尤其是将云和积雪区别开来;

(3)识别不同种类的云,是中云还是高云,是积雨云还是层状云,它们有哪些相似之处,有哪些不同的地方,识别不同类型的地表,是陆地还是水体等;

(4)分析云的大范围分布。识别云系对应的天气系统,根据云系特点判别天气系统发展阶段,并预告其未来演变;

(5)从卫星云图估算各种气象要素,如风、温度、湿度、大气稳定度、垂直运动、涡度、云参数[云量、云顶温度(高度)、光学特性]和降水分布等;

(6)将卫星资料与常规天气资料、雷达等探测资料结合在一起,进行全面综合分析,为天气预报提供可靠的依据。

4.1　基本原理及云型识别

4.1.1　基本原理

(1)卫星接收到的辐射

在地球大气系统中各自然表面以及大气本身的辐射过程是一个十分复杂的问题。地球大气系统作为一个整体,它一方面要接收入射的太阳辐射,另一方面又要反射太阳辐射和以其自身的温度发射红外辐射。在卫星的视场范围内测量到的辐射主要有:

1）地表、云层发出的红外辐射，将卫星在大气窗通道测量的辐射转换成图像，可得到红外云图。

2）大气中吸收气体发射的红外辐射，由卫星测量到的大气气体发射的辐射，可反演获取大气的有关参数，如选取 CO_2 发射的辐射可以得到大气垂直温度，由 H_2O 发射的辐射可以得到水汽分布。

3）地面、云面反射的大气向下的红外辐射，由于在红外波段卫星测量的地面反射大气辐射很小，可以忽略不计。

4）地面和云面反射太阳辐射，卫星在可见光谱段测量的辐射可转换获取可见光云图。

5）大气分子、气溶胶等对太阳辐射的散射辐射，根据卫星测量的大气分子、气溶胶的后向散射辐射可以获取大气分子、气溶胶的分布。

（2）可见光卫星云图原理

卫星上的扫描辐射仪接收来自地表和云表面对太阳辐射中可见光波段的反射，经过转换而得到图像。其色调决定于反射可见光辐射能的大小，若地表或云表面的反照率强，色调就白（或称为亮），反之就黑（暗）。

比较各种云和地面目标物体的反照率，水面的反照率最低，厚的积雨云最大；积雪与云的反照率十分接近，所以仅从可见光云图上的色调难以区别云和积雪；薄卷云与晴天积云、沙地的反照率也很接近，不易区别。见表 4.1。

表 4.1　可见光云图上主要目标物的色调

色调	目标物
浓白色	大块厚云、积雨云团
白色	积雪、冰冻的湖泊和海洋、中等厚度的云（中云、积云和层积云）
灰白色	大陆上的中高云
灰色	陆地上晴天积云、塔里木沙漠、陆地上单独出现的卷云
深灰色	陆地上大面积森林覆盖区、牧场、草地、耕地
黑色	海洋、湖泊、大的河流

太阳高度角对可见光云图上色调的影响：太阳高度角决定了卫星观测地面时的照明条件，太阳高度角越大，卫星接收到的反射太阳辐射也越大，否则越小。因而可见光云图上目标物的色调还与每天卫星观测的时刻和季节有关，如在北半球冬季中高纬度地区，太阳高度角很低，图片色调十分灰暗。若卫星在早晨或傍晚观测，太阳高度角也很低，图片色调也很暗。对于同一图片上的各个点，太阳高度角也不同，若是上午的云图（图 4.1（a）），图片右半侧（东面一侧）的太阳高度角较高，色调明亮，而左半侧，太阳高度角低，色调较暗。下午的云图则相反（图 4.1（b））。

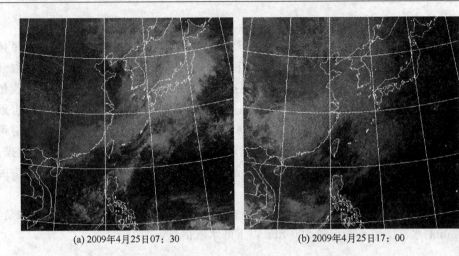

(a) 2009年4月25日07：30　　　　　　　　(b) 2009年4月25日17：00

图 4.1　静止卫星可见光云图上下午色调变化

(3)卫星接收到的红外辐射

卫星在红外波段接收的主要是地面、云面和大气发射的红外辐射。

1)红外云图的原理

在 $10.5\sim12.5\ \mu m$ 红外谱段,卫星上的扫描辐射仪接收到的辐射仅与温度有关,物体的温度越高,卫星接收到的辐射就越大;温度越低,辐射越小。如果将卫星在红外谱段接收到的辐射转换为图像,辐射大用暗色调表示,辐射越小,色调越白。这样得到的红外云图上的色调分布反映的是物象的温度分布。根据红外云图上的色调差异可以估算地面、云面的温度分布。需要注意的是:红外云图上地面、云面色调随纬度和季节的变化而变化。

2)增强红外云图

红外云图的增强处理是将图像上的灰度值,按需要进行合并或分解为若干灰度间隔(等级),每一间隔赋予一个灰度值。在对灰度或辐射值进行变换处理后,可将人眼不能发现的细节结构清楚地显示出来,如积雨云在云图上表现为一片白色,通过增强处理后可将云顶结构显示出来,能准确地确定积雨云的强度、强对流中心位置。

(4)卫星接收到的短波红外辐射

$3.0\sim4.0\ \mu m$ 谱段是电磁波谱的中红外波段,它相对于 $10\ \mu m$ 的谱段,波长要短,所以常称之为短波红外谱段。如果将卫星在短波红外谱段接收到的辐射转换为图像,辐射大用暗色调表示,辐射越小,色调越白。这样就得到短波红外云图。

这一波段处在森林火温(800 K)的最大辐射波长处,所以常用来监测森林火灾。此外用它监测夜间的雾区特别有效,但白天这一通道测量的辐射有地面和云面反射太阳辐射的"污染"。

　　(5)卫星接收到的水汽辐射

　　卫星测量以 6.7 μm 为中心的水汽强烈吸收带的辐射能,在此吸收带内,卫星接收水汽发出的辐射,水汽一面吸收来自其下方的辐射,同时又以自身温度再发射红外辐射。由卫星测量这一吸收带的辐射就能推测大气中的水汽含量。大气中水汽含量愈多,吸收来自下面的红外辐射愈多,能到达卫星的红外辐射能就愈少,其亮温也就低,水汽图上色调愈白;相反,如果大气中水汽含量愈少,下面的 6.7 μm 红外辐射可透过很干的大气层到达卫星的红外辐射能就多,其亮温也就高,水汽图上色调愈黑。气象卫星测量 6.7 μm 的红外辐射能主要受大气中水汽含量、水汽在垂直方向中的位置和水汽层的温度三个因素影响。

　　在水汽图上,色调越白表示大气中水汽含量越多,反之就越少。必须指出的是,6.7 μm 的水汽图像不能反映 500 hPa 以下的水汽信息。

4.1.2　识别云的基本特征判据

　　在卫星云图上,可以根据以下六个判据识别云的类型:结构形式、范围大小、边界形状、色调、暗影和纹理。

　　(1)结构形式

　　在云图上,所谓结构形式是指目标物对光的不同强弱的反射或其辐射的发射所形成的不同明暗程度物象点的分布式样,这些物象点的分布表现为一定的结构形式。如带状、涡旋状、团状(块)、细胞状和波状等。不同形式的云系或云团对应于不同的天气系统或物理过程,如锋面、急流等云系成带状结构,而气旋、台风等云系呈螺旋状结构。

　　(2)范围大小

　　卫星云图上云的类型不同,其范围也不同。如气旋、锋面云系的分布范围很广,可达上千千米;而与中小尺度天气系统相联系的积云、浓积云和积雨云的范围则小。因此可从云的范围识别云的类型、天气系统的尺度和大气物理过程。

　　(3)边界形状

　　云的边界有直线的、圆形的、扇形的、盾形的,有呈气旋性弯曲(云带边界向南凹)的、有呈反气旋弯曲的(云区边界向北凸)等。有边界整齐光滑、有呈锯齿状和不整齐的。云的边界是判断天气系统的重要依据,如急流云系的左界整齐光滑,冷锋云带呈气旋性弯曲等。

　　(4)色调

　　色调是指卫星云图上物象的明暗程度,也称为亮度或灰度。不同通道图像上的色调代表的意义不同。可见光云图上的色调与物象的反照率、太阳高度角有关。红外云图上,物象的色调决定于其本身的温度,温度越低色调越白。水汽图上,物像的色调决定于对流层中、上部大气的水汽含量和气层的温度,水汽含量愈丰富或气层温度愈低,则色调愈白。

(5)暗影

暗影只能出现于可见光云图上,它反映了云的垂直分布状况。是在一定太阳高度角之下,高的目标物在低的目标物上的投影。所以暗影都出现于目标物的背光一侧。注意在分析暗影时要将云缝与暗影区分开,最好的方法是结合红外云图进行判断。

(6)纹理

纹理是云顶表面或其他物象表面光滑程度的判据。云的类型或云的厚度不一,使云顶表面或光滑或呈现多起伏、多斑点、皱纹或纤维状。由云的纹理能识别不同种类的云。皱纹和纹理主要出现在层状云中有积状云,尤其是积云穿过层状云时最为明显。而纤维状纹理,主要出现在卷云区中。

4.1.3　卫星云图上各类云的特征

在卫星云图上显示的云是云的集合体。由以上识别云的六个判据,可识别三大类:卷状云、对流性云和层状云,其中包括九种云:卷状云、积雨云、高层云、高积云、积云、浓积云、层积云、层云、雾。

(1)卷状云

卷云的高度高、温度低,它由冰晶组成,反照率低,对可见光具有透明性。

在可见光云图上,卷云的反照率低,呈灰—深灰色;若可见光云图卷云呈白色,则其云层很厚,或与其他云相重叠;在红外云图上,卷云顶温度很低,呈白色。在水汽图上,卷云的色调呈白色。无论可见光还是红外云图,卷云有羽状或纤维状结构。

(2)高层云和高积云

中云是与天气尺度系统相联系的,它的特点与大尺度天气系统有关。中云在卫星云图上表现为一大片;其形式可以是涡旋状、带状、线状和逗点状;可见光云图上,与锋面、气旋相连的中云色调很白,纹理均匀,常伴有低云和降水同时出现,而在红外云图上,中云的色调介于高云和低云之间的中等程度灰色,较厚的中云色调呈浅灰色;中云不一定有暗影和确定的边界形状,所以根据暗影和边界不能识别中云。

(3)积雨云

积雨云也称雷暴云,它带来暴雨、大风、冰雹、闪电等强烈的天气现象,因此积雨云的识别对于灾害性天气预报十分重要。它的主要特点为:无论可见光还是红外云图,积雨云的色调最白;当高空风小时,积雨云呈圆形,高空风大时,顶部常有卷云砧,表现为椭圆形;积雨云系与中小尺度天气系统相关,小的仅十几千米,大的可达几百千米;一般地,积雨云顶高,有暗影。

(4)积云和浓积云

积云和浓积云常表现为线状、开口细胞状等结构形式;在可见光云图上积云浓积云的色调很白,在红外云图上的色调可以从灰白到白色不等;纹理不均匀,边界不整齐;若在一片层状云区内出现对流,则可见光云图上云区内会有暗影出现。

(5)层积云

层积云是行星边界层内空气的乱流混合造成的,通常出现于低层不稳定、高层稳定的大气条件下,也就是低空有对流,高空为下沉气流的情况下。在冬季洋面冷锋后或副热带高压的东南向处,层积云常表现为球状的闭合细胞状云系。在锋面云带附近,层积云表现为一大片或带状。在海洋上,水汽丰富,层积云一般密蔽天空,云顶均匀,在可见光图上呈白色;在大陆上,层积云反照率低,层积云是断裂的、稀疏分布的,表现为灰色。在红外云图上,层积云表现为深灰到灰色。

(6)层云(雾)

在红外云图上,层云(雾)表现为色调较暗的均匀云区,相似于地面色调。在可见光云图上,层云(雾)光滑均匀;色调白到灰白;层云(雾)边界整齐清楚,与山脉、河流、海岸线走向相一致。

需要说明的是,由于卫星观测无法判断云底是否及地,所以仅从卫星云图上不能将层云与雾很好地区别开来。

4.2　主要天气系统的云型特征

4.2.1　大尺度云系的特征分析

由卫星云图可以获得云的大范围分布状况。云的大范围分布表现为一定的结构形式,这些特定的结构形式与一定的天气系统和大气物理过程相联系。因此,识别云的大范围分布有助于对天气系统的分析预报和大气物理过程的理解。

(1)带状云系和涡旋云系

1)带状云系

带状云系是指一条大体上连续、具有明显长轴、长宽之比至少为 4∶1 的云系。如果云系的长宽之比小于 4∶1,则该云系称为云区。如果带状云系的宽度大于一个纬距,称为云带;若带状云系的宽度小于 1 个纬距,称为云线。

在卫星云图上,冷锋、锢囚锋、静止锋、切变线、热带辐合带和急流等天气系统表现为带状云系。

实例:如图 4.2 所示,A—B 是从日本海经韩国后通过黄海伸至我国长江流域的与锋面相连的云带,其南侧 C 和 S 处有向南伸出的卷云线,N 处为锋后的卷云带。

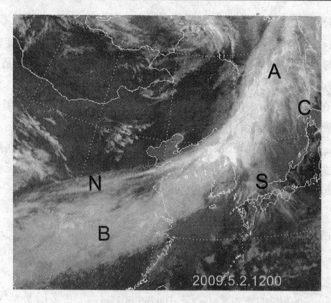

图 4.2 云带和云线(2009 年 5 月 2 日 12:00)

2)涡旋云系

涡旋云系是指一条或更多的螺旋云带朝着一个公共中心辐合的云系,它常与天气尺度或行星尺度的涡旋相联系。台风、热带低压、高空冷涡都表现为涡旋云系。如图 4.3 所示,北太平洋的涡旋云系,C 为涡旋中心,B 为旋向涡旋中心的涡旋云带。

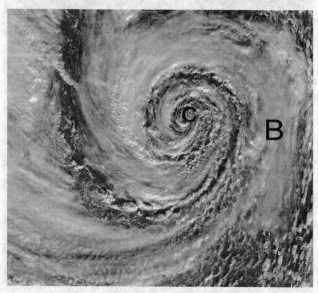

图 4.3 涡旋云系(2007 年 11 月 24 日)

（2）逗点云系

逗点云系，形如逗号，它是涡旋云系的一种。是由于大气非均匀旋转使云变形造成，所以它总与最强的正涡度平流相联系。识别时注意其后边界应是"S"形。具有逗点头粗而逗点尾细以及有干侵入区的特征。

一个成熟的逗点云系，一般表现为一个大尺度的由涡度逗点云系、斜压叶状云系和变形场云带三部分组成的云系[图 4.4(a)，(b)，(c)]。其中，(a)斜压叶云系以层状云为主，顶部为卷层云，位于变形场云系南部，与正涡度平流区相对应；(b)涡度逗点云系以对流性中低云为主，降水为阵性，与冷锋、锢囚锋相联系，通常涡度逗点云隐藏在斜压叶状云的下面；(c)变形场云系处在逗点云系的头部，以卷状云为主，向冷区凸起。

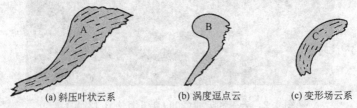

(a) 斜压叶状云系　　　　(b) 涡度逗点云　　　　(c) 变形场云系

图 4.4　一个成熟的逗点云系各组成部分示意图

实例：图 4.5 显示的逗点云系，斜压叶云系 A 的顶部表现为卷云覆盖区，虚线构画的 B 部分是涡度逗点云系（B 处于斜压云系 A 的下方），C 处为变形场云系。

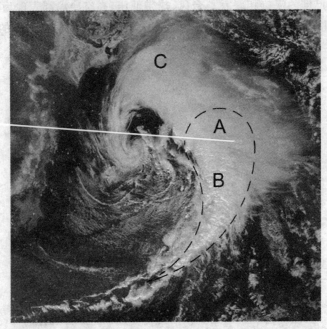

图 4.5　西北太平洋洋面上的逗点云系（2007 年 3 月 20 日）

（3）斜压叶状云系

在卫星云图上常见到的一种与高空斜压区相联系的云系，因其外形似叶片状而得名，这种云系与西风带中的锋生区或气旋生成有关，并在红外云图上表现得最清楚。斜压叶状云系的一般特点如图 4.6 所示，表现为一条较宽的云带，它的后（北）边界光滑整齐，呈"S"形，其 T 处向北凸起，呈反气旋弯曲，S 处向南凹，呈气旋性弯曲；斜压叶状云系西界 W 处有"V"字形缺口，是由于西北急流侵入云系的西边界形成的。斜压叶状云系的东半部主要以卷云为主，越往西云顶高度降低，色调变暗。在云区西端的"V"字形缺口北侧以中低云为主，南侧以低云为主。

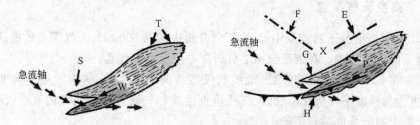

图 4.6　斜压叶状云系

实例：图 4.7 所示为我国东北东部、西北东南部地区和江苏北部地区出现的三片斜压叶状云系 A_1，A_2，A_3，三者向冷区凸起部分与脊线相重合，高空槽线位于 A_1，A_2，A_3 云系的后界附近，而高空槽后与急流相伴的冷空气侵入云区造成云系的"S"形后边界。

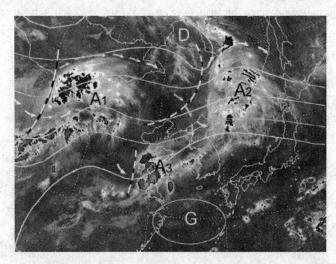

图 4.7　斜压叶云系（2009 年 8 月 18 日 07：33，等值线为 500 hPa 等高线）

(4)细胞状云系

在卫星云图上经常见到一种类似细胞一样的云系,称为"细胞状云系"。它是由于冷空气受到下垫面的加热,并在有利的条件下形成的。凡出现细胞状云系的地区,风速垂直切变均较小,若风的垂直切变较大,细胞状云系即被破坏。

4.3　卫星图像在天气分析预报中的应用

4.3.1　高空天气系统

500 hPa 高度处于对流层中部,在天气分析中常以 500 hPa 天气图上的槽线表征大气运动的活动规律。在卫星云图上分析高空槽云系需注意:

通常在 500 hPa 高空槽线处,流线的气旋性曲率最大,它的前方是正涡度平流区,后方为负涡度平流所在,该处大气的垂直运动和气流方向有明显的改变,反映在卫星云图上的云系也明显不同。

在大多数情形下,高空槽前是西南暖湿气流,由南向北平流到冷的地方,云系以层状云(层云、雨层云、高层云)为主;高空槽后为西北冷平流,干冷空气下沉,常表现为一大片晴空区;但是当西北冷平流到暖而湿的地表上空时,大气不稳定度增大,容易产生积云、浓积云等对流性云系。

高空槽云系可以表现为盾状、带状和涡旋状等多种形式,高空槽云系的不同部位,云系的种类也有很大不同;当西北冷平流侵入高空槽云系,冷平流下沉,使云顶高度下降,反映在红外云图上,云系的色调变暗。

如果高空槽云系迅速向北推进,云区北凸扩大,表示暖空气向北推进,表明暖锋锋生开始。

根据上述高空槽前后云系分布的差异和形式就可定出高空槽线的位置。

(1)逗点云系定槽线(图 4.8)。

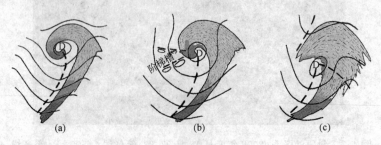

图 4.8　逗点云系定槽线

（2）卷云条纹定槽线：槽线定于卷云条纹线的气旋式切变中。

（3）锋面云带尾部云区断裂处，可以定为 500 hPa 的南北走向槽线的南端。

（4）500 hPa 槽线定在盾状卷云区的后界（图 4.9）。

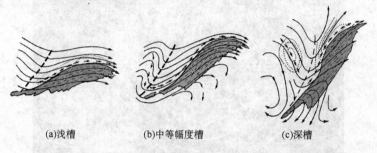

(a)浅槽　　　　　　　(b)中等幅度槽　　　　　　(c)深槽

图 4.9　中纬度高空槽前大片中高云定 500 hPa 槽线

（5）青藏高原上 500 hPa 槽线的槽前，有时仅出现一片小的反气旋式弯曲卷云。

（6）青藏高原的东南部由于大气具有湿对流不稳定，在 500 hPa 南支槽前常出现成片积雨云区，槽线定在云区后界。

实例：河套地区上空的浅槽云系，图 4.10 显示了 2009 年 7 月 7 日河套地区上空叠加在静止锋云系 E—F 上的浅槽云系 A，上升运动范围很广，云系越过高空脊线到达前方西北气流，并向北凸起，构成宽广的反气旋弯曲的卷云线，在云系与静止锋云带 E—F 相重叠的 G 处为一反气旋高压辐散场。

实例：华北中等幅度高空槽云系，图 4.11 显示了我国北方地区的高空槽云系，图中云系的南北幅度较大，云系左界较整齐，大多处在高空 500 hPa 槽前脊后，只有少量卷云伸展到脊前。

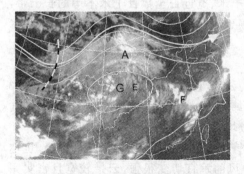

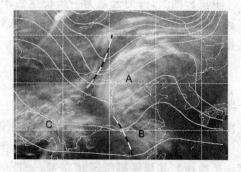

图 4.10　浅槽云系(2009 年 7 月 7 日 14:00)　　图 4.11　中等幅度槽云系(2008 年 3 月 20 日 20:00)

实例：逗点云系槽线。图 4.12 显示了我国北方一次逗点云系与高空槽线间的位置关系，高空槽线从涡旋中心 D 通过 R 云系至 A—B 云带西南端云系断裂处，在云带与高空槽相交处，由于冷空气侵入，云顶高度降低，云带的色调变暗；需要注意的是逗点云系主槽后部的西北气流中有与短波相连的云系 R 和 E 沿西北气流向东南方移动，当这些云系移到主槽附近时，云系将会迅速扩大和发展。

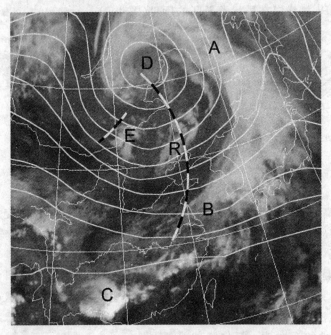

图 4.12　大振幅逗点云系高空槽线(2007 年 5 月 24 日 08：00，图中等值线为 500 hPa 等高线)

4.3.2　锋面云系

卫星云图上，锋面云系为一条长达数千千米、宽近百至数百千米不等的长云带，并且常常由多层云系组成。云带的特征依赖于锋区是否活跃、周围的环境条件和水汽是否丰沛等。

(1)冷锋云带

在卫星云图上，冷锋云系表现为一条长的云带，它的宽度相差很大，窄的不到 2～3 个纬距，宽的可达 8 个纬距，平均为 4～5 个纬距；冷锋云系常是多层云系；云带的气旋性曲率明显。可见光图上云带的色调比较均匀，内部嵌有一些对流性亮区。

冷锋可以分为两类：对于暖空气主动沿锋面爬升的冷锋，称做活跃的冷锋，也称第一类冷锋。其与强斜压区相联系，云带中风的垂直切变很强，云带较宽且密实完整，色调很亮。一般由多层云系组成，高层为卷云，中低层为积状云和层云，常伴有降水区，大气层结不稳定时，常伴有强对流性天气。对于冷空气沿冷锋锋面主动下沉的锋，称为不活跃冷锋，也称第二类冷锋。大气斜压性较小，冷平流弱，风垂直切变也小，云带窄而不完整、破碎和断裂，云系以层积云和积云为主；中高云很少；有时还可能没有云带。

实例:图 4.13 显示了北大西洋上的一次强寒潮冷锋云系,图中 A—B 是较活跃的冷锋云系,表现为一条连续的云带,C—D 是不活跃冷锋云系,云系断裂、稀少,冷锋后是伴随地面强风速区的大片开口细胞状云系和积云线。

图 4.13　北大西洋上的一次寒潮暴发(2007 年 1 月 16 日 15:00)

由卫星云图确定地面冷锋的位置可以依据云的边界和云系的稠密状况,大致分为三种情况:

①如果云带的前界清楚、光滑整齐,表明该处有明显风切变,地面冷锋就定在云带的前界处。

②同理,如果云带的后界清楚整齐,地面冷锋就定在云带的后界。

③如果云带的前后边界不整齐,则地面冷锋定在云带中云系由稠密到稀疏的地方。

(2)暖锋云系

卫星云图上识别暖锋比识别冷锋困难,暖锋的云区和云型多种多样。

暖锋是低纬度暖湿气流向中高纬度推进时冷暖气团间的界面,它反映的是大气中暖湿气流的输送,一些重要的降水天气过程都与暖锋相关联,分析暖锋的特征是预报降水天气的重要依据。

在卫星云图上,活跃的暖锋云系表现有以下特点:

①活跃的暖锋云系常表现为宽 300～500 km、长达几百千米的云带。

②暖锋云系向冷区凸起,表明有暖湿空气向冷区推进,云区内常出现清晰的反气旋弯曲纹线。

③暖锋云区的顶部为大片卷云覆盖区,卷云下面是高层云、雨层云和积状云,云区的色调白亮,常伴有较大的降水。

④暖区顶端一般位于云区由凸变凹处,地面暖锋的位置定在云区向北凸起的下方,且与云区中的纹线近于平行。

实例:图4.14是2009年3月7日20时增强红外云图,图中显示了位于西太平洋的一暖锋云系,表现为大片卷云覆盖区A,在云区北界有向东北方向的卷云羽,表示高空西南气流较强,低空为强的西南暖湿气流,在云区A西北侧有逗点状的云系C东移,由于C的靠近,引起西南气流加强,促使暖锋云系加强发展。

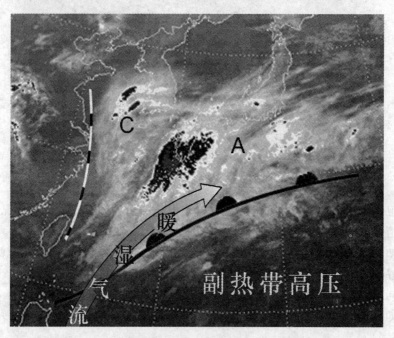

图4.14　洋面暖锋云系(2009年3月7日20:00)

在卫星云图上,凡是云系向冷空气凸起,卷云呈反气旋弯曲,则一定是暖锋云系,表示有暖空气向北推进。

我国南方地区暖锋活动频繁,云区宽广,且以多层云系为主,其形成过程为南支槽或高原槽云系与华南静止锋云系叠加之结果。北方的暖锋云系范围比南方小,有的呈圆形,且出现涡旋结构。

(3)锢囚锋云系

锢囚锋云系表现为一条宽约300 km的较白亮螺旋云带,它的后边界一般整齐光滑,并伴有舌状冷空气的无云或少云区,而云带前边界参差不齐。锢囚锋云系常表现为:沿螺旋云带越往中心色调变得越暗,螺旋中心处云的高度最低。

实例：图 4.15 是 2007 年 10 月 7 日 14：33 的增强红外云图，图中显示了具有冷暖锋结构的锢囚锋云系。

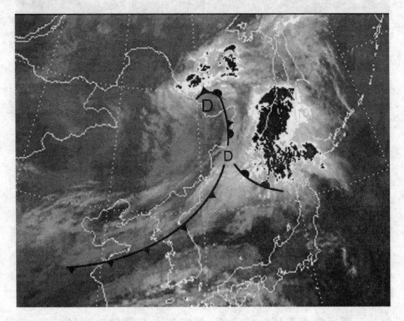

图 4.15　锢囚锋云系(2007 年 10 月 7 日 14：33)

（4）静止锋云系

1）静止锋云系的主要特点

①活跃的静止锋云系表现为一条宽的云带，云带没有明显的气旋性弯曲。

②静止锋云带上的云随季节和地理位置而有差异，冬季静止锋云系以层状云为主(高层云、高积云和层云)；夏季的静止锋云系内多对流云及各类混合性云系。

③在夏季静止锋云系的南边界处常伸出一条条枝状云带(线)。

2）我国大陆静止锋云系

我国大陆上的静止锋云系一般分两类，一类主要是由地形对冷空气的阻挡造成的；另一类是大气环流变化造成的。我国的静止锋云系主要有：天山静止锋云系、昆明静止锋云系、华南静止锋云系等。

实例：图 4.16 显示了一次冬季昆明静止锋、华南静止锋 A—B 云系分布特点，可以看到，昆明静止锋 F_1 呈西北—东南走向，与地形走向相一致；华南静止锋 F_2 呈准东西走向，F_1 和 F_2 静止锋云系北界到长江流域，前边界较整齐，地面锋的位置定在云系的前界附近，云系处在近似东西走向的地面高压南面。

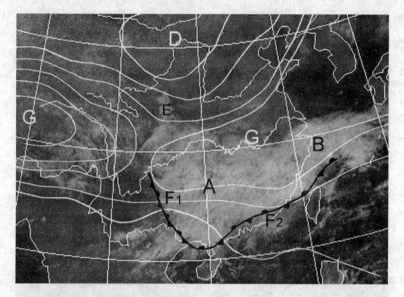

图 4.16　昆明静止锋和华南静止锋云系与地面气压场叠加图

4.3.3　温带气旋云系

温带气旋云系通常由斜压叶状云系、涡度逗点云系和变形场云系三部分组成。根据气旋发展到成熟时的云型和环流将气旋分为 A 型(图 4.17)、B 型(图 4.18)两种类型。

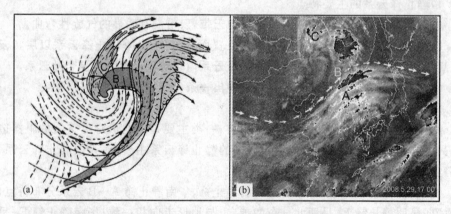

图 4.17　A 型:成熟的温带气旋中的逗点、斜压叶状和变形场云系[(a)模型;(b)实例]

(1)A 型气旋

它是从低空向上发展起来的,然后在对流层上部有表现。

高空急流穿过云区,其轴位于斜压叶状云系的北界附近,使得变形场云系与斜压叶状云系分离。

涡度逗点云系的头部外露,尾部被大片斜压叶状云系所遮挡。

冷锋、锢囚锋容易定出,而暖锋不易定出。

(2)B型气旋

它是从高空向上和向下发展起来的,强度比A型气旋强,其云系完整和深厚。

急流不穿过云区,云中风速不强,变形场云系与斜压叶状云系连成一片。

强风区处于云区后以扇形指向云区,所以斜压云区后界移速较快,使涡度逗点云从其后面显露出来。

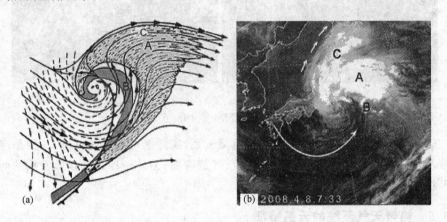

图4.18　B型:成熟的温带气旋中的逗点、斜压叶状和变形场云系[(a)模型;(b)实例]

4.3.4　高空急流云系

高空急流是对流层上部的重要环流系统。与急流相伴的次级环流及高低空急流耦合,与温带气旋的发生发展、局地强对流天气和区域性暴雨的发生发展有着密切的关系。

在卫星云图上,高空急流云系以卷云为主,常表现为带状,由于在高空急流附近有强的风速水平和垂直切变,所以高空急流云系的主要特点有:

(1)高空急流卷云主要位于急流轴南侧(北半球而言),其左界光滑整齐,并且与急流轴相平行。

(2)在急流呈反气旋弯曲的地方云系稠密,而在急流呈气旋性弯曲的地方,云系稀疏或消失,所以急流云系主要集中于反气旋性弯曲急流轴的南侧。

(3)在可见光云图上,急流云系的左界有明显的暗影。

实例:图4.19中,A—B—C是一条色调白亮的急流云带,其左界光滑整齐,C处略呈反气旋弯曲,与急流轴相平行。在急流的左侧是与下沉运动相关联的晴空区;右侧是与上升运动相联系的卷云区。A 和 C 处在急流轴呈反气旋弯曲的地方,上升运动较强烈,云带宽而白亮稠密;B 处在急流轴呈气旋性弯曲的地方,上升运动较弱,云带窄而灰暗稀薄。可见光云图上(4.19(a)),在急流云系的左边界可见到暗影。

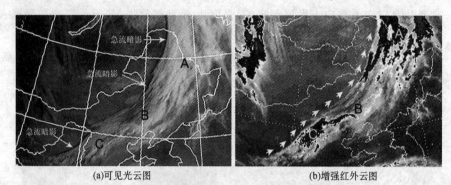

(a)可见光云图　　　　　　　　　　　　　(b)增强红外云图

图 4.19　急流云系(2008 年 3 月 18 日 08:00)

必须指出,卫星云图上有两种貌似急流云系,实际上可能风速很小;一种是冷锋云带,它呈气旋性弯曲,而急流云系常呈反气旋弯曲;另外一种是逗点形云系的西北边界貌似盾形,但高空风很小。

4.3.5　热带天气系统的云系特征

利用卫星云图对热带地区可以开展以下工作:

监视热带低压(扰动)的形成,确定其中心位置和发展阶段,追踪其云系演变和移动路径,建立热带扰动云系演变的天气学模式。

监视发生在全世界的热带风暴(台风),估计和预报台风的发生、发展和强度,以及未来的移动路径。

分析热带天气系统,确定如热带辐合带、东风波、高空冷涡等主要天气系统的云系分布,确定其位置、类型和结构,以及与台风之间的关系。

分析南北半球和中低纬度天气系统之间的相互作用,根据静止卫星云图及其导得的风矢量,可以分析南北半球气流间的相互作用及其对热带天气系统发生发展的影响,揭示中纬度天气系统对热带云系的作用和反作用以及热带水汽向中纬度地区的输送。

分析热带天气系统的基本组成单元——云团,这是卫星观测揭示出来的。

(1)热带天气系统的卫星云图特征

1)热带云团

热带云团是有了卫星云图以后发现的新云系,许多热带系统都与云团有关。

如图 4.20 中,云团 A 由许多积雨云单体组成,顶部的卷云连成一片,表现为密实而白亮的云区。云团直径大小不等,小的不到 1 个纬距,大的可达 7~8 个纬距。按其大小与出现在环流系统中的位置,又分为季风云团、信风云团和玉米花云团(云团宽度小于 1 个纬距)三种。

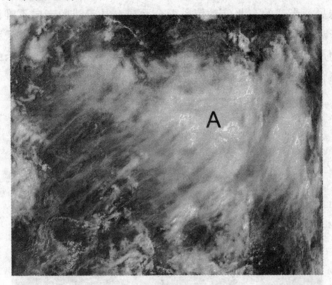

图 4.20　热带云团

云团的范围和位置随季节而变。在冬季,云团的位置最南,范围最小;而到夏季,云团的位置北移,可达较高的纬度,范围也大,出现的频数高。云团一般随副高南侧的偏东气流自东向西移动,其移速小于风速。在暖的洋面上,云团一般静止少动。

夏季热带洋面上,云团活动十分频繁,生命史相差较大,云团生命的长短与云区面积和风的垂直切变有关,风的垂直切变较小时,其生命期较长,否则生命期较短;云区面积越大,生命期越长。生命期长的云团可以发展成台风。

热带云团从太平洋上或南海侵袭华南和东南沿海时,可造成暴雨、大风等恶劣天气。

2)热带辐合带(ITCZ)云系

热带辐合带是指低纬度地区的槽或低压系统,又称为赤道辐合带、赤道槽。卫星观测表明,热带大部分云系集中在热带辐合带内,并对应于洋面温度的暖轴上,所以热带辐合带是低纬度热量、水汽输送最集中的地区,是大气能量的源地,也是台风发生发展的主要源地。

ITCZ 是行星尺度天气系统,卫星云图上一般表现为一条准东西走向的连续云带,东西长达数千千米,宽度可达 5 个纬距以上,内嵌许多发展强盛的热带积雨云云团,与天气尺度扰动相对应,当热带扰动弱时,ITCZ 云带有时也可能变得很窄,只有 2～3 个纬距,并且可能成为一条断断续续的云带。ITCZ 分为季风槽和信风槽两种,其相应云带也有两种。季风槽是东南(北)信风越过赤道,由于地转偏向力改变转为西南(北)风与另一半球的东北(南)信风汇合而成。从云线的走向不难识别它。信风槽云带常位于赤道附近,是由东北信风和东南信风汇合形成的云带,云系的稠密程度和热带云团的尺度均不及季风槽,内嵌的扰动不太活跃。图 4.21 显示的是一次中等强度的热带辐合带云系分布图。

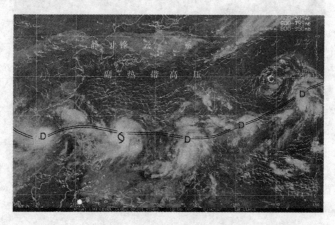

图 4.21　热带辐合带云系

(2)台风发生发展的云图特征

台风在卫星云图上表现为有组织的涡旋状云系,因此是最容易识别的一种天气系统。应用卫星云图分析台风的内容包括:分析台风形成的天气尺度条件;确定台风的中心和强度,预告台风未来的强度;预告台风的路径。

随着卫星资料的日益增多和云图处理水平的提高,分析和预告台风的方法也越趋完善,精度越来越高,效果越来越好。卫星云图已成为分析台风的主要工具。

台风云型主要由外部螺旋云带、中心密实云区和眼区三部分组成。

螺旋云带:一条或多条宽度多在 1/2 个纬距以上不等的云带,旋向一个共同中心汇合,云带中常常嵌着一些白亮的对流云团。

中心浓密云区:螺旋云带的汇合中心或眼区四周的白亮密实中心云区称作中心浓密云区。密实云区的形状和大小是估计台风风力和强度的有用参数。而密实云区的边界特征对判断台风是否发展有一定参考作用。例如,对于一个发展的热带风暴,中心稠密云区的形成过程,其形状由不规则变成椭圆,再变成圆形。而它的边界通常由参差不齐和不均匀变得光滑和整齐,或有纹理的卷云区,称之为卷云罩。亮度也加强变得更密实又白。相反,当气旋停止发展趋向减弱时,密实云区的边界变得模糊和不规则,云的结构变松散,亮度也降低。

眼区:台风中心附近的少云或无云区,卫星云图上表现为一个小黑点,容易识别。但是当热带气旋尚未达到台风强度时,其环流中心可能没有黑点,若把热带气旋的环流中心也当做广义上的眼,那么,眼可以在密实云区的外部附近,由几条螺旋云带汇合而成;眼也可以在一带或几条云带包围的汇合中心;眼也可以在准圆形密实云团的几何中心。

图 4.22 给出了一个成熟台风云系的水平分布和垂直剖面示意图。可以看出,台风云系的水平分布表现为三部分:①其中心是一暗黑的无云眼区;②围绕眼区的是连续密蔽云区;③环绕密蔽云区的是台风的外围螺旋云带。还可看到,在台风靠赤道一侧有一断裂的对流云尾,台风的右前方处有一镶嵌云区中的能量泡。卫星观测表明,由上升、冷却而伴随的潜热能量的释放集中于涡旋的能量泡的局部区域,这在增强云图上为一白亮的冷云区,通常位于台风的右前方,但也不完全如此,如图中则出现在台风的南侧。台风眼是一干而暖的下沉气流区,高空是高压,低层为低压,环绕四周是深厚的云塔。

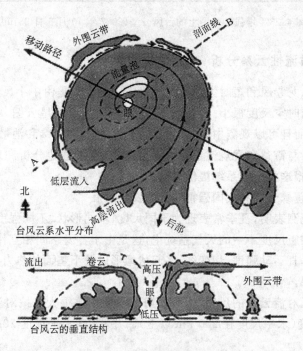

图 4.22　台风云系模式(Barrett　1970)

图 4.23 为从增强云图上看到的台风结构,眼区、稠密云区和螺旋云带表现清楚。

图 4.23　增强红外图上的台风云型(2007 年 10 月 5 日 23:00)

4.3.6　夏季对流性云系分析

暴雨、冰雹、龙卷风和短时大风等强对流灾害性天气是由中小尺度天气系统造成的。这种系统的时空尺度很小。用时空分辨率高的静止卫星云图,不仅可以观测大范围云系分布,而且可以观测中小尺度云系的发生发展、成熟和消散演变的全过程。如果将卫星资料与雷达和常规气象资料综合运用,能更好地分析和理解这类中小尺度系统,并为预报这类天气系统提供依据。

(1)中尺度雹暴云团和我国强雹暴云团发生发展

卫星云图观测表明,夏季常表现为不同尺度、不同形状、不同强度、不同天气现象的对流云团存在于尺度不一的天气系统中,这是由于各云系间相互作用、大气中水汽含量、稳定度、垂直运动强度、切变线、多起伏地形以及下垫面的热力条件差异等因素综合作用的结果。

中纬度地区对流云系的尺度、生命周期和强度相差很大。按对流云团的尺度可划分为:α 中尺度(水平尺度在 200 km 以上)、β 中尺度(水平尺度 20~200 km)、γ 中尺度(2~20 km)。

从天气现象区分,中尺度对流系统(MCS)有三类致灾性云团:一类是飑线云团(或称雹暴云团),它的出现通常伴有短时强风、冰雹等灾害性天气,有时还伴有地闪,造成雷击；另一类是暴雨云团（又称非飑线云团），它主要以降水和云闪为主，不伴有强风和冰雹天气，而是造成洪涝灾害；第三类是暴雨大风云团，虽该类云团无冰雹，但是有强风和强降水。

飑线云团按其尺度可再分成两种：一种云团尺度较大（约 2 个纬距），不仅有冰雹大风，而且伴有强降水天气，可达暴雨量级；另一种云团尺度较小（约 1 个纬距），其天气以冰雹、大风为主。

1）雹暴云团

这类云团主要是冰雹、大风天气。它的主要特征有：

云团初生时表现为边界十分光滑的具有明显长轴的椭圆形，表明出现在强风垂直切变下，长轴与风垂直切变走向基本一致；在雹暴云团成熟时，云团的上风边界十分整齐光滑，下风边界出现拉长的卷云砧，从活跃的风暴核的前部流出，强天气通常出现于云团西南方的上风一侧，可见光云图上出现穿透云顶区（风暴核），红外云图上有一个伴有下风方增暖的冷 V 字形。出现大风的边界常呈现出弧形，这时整个云形可以为椭圆形，有时表现为逗点状云形。

云团尺度较大时（约 2 个纬距），不仅有冰雹大风，而且强降水天气，可达暴雨量级；另一种是尺度较小的云团（约 1 个纬距），以冰雹大风天气为主。

云团一般出现在高空急流轴的左侧，离急流轴约 1～3 个纬距，通常在急流呈气旋性弯曲的地方，云团离急流轴的距离较大，而急流呈反气旋弯曲的地方，云团离急流轴的距离较小。

雹暴云团呈块状，强度大、色调十分明亮、发展迅速、移速快、生命期短、日变化明显。当有几个雹暴云团出现时排列整齐。

2）飑风云团

这类云团主要是大风和短时强降水天气，有时还可达暴雨量级，这类云团的特点有：

云团的云形与雹暴云团十分类似，最显著的特点是其处在范围较大的、略呈盾状卷云区的西南端，它的上风边界（西南边界）十分整齐光滑，下风边界（东北方）出现长的卷云羽；云团位于短波槽底部；云团色调明亮范围较大，东南边界明显向前方凸起；新的对流单体在老云团的西南端生成，呈后向发展型。

3）实例分析

与一般的暴雨云系不同，雹暴云团、飑风云团和暴雨雹暴云团具有特殊的形状，由它的形状可以识别判断冰雹大风天气，图 4.24 显示了几种典型的雹暴云团、飑风云团和暴雨雹暴云团的云形，根据这些云形特征，有助于气象人员监视和预报冰雹、暴雨和大风等强对流天气。这些云团的主要特点分列如下：

图 4.24（a）显示了 2007 年 4 月 15 日发生在长江中游地区的雹暴云团 C，可以

看到云团已与高空急流卷云线靠近,呈椭圆形,有向东北方向伸出的强卷云砧,显现高空有强风速垂直切变,实况显示在该地区产生了冰雹、大风天气和短时阵性降水。

图4.24(b)显示了陕南、河南地区出现若干个尺度较小、具有长轴的雹暴云团,每一云团向东北方伸出卷云砧,这些云团给上述局部地区带来了冰雹、大风天气和短时阵性降水。

图4.24(c)为增强红外云图,显示了广东南部的超级强雷暴云团C,云系呈锥形,西南端尖小,最冷云顶位于积雨云母体的上风一侧,边界处为最强温度梯度,是飑风和强风所在。

图4.24(d)的增强红外云图上显示了广东南部地区的一次超级强雷暴,云团内只有一个较大的冷云区,主要位于雷暴云的上风一侧。

图4.24(e)显示了山东半岛东南沿海地区的两个强雷暴云团,云团西侧边界光滑,东侧有短卷云羽,表明强雷暴处于发展阶段;云团的西北一侧有冷空气侵入的积云线。

图4.24(f)显示了长江中下游地区的一次飑线云系,表现为若干个排列成弧状的对流云团,整个云形呈涡旋逗点状,给该地区带来短时降水、大风和冰雹天气。

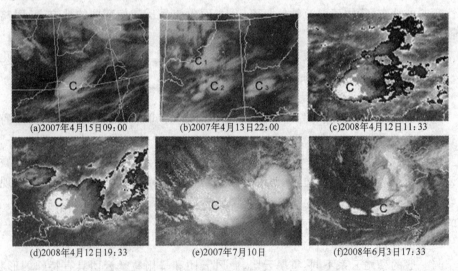

(a)2007年4月15日09:00　　(b)2007年4月13日22:00　　(c)2008年4月12日11:33

(d)2008年4月12日19:33　　(e)2007年7月10日　　(f)2008年6月3日17:33

图4.24　发生在我国的雹暴云团云形实例

(2)中尺度暴雨云团(非飑线云团)的分析和预报

卫星云图是分析和预报暴雨的强有力的工具,由它可以:监视暴雨云团的发生发展阶段、云团生成的源地、追踪其移动路径、云团的移速;分析形成暴雨云团的大尺度条件和局地性强迫条件;预报暴雨云系的发生、发展、影响范围和强度;估算暴雨降水量。

1)我国暴雨云团的基本特征

①暴雨云团(非飑线云团)

在卫星云图上可以看到,许多云团只有暴雨,而无冰雹、大风天气,通常把凡是能产生暴雨的云团称之为暴雨云团,或非飑线云团。但是并非在卫星云图上所有的积雨云都产生暴雨,只有达到一定尺度(约 1 个纬距以上)和生命期的云团才可能产生暴雨。有的只要一个云团就能产生暴雨,有的则是几个云团相继通过同一个地方产生暴雨,云团的大小可相差很大,所以关于暴雨云团的确定时常十分含糊。但是暴雨云团与飑线云团间则有明显的差异,主要表现为:

暴雨云团一般出现于风垂直切变较小的情况下,其形式可以为圆形、多边形、涡旋状和不规则形状。初生时常呈离散状的小亮点,到成熟时表现为形式多样的云团,顶部有向几个方向伸出的卷云羽,而不像飑线云团那样伸向一个方向的卷云砧。

暴雨云团的色调差异较大,有的可以很亮,有的并不十分明亮,有的很密实,有的则十分松散,云团四周常伴有大片中低云区,云团时常可连成一片,而不像雹暴云团孤立,四周很少有中低云相伴。

暴雨云团一般出现于急流云系的右侧,源源不断的暖湿气流头部、θ_e 脊线处;暴雨云团也可出现于急流左侧,但云团远离急流轴,无强风垂直切变。

云团发展速度较雹暴云团要慢,持续时间较长;有时雨强虽不十分强,但因生命期长,累计降水量较大。

实例:图 4.25 显示了多个实际的暴雨云团,这些云团的特点有:

图 4.25(a)中,显示长江以南地区多个大小不等的离散的初生对流云单体,云的边界整齐光滑,云团发生在云的边界处或沿海岸处。

图 4.25(b)中,华南地区尺度大的 MCC 暴雨云团,云团四周出现向外伸出的短卷云羽,表示云团达成熟阶段。

图 4.25(c)中,梅雨锋雨带中混合性云系组成的暴雨云系,云团尺度小,镶嵌在大片中低云区内。

图 4.25(d)中,显示一次高空强风与锋相交时生成对流暴雨云系,云系结构较为松散,边界模糊,向南伸出有卷云羽。

图 4.25(e)中,长江流域梅雨云带上的暴雨云系,云系特征与图 4.25(d)中相类似,由于它处在副热带高压西北侧,可得到来自低纬源源不断的水汽输送,这类云系持续时间较久,因此降水量很大。

图 4.25(f)中,华南地区的暴雨云系,云系沿海岸线排列,这与海陆分布有关。

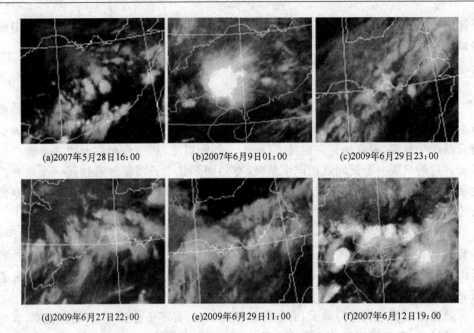

(a)2007年5月28日16:00　　　　(b)2007年6月9日01:00　　　　(c)2009年6月29日23:00

(d)2009年6月27日22:00　　　　(e)2009年6月29日11:00　　　　(f)2007年6月12日19:00

图 4.25　红外云图上暴雨云系实例

②暴雨大风云团

这种云团既有暴雨,又伴有强风,故称它为暴雨大风云团。它的特点是:云团出现于高空槽前卷云或向东北方向伸展的成片卷云的西南端,高空槽底附近;云团的色调较为明亮,尺度大小不等,如果存有几个云团,则常排列成串,云团的东南边界处呈弧状。

实例:图 4.26 为发生在我国华南地区的一次暴雨大风云团的连续演变,图中暴雨大风云团 B 处在斜压叶云系 A 的西南尾端,图中 A—B 云系西边界呈气旋性弯曲、向云内凹进,向东南凸起,云系后部为大片晴空区,晴空区西侧有高空槽云系东移,云系北界与急流相连,可看到急流指向暴雨大风云团 B,高空急流向东南方向推进。

图 4.26(a)、(b)显示暴雨大风云团初生阶段,表现为在云带尾部处排列整齐的积雨云单体。

图 4.26(c)、(d)为暴雨云团发展阶段,可见到云区面积显著增大,云团东南边界向东南方向凸起,此时暴雨大风天气达最强阶段。

图 4.26(e)、(f)显示暴雨云团达成熟阶段,云团边界处出现短的卷云羽,东北方向有强卷云砧。

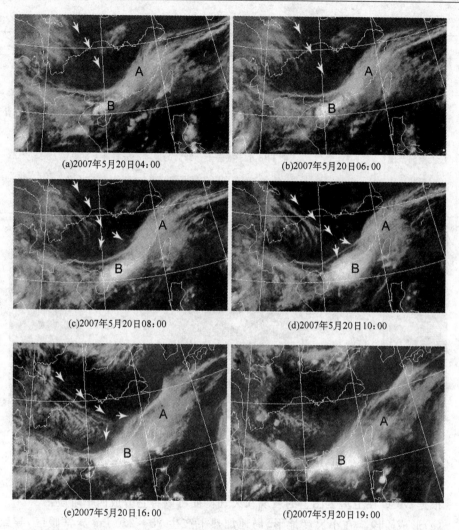

(a)2007年5月20日04：00　　　　　　　(b)2007年5月20日06：00

(c)2007年5月20日08：00　　　　　　　(d)2007年5月20日10：00

(e)2007年5月20日16：00　　　　　　　(f)2007年5月20日19：00

图 4.26　华南暴雨大风云团

2）中尺度对流复合体（MCC）

①MCC 的规定和判别

中尺度对流复合体（MCC）是一个尺度较大的中间尺度天气系统，利用常规的气象资料能对它进行分析。MCC 在红外云图上表现为一个巨大的近于圆形的云区（图 4.27），如何从云图上识别这类系统，Maddox(1981)对这类系统进行定义，并提出判别标准（表 4.2）。

表 4.2　中尺度对流复合体 MCC 的标准

物理特征
尺度　　(A)TBB 小于或等于−32℃的连续云罩面积>10^5 km²   (B)TBB 小于或等于−52℃的内部冷云区面积>$5×10^4$ km²
生成　　首次满足尺度定义(A)、(B)的时刻
生命史　　满足尺度定义(A)、(B)的时间要>6 h
最大空间范围　　TBB 小于或等于−32℃的连续冷云罩最大面积
形状　　最大空间范围时的椭圆偏心率(短轴/长轴)≥0.7
消亡　　尺度定义(A)、(B)不再满足的时刻

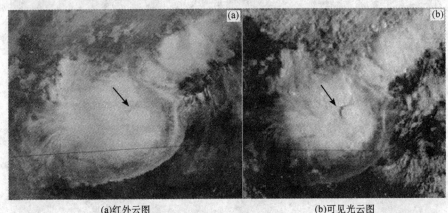

(a)红外云图　　　　　　　　(b)可见光云图

图 4.27　MCC 示例

②MCC 的生命史

根据 MCC 在卫星云图上的表现和天气特征可以将它分成四个阶段：

(a)形成阶段。在小尺度地形、局地加热下产生 25~250 km 异常暖区，导致在该地区内出现一系列雷暴单体，并引起龙卷、冰雹、强风等强烈对流性天气；此时在中层由于冷空气卷入雷暴内，引起强烈的下沉气流，从而在低层有中高压生成，冷空气在近地面从中高压处向外流出。

(b)发展阶段。在这一阶段，由于雷暴单体的发展，对流层中层(约 700~400 hPa)有流入层出现；在地面，各个雷暴单体产生的外流气流汇合在一起形成一个更大的中高压冷空气外流边界线；同时，由于强烈的湿不稳定空气从低空连续流入，与外流边界线相互作用，引起低层辐合，产生强的对流单体，使得系统迅速发展。

(c)成熟阶段。低层流入气流产生的不稳定的潮湿区内连续有强对流单体出现，虽然有雷暴，但此时刻以暴雨天气为主，风的垂直切变很小，对降水十分有利，所以在对流层中部出现大范围向上的质量输送和大面积的降水区,并产生中尺度的暖心结构,形成一个中低压,该低压正好位于地面冷中高压之上,此低压进一步增强系统的辐合,其上出现一大的中高压。

(d)消亡阶段。流入系统的水汽被切断或发生改变,强对流单体不再发展,失去中尺度的组织结构;在红外云图上,圆形的云区变得散乱;地面冷空气堆变得很强,中尺度上升运动区与地面辐合区相分离,系统移入到相对气流场发生改变和低层水汽辐合减小的更稳定的大尺度环境场。这时 MCC 消失,但是中尺度系统(6 h,尺度250～2500 km)结构、中高压残余、冷空气外流边界和小阵雨仍可维持好几个小时。

③MCC 的结构

Maddox 通过对 10 个 MCC 天气资料的合成分析,得出 MCC 的结构特征如图4.28 所示。图 4.28(a)是表示一个成熟的 MCC 中的天气和气流分布状况,可见在对流层上部存有气流方向与 MCC 移动方向相反的风垂直切变;在前缘(图 4.28(a)右侧)为强的对流区,雷达上有强回波区出现,不稳定气流从它的前部流入;在系统后部为强的下沉气流,从后部流出。图 4.28(b)表示了成熟 MCC 的垂直结构,在低层是一个冷空气堆构成的中高压;中层是暖的中低压;高层是由于大范围上升气流于对流层顶冷却而形成的中高压。

④MCC 的源地和移动

统计发现,多数 MCC 云团生成于 25°—31°N,103°—108°E 的区域内,该地恰位于青藏高原东侧,锋面云带的尾端处,四川盆地和云贵地区。对于中层,青藏高原东侧处在背风坡,而该地低层又是西南气流盛行,输送大量水汽和能量;同时该地区山脉纵横,其向阳坡受太阳加热快,十分有利于对流云团生成。

MCC 的路径大多数是向东南方向移动,并决定于四周环境流场。

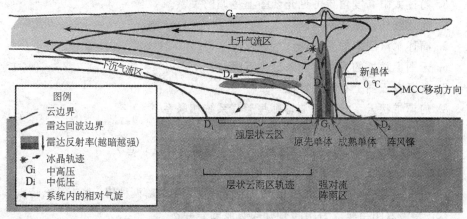

(a)成熟的MCC中的天气和气流分布状况

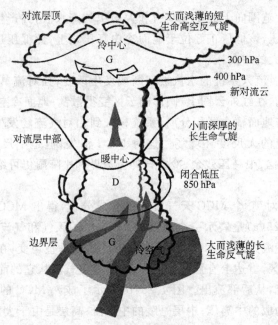

对流层顶

大而浅薄的短生命高空反气旋

冷中心 G

300 hPa

400 hPa

新对流云

对流层中部

暖中心 D

小而深厚的长生命气旋

闭合低压 850 hPa

边界层 G

冷空气

大而浅薄的长生命反气旋

(b)成熟MCC的垂直结构

图 4.28　MCC 云团的空间结构模型

思 考 题

1. 面对一张卫星云图,通常要按哪几方面进行分析?

2. 在卫星云图上,可以根据哪六个判据识别云的类型?

3. 简述太阳高度角与可见光云图上色调的关系。

4. 简述红外云图的原理。

5. 简述水汽图像的原理。

6. 云图上常见的云型和云系分别有哪些?

7. 卷云在云图上有哪些特征?

8. 何谓带状云系?它通常与哪些天气系统相联系?

9. 什么是逗点云系?有何特征?

10. 什么是温带气旋云系? A 型、B 型气旋各有什么特点?

11. 中纬度地区高空急流云系有何特点?

12. 什么是热带辐合带云系?热带辐合带(ITCZ)分为哪两种槽?各有什么特点?

13. 暴雨云团与飑线云团间有哪些明显的差异?

参 考 文 献

巴德 M J. 1998. 卫星与雷达图像在天气预报中的应用[M]. 北京：科学出版社.

陈渭民. 2005. 卫星气象学[M]. 北京：气象出版社.

陈渭民. 2010. 卫星气象培训教材[M]. 中国气象局培训中心.

桑特利特[法]，乔治夫 G[保]. 2008. 卫星水汽图像和位势涡度场在天气分析和预报中的应用[M].
　　北京：科学出版社.

熊廷南，徐怀刚，牛宁. 2009. 气象卫星图像解译与判读[M]. 中国气象局培训中心.

中国气象局科教司. 1998. 省地气象台短期预报岗位培训教材[M]. 北京：气象出版社.

Dvorak V F, Smigielski F. 1993. A workbook on tropical clouds and cloud systems observed in satel-
　　lite[M]. NOAA teaching material.

第5章　雷达图像资料在天气监测和预报中的应用

　　我国新一代天气雷达有 S 波段(10 cm)和 C 波段(5.5 cm)两种。一般在沿海和长江流域多暴雨区安装 S 波段雷达,在内陆较少发生暴雨地区安装 C 波段雷达。目前,其最重要的应用是雷暴和强对流天气的探测和预警。

5.1　雷达气象学基础知识

　　天气雷达发射脉冲形式的电磁波,当电磁波脉冲遇到降水物质(雨滴、雪花和冰雹等)时,大部分能量会继续前进,而一小部分能量被降水物质向四面八方散射,其中后向散射能量返回到雷达天线,被雷达接收形成雷达回波。根据雷达回波的特征可以判别降水强弱、有无冰雹、龙卷和大风等。新一代多普勒天气雷达除了测量回波强度外,还可以测量目标物沿雷达径向的运动速度(称为径向速度)和速度谱宽(速度脉动程度的度量)。雷达最终给出的径向速度是平均径向速度,而相应的标准差称为谱宽。通常采用几十对脉冲的统计得到平均径向速度和相应的谱宽。

5.1.1　多普勒天气雷达的局限性

　　天气雷达两个主要的局限性是波束展宽和雷达地平线。雷达的波束宽度是 1° 立体角,随着距离增加,波束横截面的尺度(直径)也增大,到了距离雷达 230 km 处,波束宽度将近 4 km。有些产生雷暴的涡旋(中气旋)的尺度也只有 4 km 左右,在距离雷达 230 km 的地方要探测到类似尺度的中气旋就有一定困难,即便探测到,其强度由于平滑作用而被大大削弱。另一个局限是雷达地平线。虽然在标准大气情况下水平(或很小仰角)发射出的雷达波束略微向下弯曲,但其曲率只有地球曲率的四分之一,随着距离的增加,波束中心高度随着距离增加而增加,在距离雷达 230 km 处,0.5°仰角波束中心的高度为 5.1 km,降水系统或雷暴的下半部分探测不到,在 345 km 处和 460 km 处,其高度分别为 10.0 km 和 16.5 km,此时雷暴波束从雷暴或降水系统顶上穿过。也就是因为这个原因,SA 和 SB 雷达的反射率因子的最大探测距离设定为 460 km。

　　除了上述两个固有局限性外,多普勒天气雷达体扫的最高仰角为 19.5°,19.5°以上的静锥区没有观测,使得当雷暴等降水系统距离雷达很近时,其上半部分位于静锥区之内而无法探测到。因此,综合考虑上述几个因素,多普勒天气雷达的最佳探测范围大致为 25~120 km。雹暴可以例外,强烈雹暴的最有效探测范围可以扩展到300 km。

　　多普勒天气雷达径向速度的测量也存在一个范围,即存在一个最大不模糊速度,其表达式为:

$$V_{max} = \frac{\lambda \times PRF}{4} \tag{5.1}$$

　　只有当径向速度在$-V_{max}$到$+V_{max}$范围内时,多普勒天气雷达才可以给出正确的速度值,当实际降水粒子的径向速度位于上述范围之外时,雷达将给出错误的速度值,这一现象称为速度模糊,而该错误的速度值称为模糊速度。

5.1.2　电磁波在大气中的传播及衰减

　　电磁波在真空中以 3×10^8 m/s 的速度直线传播,但在大气中传播时,特别是在远距离且大气中气象要素有异常的垂直分布时,电磁波会出现明显的曲线传播现象。这种光波或电磁波在大气中曲线传播的现象称为大气折射。由于大气折射指数随高度是变化的,所以雷达波束在大气中不是沿直线传播而是发生弯曲(图 5.1)。

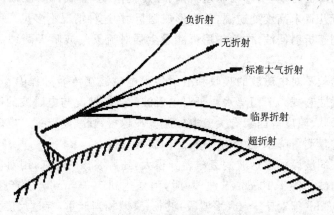

图 5.1　各种情况下电磁波的传播路径

　　(1)标准大气折射:大气折射指数随高度递减,水平射出的雷达波束向下弯曲。标准大气折射可以代表中纬度地区对流层中大气折射的一般情况,亦称为正常折射。

　　(2)负折射:大气折射指数随高度增加,水平射出的雷达波束向上弯曲。这种现象会使雷达可探测的极限距离减少,原来在雷达荧光屏上可探测到的回波就会探测不到。形成负折射的气象条件:湿度随高度增加而增加,以及温度随高度增加递减率快于干绝热递减率。通常当冷空气移到暖水域上空时,就有可能产生负折射。

(3)零折射:大气折射指数随高度不变,水平射出的波束将沿直线传播。大气是均匀介质时才会发生这种现象,通常在实际大气中不会发生这种现象。

(4)临界折射:波束传播路径与地表面平行。

(5)超折射:波束路径的曲率大于地球表面的曲率,即雷达波束在传播过程中将碰到地面,经地面反射后继续向前传播,然后,再弯曲到地面,再经地面反射,重复多次,雷达波束在地面和某层大气之间,依靠地面的反射向前传播。形成超折射时,雷达波遇到地物所产生的向后的反射波也沿同样的路径返回到天线。所以,雷达荧光屏上的地物回波显著增多、增强,通常称为超折射回波。这种超折射回波妨碍对于气象目标的观测。在平显上,超折射回波常常是一些呈辐辏状排列的短线。当超折射回波强度较大时,这些短线状的回波互相弥合成片状。超折射是因为大气中折射指数随高度迅速减小造成的。折射指数随高度迅速减小,必须是气温向上递增(逆温层),同时水汽压向上迅速递减,也就是常说的暖干盖大气层结。最容易出现超折射气象条件是:①辐射超折射:大陆上晴朗夜晚,由于地面辐射,使近地面层降温强烈而形成辐射逆温,特别当地面潮湿时,由于逆温存在使水汽不能向上输送,而形成水汽压随高度急剧减少,这时就容易发生超折射现象;②平流超折射:暖而干的空气移到冷水面上时,使低层空气冷却,同时湿度有所增加,产生超折射,常在大陆上干燥而炎热的空气吹向海面时发生;③雷暴超折射:雷暴消散期,其底部下沉辐散气流也是造成地面层附近几百米高度处逆温,从而形成超折射,这种情况不多见。因此有人把早上雷达探测到超折射回波,作为午后可能发生强对流天气或晴天两种截然不同天气的一个指标。

大气中的粒子对电磁波的吸收和散射使得电磁波在传播过程中不断减弱,这种现象称为电磁波衰减。云雨降水粒子对电磁波的衰减情况与电磁波的波长和粒子的大小、相态、形状、温度等因素有关。电磁波波长越短,衰减越严重。电磁波的衰减作用不但影响定量测量降水,也影响对雷达回波的分析。

降水对不同波段的雷达波的衰减差异很大,随着波长的增加,雨对雷达波的衰减迅速减小。当波长等于 10 cm(S 波段)时,雨强达到 100 mm/h,所产生的衰减系数小于 0.03 dB/km;但对于 3 cm(X 波段)波长,衰减相当严重,穿过尺度为 100 km、雨强为 10 mm/h 的降水区,回波信号的衰减可达 30 dB;对于 5.6 cm(C 波段)波长,在穿过径向尺度为 100 km、雨强为 20 mm/h 的降水区,回波信号的总衰减量也可达 15 dB。冰雹对 C 波段和 X 波段的雷达波也有非常严重的衰减,尤其是 X 波段雷达,而对 S 波段的衰减总体上不大。不同波长的雷达观测到的回波形态、回波面积、回波强度及回波分布等都可能有较大差异,衰减就是原因之一。

电磁波的衰减对雷达探测结果产生了很大的影响,使得:①雷达回波区域面积小于实际降水面积;②回波强中心比实际降水强中心更靠近测站,真正的强中心被衰减为次强中心;③回波发生畸变;④电磁波衰减严重时处于强雷暴云后面的云体可能被遮挡而不能显现。

5.1.3　气象目标物的雷达度量

气象目标对雷达波后向散射能力的强弱通常称为气象目标的强度。常用的表示目标强度的参量有反射率和反射率因子。

(1)反射率

单位体积中云雨粒子后向散射截面 σ 的总和称为气象目标的反射率,用 η 表示,即

$$\eta = \sum_{\text{单位体积}} \sigma_i \tag{5.2}$$

由于云雨粒子后向散射截面通常是随着粒子尺度的增长而增长,因此反射率 η 增大,说明单位体积中降水粒子的尺度大或数量多,可以反映气象目标强度大。降水粒子的后向散射截面不仅取决于降水粒子本身,还取决于雷达的波长(但与其他雷达参数无关),所以相同波长的雷达所测得的反射率 η 值可以互相比较,以确定气象目标的强弱。

(2)反射率因子

单位体积中降水粒子直径 6 次方的总和称为反射率因子,用 Z 表示,即

$$Z = \sum_{\text{单位体积}} D_i^6 \tag{5.3}$$

反射率因子 Z 值的大小,反映了气象目标内部降水粒子的尺度和数密度,常用来表示气象目标的强度。由于反射率因子 Z 只取决于气象目标本身而与雷达参数和距离无关,所以不同参数的雷达所测得的 Z 值可以相互比较。

雷达反射率因子 Z 和粒子直径的 6 次方成正比,说明少数大水滴能提供后向散射回波功率的绝大部分,即大雨滴对观测到的回波功率起主要作用,雷雨等回波较强就是这个原因。回波强度通常用雷达反射率因子 Z 值来度量。

由于发射率因子的变化区间很大,甚至可以跨越几个量级,为方便起见,通常用 dBz 来说明雷达反射率因子的大小。dBz 是雷达反射率因子的对数表示。

雷达反射率因子场提供的有关降水信息主要有三类。一是对系统回波的客观描述:如降水区的位置、范围、降水强度、垂直发展及移动情况(速度、方向)。二是对回波类型的识别:回波性质是对流性、稳定性、混合性、其他气象或非气象回波中的哪一类;是一般的降水,还是组织化的中尺度对流雨带、飑线及台风螺旋雨带等引起的灾害性天气。三是系统(回波)演变趋势:系统运动的速度、方向是否发生改变,系统的强度变化趋势。

(3)径向速度

多普勒径向速度与水平速度不同。多普勒径向速度可测定云体相对于雷达运动的速度,判别基本气流(辐合线、切变线、中尺度气旋),在一定条件下可反演出一定高度上的水平风场、气流垂直速度等。

多普勒天气雷达在离开雷达的任何一点只能测量该处降水物质沿着雷达的径向速度。在 PUP 上,径向速度的大小和正负是通过颜色变化表示的,一般暖色表示正径向速度,冷色表示负径向速度。因此在分析速度图时,应首先查看色标。作为一种约定俗成,离开雷达的径向速度为正,流向雷达的径向速度为负(注意这只是大部分型号雷达的约定,某些型号雷达的约定与此相反)。离开雷达和流向雷达的速度分别称为出流速度和入流速度。

(4)谱宽

基本谱宽表示样本体积内云雨目标物的速度离散程度,即速度方差。基本谱宽的高值是由于一个样本体积中较大的速度离散程度造成的。而较大的速度离散程度可以由湍流、风切变、下落速度的差异或者非气象因子引起。层状云降水的典型谱宽值较低,小于 3.5 m/s。较大谱宽值发生在具有湍流特性的区域,如雷暴及出流边界等。在这些区域中,谱宽值可达 4 m/s 以上。

谱宽产品的应用:①可以评估平均径向速度产品的可靠性。一般说来,高谱宽区蕴涵着平均径向速度有较大的不确定性。②可以确定边界(密度不连续面)位置及估计湍流大小。③确定中气旋及龙卷的位置。由于较大的径向速度切变通常与中气旋及龙卷有关,因此谱宽产品可用于确定中气旋及龙卷的位置。例如,在平均径向速度产品中,如果较强的出流速度与较强的入流速度相邻,且谱宽大于 6 m/s,则应进一步与基本反射率因子资料作对比分析,通过分析风暴结构来了解速度特征。但多普勒谱宽产品有局限性,会产生距离折叠及受到地面非气象目标物的影响。

5.2　雷达回波的识别及分析方法

多普勒天气雷达获取的信息:①雷达反射率信息;②多普勒速度信息;③多普勒速度谱宽度信息(简称谱宽)。对这些信息的分析、判别与利用是预报人员作好短期天气预报、特别是临近预报的主要工作内容之一。

5.2.1　雷达图像

(1)雷达图像的 PPI 显示方式

新一代天气雷达是在一系列固定仰角上扫描 360° 进行采样的,即在某一个仰角,雷达天线绕垂直轴 Z 进行 360°扫描(即 PPI 方式扫描),所采集到的是圆锥面上的资料。在每个仰角上,以雷达为中心,沿着雷达波束向外,径向距离增加的同时距地面的高度也增大。因此,当我们在分析一张这样的雷达图时,实际上是在圆锥的俯视平面图上分析空间的雷达回波。这种固定仰角的雷达图显示方式称为 PPI,是雷达回波最常用的显示形式。

(2)常见的雷达回波特征

早期的雷达回波分析主要从回波的分布特征及回波的形态结构来分析。定量分析是现代雷达回波分析的发展趋势,主要以回波强度值、回波强度的梯度值、各种强度的回波面积及回波顶高度等计算出的各种物理量和其他定量参数值分析研究回波。常见的雷达回波分布特征有以下几种:①带状回波(飑线、锋面);②人字形回波(气旋);③涡旋状回波(对流单体);④螺旋状回波(台风);⑤平行短带回波(大系统中的中尺度系统);⑥大面积片状回波。常见的强对流系统的回波特征如下:①"钩"状回波会产生冰雹、龙卷和下击暴流,在美国,已成为识别和预警龙卷的重要判据;②"穹隆"结构:风暴的上升气流区;③"弓"状回波:产生大冰雹和下击暴流;④"V"形缺口:由于衰减作用,在强风暴的后面出现一个 V 形的无回波的区域,这一特征常在 X 波段的雷达回波图上看到(S 波段很少出现),是识别冰雹的重要判据。由于各种天气系统在不同地区的表现特征有差异,各地应注意总结本地区各种天气系统降水回波的特征,根据这些特征来判断影响本地区的天气系统。

雷达回波的分析主要从以下几个方面进行:①回波的移向移速;②回波的形态结构;③回波强度及强中心的位置;④回波的演变过程;⑤回波的分裂与合并。目前对雷达回波产品的应用主要是分析反射率因子及径向速度。

5.2.2　反射率因子

(1)降水回波

降水的反射率因子回波大致可分为三种类型:积云降水回波、层状云降水回波和积云层状云混合降水回波。在过去传统的雷达上,积状云降水回波被描述为块状、具有密实的结构,而层状云降水回波具有均匀的纹理和结构,积状和层状混合云降水回波具有絮状结构。对于新一代天气雷达,由于采用数字信号技术和彩显示,上述描述只是在一定程度上是正确的,即积状云降水通常具有比较密实的结构,反射率因子空间梯度较大,而层状云降水回波比较均匀,反射率因子空间梯度较小,反射率因子一般小于 35 dBz。纯粹的层状云降水回波并不多见,通常是层状云和积云的混合降水回波。图 5.2(a)给出了一个以层状云降水为主的回波,在大片层状云降水区中,有少量对流雨团;而图 5.2(b)是一个以积状云为主的混合降水回波,降水中心集中在中尺度对流雨带内。

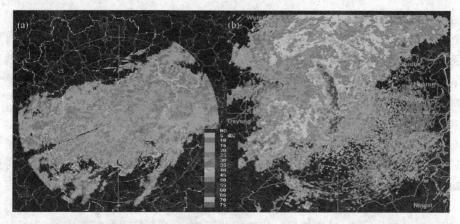

图 5.2　层状云降水(a)和积状云降水(b)为主的混合降水回波(0.5°仰角)

　　由于积状云降水中对流强烈,因此积状云降水也叫对流降水。对流性降水回波是积雨云形成的回波,强中心的回波强度大于 40 dBz,变化大,在高显(RHI)上对流云单体回波呈柱状结构;强烈发展的单体回波顶呈现为砧状或花菜状,降水未落地前常呈纺锤状;回波顶高度较高一般都在 6～7 km 以上,随地区和季节性差异很大,最高可达 20 km。对流性降水回波与灾害性天气有着密切的联系,如雷雨大风、冰雹、局地性暴雨、龙卷风及飑线等。此类回波一般出现在锋面上、冷锋前暖区、气团内部、副高边缘、台风外围等地方。因此,对流性降水回波资料的应用是雷达资料在天气预报(临近预报及天气警报)应用中的重点。

　　层状云降水回波一般是由雨层云形成的回波,与大的天气形势有着密切的联系,对应的天气现象是连续性降水。回波强度一般在 20 dBz 左右,通常不超过 30 dBz。出现这类回波特征的天气系统通常为低压、静止锋、地面暖锋、高空低涡、切变线等。

　　层状云降水或层状—积云混合降水反射率因子回波的另一个特征是所谓的“零度层亮带”的存在,如图 5.3(a)所示。反映在层状云或层状—积云混合降水中存在着明显的冰水转换区,气流稳定、无明显的对流活动。可以由亮带位置大致确定 0℃等温线高度。图 5.3(a)中反射率因子较高的环形区域所在高度在 0℃等温层附近。在 0℃层以上,较大的水凝物大多为冰晶和雪花,过冷却水滴因为尺度较小对反射率因子的贡献不大。当下降过程中经过 0℃层开始融化时,表面上出现一层水膜,而尺度变化不大,此时反射率因子会因为水膜的出现而迅速增加。同时,冰晶和雪花在下降融化过程中,有强烈的碰并聚合作用,能够碰并聚合 50～100 个粒子,甚至更多,导致粒子尺度增加,其散射电磁波的能力大大增加。当冰晶和雪花在进一步下降中完全融化为水滴时,其尺度会减小,同时大水滴的下落末速度增大,使单位体积内水滴个数减少,这两个因素会使反射率因子降低。这样,在 0℃层附近,反射率因子会突然增加,形成"零度层亮带",亮带中心的反射率因子与其上的雪中和其下的雨中的反射率因子的比值多数情况下分别为 15～30 倍和 4～9 倍。"零度层亮带"通常在比较高的仰角上(高于 2.4°)比较明显。

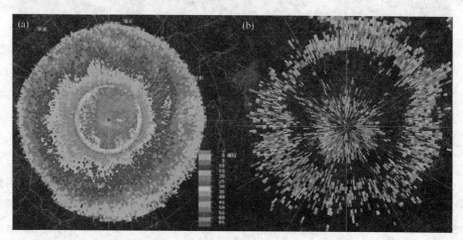

图 5.3　降水云(a)和非降水云(b)形成的零度层亮带

(2)非降水回波

非降水回波包括地物回波、昆虫和鸟群的回波、非降水云的回波、飞机的回波等。

1)地物回波

地物回波包括固定地物回波和超折射地物回波。由于每部雷达对于固定地物回波的杂波抑制器的开关始终是打开的,因此我们通常看不到原始的固定地物杂波,看到的通常是残留的地物杂波,米粒状的回波就是非常明显的滤波后固定地物杂波的残留。超折射产生的地物回波常呈放射状,其反射率因子的水平梯度很大。超折射地物回波是指雷达波束在距离雷达较远处弯曲到地面,在地面被地物散射后一部分能量回到雷达天线。这种现象是由于大气折射指数随高度迅速减小造成的,往往出现在逆温或湿度随高度迅速减小的情况下。逆温引起的超折射主要出现在半夜和清晨,而湿度随高度迅速减小的情况大多出现在大雨刚刚过后。一般这类回波主要出现在 0.5°仰角,当仰角抬高到 1.5°仰角时,超折射地物回波会迅速衰减或完全消失。图 5.4 显示 2002 年 7 月 2 日凌晨 01:12 天津 CINRAD-SA 雷达 0.5°仰角和 1.5°仰角的反射率因子图。在 0.5°仰角图上,左侧呈放射状的回波是由平原地区超折射产生的地物回波,而远处西北部的密实的点状回波是由北京西北部的山脉的超折射回波造成的,其反射率因子的水平梯度很大。而图右侧的大片回波为降水回波。

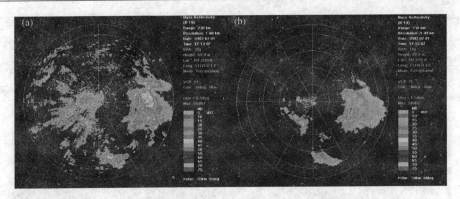

图 5.4　超折射地物回波对比(a)0.5°仰角和(b)1.5°仰角反射率因子

2)晴空回波:Bragg 散射和昆虫散射

图 5.5 给出了 2004 年 4 月 22 日 14:48 合肥 SA 雷达 0.5°仰角反射率因子图。雷达附近有一些固定地物杂波残留,雷达西南 60～150 km 处的米粒状回波为大别山地物回波残留,雷达西南 150 km 和雷达东边 100 km 以外有零散的对流降水(雷暴)回波。从雷达站到距雷达大约 100 km 范围存在大片的弥散的晴空回波,其最大回波高度在 2～3 km 以下,回波强度位于 0～10 dBz 范围,卫星可见光云图表明这片区域以晴空区为主。关于这种低空晴空回波产生的原因存在两种解释:一种解释认为是晴空湍流造成的大气水汽和温度,尤其是水汽的脉动导致微尺度的大气折射指数梯度对雷达波的散射造成的,尤其是当大气折射指数梯度的空间尺度相当于雷达波长的二分之一时散射最强,称为 Bragg 散射。另一种解释认为是由于低层大气中的昆虫散射所导致的(Wilson *et al.* 1994)。根据 Doviak 和

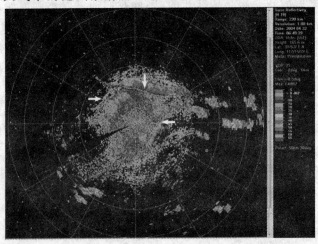

图 5.5　晴空回波——合肥 SA 雷达 0.5°仰角反射率因子

Zrnic(1984),强的晴空湍流造成的大气折射指数梯度回波强度一般不会超过
－10 dBz,即使在极端情况下的极值,比如在强的阵风锋附近也很难超过 0 dBz,因
此很难用大气折射指数梯度回波解释图中 0～10 dBz 的回波强度,而昆虫说可以
相对有说服力地解释图中的晴空回波,所以目前关于晴空回波最流行和被广泛认
可的解释是主要由昆虫造成的散射。图中黄色箭头所指的窄带回波是地面附近的
边界层辐合线,由于在辐合线上昆虫浓度的相对集中而呈现出比周围晴空回波明
显强的回波,强度通常在 10～30 dBz。有时在高分辨率的可见光云图上,与上述雷
达窄带回波对应,有积云线存在,但通常没有降水。这种晴空情况下(或没有降水
情况下)的边界层辐合线导致的窄带回波是一种很重要的晴空回波特征,雷暴倾向
于沿着辐合线生成。

　　3)非降水云的回波

　　非降水的云有时也会产生 0℃层亮带。图 5.3(b)为 2005 年 4 月 24 日 21:40 江苏
盐城 SA 雷达 6.0°仰角反射率因子图。图中看见环状的回波带,其强度在－5～10 dBz,
环状回波带外边界对应的高度为 3.1 km,刚好对应当时的 0℃层高度。非降水云中
零度层亮带的形成与降水回波中 0℃层亮带的形成原因类似。在 0℃层以上,非降水
云中的冰晶很小而不足以产生－5 dBz 以上强度的回波,因而在屏幕上没有显示。
当冰晶降到 0℃层以下开始融化、但没有变成云滴之前,反射率因子因为相态的改变
和粒子的合并效应而大大增强,出现了图上环状的较强回波,而当粒子进一步下降完
全融化为大云滴时,粒子等效直径迅速减小,下降加快也导致数密度减小,造成亮带
以下回波有突然减弱,达不到－5 dBz 以上。雷达周边的－5～10 dBz 的回波为低层
大气中昆虫产生的回波。

　　4)其他回波

　　飞机可以产生晴空的点杂波,如果将一段时间的体扫累加起来,可以清楚显示出
飞机的路径。在军事演习中,军机有时为了避免雷达捕获而释放大量的轻质铝箔,在
飞机周围的大气中随时间飘散,产生明显的雷达回波。大火也可以产生明显的回波。

5.2.3　径向速度图的识别

　　假定某一高度上是均匀的西风,则实际风与雷达径向速度之间的关系如图5.6(a)
所示。当某高度平面上的实际风向、风速均匀,则雷达以某个仰角做 360°扫描时,在
与这个高度相应的距离圈上,雷达径向速度随方位角的分布是典型的正(余)弦曲线,
天线指向风的上风方时,径向速度为最小值,反之,天线指向风的下风方时,径向速度
为最大值。图 5.6(b)显示实际风向为西风时的雷达径向速度随方位角的分布曲线,
横坐标为方位角,纵坐标为径向速度。可见,雷达波束与实际风向的夹角越大,径向
速度值越小;实际风速越小,径向速度也越小。注意图中速度值超过了最大不模糊速

度,因此出现了速度模糊。图中最大径向速度约为$+60 \text{ kn}^*$和-60 kn,由于最大不模糊速度范围为-50 kn至50 kn,上述最大径向速度分布被赋予-40 kn和$+40 \text{ kn}$的速度值,出现了速度模糊。

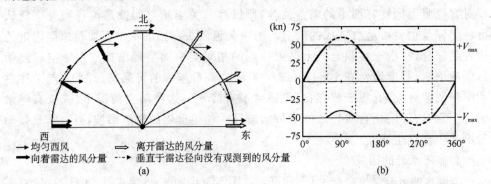

图 5.6　(a)实际风与径向速度关系示意图;(b)均匀西风的径向速度随方位角分布曲线

(1)典型流场的 PPI 多普勒径向速度模式

1)水平均匀风场情况下风向风速随高度变化的判断

多普勒天气雷达在离开雷达的任何一点测得的不是实际风速,而只能测量该处降水物质沿着雷达的径向速度。当雷达沿着一个固定的仰角旋转一圈时,在每一高度上风向风速比较均匀时,可以根据扫描一圈所构成的圆锥面内径向速度的分布推断雷达上空一定范围内风向风速随高度的变化。

要判断某一高度的风向风速,首先需要确定该等高面与某一个仰角扫描构成的圆锥面相交得到的圆环,根据该圆环上径向速度的分布特征,确定该圆环所在高度的风向风速。

①风向的确定

当实际风速为零时或雷达波束与实际风向垂直时,径向速度为零,称为零速度,径向速度相同的点构成等速度线,零等速线即由沿雷达径向速度为零的点组成。因此,可根据径向风的分布反推实际风,主要依据是零等速线的分布。

(a)零等速线上的实际风向与雷达波束垂直。

(b)假定在雷达探测范围内,同一高度层上的实际风向是均匀的。从 PUP 显示屏中心出发,沿径向划一直线到达零等速线上某一点,过该点划一矢量垂直于此直线,方向从入流径向速度一侧指向出流径向速度一侧,此矢量即表示垂足点所在高度层的实际风向(图 5.7)。

(c)若零等速线为直线,且横跨整个 PUP 显示屏,则表示在雷达所探测到的各高度层上,实际风向是均匀一致的。

---

* 　1 kn=1 n mile/h=0.514 m/s,有时也以 kt 表示,如图 5.7 所示,下同。

　　(d)在探测采样较好的情况下,若某高度层出现最大入流或出流径向速度中心,这就是该高度层的实际风向。

　　(e)假定在均匀流场中,某一高度上的最大多普勒径向速度值即是此高度上的实际风速,最大的多普勒径向速度一般出现在距零等速线+(一)90°的位置。

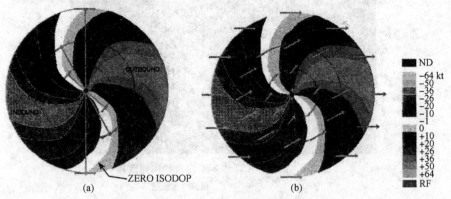

图 5.7　径向速度反推雷达上空平均速度场

　　②风速的确定

　　沿着上述圆环寻找离开雷达和向着雷达速度的极值,二者绝对值的平均值就是该高度上的平均风速。

　　在分析实测的多普勒径向速度时,一般都要根据上述方法综合考虑,最后确定实际风向。上述判断实际风向和风速的方法,一般只适用于风向均匀或风速连续变化的情况,而对于诸如锋面等风向不连续时就不一定适合。根据零等速线反推实际风向时,须特别注意:表示实际风向的矢量必须与从 PUP 显示屏中心到零等速线上某一点的连线垂直,而不是与零等速线垂直。

　　图 5.8 给出了 2007 年 3 月 4 日午夜前后北京 SA 雷达 3.4°仰角的径向速度图。利用上述判别方法,可以识别低层为东北风并存在一个 18 m/s 的东北风低空急流,风向随高度顺时针旋转,逐渐转为东风、东南风、南风、西南风,在对流层中层存在一个 23 m/s 左右的南风急流。

　　图 5.9 给出了水平均匀风场情况下,各种典型风向风速随高度分布情况下的径向速度型。纵坐标为三种风向垂直廓线,包括随高度不变、随高度线性增加和在中间高度有一个极大值。横坐标为四种风速垂直廓线,包括随高度不变、随高度线性增加、单极值结构和双极值结构。

　　如果在 PPI 上零径向速度线为直线,风向在所有高度上是一致的;在 PPI 上零径向速度线为 S 形曲线,风向随高度顺转;在 PPI 上零径向速度线为反 S 形曲线,风向随高度逆转。

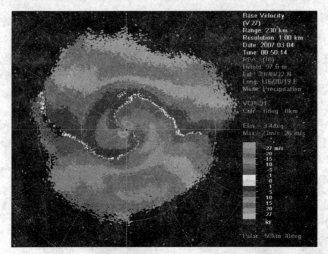

图 5.8　北京 SA 雷达 3.4°仰角径向速度图

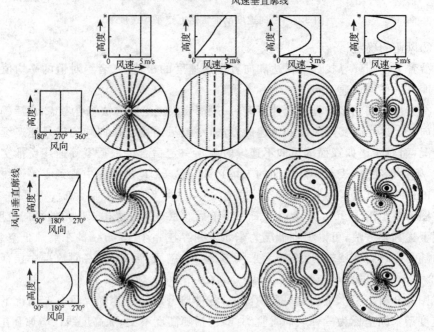

图 5.9　水平均匀风场情况下各种垂直风廓线时的径向速度型
（虚线代表向着雷达速度等值线，实线代表离开雷达速度等值线，粗虚线代表径向速度零线）

　　如果所有径向速度线都是直线，且均通过中心点，则各高度上的风速也是一样的；如果大小相等、符号相反的非零径向风速等值线不通过中心点，没有闭合等值线，对称地分布在零线两侧，则风速随高度是线性增加的；如果大小相等、符号相反的非零径向风速等值线不通过中心点,有闭合等值线,对称地分布在零线两侧,则风速随高度增加先增后减。

2)等径向速度线为直线

零等速线呈直线,从南到北跨越整个屏幕显示区范围,即实际风向从 RDA 到屏幕显示区边缘对应高度都是均匀的西风,等径向速度线从显示中心一直扩展到显示区边缘,表示各高度层上的风速是均匀的,且 RAD 处的风速不为零(图 5.10)。如果实际风速在某高度上出现最大值,则在径向速度图上表现为闭合等速线所包围的最大径向速度区,从图 5.11(a)可知,各高度层风向均为西风,但在第一到第二个距离圈之间所对应的高度范围内分别出现一对最大、最小径向速度——"牛眼"形结构,数

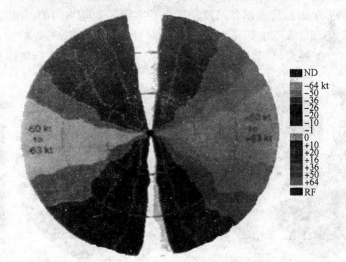

图 5.10　均匀西风情况下的径向速度图

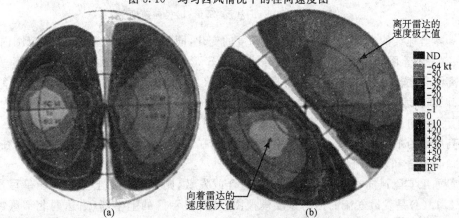

图 5.11　"牛眼"形径向速度图

值在 25.7~32.4 m/s。这表明风先随高度增大到最大值,然后再随高度减小。RDA 处和显示区边缘的径向速度为零,表示对应高度上风速为静风,即风随高度从零增至最大,然后又减至零。图 5.11(b)从低层到高层都是西南风,入流最大值位于第一和第二个距离圈之间,而出流最大值位于第二到第三个距离圈之间,这表明从西南到东北方向,风速最大值所在高度逐渐增加。

3)"S"形和反"S"形径向速度图像

图 5.12(a)中的零等速线呈"S"形,表示实际风向随高度顺时针旋转,由 RDA 处的南风转为显示区边缘对应高度上的西风。从表示雷达径向速度大小的颜色变化可知,RDA 处的风速不为零。对任意一个等径向速度区(线)而言,都是从中心一直扩展到显示区边缘所对应的高度,即表示各高度层次上的实际风速是均匀的。图 5.12(b)中的零等速线呈反"S"形,表示实际风向随高度逆时针旋转,由 RDA 处的南风转为显示区边缘对应高度上的东风,与图 5.12(a)类似,各高度层次上的实际风速是均匀的。

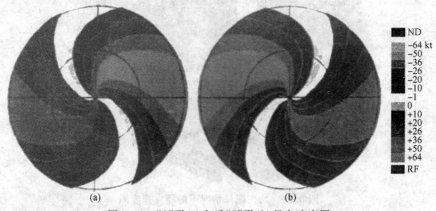

图 5.12　"S"形(a)和反"S"形(b)径向速度图

零等速线的走向不仅表示风向随高度的变化,同时也表示雷达有效探测范围内的冷、暖平流。图 5.12(a)中的零速度等值线为"S"形,在 RDA 处(地面)为南风,到第一个距离圈高度转为西南风,再到屏幕显示区边缘高度,风向转变为西风,即风向随高度顺时针旋转,表示在雷达有效探测范围内为暖平流。图 5.12(b)中的零速度等值线为反"S"形,风向从 RDA 处的南风转为第一个距离圈高度处的东南风,再变为屏幕显示区边缘高度处的东风,风向随高度逆时针旋转,表示在雷达有效探测范围内有冷平流存在。

4)汇合和发散流场的速度图像

如果实际风向在各高度层次上为汇合或发散,则在速度图上零速度线呈弓形。图 5.13(a)是发散气流的径向速度模拟图,屏幕显示区的上半部(雷达的北部区域)风向随高度逆转,从偏西风变为西南风,而下半部(雷达的南部区域)风向随高度顺转,由偏西风变为西北风,径向入流位于"弓"形的内侧。与此相反,图 5.13(b)为汇合气流的模拟径向速度图,屏幕显示区的上半部风向从偏西变为西北风,而下半部风向由偏西转为西南风,径向出流位于"弓"形的内侧。

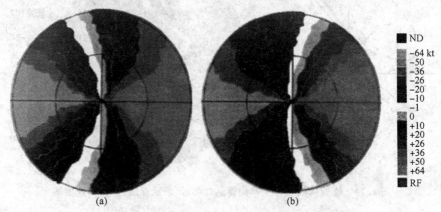

图 5.13　辐散(a)和辐合流场(b)的径向速度图

(2)锋面和切变线系统的识别

零等速区的形状不仅可以帮助我们分析风向随高度的变化,还可以确定某些水平风场不连续线,如锋区、切变线等的位置及其附近的流场结构。

1)冷锋或冷锋式切变线的识别

从天气学知识可知,冷锋后一般吹偏北风,冷锋前则吹偏南风,锋前有暖平流,锋后则为冷平流。因此,冷锋过境前后,一定有相应的多普勒径向速度场特征。

图 5.14 中,锋区从西北方向移向 RDA,其周围风场分布如图 5.14(a)所示,5.14(b)为相应的雷达径向速度图。零等速区(线)有两个(条),一个是通过 RDA 的呈"S"形结构,另一个是未过 RDA 的呈反"S"形结构。根据前一个零等速区及其附近的一对"牛眼"径向速度分布,该区域的风向由南风顺转为西南风,风速先增后减,最大风速位于第二个距离圈对应的高度。后一个零等速区(线)的左侧为入流的径向速度,右侧为出流的径向速度,风向转变近 90°,因此,该零等速区(线)是风场的不连续线——锋区所在。在锋区的西南段,由于锋前后都是流向雷达的径向速度,因而零等速区(线)不存在,故在分析锋区附近的速度图像时,应沿不连续线向另一侧延伸,但延伸多长,则需按经验大致估计。图 5.15 中锋区自西北向东南穿过 RDA,周围流场如图 5.15(a),图 5.15(b)给出了相应的雷达径向速度图。与图 5.14 类似,锋前为西南风,锋后为西北风。图 5.16 中锋区位于 RDA 的东南,即冷锋已移过雷达站。其风场分布示意如图 5.16(a),相应的雷达径向速度如图 5.16(b)所示。该图像中有三个零等速区(线),其中位于 RDA 东南呈西南—东北向的零等速区即是锋区,并向东北方延伸。锋前为西南风,锋后其本为西北风,但风向随高度缓慢逆转。在雷达有效探测范围内,风速随高度增加而增大。图 5.17 给出了实际冷锋的雷达径向速度图的例子,此时冷锋已过雷达站。

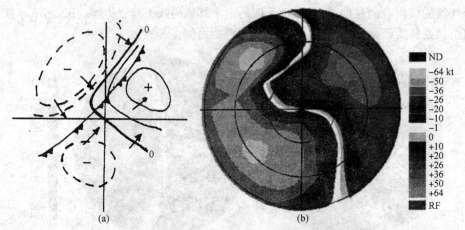

图 5.14　锋面从西北方向移向雷达时(a)风场示意图(b)径向速度场

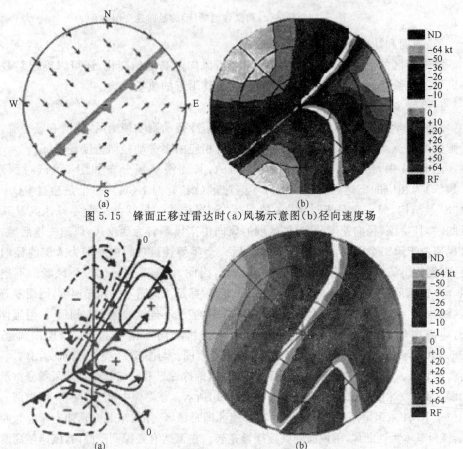

图 5.15　锋面正移过雷达时(a)风场示意图(b)径向速度场

图 5.16　锋面已移过雷达时(a)风场示意图(b)径向速度场

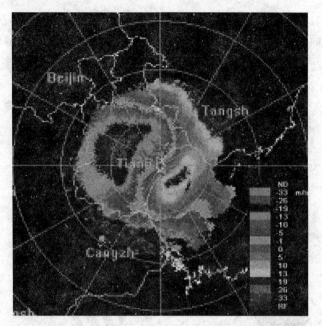

图 5.17　一个实际冷锋的径向速度图(3.4°仰角)

综上所述,可以有以下方法识别、决定冷锋的位置:①开始有 NE-SW 走向然后折向 NW-SE 方向的零线,零线附近等值线密集,零线有明显折角;②冷锋位于等值线密集带靠近远离速度中心一侧,并向零线折角方向延伸;③折角位于测站以北,冷锋未过境,折角位于测站以南,冷锋已过境;④有 NW-SE 走向的雷达回波带与冷锋配合。有时零等速线仅为 NE-SW 走向而无折角,也可能有冷锋存在。

2)暖锋或暖切变的识别

暖切变大致有如图 5.18 所示的多普勒径向速度场分布特征:①多普勒径向速度

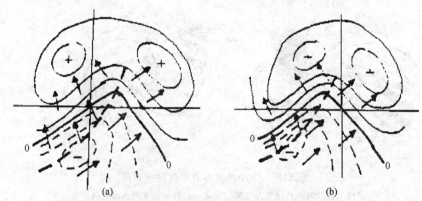

图 5.18　暖切变的多普勒径向速度场
(a)暖切变位于测站以南;(b)暖切变位于测站以北

分布大体具有对称性,东北和北方为远离区,西南方为朝向雷达区;②远离分量的范围较朝向分量的范围大,常有两个远离分量极大值,一个偏北,一个偏东;③零径向速度线有明显折角,折角以西零线呈 WSW-ENE 走向,并且有密集的多普勒速度等值

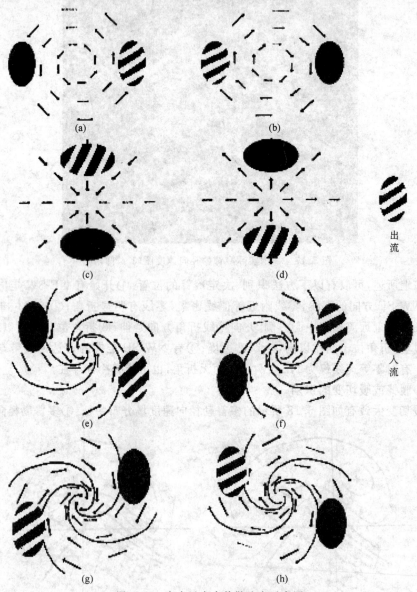

出流

入流

图 5.19　中小尺度多普勒速度示意图
(a)纯气旋式流场;(b)纯反气旋式流场;(c)纯辐合流场;(d)纯辐散流场
(e)气旋式辐合流场;(f)气旋式辐散流场;(g)反气旋式辐合流场;(h)反气旋式辐散流场

线;④暖切变位于朝向区一侧 WSW-ENE 走向的等值线密集带的南沿到等值线的折角处;⑤有 ENE-WSW 走向的回波带与暖切变相配合。

(3)中小尺度流场系统的识别

中小尺度系统往往与暴雨、冰雹、雷雨大风、龙卷风、下击暴流等灾害性天气密切相关,因此,识别中小尺度系统的多普勒速度图像特征,是今后应用实测资料分析强对流天气的重要基础。中小尺度系统的速度图像特征不是在整个 PUP 显示屏范围内识别,而是在显示屏上选择一小区域(该区域包含了整个中小尺度系统),将其放大显示。因此,在识别中小尺度系统的速度图像特征时,首先应确定所选择的小区域在雷达有效探测范围内的方位及小区域的方向,并近似认为该小区域在同一高度层上。不妨假设小区域均位于雷达探测区的正北方。

在小区域内,当一对最大入流/出流速度中心距雷达(RDA)是等距离时,则表示在该区域内有中小尺度的旋转存在;沿雷达径向方向,若最大入流速度中心位于左侧,表示为气旋性旋转(图 5.19(a));若最大入流速度中心位于右侧,则为反气旋性旋转(图 5.19(b))。

由于中小尺度辐合/辐散流场的尺度较小,其源点或汇点和整个流场均在雷达的有效探测范围内。在包含中小尺度辐合/辐散流场的小区域内,沿同一雷达径向方向有两个最大径向速度中心,若最大入流中心位于靠近雷达一侧,则该区域为径向辐散区(图 5.19(c))。相反,则为径向辐合区(图 5.19(d))。

当一对最大入流/出流中心距 RDA 不是等距离而且也不在同一个雷达径向时,若最大出流中心更靠近 RDA 并且最大入流中心位于雷达径向左侧时,表示小区域内的流场为气旋式辐合(图 5.19(e));相反,若最大入流中心更靠近 RDA 并且位于雷达径向左侧时,表示小区域内的流场为气旋式辐散(图 5.19(f))。与上述情况类似,还可以有反气旋式辐合(图 5.19(g))和反气旋式辐散(5.19(h))。

以上我们假定中小尺度流场特征位于雷达的北部,实际上,只要上述流场特征相对于其中心是轴对称的,则上述中小尺度流场特征位于雷达的任何一侧其径向速度特征都是相同的。图 5.20 给出了一个小结,中小尺度流场位于雷达的不同方位,其中的 1,2 和 3 分别代表辐合式气旋、纯气旋和辐散式气旋,4 和 5 分别代表纯辐合和纯辐散,6,7 和 8 分别代表辐合式反气旋、纯反气旋和辐散式反气旋,这样所有 8 种中小尺度流场的特征的径向速度图全部在图中。

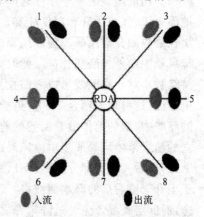

图 5.20　8 种中小尺度流场特征
的径向速度

5.3　灾害性天气及天气系统的雷达回波特征

灾害性天气及天气系统的雷达回波特征识别主要有两种方式：①根据经验及特殊的回波型所进行的主观识别；②利用回波参数（回波顶高度、强回波高度、强回波中心强度等识别冰雹云；一对正负速度中心识别龙卷风等）、利用一些有特殊结构的回波概念模式识别特殊天气（例如，识别多单体风暴和超级单体风暴，可确定地面强风、冰雹、局地暴雨等）以及利用统计法研制专门的程序等的客观识别方法。例如，单体风暴云容易造成强阵风、冰雹、局地暴雨；超级单体风暴云易产生下击暴流、龙卷风；而梅雨锋中的中尺度对流系统则产生梅雨期中的暴雨；螺旋雨带和雷达眼对应着台风、台风眼。

由于各种天气系统在不同地区的表现特征有差异，各地应注意总结本地区各种天气系统的雷达回波特征，根据这些特征来判断影响本地区的天气系统。本节主要给出飑线、龙卷风、冰雹云、暴雨、台风的雷达回波特征分析及实例。

5.3.1　飑线的雷达回波特征

当大气不稳定，风向随高度强烈顺转，风速随高度增加，高空同时有向东移动的强槽配合时，常常出现伴有强对流天气的有组织的飑线。飑线是呈线状排列的对流单体族，是非锋面的、狭窄的活跃雷暴带，是一种深厚的对流系统，其水平尺度常为几百千米，生命期约 6～12 h，远大于雷暴单体的生命期，镶嵌在飑线中的强雷暴单体常引起局地暴雨、冰雹、下击暴流和龙卷风，其超过 35 dBz 部分的长和宽之比大于5∶1。构成飑线的各个单体之间有相互作用并产生地面大风，飑线经过时，常常伴随地面大风、气压涌升和温度陡降。飑线的发展较快，开始时是尺度、强度和数量均呈增长之势的分散风暴。随着风暴的发展加强了下曳气流和外流，这有助于阵风锋从母风暴中向外伸展和加速。此时，如果阵风锋的速度与飑线的速度相匹配，飑线就会持续数小时。在飑线形成之前在卫星云图上经常能够看到积云带在地面辐合带（区）中发展，这种地面辐合带（区）可能是露点锋、锋区或锋前辐合区。在典型的组织完好的飑线中，新的单体沿着回波的前沿上升，低层暖湿入流来自飑线前沿，而不是像孤立的超级单体风暴或多单体风暴那样形成于回波右后侧。上升气流先以很陡的角度上升，然后其中一部分向后斜升，一部分直升云顶，然后在云顶辐散。下沉气流形成于上升气流后部的降水回波中。下沉气流在地面附近辐散形成飑线低层前沿的阵风锋，而低层暖湿入流经过阵风锋之上进入飑线前沿对流塔成为上升气流，如图 5.21所示。

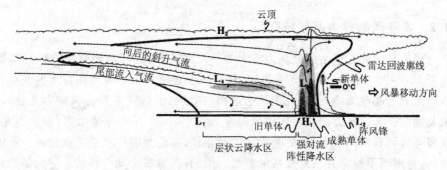

图 5.21　典型飑线结构示意图(Houze *et al.* 1989)

　　飑线是一条活跃雷暴带,它的总体特征和出现的强烈天气是带上单个雷暴的特征和天气的总和。因此,在飑线的雷达回波分析中,除了注意飑线整体结构及特征外,还要更多地注意飑线上某些特殊部位有特殊结构的强雷暴特征。例如,飑线前凸处可能存在"弓"形回波,这是与地面出现强风、下击暴流相联系的回波结构特征;回波带的"人"字形顶部,是强烈的气流辐合以及可能形成中气旋的区域,此区域可能产生冰雹、地面强风及龙卷风;有钩状回波特征的超级单体风暴是地面出现强烈天气的主要区域。

　　图 5.22 给出了发生在 2005 年 3 月 22 日广东、福建的一次飑线过程中福建龙岩观测到的飑线反射率因子和径向速度图像。福建龙岩 SA 雷达此次测量对应的最大测速范围是 −27 m/s 到 27 m/s。与飑线前沿强反射率因子梯度区对应,雷达出现速度模糊,主观退模糊之后,可以判断低层最强的向着雷达的径向速度值为 −42 m/s,径向速度呈现很强的辐合。关于飑线并没有严格定义,目前主要通过雷达回波特征适当结合地面观测进行识别,不同的人在确定飑线时所遵循的判据可能会有所不同。

图 5.22　一次强烈飑线(a)反射率因子和(b)径向速度图像(俞小鼎 等 2009)

5.3.2　龙卷风的雷达回波特征

龙卷风是对流云产生的破坏力极大的小尺度灾害性天气,最强龙卷风的地面风速介于 110~200 m/s。当有龙卷风时,总有一条直径从几十米到几百米的漏斗状云柱从对流云云底盘旋而下,有的能伸达地面,在地面引起灾害性的风称为龙卷风;有的未及地面或未在地面产生灾害性风的称为空中漏斗;有的伸达水面,称为水龙卷。龙卷漏斗云可有不同形状,有的是标准的漏斗状,有的呈圆柱状或圆锥状的一条细长绳索,有呈粗而不稳定且与地面接触的黑云团,有的呈多个漏斗状的。绝大多数龙卷风都是气旋式旋转,只有极少数龙卷风是反气旋式旋转。

龙卷漏斗是强雷暴中伸下的尚未及地的高速涡旋,它由内层气流和外层气流构成,即从强雷暴底部向下伸展并逐渐缩小的涡旋漏斗和从地面向上辐合并逐渐缩小的涡旋气流。由于龙卷中心附近空气外流,而上空往往又有强烈辐散,因此,龙卷中心气压很低,造成了水汽的迅速凝结,龙卷才由不可见的空气涡旋变为可见的漏斗云柱。

龙卷风发生的必要条件是大气垂直层结不稳定、水汽和抬升触发。有研究表明(Evans *et al*. 2002),有利于 F2 级以上强龙卷风生成的两个有利条件分别是低的抬升凝结高度和较大的低层(0~1 km)垂直风切变。我国江淮流域梅雨期通常有较强的低空急流,较强的低空急流意味着较强的低层垂直风切变,抬升凝结高度也很低,上述有利于龙卷的两个条件在梅雨期暴雨条件下常常可以满足,因此,在我国江淮流域梅雨期时有龙卷发生,并常与暴雨相伴。2003 年 7 月 8 日夜间造成 16 人死亡的安徽无为 F3 级龙卷风和 2007 年 7 月 3 日下午造成 14 人死亡的安徽天长和江苏高邮 F3 级龙卷风就是发生在江淮梅雨期暴雨的环流形势下。另外一个常发生龙卷风的情况是在登陆台风的外围螺旋雨带上,这里低层垂直风切变较大,抬升凝结高度很低,台风螺旋雨带上有时有中气旋生成,常常导致龙卷风。2006 年 8 月 3 日台风"派比安"在广东登陆,第二天其外围螺旋雨带上形成的几个中气旋在珠江三角洲先后产生了 5 个龙卷风,造成 9 人死亡。

龙卷风分为两种类型,分别是超级单体风暴产生的龙卷风和由非超级单体风暴产生的龙卷风。F2 级以上的灾害性龙卷风绝大多数是由超级单体产生的,与中气旋密切相关,一般来说,中层中气旋越强,出现龙卷风的概率越大。在出现强中气旋的风暴中,龙卷风出现的概率为 40% 左右。

在雷达反射率因子图上,龙卷母云的雷达反射率因子都很强,常常在 50 dBz 以上;龙卷母云常常是超级单体风暴,因而也经常显示超级单体的各种形态特征,如钩状回波、有界弱回波(BWER)等。在雷达径向速度场上,龙卷母云常常有 1~2 个中气旋,有时还能识别一种与龙卷风紧密关联的比中气旋尺度小、旋转快的涡旋,表现为从像素到像素的很大的风切变,称为龙卷涡旋特征(TVS)。TVS 的定义有三个指标,包括切变、垂直方向伸展以及持续性。切变在这三个指标中最重要。一般情况下,多普勒雷达探测到龙卷母云中的中气旋要比地面出现龙卷平均早 20~30 min。

图 5.23 给出了一个强烈的龙卷风超级单体的 0.5°和 1.5°仰角的反射率因子和相对风暴径向速度图。反射率因子图上可看到非常经典的超级单体钩状回波和外流边界(阵风锋)。在速度图与反射率因子图上超级单体钩状回波附近的入流缺口相对应的是一像素到另一像素的正负速度对,即龙卷涡旋特征(TVS)。雷达位于图像中心的西南偏西方向。

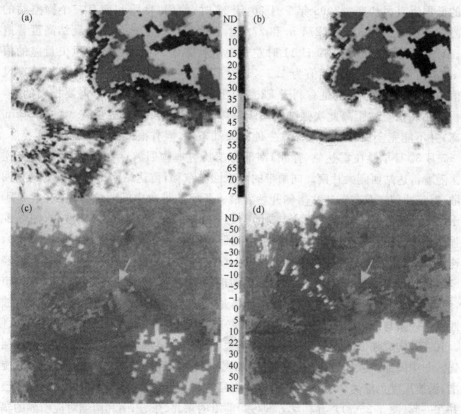

图 5.23　龙卷超级单体的 0.5°(a)(c)和 1.5°(b)(d)仰角反射率因子和相对风暴速度

非超级单体龙卷风可以发生在各种产生对流风暴的环境下,预报这种龙卷风的发生是非常困难的。有些非超级单体龙卷风发生在弱的垂直风切变环境下,而另一些非超级单体龙卷风产生在大的垂直风切变条件下,经常沿着飑线。Golden 和 Purcell(1978)首先注意到了产生于弱的环境风切变条件下的非超级单体水龙卷。Bluestein(1985)发现一些弱的环境风切变条件下发生在陆地上的与水龙卷类似的非超级单体龙卷,它被称之为陆龙卷。陆龙卷经常发生在地面低压槽与雷暴出流边界的交界处。非超级单体龙卷风通常较深厚中气旋的龙卷风更小、更弱,生命史更短,但许多非超级单体龙卷风也可达到 F2 的强度,也能够导致严重的灾害。

以 2005 年 7 月 30 日安徽灵璧 F3 级强烈龙卷风过程为例,给出龙卷风超级单体演变的雷达回波分析(俞小鼎 等 2008)。2005 年 7 月 30 日发生在安徽北部的强降水超级单体风暴于上午 11:30 左右在安徽灵璧县韦集乡产生了 F3 级强烈龙卷风并伴随暴雨,导致 15 人死亡,46 人受伤。

有利于 F2 级以上强龙卷风生成的两个有利条件分别是低的抬升凝结高度和较大的低层垂直风切变。2005 年 7 月 30 日 08 时,徐州、阜阳和南京三个探空站的抬升凝结高度分别为 545 m、274 m 和 272 m,表明整个皖北地区抬升凝结高度普遍很低。VAD 风廓线显示在 30 日 11 时左右徐州上空 0.3~1.2 km 的风矢量差的值为 12 m/s,对应的垂直风切变值为 $1.3 \times 10^{-2} \, s^{-1}$,是一个相对比较大的低层垂直风切变值。因此,环境条件也是有利于 F2 级以上强龙卷风的产生的。需要指出的是,徐州雷达站和探空站距离此次强降水超级单体的形成和发展的地点有 80~100 km 的距离,并不能完全代表超级单体发生地的天气条件,但有很大的参考价值。

7 月 30 日早晨在雷达站(徐州)南部有超折射地物回波存在,表明存在低空逆温层。随着雷达站西侧大片南北向雨带的降水回波东移,雷达站南部的超折射地物回波消散,对流冲破逆温在雷达站南侧开始发展。长回波带向中间收缩并增宽,至 7 月 30 日 10:25 呈现为一条 SWS-NEN 走向的长约 120 km,宽约 30 km 强回波带(图 5.24)。该强回波带由三块较强的回波区构成,中间那块回波区有涡旋在发展(图 5.24(d)),旋转速度(正负速度对绝对值的平均)为 13 m/s,属于弱中气旋,表明一个中气旋已经生成(10:13 涡旋就在 2.4° 仰角上首次出现,对应的高度为 5 km 左右,位于安徽宿州市上空,然后向上和向下发展),中间的雷暴单体是一个正在形成的超级单体。在强回波带的西侧是一条与回波带平行的弱回波(低层)或无回波(中高层)带,对应干空气的入侵。

10:50,构成强回波带的三块强回波北边的那块回波减弱,中间和南边的两块回波加强。与中间那块强回波对应的中气旋加强,旋转速度达到 21 m/s,接近强中气旋的标准,涡旋尺度仍然为 10 km 左右。在中低层强回波带南端的单体和中间的单体已经合并在一起(图 5.25(a)),其移动方向(东)前沿的东北、东、东南和南侧对应明显的辐合区(图 5.25(d)),推断该辐合区是由沿着回波前沿的上升气流和回波带西侧干空气夹卷进入降水区蒸发冷却形成的下沉气流之间的辐合形成的。中间的单体已经发展成一个强降水超级单体风暴,其低层的回波(图 5.25(a))具有一个宽大的前侧入流缺口(箭头所指),对应最强的低层入流区。比较 0.5°、2.4° 和 6.0° 仰角反射率因子(白色双箭头是在同一个地点),可以判断出入流缺口之上具有明显的回波悬垂结构。值得注意的是对应于南端的强对流单体出现一个新的弱中气旋,其低层前沿也有一个前侧入流缺口(位于前面提及的入流缺口的西南方),表明南端的雷暴单体也正在发展为一个强降水超级单体。随后,中间和南端的两个超级单体趋向于合并。

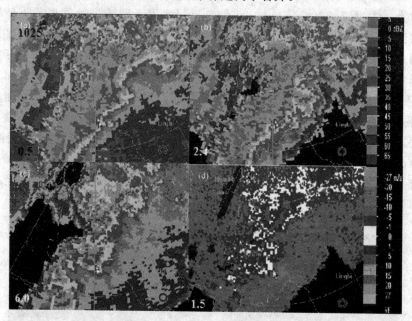

图 5.24　2005 年 7 月 30 日 10:25 安徽灵璧龙卷风(a)0.5°,(b)2.4°,(c)6.0°仰角反射率因子和
(d)1.5°仰角径向速度(小圆圈代表龙卷风发生的位置)(俞小鼎 等 2008)

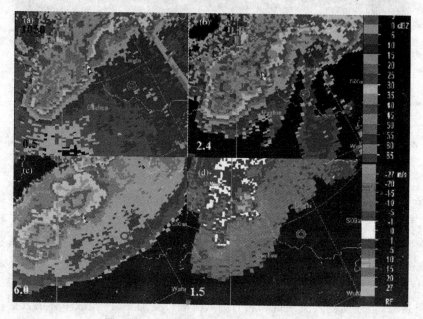

图 5.25　图题同图 5.24(但时间为 10:50)

　　11:20,尽管在高层仍能分辨出两个回波顶(图5.26(c)),在中低层两个单体已经合并为一体(图5.26(a)(b))。0.5°仰角反射率因子回波仍然展现了明显的前侧低层入流缺口(图5.26(a)),而2.4°仰角反射率因子回波上(图5.26(b))除了可以看出前侧入流缺口外,还可以看出明显的螺旋状结构,这种螺旋状的反射率因子结构也是强降水超级单体的主要形态之一。此时中气旋的旋转速度达到27 m/s,属于强中气旋,不同的是中气旋中心出现龙卷式涡旋特征(TVS)。两个超级单体和相应中气旋的合并是导致合并后中气旋中心旋转加强的主要原因之一。与低层入流缺口对应的主要入流区构成中气旋负速度极值区,其中的一部分为降水所覆盖(比较图5.26(b)和(c)),而中气旋的正速度极值区则完全位于降水主体内部。因此,整个中气旋的大部分为降水所包裹。此刻,中气旋从0.5°仰角一直扩展到6.0°仰角,是一个非常深厚的水平尺度较大的强烈中气旋。

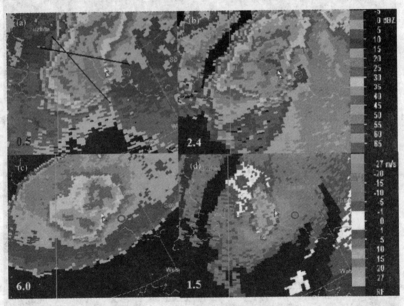

图5.26　图题同图5.24(但时间为11:20)

　　在11:26,1.5°仰角径向速度呈现出一个中气旋,其中心有一个龙卷式涡旋特征TVS,其位置与龙卷风实际发生位置重合,如图5.27所示。图中黑色小圆圈指示TVS位置,同时也是龙卷风实际发生位置,最大出流速度值出现速度模糊,其实际值为30 m/s,同样最大入流速度也出现速度模糊,其实际最大值为−30 m/s。从TVS位置与龙卷风实际位置重合这个事实判断龙卷风很可能从11:26开始。在一个体扫后的11:32,上述前侧入流缺口和和后侧入流缺口更加显著,超级单体的反射率因子呈现出明显的"S"形(图5.28),这也是强降水超级单体经常出现的一种形态。龙卷位于"S"形回波凸出部分的顶点位置,对应于中气旋的中心附近。中气旋和其中心的 TVS 比一个体扫前略微减弱,仍然属于强中气旋。在风暴顶(6.0°仰角),辐散中心正好位于地面龙卷的上方,正负速度极值差值达到 52 m/s,之间距离 13 km,表明龙卷风上方有较强的风暴顶辐散。

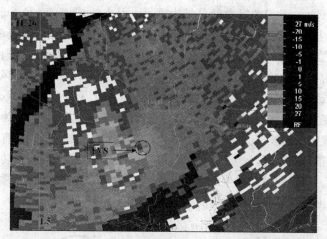

图 5.27 2005 年 7 月 30 日 11:26 安徽灵璧龙卷 TVS 特征(1.5°仰角径向速度)

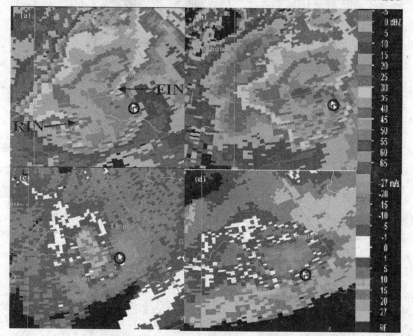

图 5.28 2005 年 7 月 30 日 11:32 安徽灵璧龙卷风(小圆圈代表龙卷发生的位置)
(a)0.5°、(b)2.4°反射率因子和(c)1.5°、(d)6.0°径向速度

　　在随后的发展中,超级单体的前侧入流缺口逐渐填塞,在 11:50 左右从"S"形回波转变为弓形回波。产生龙卷风的中气旋位于弓形回波的顶点附近,弓形回波形态一直持续到 13 时左右,顶点附近的原有中气旋消失。随后的 1 h 弓形回波逐渐与其东南方的其他强对流回波合并,在江苏产生了雷雨大风等强对流天气。

　　弓形回波(bow echo)的概念最早是由 Fujita 引入的,图 5.29 是 Fujita(1978)给出的弓形回波产生和发展的概念模型。开始时系统是一个大而强的对流单体,该单体既可以是一个孤立的单体,也可以是一个尺度更大的飑线的一部分。当地面附近出现强风时,初始时的单体演变为弓形的由对流单体构成的线段,最强的地面风出现在弓形的顶点处。在它最强盛的阶段,弓形回波的中心形成一个矛头(图 5.29(c))。在衰减阶段,系统常演变为逗点状回波(图 5.29(d)),它前进方向的左端(北部)为回波较强的头部,那里常形成钩状回波,气流呈气旋式旋转,能产生中气旋或龙卷;前进方向的右端(南部)是伸展很长的尾部,气流呈反气旋式旋转。也有的弓形回波在转变为逗点状回波之前已消失。弓形回波是产生地面非龙卷风害的典型回波结构,经常会造成地面强风,图 5.30 给出与弓形回波相伴随的下沉气流示意图(Johns *et al.* 1987)。

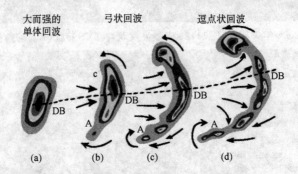

图 5.29　弓形回波演变与下击暴流(DB)关系的示意图(Fujita 1978)

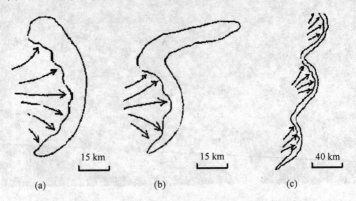

图 5.30　与弓形回波相伴随的下沉气流示意图
(a)相对大的弓形回波;(b)波状回波;(c)含有弓形回波和波形回波的长飑线

5.3.3 冰雹云的雷达回波特征

垂直层结不稳定、水汽和抬升机制是冰雹产生的三个必要条件,环境温度 0℃层到地面的高度也不宜太高,否则空中的冰雹在降到地面过程中可能融化掉大部分或者完全融化掉。美国的强对流预报人员总结出有利于强冰雹产生的三个关键因子:①−10℃到−30℃之间的对流有效位能(CAPE);②深层垂直风切变,通常用地面以上 6 km 高度和地面之间的风矢量差来表示,在暖季其值如超过 15 m/s 则属于中等以上强度,如果超过 20 m/s 则属于强的垂直风切变;③0℃层到地面的高度。如果①和②都较大,而③不是太大,则强冰雹的潜势就比较大。

绝大多数冰雹云是由两块以上的对流单体合并形成的。对流单体回波合并的过程相当迅速,从分离的单体到完全合并成一块回波,快的十几分钟,慢的一小时左右。从回波合并到地面降雹,也只要十几分钟。云体的合并意味着能量的集中,辐合上升范围扩大。合并后的云体几乎都能得到迅速发展。与合并前相比,合并后的回波强度强,高度升高,面积扩大,产生的天气灾害也严重。

冰雹云回波的共同特征是:①雷达回波强度特别强,常达 50 dBz 以上;②回波顶高度高,有时可达对流层顶;③上升气流(下沉气流)特别强,向外辐散的地面强风与向雷暴低层辐合的环境风之间的阵风锋(出流边界)在雷达反射率因子场及径向速度场上都有明显的特征。

冰雹云回波在 PPI 上的形态特征表现为:

1)"V"形缺口。这种"V"形缺口通常只有用波长较短的雷达,例如,3 cm 波长的雷达探测时才能出现,对于 10 cm 波长的雷达,由于衰减作用小,一般不容易看到这种回波形态。图5.31 显示了 2006 年 7 月 27 日早上内蒙古鄂尔多斯 CB 雷达观测到的强烈雹暴,该雹暴产生的最大冰雹直径超过 45 mm,图中A 和 B 的位置就是由于冰雹对雷达波的衰减造成的"V"形缺口。

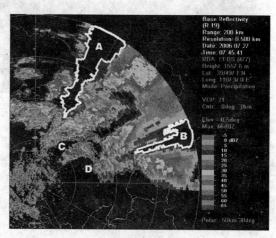

图 5.31 内蒙古鄂尔多斯 CB 雷达 0.5°仰角反射率因子图

2)钩状回波。这通常是超级单体风暴回波型是一种识别标志,只要确认探测到了钩状回波,结合回波体的强度、高度和尺度,一般应能够辨认出超级单体风暴,从而确认它是冰雹云(在数字雷达资料中,由于对回波信号进行了平均,以及分辨率的原因,钩状回波的形态特征有时并不很明显)。图 5.32 给出了湖南永州 SB 雷达观测到的发生在 2006 年 4 月 9 日夜间湖南永州地区的一次强烈冰雹过程的钩状回波,在1.5°仰角反射率因子图中,其中心高度在 2 km 左右,可以清晰地看到低层来自南方的暖湿气流的入流缺口以及其左侧的钩状回波,该钩状回波不算典型,但可分辨。

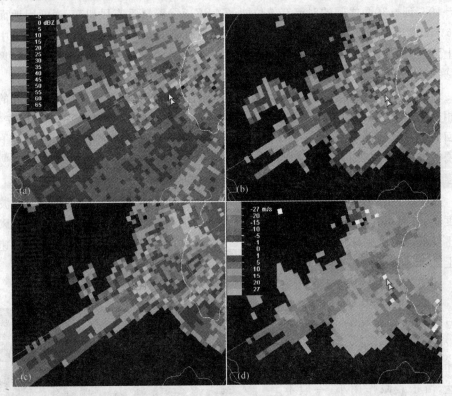

图 5.32　湖南永州(a)1.5°,(b)4.3°,(c)6.0°仰角反射率因子,(d)4.3°仰角径向速度图

　　3)三体散射。S 波段雷达回波中三体散射的出现表明对流风暴中存在大冰雹(Lemon 1998)。三体散射现象是由于云体中大冰雹散射作用非常强烈,大冰雹侧向散射到地面的雷达波又被散射回大冰雹,再由大冰雹将其一部分能量散射回雷达,因此在大冰雹区向后沿雷达径向线上出现由地面散射造成的虚假回波,称为三体散射,图5.33 给出其产生原理的示意图。S 波段雷达回波中三体散射的出现是存在大冰雹的充分条件而非必要条件。C 波段雷达回波中出现三体散射的机会更多一些,但并不一定表明大冰雹的存在。在 C 波段条件下,小冰雹也有可能产生三体散射。图 5.32(b)、(c)另一个明显特征是三体散射长钉,在这两个仰角都很明显,尤其是 6.0°仰角的三体散射长钉长达 60 km 以上,是迄今为止在我国观测到的最长的三体散射长钉。

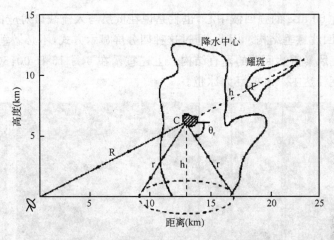

图 5.33　三体散射示意图(Lemon　1977)

通过最强反射率因子做垂直剖面或同时显示不同仰角的反射率因子图,可以分析冰雹云的垂直回波特征——高悬强回波、弱回波区和有界弱回波区(BWER)。

1)高悬强回波:产生大冰雹的强对流风暴的最显著的特征体现在反射率因子高值区向上扩展到较高的高度。具体地讲,如果 −20℃ 等温线对应的高度之上有超过 50 dBz 的反射率因子,则有可能产生大冰雹。相应反射率因子的值越大,相对高度越高,产生大冰雹的可能性和严重程度越大。

2)弱回波区和有界弱回波区:20 世纪 70 年代后期,Lemon(1977)提出了一种在中等以上垂直风切变环境中识别雷暴内上升气流强弱的概念模型。当雷暴内有较强的上升气流时,反射率因子图上出现弱回波区(非超级单体强风暴),即低层反射率因子等值线在入流的一侧出现很大的梯度,风暴顶位于低层反射率因子在入流一侧的强梯度区之上,中层回波强度轮廓线的靠低层入流一侧的下部出现弱回波区。当雷暴内有很强的上升气流时,反射率因子图上出现有界弱回波区(超级单体风暴),即风暴低层反射率因子出现明显的钩状回波特征,入流一侧的反射率因子梯度进一步增大,中低层出现明显的有界弱回波,其上为回波悬垂。

在中等以上垂直风切变环境中,在满足高悬的强回波和 0℃ 层到地面的距离比较适宜的情况下,如果回波形态再呈现出弱回波区和回波悬垂特征,则产生大冰雹的可能性会明显增加,若呈现有界弱回波区(图 5.32 最明显的特征是出现有界弱回波区,其从 4.3° 仰角到 6.0° 仰角范围明显缩小,周边回波更强),则出现大冰雹的概率几乎是 100%。

图 5.34 给出了 2005 年 6 月 15 日凌晨发生在安徽北部强烈雹暴的雷达回波,图上的双箭头指示同样的地理位置,在 0.5° 仰角反射率因子图上,双箭头指向风暴的低层入流缺口,箭头前方是构成入流缺口的一部分低层弱回波区,而在 6.0° 仰角,箭

头前面是超过 60 dBz 的强回波中心,也就是说在低层与入流缺口对应的弱回波区之上,有一个强回波悬垂结构。因此,通过这种四分屏显示方式,不必做垂直剖面,就可以判断出对流风暴雷达回波的垂直结构。上述雹暴在 6 月 15 日 00:30 左右在安徽固镇降落了直径达 12 cm 的巨大冰雹。

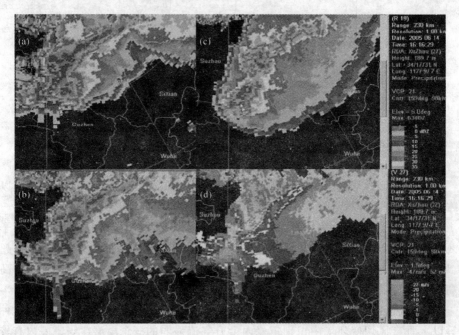

图 5.34　(a)0.5°,(b)2.4°,(c)6.0°仰角的反射率因子和(d)1.5°仰角的径向速度图

　　为了更清楚地显示该雹暴的垂直结构,在图 5.34 中沿着雷达径向通过最强反射率因子核心作垂直剖面,如图 5.35 所示。当时的探空显示 0℃和−20℃层距地面的高度分别是 4.6 km 和 7.8 km,而剖面显示位于回波悬垂上的 65 dBz 以上的强回波核心位置高度超过 9 km,远在−20℃层等温线高度以上,剖面左侧的强回波区域对应大冰雹的下降通道,回波强度也超过 65 dBz,其右边是宽广的弱回波区和位于弱回波区上面的回波悬垂,它们的水平尺度超过 20 km。在横坐标水平位置 55 km 处上方存在一个不算显著的有界弱回波区。

　　因此,对于大冰雹的雷达回波识别,除了第一条高悬的强反射率因子之外,在中等以上垂直风切变条件下可以进一步考虑雷暴回波的三维结构,通过四分屏显示方式判断有无低层反射率因子高梯度区、低层入流缺口、弱回波区、回波悬垂、有界弱回波区等代表强上升气流的特征。在第一个条件(50 dBz 最大高度在−20℃等温线高度以上,并且 0℃等温线距离地面高度不过高)满足的情况下,上述代表强上升气流的回波形态特征部分出现,则大冰雹的概率会明显增加,大冰雹警报的发出可以更果断。

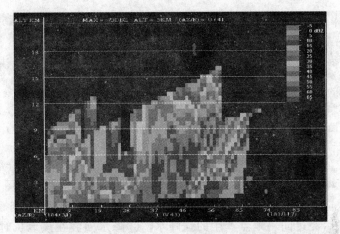

图 5.35　沿着雷达径向过图 5.34 中最强反射率因子核心的垂直剖面

5.3.4　暴雨的雷达回波特征

某一地区(点)的降水量 R＝降水强度×降水持续时间。如果要降水量足够大并达到暴雨标准,那要么降水强度大,即降水回波强度大;要么降水时间长,即该地较长时间有降水回波覆盖;或者两者的综合。短时暴雨是由相对较高的降水率、降水持续相对较长的时间造成的。但是,相对较高的降水率和相对较长的降水持续时间并没有明确的阈值,一般来说,降水率超过 20 mm/h 可认为是比较高,降水持续时间超过 1 h 是比较长的。

从降水强度来说,以下几种系统或回波降水强度较大:①有 45 dBz 以上的强回波,如超级单体风暴、多单体风暴等;②有一定降水能力(Z≥30 dBz)、有特殊结构的中尺度对流回波带(包括飑线)、涡旋状结构的螺旋雨带回波、涡旋带状回波等。③积层混合型回波的降水效率高。

从较长降水时间来说:①有降水回波多次经过该地(列车效应)。例如,有多条对流回波带的回波场,多个雷暴单体聚在一起的弥合型雷暴群等。2004 年 5 月 12 日凌晨桂林 SB 雷达观测到一次暴雨过程。该暴雨过程在阳朔产生了 12 h 超过 150 mm 的累积雨量,其产生的一个重要原因是有较强的对流雨团依次经过阳朔地区,因为列车效应而导致较大的雨量。从图 5.36 中可以看出,凌晨 04:56 大致可以看出即将出现的列车效应,且构成列车的对流系统的回波强度普遍在 45~50 dBz,45~50 dBz 的反射率因子对应的降水率在 80 mm/h 左右,只要持续 2 h 以上就可以达到 150 mm 以上的雨量。因此,判断列车效应是否可以发生的主要因素在于整个对流降水系统是否会持续。从图 5.36(c)中可发现对流系统强雨带前沿弯曲处对应一个中气旋,表明对流系统具有较高的组织程度,不会很快消散,因此,可以大致判定列车效应会

图 5.36　列车效应(1.5°仰角回波,黑色圆圈指示阳朔地区的位置)
(a)04:56、(b)05:41 反射率因子;(c)04:56 径向速度

发生。列车效应是否会发生不都像 2004 年 5 月 12 日桂林的例子那样容易判定,预报员需要研究本地列车效应的大量个例,在其基础上建立概念模型。图 5.37 给出了另一个列车效应的例子,是"麦莎"台风登陆后西北偏北方向移动,由其螺旋雨带上一串对流单体先后经过同一地点产生的强降水。②降水回波在该地长时间停留。例如,对流单体移动缓慢、近乎停滞的时候,这种情况通常在风随高度逆转时容易出现。另外,在风随高度逆转时,对流单体形成后移入"合适的环境场",由于这个特殊的"合适的环境场"的作用,使移入这里的对流单体得到强烈发展,形成大雷暴(群)并被"锁"在这里,同时还有新的小单体不断移来并入。这时大雷暴(群)准稳定地维持,被它覆盖的地区暴雨如注,往往在 2 h 左右降水量达到 200 mm 左右,造成山洪暴发、泥石流等灾难性天气。1976 年 7 月 23 日 10 时至 14 时,北京市密云县北部及与之毗邻的河北省滦平县南部发生的局地强暴雨,强降水中心最大过程降水量接近 300 mm,

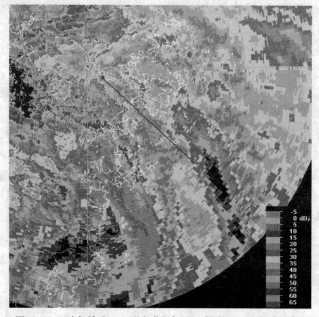

图 5.37　列车效应——"麦莎"台风反射率因子(0.5°仰角)

1 h 最大降水量超过 150 mm,就是由于当地有一个尺度约 40 km 的涡旋,此对流单体在这里停滞时,还有小单体不断并入造成的。

产生暴雨的主要天气系统有锋面气旋、台风和切变线。在锋面气旋暴雨中,华南静止锋暴雨和梅雨锋暴雨是典型的。梅雨锋云系主要由层状云构成,常产生弱的准稳定性降水。当梅雨锋上出现中尺度系统,如 850 hPa(700 hPa)切变线、低涡,地面(或边界层)中尺度气旋(涡旋)、中尺度辐合线(区)、中尺度低压等中尺度扰动时,相应一些地区出现对流活动,在梅雨锋层状云系内形成对流云(积云和积雨云),这些对流云在中尺度系统的组织下构成中尺度对流系统,与梅雨锋云系一起构成积层混合型降水,产生暴雨甚至大暴雨。台风暴雨主要出现在台风的螺旋雨带(包括台风眼壁的强回波)区及台风倒槽内,降水强度在台风环流的切变线区尤其强。低空的切变线,包括沿切变线的低涡是产生低空辐合的主要区域(系统),暴雨主要出现在切变线低涡的东南气流里。在其他天气系统中,只要条件适合,都可能出现强回波,产生暴雨。

产生强降水的中尺度对流系统的雷达反射率因子特征是:①强回波中心在 45 dBz 以上;②中尺度回波带有扰动;③回波(区)带内有新的对流单体形成;④对流单体有时呈多单体风暴的演变特征;⑤对流单体有周期性演变特征。产生强降水的中尺度对流系统的多普勒速度特征是:①强的风切变;②强的辐合和形变;③深厚的积云对流;④旋转环流。此外产生强降水的中尺度对流回波系统的运动通常是较慢的。

天气雷达在对流性暴雨临近预报中可起到低空急流识别、雨强及降水持续时间估计等方面的应用。

(1)低空急流识别

暴雨都与对流活动或对流活动的增强有关,因此与对流活动最密切相关的低层辐合线或辐合区、涡旋流场等是对流发生发展的关键。暴雨产生的条件之一是要有充分的水汽供应,而低空急流是为暴雨输送水汽的通道,也反映了流场的辐合、辐散。在降水已经开始的情况下,可以通过多普勒天气雷达径向速度图监视低空急流的变化,与其他条件相结合,可以判断降雨是否会继续。

图 5.38(a)给出了 2008 年 7 月 22 日发生在湖北襄樊的一场世纪特大暴雨(9 h 300 mm)过程中,位于襄樊东北偏北方向 110 km 的河南南阳 SB 多普勒天气雷达 1.5°仰角的径向速度图,图中显示在雷达上空 0.5～1 km 存在一支 20 m/s 的超低空东北风急流。图 5.38(b)给出了 2004 年 6 月 15 日发生在山东的一次暴雨过程中,济南多普勒天气雷达 1.5°仰角的径向速度图,图中显示在 50～100 km 等距离圈之间的高度上(约 2.2 km 高度)存在一个东南风急流,强度约为 19 m/s。

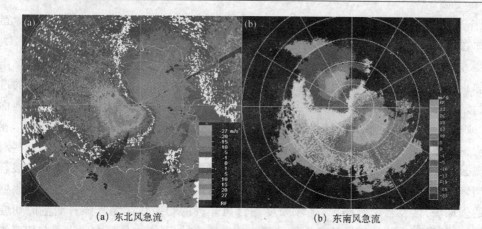

(a) 东北风急流　　　　　　　　　　　(b) 东南风急流

图 5.38　低空急流(1.5°仰角)

（2）雨强估计

一般来说，反射率因子越大，雨强就越大，可利用大陆性强对流的 Z-R 关系（$Z=300 R^{1.4}$）估计雨强，但如有冰雹存在，其雨强估计误差较大。通常取其上限为 53 dBz，主要是为了减轻冰雹的影响，但不能完全消除。除了 Z-R 关系误差和冰雹的影响，雨强估计要求雨强的反射率因子位于 0°层亮带以下。一部运行正常的雷达，对于 40 mm/h 左右的雨强，硬件方面的误差就可以导致 36％的相对误差，再加上 Z-R 关系误差和其他误差，雨强估计相对误差在 50％左右甚至更大是很正常的。

（3）降水持续时间估计

降水持续时间取决于降水系统的大小、移动速度的大小和系统的走向与移动方向的夹角。如果要使降水持续时间较长，要求至少满足下列条件之一或者都满足：①系统移动较慢；②系统沿着雷达回波移动方向的强降水区域尺度较大。一条对流雨带，如果其移动方向基本上与其走向垂直，则在任何点上都不会产生持续时间长的降水，而同样的对流雨带如果其移动速度矢量平行于其走向的分量很大，则经过某一点需要更多的时间，导致更大的雨量。

5.3.5　台风的雷达回波特征

台风是在比较均匀的热带海洋气团内发展起来的气旋性涡旋，在海洋上，台风的结构比较对称，降水呈螺旋带状特征。对一个有完整台风眼的成熟台风，其雷达回波（图 5.39）的基本特点是：

1）台风中心是一个圆形的无回波区域，称为雷达眼，与无雨弱风的台风眼基本一致。

2）台风眼外围环状强回波区是眼壁，或称为眼墙，由垂直发展旺盛的对流云构成，是台风中的狂风暴雨区，上升运动强烈，曾经观测到 5～13 m/s 的上升气流。台风中心附近的最强降水和最大风速大都出现在这里。

3）眼壁外面是螺旋雨带，是由较强对流云构成的中尺度螺旋状回波带，向内与台风眼壁相连，大部分集中在台风的某一方位。少数发展完好的台风，它的螺旋雨带比较完整。对于强台风，螺旋雨带强度强，结构紧密，层次分明，时间和空间的连续性好，这里的风雨也大。

4）台风风雨区的外围有时候有一条类似于中纬度飑线的对流回波带，称为台前飑线（图 5.39(b)）。一般情况下它与台风外围等压线近于平行，最常出现在台风前进的方向上，回波带的走向与台风移向近于垂直，距台风中心一般 400～600 km，强台风前的飑线距台风中心更远。台前飑线过境时，常常出现短时间的风向突变、风速增大、气压下降，有强对流天气，有的甚至有龙卷风出现。台前飑线登陆后一般很快消散。

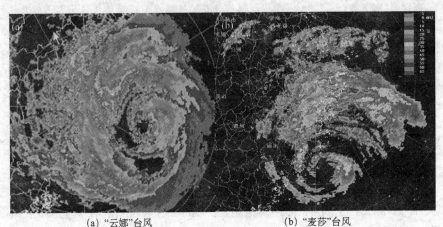

(a) "云娜"台风   (b) "麦莎"台风

图 5.39   台风回波结构

具有不完整的台风眼的台风雷达回波的主要特征是：

1）眼壁回波不全，台风眼应在螺旋雨带的曲率中心处。

2）螺旋雨带外一般还有大片降水区，也称为雨屏，雨屏中有时也能观测到带状结构。

思 考 题

1. 多普勒天气雷达主要应用及影响多普勒天气雷达数据质量的主要因子分别有哪些？

2. 简述大范围降水速度回波的分析原则。

3. 简述主观识别速度模糊区的方法。

4. 某高度上由均匀风造成的零速度线与由锋面或切变线造成的零速度线之间的本质差别是什么？

5. 环境风对中尺度气旋的多普勒速度特征的影响是什么？

6. 简述三体散射回波成因。

7. 强对流天气反射率回波的典型形态特征以及弱回波区的成因分别是什么？

8. 雷暴产生的充分必要条件、预报雷暴发展与消亡的因素分别有哪些？

9. 强冰雹的雷达回波特征及冰雹云回波的判别分别是什么？

10. 有利于产生短时暴雨的因素有哪些？

参 考 文 献

俞小鼎,姚秀萍,熊廷南,等.2006.多普勒天气雷达原理与业务应用[M].北京:气象出版社.

俞小鼎,郑媛媛,廖玉芳,等.2008.一次伴随强烈龙卷的强降水超级单体风暴研究[J].大气科学, **32**(3):508-522.

俞小鼎.2010.强对流天气临近预报[M].全国气象部门预报员轮训系列讲义.

张培昌,杜秉玉,戴铁丕.2001.雷达气象学[M].北京:气象出版社.

郑媛媛,俞小鼎,方翀,等.2004.一次典型超级单体风暴的多普勒天气雷达观测分析[J].气象学报,**62**(3):317-328.

中国气象局科技教育司.1998.省地气象台短期预报岗位培训教材[M].北京:气象出版社.

Brown R A,Lemon L R. 1976. Single Doppler radar vortex recognition: Part Ⅱ Tornadic vortex signatures[M]. Preprints. 17th Conf. On Radar Meteor. Boston: Amer. Meteor. Soc. 104-109.

Doswell C A, Brooks H E, Maddox R A. 1996. Flash flood forecasting: An ingredients-based methodology[J]. *Wea. Forecasting*,**11**: 560-581.

Fujita T T. 1978. Manual of downburst identification for project NIMROD[M]. SMRP Research Paper156,University of Chicago: 104.

Fujita T T. 1979. Objective,operation,and results of Project NIMROD[M]. Preprints. 11th Conf. on Severe Local Storms. Kansas City,MO,Amer. Meteor. Soc. 259-266.

Fujita T T. 1981. Tornadoes and downbursts in the context of generalized planetary scales[J]. *J. Atmos. Sci.* **38**: 1511-1534.

Houze R A,Jr. Rutledge S A,Biggerstaff M I,*et al*. 1989. Interpretation of Doppler weather radar displays of midlatitude mesoscale convective systems[J]. *Bull. Amer. Meteor. Soc.* **70**: 608-619.

Johns R H,Hirt W D. 1987. Derechos: Widespread convectively induced windstorms[J]. *Wea. Forecasting*, **2**: 32-49.

Lemon L R. 1977. New severe thunderstorm radar identification techniques and warning criteria: A preliminary report[R]. *NOAA Tech. Memo.* NWS-NSSFC 1:60.

Lemon L R. 1998. The radar "Three-Body Scatter Spike": An operational large-hail signature[J]. *Wea. Forecasting.* **13**: 327-340.

Lemon L R,Doswell C A. 1979. Severe thunderstorm evolution and mesocyclone structure as related to tomadogenesis[J]. *Mon. Wea. Rev.* **107**: 1184-1197.

第 6 章　风廓线探测资料应用

6.1　风廓线探测原理

6.1.1　基本情况

风廓线雷达(Wind Profile Radar,简称 WPR)是一种遥测高空水平风向和风速垂直分布的仪器,主要是使用大气湍流对电磁波的散射作用,对大气风场等物理量进行探测的遥感设置(图 6.1)。风廓线仪发明于 20 世纪 80 年代,先后研制出平流层、对流层和边界层风廓线仪三类。依照探测高度的差异,可以将其分为边界层风廓线雷达、对流层风廓线雷达以及中间层—平流层—对流层顶风廓线雷达(简称 MST)。边界层风廓线雷达的探测高度平常在 3 km 左右。对流层风廓线雷达还细分为高对流层风廓线雷达和低对流层风廓线雷达。高对流层风廓线雷达的探测高度平常在 12～16 km,低对流层风廓线雷达的探测高度平常在 6～8 km。MST 雷达的探测高度可以到达中间层,即 80～90 km。

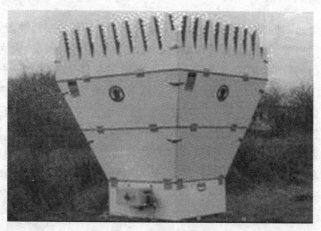

图 6.1　风廓线雷达

风廓线仪的应用是对传统气球测风方法的一次革命。与有球测风相比,风廓线仪除了具有可连续探测优点外,还具有高精度和运行可靠性。它融合了现代最新技术,操作维护方便,垂直分辨率高,风速测量误差与有球测风相当,其适用范围($-40\sim$ 50℃、相对湿度 0％～100％、地面风速 225.3 km/h、降水率 7.6 mm/h 或积雪 1.22 m)是有球测风无法比拟的。

风廓线仪在气象探测领域有着十分重要的应用价值。它可以测定水平风廓线,尤其是用于研究中尺度天气现象;垂直风速测定,这对研究小尺度天气、强对流风暴等具有重要价值;此外,还可以探测湍流、大气稳定度、中尺度大气等。

近 20 年来,美国、日本等国家用它来测量自由大气、湍流以及大气稳定度等,已得到了普遍的发展与应用。美国 NOAA 已在中西部地区布设了 29 部风廓线仪组成示范网,2003 年风廓仪投入业务应用。美国还计划研制适用于热带海洋地区的太阳能自动风廓线系统。芬兰、德国、瑞士、英国、法国都在建造试验性的风廓线仪。

我国 20 世纪 90 年代初成功地研制出风廓线仪。我国的风廓线仪的总体水平与美国差距约 1.5 年。我国对流层风廓线仪的建设已于 2001 年 9 月 25 日正式启动。根据《中尺度灾害性天气监测预警系统指南》(中气测发〔2001〕14 号),我国监测预警中尺度灾害天气,适用探空高度为 6 km 左右、频率 400 MHz 左右的低对流层风廓线仪即可。使之布设在常规探空站之间天气变化敏感的地区。我国争取 2020 年实现风廓线仪业务布点。

风廓线仪作为一种先进的探测系统,是 21 世纪的高空探测系统。风廓仪的业务应用,很可能像过去 20 世纪 50 年代卫星垂直探测器的应用一样,可以大大地拓宽全球气象情报。它对改进天气分析预报,降低测风成本和提高实效等均有重要的意义。

6.1.2　探测原理

风廓线仪与通常的多普勒天气雷达不同,它采用不同的探测波段,不但可以探测云和雨滴等目标物的运动,而且可以观测到晴空大气的运动状况,大大拓宽了天气系统的观测手段,弥补了常规多普勒天气雷达在晴空条件下观测能力的不足(Augustine 1987)。风廓线雷达以晴空大气作为探测对象,利用大气对电磁波的散射进行风场的测量。风廓线雷达发射的电磁波在大气的传播过程中,因大气折射率的不均匀分布而产生散射,其中后向散射能量被风廓线雷达所接收,根据多普勒效应,当目标物相对雷达波束方向存在径向运动时,接收信号的频率和发射信号的频率产生偏差,称为 Doppler 频移,根据 Doppler 频移,再经过一定的信号与数据处理可以得到大气的风场信息。另外,为了进行距离的测量,雷达发射的是脉冲波,根据回波信号返回的时间来确定回波的位置。通过 Doppler 测速和无线电测距原理的结合,风廓线雷达得到不同高度上的风场信息,从而获取大气风廓线资料。

　　风廓线仪测量范围从近地面层一直到对流层顶甚至更高的大气层。它检测大气中的密度脉动,这些脉动是由于温度和湿度不均匀的空气团中的湍流混合引起的,这种折射指数的脉动就被用来作为表征空气平均速度的追踪目标。

　　当向大气层发射一束无线电波时,由于温度和湿度的湍流脉动,大气折射指数存在相应的涨落,雷达波速的电磁波信号将被散射,其中向后散射的部分将产生一定功率的回波信号,这种回波信号与大气中的云雨质点回波散射有所不同,称之为晴空散射。由于散射气团随风漂移,沿雷达波束径向的风速分量的大小将导致回波信号产生一定量的多普勒频移,测定回波信号的频移值可以计算出某一层大气沿雷达波束径向的风速分量值(张培昌 等 2001;阮征 等 2002)。

　　雷达信号是一种脉冲信号,因此同一个脉冲信号的前沿达到某一大气层高度 h 时,它的后沿同时正在影响$(h-\Delta h)$高度的大气,$\Delta h=C\delta$,其中 C 为光速,δ 为脉冲宽度。当这个脉冲的回波沿原路返回天线接受系统,脉冲往返的全程为 $2h$。因为脉冲宽度为 δ,所以只有 $\Delta h/2$(即 $C\delta/2$)厚度空气层内的信号能够在同一时刻返回雷达天线接收系统,从而雷达接收系统所得到的信号是 $\Delta h/2$ 厚度的空气层的平均值。雷达回波继续往上传播,不断将各层空气处经过多普勒频移的回波信号返回天线接受系统。当发射脉冲到达最大探测高度后,雷达将发射第二组探测波束,因而实际测量的多普勒频移值,不仅仅是 $\Delta h/2$ 空气层内的平均值,而且还是某一时间段内的平均值。为保持资料的代表性,两次脉冲发射时间间隔一般称为发射脉冲的周期(由发射脉冲的重复频率决定)。

　　为了能测量水平风的大小和方向,必须改变发射波束的指向。波束的指向可能设计为垂直指向、向东倾斜指向以及向北倾斜指向三种情况。实际的仪器设计为三波束或五波束轮流发送,包括垂直向上发送,以及向东和向北倾角 15°发送,再加上向西和向南倾角 5°发送。测出沿各波束发射方向的径向风速,就可直接得到各个运动速度分量并合成水平风向和风速(图 6.2)。

　　风廓线雷达的天线系统由一个天线阵组成,每一个天线单元单独进行发射,其频率相同,但可以调整各自的相位。让每一列(或每一行)天线单元相互之间保持一定的相位差,则天线发射波束将发生一定方向的倾斜。

　　为了取得较佳的合成波束,可以通过计算完成最佳设计。设中心点的无线电波源相位为

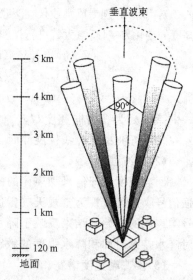

图 6.2　风廓线雷达探测原理示意图

零,沿 x 方向天线单元间的相位差为 φ_x,沿 y 方向的相位差为 φ_y,假定中心点天线的信号为:

$$a\exp(iwt)$$

则空间 $Q(R,\theta,\varphi)$ 处的信号为:

$$E(R,\theta,\varphi) = \frac{a}{R} \sum_n \sum_m \exp\left[i(wt - kR_{mn} - m\varphi_x - n\varphi_y)\right] \tag{6.1}$$

式中,R_{mn} 为第 (m,n) 个天线单元距 Q 点的距离。

由于高空气象要素的测量都是间接的,我们希望得到的数据都是来自其他直接测得的变量的反演。所以,对这些数据的核实和校准就显得非常重要。而且高空风速和风向的测量结果都是矢量平均的结果,而不是像风杯测得的瞬时数据。风廓线仪测得的数据一般是代表 $60\sim100$ m 间隔 $15\sim16$ min 内的平均风速。

6.2　风廓线资料的性质和特点

6.2.1　资料性质

(1)三维速度分量(U,V,W)

通常采用的三波束风廓线仪在对空间进行探测时,风廓线的运算中运用了均匀风的假定。在均匀风假定的条件下,对各高度层上的水平风向、风速的处理方法为:设$V_x(h)$,$V_y(h)$,$V_z(h)$分别为风廓线仪在天顶指向、偏东 15°指向、偏南 15°指向测得的径向速度随高度的变化,在对晴空大气进行探测时,大气中风的 3 个方向指向计算公式为:

$$\begin{cases} V_x(h) = \left[V_{rx}(h) - V_{rz}(h) \cdot \cos(15°)\right]/\cos(75°) \\ V_y(h) = \left[V_{ry}(h) - V_{rz}(h) \cdot \cos(15°)\right]/\cos(75°) \\ V_z(h) = V_{rz}(h) \end{cases} \tag{6.2}$$

式中,$V_x(h)$为 x 方向速度 U,$V_y(h)$为 y 方向速度 V,$V_z(h)$为 z 方向速度 W。

采用五波束风廓线仪观测时,利用类似办法得到各高度上风的 x,y,z 分量。

(2)回波强度

回波强度也即信号噪声比的强度,它反映了降水的强度。风廓线雷达探测到的强信号噪声可以视为常规天气雷达中的 RHI 产品。经验表明,约大于 40 dB 的强信号噪声比的开始和结束反映了降水的开始和结束。风廓线雷达探测到的信号噪声比对降水持续时间和降水强度的敏感程度比探测到的垂直速度更高。

(3)多普勒速度谱宽

在观测风场的基础上,风廓线仪还可以得到大气目标物的完整 Doppler 谱,观测时间间隔为 1 min,而垂直分辨率为 100 m 左右。这样得到的数据可以用来估计小尺度湍流的密度,并进一步估计涡旋扩散率。在有降水的情况下,从多普勒雷达垂直指向天顶方向的波束中可测得空气和雨滴两者的垂直运动信息,包括垂直速度和信号噪声比,其中垂直速度代表了空气和雨滴两者的垂直运动之和,而测得的信号噪声比仅仅反映了雨滴产生的信号功率大小,示意如图 6.3 所示。

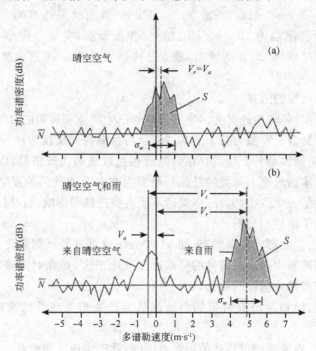

图 6.3　风廓线雷达垂直天线波束接收到的多普勒功率谱

(a)只有晴空散射时的谱特征;(b)雨滴产生的 Rayleigh 散射产生第二个峰

(V_a 是空气的垂直运动速度;V_r 代表雨滴下落产生的回波功率,代表雨滴的垂直运动速度;
V_t 代表测得的径向速度;S 是测得的信号功率;σ_w 是谱宽;$\overline{N}$ 代表背景噪音)(Ralph　1995)

6.2.2　探测精度和误差

(1)探测范围、精度和时空分辨率

目前使用的风廓线雷达可按波长分为如下几类(表 6.1)

表 6.1　风廓线雷达分类

类别	使用频率(MHz)	可达到测量高度(km)
边界层探测	915～3000	2～3
对流层探测	404～482	14～16
可达平流层探测	40～50	20 以上

不同种类雷达的探测范围、精度以及时空分辨率各有不同。主要观测对流层的甚高频(UHF)风廓线仪测量范围从距地面 300 m 一直到对流层顶。垂直方向的测量密度为 100 m 间隔,测流量的精度风速为 3 m/s,风向为 15°;其时间间隔为 6~20 min。边界层风廓线雷达用来观测大气边界层的湍流运动,观测范围可以从距离地面 10 m~3 km。例如,香港 Sham Shui Po 风廓线雷达有两个观测模态,两个模态的时间分辨率均为 10 min,不同的是:在低模态,垂直分辨率为 58 m,垂直观测范围为 168~1844 m;在高模态,垂直分辨率为 202 m,垂直观测范围为 341~6210 m。

1)影响数据获取的因素

①迁徙的鸟类:鸟类的迁徙会污染雷达信号产生风速和风向的改变。我们知道,风廓线雷达的测量波长一般为几十厘米,并且,当目标物的尺度为波长的 1/2 或 1/4 时,将产生较强的回波信号。鸟类存在会淹没相对较弱的大气信号,因而,此时雷达测到的将不是真实的风速。鸟类的迁徙一般发生在春天或秋天的夜晚,这对我们处理这种杂波提供了一个依据;另外,声雷达不受鸟类迁徙的影响。J. M. Wilczak 等专门就这个问题作了详细的分析。

②降水干扰:主要影响较高频率,如 915 MHz 或更高的风廓线雷达。如果在雷达取平均的时间间隔内雨滴或雪片的降落速度变化很大(如在对流降水期间),就将给垂直速度的获得带来错误的数据。

③地物杂波:地物杂波有时可能会被误认为产生切变或者风速在不同层次的减小。

④速度模糊:当风速超过雷达的测量范围时,就产生速度的折叠。消除办法分硬件和软件两类。

⑤电磁波干扰等等。

2)保证数据获取率的措施

①适当选择波长或频率。较长的波长在大气中的衰减较弱,而接近湍流积分尺度的 1/2 和 1/4 的发射波长又可以得到相对较强的回波。

②加大天线面积和功放级的放大倍数。但这又会给仪器的使用和安装带来不便。

③增强软件功能。

(2)天气状况对探测精度的影响

风廓线雷达测风的关键指标是它的数据获取率,它在很大程度上依赖于大气折射指数的起伏的强弱。表征大气折射率强弱起伏常用的指标是大气折射指数湍流结构常数 C_n^2,根据 Van Zandt 等的试验结果,建议用下列公式:

$$C_n^2 = \alpha^2 \alpha' L^{4/3} M^2 \tag{6.3}$$

式中，α^2 为一通用常数，取值为 2.80；α' 为与涡动黏性系数相联系的比值，与大气稳定度有关，对大气中、上层可取 1；L 为大气湍流涡旋的外尺度；M 为折射指数的垂直梯度。

$$M = -77.6 \times 10^{-6} \frac{p}{T} \frac{\partial \lg\theta}{\partial z} \left\{ 1 + \frac{15.500\ q}{T} \left[1 - \frac{1}{2} \frac{\frac{\partial \lg q}{\partial z}}{\frac{\partial \lg\theta}{\partial z}} \right] \right\} \tag{6.4}$$

式中，p 为大气压，T 为绝对温度，q 和 θ 分别为比湿和位温。式中大括号前的内容表征位温梯度的影响，大括号内的内容表征比湿梯度的强弱对折射指数的影响。

从上面两式可以看出，中性层结并保持干燥的大气层，C_n^2 值将降至极低。COST74 标准给出在标准大气条件下 C_n^2 的垂直分布：

$$\lg C_n^2 = -0.276z - 13.862 \tag{6.5}$$

z 的单位为 km，也就是说，在各高度大气折射指数湍流结构常数数值不低于上述公式计算值的条件下，风廓线雷达的数据获取率应达到 90% 以上。

6.2.3 风廓线资料的加工和分析

（1）资料有效性判别

雷达观测数据的精度不但受到某些客观因素的限制，如天气变化、系统误差等，另外，雷达数据的处理算法也会影响到精确度。随着对风廓线雷达技术研究的不断深入，处理算法也不断地完善。NOAA 最初用结合中通滤波和突变检验的方法，后来由连续性方法（continuity method）代替，并且该方法也得到了进一步改进。在二维连续性方法的基础上发展的四维方法，主要针对解决缺测区域的处理，任何站点的数据分析都将受到相邻站点的影响。因此，即使存在大面积的缺测区域，处于雷达网中的站点也可以进行连续性分析。

连续性方法可以用来辨别风场和 RASS 温度廓线在时间和高度上的连续性，它在很大程度上依赖于观测数据在时间和高度上的连续性和一致性。风场的一致性检验是雷达观测数据最有力检验工具，它包含以下几个方面。

1）折叠数据通过展开修正

风廓线雷达是多普勒雷达的一种，所以，由多普勒雷达工作原理我们知道，雷达在对大气进行测量时，存在一个最大不模糊风速，当风速超过这个最大值，雷达观测数据发生折叠。去掉模糊的基本原理就是在负的模糊值加上 2 倍的最大不模糊速度，而正的模糊值减去 2 倍的最大不模糊速度。

观测事实表明，在去掉噪音之后，不模糊数据总是和占总数的大部分数据子集一致。所以，通过这种对比，我们可以去掉折叠数据，最终留下没有折叠的速度场，但这个步骤和连续性方法并不是分开的。

2)6 min 风场的连续性检验

通过识别观测数据在时间和高度上连续性,判断观测数据的合理性。某个孤立点的观测数据与相邻点数据的连续性的检验,通常是用该点的观测值与由相邻点数据插值到该点的数据进行比较,如果两个数的差值达到某个临界值,就说这点的值和相邻点的不连续。常用的插值方法是用相邻高度和时刻的观测值做线性最小二乘法内插。这种方法对大的切变和加速都是适用的。但如果相邻数据存在较大的转折,这些点可能被判为不连续。算法本身提供了这种控制因子,基于实际的气象模型来判断什么是转折而不是连续,而且,根据不同情况,算法中的一些参数也是可以调节的。

但事实上,在根据这个方法判断风场数据的好坏时,往往不是很明显的。因此,连续性算法改为用模式识别的方法辨别数据。把具有相近的值的相邻点分成一组;把相差较多的相邻的点分成多个不同的组,这些组中某些可能属于某个相同的组,也许属于完全不同的组。背景风场是由单独的连续的一个模式组成的,这个模式可能是由多个相连的分支组成。在所有的组中,数据量大的组,将被算法赋予相对大的置信度。

这种算法已经对数个月的雷达风廓线的雷达资料进行了成功的测试,其中一些数据包含像锋面结构这样的不连续系统。只要数据所在的组的置信度足够大,算法就可以允许不连续的存在。通过这一步骤,数据被区分出不含折叠的部分。

3)有折叠的数据按时间和空间序列进行内插

内插在边界上变成了外推,但外推的值在时间上不超过观测的时间间隔和空间间隔的一半。

4)对各个天线束测得的径向速度进行修正

当某个时刻某个高度所有观测分量都存在时(包括内插),计算该点风场,其中垂直速度用来修正另外倾斜天线束得到的径向速度。这一修正也可以在做完小时平均后进行。

5)时平均风场

时平均风场就是把经过以上处理的每个高度上 1 h 内的可用风场资料做一个简单的平均。用于平均的数据可多可少,因为连续性方法所确定的数值不但在空间上,在时间上也通过了检验,因此数据的置信度更高。如果某高度在 1 h 内都没有有效值,则该时刻的平均值标记为零。

(2)时间平均

由风廓线雷达测量原理可知,只有被测风场是各向同性才能得到十分准确的结果,而实测大气不是各向同性的,因此需要根据对风廓线资料的评估结果,滤掉观测数据中无效和猜测的部分之后,在使用中对每 10 min 一次的资料进行小时平均。具体解释如下:

　　散射后的回波经过调解后,输出一个回波信号强度的时间序列,由于大气折射系数的起伏,回波信号同样显示出一定的脉动起伏,其中还包括了一些偏离过大而不合理的数值,这可能是由于各种干扰所造成的,剔除这些野点必须在实施光滑平均之前。光滑后的时间序列再进行总体平均,并对各个数据点去出直流分量。

　　资料经过时间域的处理后,利用快速傅氏变换计算它的频谱分布,并进一步进行光滑平均。光滑后的谱曲线仍然带有一定的干扰信号,它们主要来自于固定的地物回波,软件设计主要是根据它的各个阶矩特征有别于回波进行判断。下面是数据处理流程图(图 6.4)。

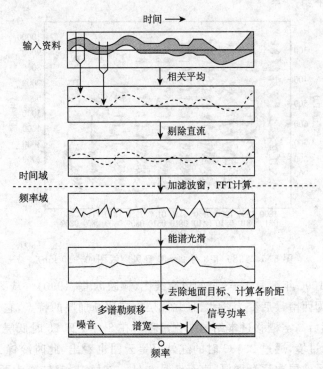

图 6.4　风廓线仪数据处理流程

　　(3)时间—高度剖面图

　　风廓线仪提供本站上高空时空分辨率的风向和风速资料,将其绘制成时间—高度剖面图(横坐标为时间,从右至左增加),称之为风廓线图。在风廓线图上可以分析等风速线,以了解急流的强度、高度、厚度及其随时间的变化。此外,还可以分析风向和风速在时间和垂直方向上的不连续线,以便及时了解天气系统的活动及其大气垂直结构的变化。

6.3　风廓线资料的基本分析

6.3.1　锋面和切变线的检测

在风廓线剖面图上,从同一高度上的风向随时间的突然变化可以判断锋面是否影响本站。如图 6.5 中,8 月 10 日 12—13 时低层风从 SW 风突然转变为 NW 风表明有冷锋移过本站。

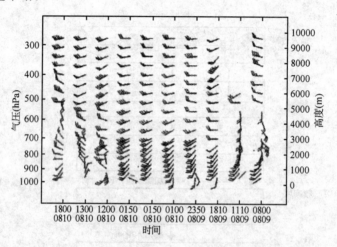

图 6.5　1989 年 8 月 9—10 日风廓线图(0～10 km)

图 6.6 是 1990 年 8 月 1—3 日的风廓线图(顾映欣 等 1990)。从图上可以看出,风向由偏南转为西南最后变为西北,且北风层次有逐渐加厚的特点,它反映出低层冷锋首先过境,而后高空槽移过本站的变化过程。在 8 月 1 日 23 时低层首先转变为西北风,表明冷锋过境,通过 23:30 时的红外卫星云图也看出,此时冷锋云系已移至北京。而后西北风的层次逐渐增厚,直至 8 月 3 日 09 时整层都转变为西北风,表明高空槽已移过本站,相应的天气形势为:1990 年 8 月 1 日 08 时,北京处在高空槽前,因此北京上空整层均为西南风。8 月 2 日 08 时,低层(850 hPa、700 hPa)的低槽已移过北京,故风向转为西北。而中高层(500 hPa 以上)北京仍处在槽前,8 月 2 日 20 时 500 hPa 高空槽已移过北京,高空风转成偏西风,只有 200 hPa 仍为西南风。8 月 3 日 08 时,300 hPa 以下均为西北风。通过风向连续性变化也能判断高空槽的前倾性、后倾性。

1989 年 7 月 21—23 日京津冀地区有一次区域性暴雨过程。从 21 日的风廓线时间剖面图(图 6.7)可见,这次暴雨过程是在对流层下部的偏南基本气流和上部的偏西气流下发生的。厚度达 4～6 km 的偏南气流表明对流层下部为典型的东高西低形式。21 日上午 1500 m 以下为 SE 风,以上为 SW 风,表明低层有暖平流,它是产生上升运动和水汽辐合的动力条件。从低层风向的时间变化还可以看到,中午以后1500 m 以下的东南风转变为西南风,说明降水和偏南气流中的暖切变有关。

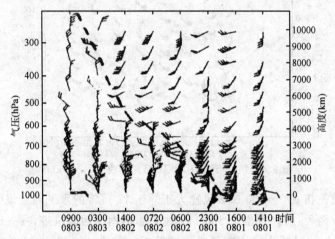

图 6.6　1990 年 8 月 1—3 日风廓线图(0～10 km)

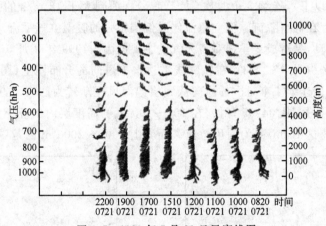

图 6.7　1989 年 7 月 21 日风廓线图

6.3.2　低空急流和行星边界层风场的监测

从风廓线时间—高度剖面图上风速极大值的位置和大小可以决定本站上空高、低空急流的高度和强度,并以其时间变化确定演变的趋势(顾映欣 等 2000)。如图6.8 所示,1989 年 8 月 9 日 08 时 1000 m 以下行星边界层中 SW 风为 8 m/s,以后逐渐增强,到 23 时达到低空急流的强度(12 m/s),高度也伸展到 2000 m 左右。8 月 10

日上午低空急流继续增强。此时表明从 9 日到 10 日有一次低空急流影响本站。

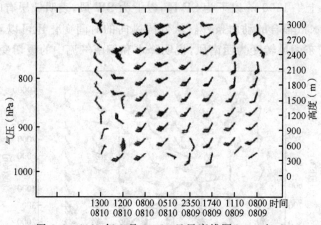

图 6.8　1989 年 8 月 9—10 日风廓线图（0～3 km）

　　低空急流是指 600～900 hPa 风速大于等于 12 m/s 的水平动量集中带。通常讲的低空急流有两种：一种是位于 850 hPa 附近强的南或西南风带，另一种是高度离地面约 600～800 m 强的南或西南风带。按照时空转换的原理，在风廓线雷达探测范围内（3000 m 以下），连续 3 个时次（大于 1 h）探测到大于 12 m/s 的强南或西南风速，则可视为存在低空急流。低空急流伴随低层很强的暖湿空气平流，加强了低层不稳定和低层扰动，是造成夏季强对流天气的主要原因。1999 年 9 月 6 日上海的强对流天气过程（杨引明 等 2003），在风廓线雷达水平风向的分布图上（图 6.9），可以看出从 04:05 开始连续 4 个时次的风向从底层偏南风逐渐转为西南风，而在与之对应的水平风速特征是：从 04:05 开始，在 400～700 m 的高度层内出现了大于 12 m/s 的强风，最大风速达 15 m/s，为南风急流。而其上 1000～2000 m 的范围，从 04:35 开

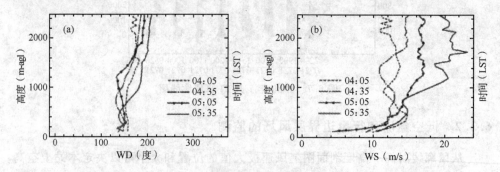

图 6.9　上海风廓线雷达测得的水平风场

（a）和（b）分别为 1999 年 9 月 6 日水平风向和水平风速随时间—高度分布廓线，
［横坐标表示水平风向（0°指向偏东，按顺时针方向递增）或水平风速，纵坐标为高度，不同的线条代表不同时间］

始,风速都超过 12 m/s,其中 05:35 1700 m 高度上西南风速达23 m/s(图 6.9),存在明显的强低空急流,一方面表明了低空急流与强对流天气的密切关系,另一方面也表明了风廓线雷达对水平风场较为精确的探测能力。

6.3.3　天气系统短时变化的监测

从 10 min 的风场可以清晰地看到,对流层中下层到边界层近地面风场的短时变化。风廓线图上最明显的特征就是存在于近地面边界层的多次风向的切变,这些切变大致分为三类:偏西气流和西南气流之间的切变、偏西气流和偏南气流之间的切变、偏北气流和偏西气流之间的切变。切变存在的高度都在边界层,厚度不等,最小的只有 300 m,400 m,最深厚的也不过 1000 m 多。切变的时间尺度很小,具有很明显的中小尺度特征。这些小尺度的切变又明显地相对集中于不同的时间段,与大暴雨的发生时间有很好的对应(图 6.10)。

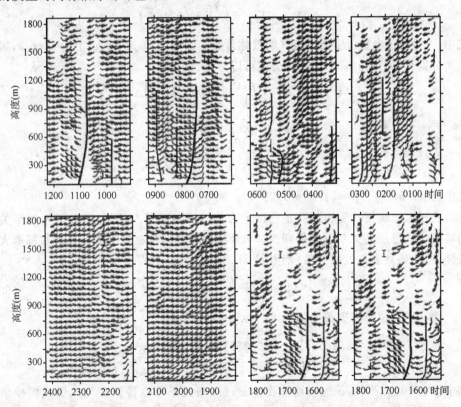

图 6.10　1998 年 6 月 9 日香港 Sham Shui Po 风廓线雷达每 10 min 的风廓线资料图

[横坐标表示时间(香港本地时间),从右向左增加,纵坐标表示高度,
观测范围从 168 m(平均海平面高度)到 1844 m,垂直空间分辨率为 58 m]

6.4　风廓线资料的扩充分析

6.4.1　温度平流反演

根据准地转理论,温度平流是造成大尺度垂直运动和天气系统发展的动力学因子之一。因此,由风廓线资料推算出来的温度平流也可作为诊断天气和形势演变的依据之一。

根据热成风关系,可以从风向随高度的变化判断温度平流的性质和大小。当风向随高度顺时针转变时为暖平流,逆时针转变时为冷平流。

在热成风的假定下,根据标准大气特性,从单站风廓线计算温度平流的公式:

$$-\boldsymbol{V}\cdot\boldsymbol{\nabla}T=-\frac{pf}{R_d}\boldsymbol{V}\cdot\left(\boldsymbol{k}\times\frac{\partial v}{\partial p}\right) \tag{6.6}$$

式中,f 为科氏参数;R_d 为干空气的气体常数。在等压面 p_1 和 p_2 上($p_1 > p_2$),风速风向分别为 $(V_1,\theta_1)(V_2,\theta_2)$。则公式可以写为:

$$-\boldsymbol{V}\cdot\boldsymbol{\nabla}T\approx-\frac{\bar{p}f}{R_d}\left(\frac{\boldsymbol{V}_1+\boldsymbol{V}_2}{2}\right)\cdot\left(\boldsymbol{k}\times\frac{\boldsymbol{V}_1-\boldsymbol{V}_2}{\Delta p}\right)$$

$$=-\frac{\bar{p}f}{R_d\Delta p}\boldsymbol{k}\cdot(\boldsymbol{V}_1\times\boldsymbol{V}_2)$$

$$=\frac{\bar{p}f}{R_d\Delta p}V_1V_2\sin(\theta_1-\theta_2) \tag{6.7}$$

式中,$\Delta p=p_1-p_2,\bar{p}=(p_1+p_2)/2$。

由于风廓线雷达测得的风是在以米为单位的高度面上,因此还需要做压高关系的转换。通过压高关系可以得到在与风廓线同样坐标的温度平流关系。在标准大气条件下,位势高度与气压关系(刘淑媛 等 2003)为:

$$Z=44331\left[1-\left(\frac{p}{1013.255}\right)^{0.1903}\right] \tag{6.8}$$

而高度与位势高度关系为:

$$Z=\frac{9.80616[1-0.00259\cos(2\varphi)]\left(1+\frac{h}{R_0}\right)^2}{9.80665}\frac{R_0 h}{R_0+h} \tag{6.9}$$

式中,R_0 为地球半径,φ 为当地纬度。通过压高关系可以得到在与风廓线同样坐标的温度平流关系。

图 6.11 给出的是 1998 年 6 月 8—9 日的香港上空随时间变化的温度平流廓线图,可以看出,8 日 00—18 时温度平流的分布是低空暖平流、高空弱冷平流。由于暖

平流使低层温度持续增加,大气层结的不稳定性越来越强,14 时出现了雷阵雨天气,雨量也显著增加,12—18 时 6 h 雨量达到 24 mm。8 日 20 时以后温度平流发生显著改变,1.5 km 以下的暖平流被冷平流所取代,此时刻正好是雷雨开始的时间,20—21时的 1 h 雨量达到 11.0 mm。21 时冷平流显著加大,出现强雷雨天气,1 h 雨量猛增到 44.9 mm。它表明此时的降水是由强对流造成的,与大尺度环流的热力强迫产生的次级环流无直接关系。因此,风廓线图上 2 km 以下与冷平流相联系的低空风向从偏西转变为西南的逆时针旋转,可能是强对流系统本身的中尺度风场的反映。

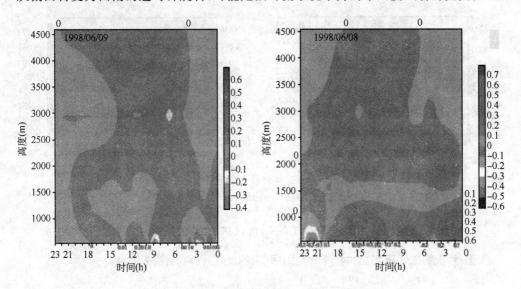

图 6.11　香港上空温度平流(10^{-5}℃/s)时间—高度廓线图和逐时雨量(mm)

（自右向左分别为 8 日、9 日,横坐标下方数字为逐时雨量）

　　8 日 20 时到 9 日 10 时这 14 个小时内出现了三段强降水,此时,3 km 以下基本上都保持冷平流。值得注意的是,其间也出现过两次短暂的暖平流。将 2 km 以下的 3 个冷平流极大值和 2 个暖平流出现的时间与逐时雨量相比较可以发现,冷平流大值中心出现在强降水发生时段,而暖平流出现在两次强降水之间。它再次意味着暴雨过程中风廓线中低空风向的顺时针转变是强对流系统中尺度风场的反映,而不是反映大尺度环流中存在冷平流。9 日 10 时大暴雨过程结束后的温度平流又恢复到暴雨过程前低空主要为暖平流所控制,它也从反面表明前面时刻的冷平流与暴雨系统自身的风场相联系。

　　上述分析表明,从风廓线资料中反演出的单站上空温度平流垂直分布的时间变化可以揭示出,在香港特大暴雨发生前,大尺度环流的暖平流为大暴雨的发生积累了产生强对流的不稳定能量,它对暴雨的预报有一定的指示意义。大暴雨过程中冷平

流的出现与雨团的中尺度流场相联系,强降水时段的风廓线资料可能为分析雨团的
中尺度流场结构提供一些有用的信息,值得进一步探讨。

6.4.2　层结稳定度反演

根据不同高度层次上温度平流的性质可以确定当前大气静力稳定度的变化趋
势。如图 6.12 中 8 日 17 时 1500 m 以下为暖平流,4000 m 以上为冷平流,说明稳定
度正在变小。

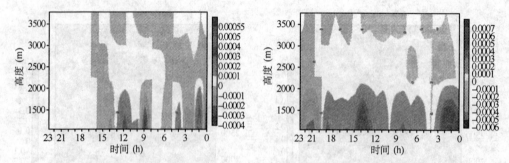

图 6.12　1998 年 6 月 8—9 日香港上空的静力稳定度随时间变化

[时间—高度廓线,自右向左分别为 8 日、9 日,单位:度/(m·h)]

对温度平流引起的不稳定指数 $\Gamma\left(\dfrac{\partial\theta}{\partial z}\right)$ 可以进行计算分析,过程如下:

温度平流在气压层 $\Delta p = p_1 - p_2$ 中引起的气层平均温度变化为:

$$\frac{\partial T}{\partial t} = \frac{1}{\ln p_1/p_2}\int_{p_2}^{p_1}(-\boldsymbol{V}\cdot\boldsymbol{\nabla}T)\mathrm{d}\ln p \tag{6.10}$$

在气压层中风随高度变化较小时: $\dfrac{\partial T}{\partial t} = -\boldsymbol{V}\cdot\boldsymbol{\nabla}T$ \qquad\qquad (6.11)

由于位温 $\theta = T\left(\dfrac{1000}{p}\right)$,从而利用等压面上的风计算出温度平流,再计算其引起
的不稳定指数 Γ 随时间的变化:

$$\frac{\partial\Gamma}{\partial t} = \frac{\partial}{\partial t}\left(\frac{\partial\theta}{\partial z}\right) = \frac{\partial}{\partial z}\left\{\frac{\partial\left[T\left(\dfrac{1000}{p}\right)\right]}{\partial t}\right\} = \frac{\partial}{\partial z}\left[-\boldsymbol{V}\cdot\boldsymbol{\nabla}T\left(\frac{1000}{p}\right)\right] \tag{6.12}$$

图 6.12 给出的 1998 年 6 月 8—9 日由香港 Sham Shui Po 风廓线仪资料反演得
到的本站上空静力稳定度随时间的变化情况。可以看到 8—9 日稳定度的变化主要
集中在 2.5 km 以下的对流层下层。$\Gamma < 0$ 的时段与强降水有较好的对应关系,说明
8—9 日降水过程为对流性降水。

6.4.3 风廓线组网和有限元散度计算及垂直速度估算

（1）风廓线仪组网

风廓线雷达可以组网观测，从而计算该区域的散度及涡度。

（2）有限元散度计算

1）三点法求散度

根据散度的定义，水平散度是面积随时间的相对变率。如在构成三角形的三个顶点 A,B,C 上都有实测风（图 6.13），则由这些风速的观测值就可以决定 $\triangle ABC$ 面积的相对变率。若图中 B,C 不动，由于 A 点空气运动所造成的 $\triangle ABC$ 面积的相对变率为 A'。

$$A'=\frac{\delta\sigma}{\sigma}=\frac{\Delta h_A}{h_A} \tag{6.13}$$

如果同时考虑 $\triangle ABC$ 三顶点空气的运动，则面积的相对变率为：

$$D=\frac{1}{\sigma}\frac{\delta\sigma}{\delta T}=\frac{1}{h_A}\frac{\delta h_A}{\delta T}+\frac{1}{h_B}\frac{\delta h_B}{\delta T}+\frac{1}{h_C}\frac{\delta h_C}{\delta T} \tag{6.14}$$

式中，h_A,h_B,h_C 分别为 A,B,C 点到对边的垂线（即三角形的三个高）。根据 A,B,C 三点的实测风，上式可变成：

$$D=\frac{V_A\cos\alpha}{h_A}+\frac{V_B\cos\beta}{h_B}+\frac{V_C\cos\gamma}{h_C} \tag{6.15}$$

式中，V_A,V_B,V_C 是三个顶点风速，α,β,γ 为三个顶点的风向与相应的三角形的三个高之间的夹角（小于 $180°$）。显然当 α,β,γ 都小于 $90°$ 时，三角形的面积将增大，为辐散；反之，当 α,β,γ 都大于 $90°$ 时，三角形的面积将减小，为辐合。

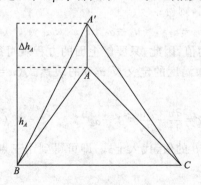

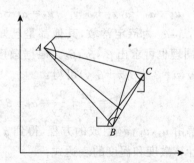

图 6.13 三点法计算散度　　　图 6.14 三点法计算散度的实例

下面举一实例加以说明。如图 6.14 所示，三角形的三个顶点分别取在南京（A）、杭州（B）和上海（C），已知此三站的 700 hPa 风向、风速。从天气图上量得此三角形的三个高为：

$$h_A = 230 \text{ km} = 2.3 \times 10^5 \text{ m}$$
$$h_B = 130 \text{ km} = 1.3 \times 10^5 \text{ m}$$
$$h_C = 150 \text{ km} = 1.5 \times 10^5 \text{ m}$$

A,B,C 三点的测风记录分别为 02504、26004、20002。按图上的风向和高，量得 $\alpha = 115°$，$\beta = 125°, \gamma = 35°$。将各数据代入 (6.15) 式，计算得：

$$D = (-4 \times 0.4226 \div 2.3 - 4 \times 0.5736 \div 1.3 + 2 \times 0.8194 \div 1.5) \times 10^5$$
$$= -1.41 \times 10^5 (\text{s}^{-1})$$

此结果说明，上海、杭州、南京之间为辐合。三点法求出的散度代表 $\triangle ABC$ 面积上的平均值。由于在计算时只用到 A,B,C 三点的测风记录，而不必像差分法那样要内插出网格点上的风速，因此不受周围风速的影响，所以这种方法的计算结果比较而言具有 $\triangle ABC$ 面积内的局地性质。三点法对于计算固定点散度是方便的。如果用较多测站的资料来计算一个区域里的散度分布时，要尽量让不同测站所构成的三角形面积大致相等，这样所算出的各散度值之间才能进行比较。

2) 有限元法计算散度和涡度

有限元法是把观测点连成多边形，根据各顶点的风速观测值，把多边形内的风速用多项式表示，然后根据所得的连续函数的表达式求散度和涡度。下面讨论对于三个观测点的有限元插值。

设 $\triangle ABC$ 三个顶点的风速分量及相对于任一坐标系的位置坐标分别为：

$$A: u_1, v_1, x_1, y_1; B: u_2, v_2, x_2, y_2; \quad C: u_3, v_3, x_3, y_3$$

$\triangle ABC$ 内的风速分布可近似看成线性分布：

$$u = \alpha_0 + \alpha_1 x + \alpha_2 y \quad v = \beta_0 + \beta_1 x + \beta_2 y \tag{6.16}$$

把三个顶点的坐标和 u 分量值代入上式，则得：

$$u_1 = \alpha_0 + \alpha_1 x_1 + \alpha_2 y_1 \quad u_2 = \alpha_0 + \alpha_1 x_2 + \alpha_2 y_2 \quad u_3 = \alpha_0 + \alpha_1 x_3 + \alpha_2 y_3 \tag{6.17}$$

式中，$\alpha_0, \alpha_1, \alpha_2$ 为待定常数，其他都是已知的值，因此，只要解上面的方程就可得 α_0, α_1, α_2。同理也可求出 $\beta_0, \beta_1, \beta_2$。根据散度和涡度的定义及 u,v 的表达式 ($u = \alpha_0 + \alpha_1 x + \alpha_2 y, v = \beta_0 + \beta_1 x + \beta_2 y$) 可得：

$$D = \frac{\partial u}{\partial x} + \frac{\partial v}{\partial y} = \alpha_1 + \beta_2 \quad \zeta = \frac{\partial v}{\partial x} - \frac{\partial u}{\partial y} = \beta_1 - \alpha_2 \tag{6.18}$$

求解由 u_1, u_2, u_3 组成的方程，得到 α 及 β 的值，代入上式，即可得到用三点有限元方法计算散度和涡度的表达式：

$$D = \frac{(u_1 - u_2)(y_2 - y_3) - (u_2 - u_3)(y_1 - y_2) - (v_1 - v_2)(x_2 - x_3) + (v_2 - v_3)(x_1 - x_2)}{(x_1 - x_2)(y_2 - y_3) - (x_2 - x_3)(y_1 - y_2)}$$

$$\zeta = \frac{(v_1 - v_2)(y_2 - y_3) - (v_2 - v_3)(y_1 - y_2) + (u_1 - u_2)(x_2 - x_3) - (u_2 - u_3)(x_1 - x_2)}{(x_1 - x_2)(y_2 - y_3) - (x_2 - x_3)(y_1 - y_2)}$$

$$\tag{6.19}$$

（3）垂直速度估算和应用

　　分析表明,在降水情况下,风廓线雷达探测到约小于－4 m/s 的负垂直速度,反映了降水的开始和结束,且垂直速度越小降水越强(定义垂直速度向上为正)。这种风廓线雷达仪探测到的负垂直速度与降水强度的对应关系是由于降水时降水粒子的下落速度所造成的,也反映了降水粒子的密度。例如,1999 年 9 月 6 日的强对流天气过程中,风廓线雷达垂直速度直方图和分布廓线显示小于－4 m/s 的负速度发生在凌晨 02:30—06:30 的 4 个小时内,最小负速度出现在 03:00—05:00,小于－6 m/s (图 6.15(a)),这与青浦气象站当天的观测事实是一致的,即从 02 时开始下小雨,到 06:25 雨量超过 40 mm。

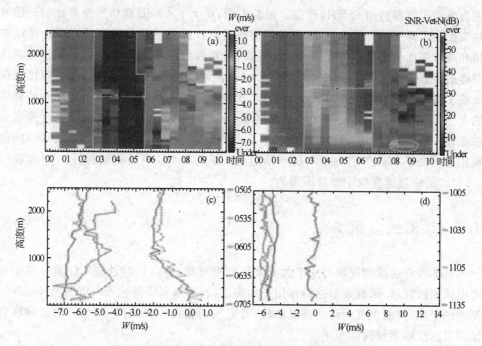

图 6.15　上海风廓线雷达测得的垂直速度和信噪比

(a)和(b)分别为 1999 年 9 月 6 日垂直速度随时间—高度分布直方图和信号噪声比随时间—高度直方图,横坐标表示时间,纵坐标为高度,其中垂直速度大小以向上为正;(c)和(d)分别为 1999 年 9 月 6 日和 8 月 22 日垂直速度随时间—高度分布廓线,横坐标表示垂直速度(向上为正),纵坐标为高度,不同灰度的线条代表不同时间

　　风廓线仪探测到的垂直速度随高度的波动,以及这种波动发展的高度反映了大气中的垂直热交换的程度,从而也是判断对流发展强弱的一个重要方法。如图 6.15(c)所示,1999 年 9 月 6 日上海的暴雨和龙卷风天气过程,垂直速度随时间和高度分布廓线弯弯曲曲,随高度波动很大,其中 06:05 的分布廓线中,垂直速度从 400 m 的－7.6 m/s

变化到 1200 m 的 -4.5 m/s,而且这种垂直速度随高度的波动从近地面持续到 2000 m 左右,与同时刻的温度廓线分布(图略)是对应的,说明在大气的不同层次之间热力或动力差异较大,容易形成诸如龙卷风一类的剧烈强对流天气。相比之下,8 月 22 日垂直速度廓线比较陡直,垂直速度随高度的波动小(图 6.15(d)),当天产生的对流程度也弱一些,从早上 07:00 开始直到 11:00,发生的强对流天气过程以短时强降水为主。

6.4.4　回波强度和垂直谱宽分析

信号噪声比的强度也反映了降水的强度,风廓线雷达探测到的强信号噪声可以视为常规天气雷达中的 RHI 产品。经验表明,约大于 40 dB 强信号噪声比的开始和结束反映了降水的开始和结束,而且风廓线雷达探测到的信号噪声比对降水持续时间和降水强度的敏感程度比垂直速度更高,这是因为在有降水的条件下,风廓线雷达测得的垂直速度代表了空气和雨滴两者的垂直运动之和,而测得的信号噪声比仅仅反映了雨滴产生的信号功率大小。例如,比较图 6.15(b) 和 6.15(a),9 月 6 日青浦的大于 40 dB 的强信号噪声比的分布与图 6.15(a) 中小于 -4 m/s 的负垂直速度分布基本一致,即从凌晨 02:30 到 06:30,大约持续了 4 个小时;但是,图 6.15(b) 的信噪比还反映了 07:30 到 08:30 的小雨过程(图 6.15(b) 中用椭圆标注),而这在图 6.15(a) 的垂直速度场中是看不到的。

6.5　风廓线应用实例

风廓线雷达站网资料可用于数值天气预报模式,提高短时预报的质量。在中尺度模式预报领域,风廓线雷达的作用更加突出,利用风廓线雷达可以监测大气边界层厚度的变化、推断大气运动的湍流结构、确定风切变的位置高度等,与其他仪器联合探测可以获得更好的预报质量。

6.5.1　锋面天气预报

1990 年 8 月 7 日京津冀地区有一次冷锋过程。从 7 日风廓线图(图 6.16(a))上可以看出,冷锋在 12:00 左右过境,风向由南风转变为西北风,且北风层次逐渐增高,可反映锋面坡度(图 6.16(a) 上的粗虚线)。7 日 11:00 和 12:30 的温度平流廓线图(图 6.16(b))上显示 11:00 1000 m 以下均为暖平流,12:30 1800 m 以下转为冷平流,表明冷锋过境。

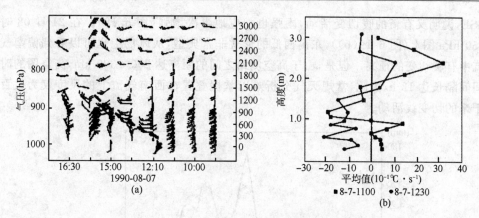

图 6.16　(a)1990 年 8 月 7 日风廓线图(0～3 km)；
(b)1990 年 8 月 7 日 11：00、12：30 温度平流廓线图(0～3 km)

6.5.2　低涡暖切变暴雨预报

1989 年 7 月 21—23 日京津冀地区有一次区域性暴雨过程。从 21 日的风廓线时间剖面图(图 6.17)可见,这次暴雨过程是在对流层下部的偏南基本气流和上部的偏西气流下发生的。厚度达 4～6 km 的偏南气流表明对流层下部为典型的东高西低形势。21 日上午 1500 m 以下为东南风,以上为西南风,表明低层有暖平流,它是产生上升运动和水汽辐合的动力条件。从低层风向的时间变化还可以看到中午以后 1500 m 以下的东南风转变为西南风,说明降水和偏南气流中的暖切变有关。

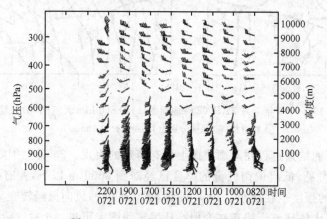

图 6.17　1989 年 7 月 21 日风廓线图

21 日午后降水减弱,但风廓线图上低层 SW 气流不但没有减弱反而增强,厚度也在增加,说明产生降水的环流形势没有改变。到 19 时,1000 m 以下的风向又转为

SSE,说明又有新的暖切变活动,雨强也相应地再次增强(图6.18)。在21日08时850 hPa图上(图6.19(b)),东高西低的形式非常典型,从风场上也可以看到偏南气流中有暖切变的征兆。但是,由于高空测站之间的距离达200~300 km,高空图的时间间隔长达12 h,因此,常规天气分析难以掌握叠置在西南气流上的尺度仅为数百千米的切变线活动。

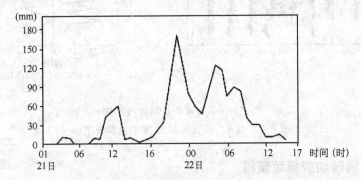

图6.18　1989年7月21—22日北京市各站逐时总降水量(mm)

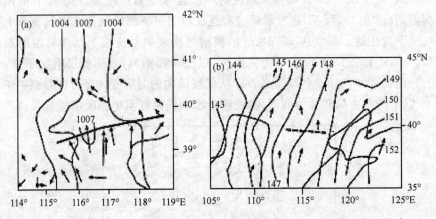

图6.19　1989年7月21日08时地面图(a)和850 hPa天气图(b)矢量长度

[1纬距相当于风速分别为10 m/s(a)和5 m/s(b)]

　　这次暴雨的结束过程在风廓线图上也有清楚的表现。23日上午降水强度很大,但从图6.20可见,低层偏南气流的厚度已经降到3000 m以下,并有持续下降的趋势,低空急流的强度也在减小。2000 m到3000 m间的风向已经转变为西北偏西风,说明有利于降水的环流形势正在变弱。从风廓线图上可见,16时以后地面冷锋和高空槽相继移出本站,这次长达3天的区域性暴雨过程也随之结束。

　　图6.21给出了根据21日08时和19时、23日09时风廓线计算出来的温度平流的垂直廓线。从图中可见,在3个强降水时段前,低层都是暖平流。

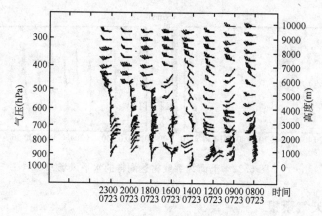

图 6.20　1989 年 7 月 23 日风廓线图

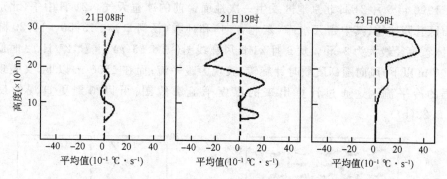

图 6.21　1989 年 7 月 21 日 08 时、19 时和 23 日 09 时温度平流廓线

6.5.3　强对流暴雨预报

研究表明,适度的环境风垂直切变有助于雷暴的传播,组织成持续性雷暴系统,所以也就是雷暴向强雷暴的转换条件。利用风廓线雷达水平风场资料,可以实时监测水平风的垂直切变及切变发展的深度。如图 6.22(a)所示,1999 年 8 月 22 日的局地暴雨过程中,在 2000 m 左右的高度层次上,存在西南风和东北风的水平风垂直切变,而且从 08 时开始,随着低层东北风加强,切变加强,切变层次上升,强对流的发展也达到了最剧烈的程度,这与 08 时开始的上海境内的短时强降水是密不可分的。

国内外研究还表明,产生龙卷风的典型环境场特征之一是水平风随高度强烈顺转,其值从 2.5~4.5 s,可超过 90°。在 1999 年 9 月 6 日上海的暴雨、龙卷风强对流天气过程中(图 6.22(b)),从 02:00 到 06:30,从 1500 m 以下强东南风随高度顺转为偏南风,而且旋转高度很高,超过 2500 m,旋转风速很强,这段时间内上海暴雨如注,奉贤单站累积雨量达 108 mm。06:40 左右,在其下风方,闵行、松江、奉贤、浦东地区遭受中等强度龙卷风的袭击。

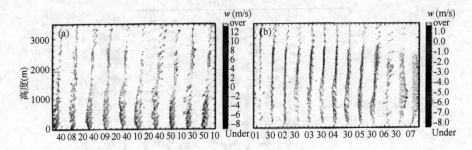

图 6.22　上海风廓线雷达测得的水平风场

6.5.4　冰雹天气预报

　　1990 年 6 月 21 日北京地区发生一次地面锋前的冰雹天气。21 日中午,北京北部山区普降冰雹,其中密云水库(东北方向)和怀柔(汤河口)在 13:50—14:20 降冰雹,冰雹直径最大为 2 cm。从 6 月 21 日风廓线图(图 6.23(a))上看,21 日 12 时低层(1500 m 以下)风向随高度顺时针旋转,表现为暖平流;而在 1500 m 以上,又表现为较强的冷平流。这通过计算出来的温度平流廓线图,可以得到更直观的反映(图 6.23(b))。

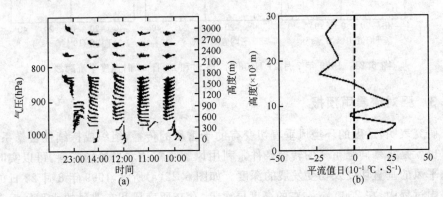

图 6.23　(a)1990 年 6 月 21 日(0～3 km)风廓线图;(b)21 日 12 时(0～3 km)温度平流廓线图

6.5.5　天气过程转折预报

　　图 6.24 是 1990 年 7 月 29—30 日的风廓线图。从图中可以看出,在 29 日 00 时低层为偏东风。虽然白天东风层的厚度发生了增厚—变薄—再增厚的过程,但东风层一直是维持的。而到 29 日傍晚以后,东风层再次变薄,直到 30 日 05 时消失,低层(0～3 km)全部转为西南风。此例中低层东风的变化,反映了一次典型的低层副高由阻挡到东撤的过程。在 29 日 08 时 850 hPa 及 700 hPa 上,北京处在副高西南侧,

为东南风。到 20 时 850 hPa 仍为东南风,而在 700 hPa 由于副高东移,风向已转为偏南风。30 日 08 时副高进一步东移,850 hPa 副高也移到北京以东,北京处在副高西侧,风向转为偏南风;而 700 hPa 上,风向进一步转为西南风。根据天气形势分析,由于低层高压的阻挡,29 日 20 时以前,上游系统暂不会对北京的天气产生影响,只有高压东撤以后上游系统才会影响北京。由于常规高空图的间隔长达 12 h,无法及时判断高压东撤的具体时间,但风廓线图上 29 日 19—21 时低层风向由偏东转偏南,及时地揭示了低层高压已东撤,从而可以预测未来北京天气将转坏。天气实况是 7月 29 日白天多云,夜间有小雨。

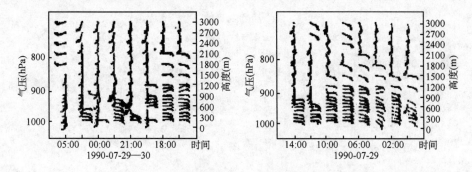

图 6.24　1990 年 7 月 29—30 日风廓线图(0~3 km)

思　考　题

1. 什么是风廓线雷达?

2. 在风廓线雷达运行中,哪些因素会影响数据的获取? 如何保证数据的获取率?

3. 什么是风廓线图? 风廓线图有何作用?

4. 风廓线图上最明显的特征是什么?

参　考　文　献

顾映欣,陶祖钰.1990.UHF 多普勒风廓线资料的应用[M]//短时天气分析和预报手册,内部资料.

顾映欣,陶祖钰.2000.1989—1990 年 UHF 风廓线雷达资料的分析和应用[C]//中尺度气象文集. 北京:气象出版社.

李晨光.2001.风廓线雷达探测在 1998 年南海季风和暴雨研究中的初步应用[D].北京大学硕士学位论文.

刘淑媛,郑永光,陶祖钰.2003.利用风廓线雷达资料分析低空气流的脉动与暴雨关系[J].热带气象学报,**19**(3):285-290.

阮征,葛润生,吴志根.2002.风廓线仪探测降水云体结构方法的研究[J].应用气象学报,**13**(3):
　　330-338.

杨引明,陶祖钰.2003.LAP-3000 边界层风廓线雷达在强对流天气预报中的应用初探[J].成都信
　　息工程学院学报,**18**(2):155-160.

张培昌,杜秉玉,戴铁丕.2001.雷达气象学[M].北京:气象出版社.

章国材,矫梅燕,李延香,等.2007.现代天气预报与方法[M].北京:气象出版社.

John A, Augustine J A, Zisper E J. 1987. The user of wind profilers in a mesoscale experiment[J].
　　Bull. Amer. Meteor. Soc. ,**68**:4-17.

第 7 章 我国天气业务常用数值模式及产品

7.1 数值预报概述

7.1.1 引言

天气、气候现象是地球大气运动的结果,它们受一定的物理定律的支配,如牛顿第二运动定律、质量守恒定律、大气状态方程和热力学第二定律等。这些物理定律可以用一组已知的大气运动控制方程来表达。

大气运动的控制方程组包括流体动力学和热力学方程。描述大气物理定律的数学方程组相当复杂,数学上并无完全正确的解,供我们对未来大气运动的描述,只能透过数值方法来获得近似解。计算机便是用来协助我们用一组有限的数值解来代表大气物理场,从而预报出大气的未来状态(如压、温、湿、风和降水等)。计算机求解的过程叫数值预报,完成这个过程的计算机程序称为数值预报模式。数值解的时空分辨率与计算机资源有关,数值模式的分辨率越高,所得的大气未来状态就越细致,天气预报的准确性就越好,当然,对计算机内存和速度的要求也越高。

事实上,用数值方法预报未来大气运动状态和天气包含两个假定:第一,假定大气运动唯一地受模式方程组支配,即支配大气运动的基本运动规律和所有因素都能唯一客观、合理地反映在模式控制方程组中;第二,能够找到科学、可靠的方法求出模式方程组的唯一解,即大气未来的状态即大气要素场的预报。

发展数值天气预报需要满足 3 个基本条件:

①要有合理,且满足一定精度的数值天气预报模式;

②要有高速运算能力的计算机资源;

③要有有效的多源资料同化技术。

在构建数值预报模式时,由于完整的大气方程组极为复杂,必须对它进行合理的简化,并写成谱或差分格式的动力学框架,以便作数值积分。在这个动力学框架中还必须将内部的各种物理过程进行参数化,以便用实测的观测资料来表示这些过程。

由于实际初始条件(气象要素场)来源多种观测资料且包含多种误差,所以必须通过资料的质量控制和四维同化进行初值处理,以尽量消除各种误差,使初值在动力学上与框架相适应,否则初始误差会在积分过程中迅速放大,以致破坏积分结果。边界条件则是描述外部强迫对大气过程的影响,通常被写成相应的方程。所以,一个完整的数值预报模式必须包括动力框架、初值处理和物理过程参数化方案以及描写边界条件的方程4部分。

就目前而言,数值模式仍无法做到精确描述大气运动的所有特征。由于模式及观测的缺陷,如观测误差、数值求解误差和物理过程参数化的不合理等,使得数值天气预报的结果仍然存在着一定的误差,有些误差在一定的时空范围内还是很大的。数值预报模式还需要气象学家一代接着一代地不懈努力加以改进和完善。

7.1.2　数值预报发展史

数值天气预报是公认的20世纪最伟大的科学成就之一,也是50年来气象科学中最活跃、发展最迅速的一个分支。特别是近20年来,数值预报取得了飞跃进展。目前数值预报产品的可参考时效已经超过一周(ECMWF预报15天)。预报员制作1~3天的预报越来越依赖数值预报,原因是数值模式的形势预报已达到或超过有经验预报员的水平。

早在20世纪初挪威锋面气旋学派的创始人,著名气象学家皮叶克尼斯(V. Bjerknes)就提出了数值预报的思想。他设想通过数学物理方法求解大气运动的基本方程组,使天气预报从主观到客观,从定性到定量。

英国科学家里查逊(L. F. Richardson)对皮叶克尼斯的思想进行了勇敢的尝试,他于1921年组织大量人力,利用滑动式计算尺,耗时1个月作出世界上第一张6 h欧洲地面气压数值预报图。虽然计算结果无论在时效和精度上都是毫无意义的,因为里查逊计算得到的6 h变压是145 hPa,实况却是气压变化不大。但是,该项工作实现了人类第一次用数学方法计算未来天气的伟大创举。里查逊遇到了计算量大的难题,虽然他用的只是一个非常简单的模型,但计算量之巨大,如果要一个人承担的话,需要175年昼夜不停地工作才能完成。因此,里查逊的工作因为缺乏计算能力不得不于20世纪30年代被迫搁置。里查逊曾估计,为赶上天气变化的步伐,作24 h预报需要6.4万人无差错地紧张计算才行。所以,再简单的数值预报模型,也必须依靠计算机才能实现在精度和时效上均有意义的求解。

20世纪40年代末美国制造出第一台ENIAC电子计算机。1950年气象学家恰尼(J. G. Charney)、冯·诺曼(Von Neumann)等根据实际观测资料和准地转一层模式,利用ENIAC电子计算机制作出了500 hPa 24 h的预报,预报场和实况场相关系数达0.75,数值天气预报首次获得成功;20世纪60年代正压原始方程模式投入业务使用；20 世纪 70 年代更加复杂的物理过程（如积云对流、水汽相变过程、边界层水汽、热量和动量湍流输送和大气辐射等非绝热过程）被引入模式方程组，气象学家还开发了斜压原始方程模式并投入业务使用。20 世纪 80 年代更高分辨率的全球谱模式和多重嵌套中尺度模式投入业务使用，这期间模式的物理过程更加细致，边界层过程、地形、海—气、陆—气相互作用更加合理、周到。随着超级计算机、大规模并行处理技术和互联网的问世和发展，以及探测技术、新计算方法和地球科学本身的进步，业务化数值天气预报走上了一条不断发展的轨道。特别是近十年来，变分资料同化技术的应用和卫星遥感资料的使用，发达国家数值天气预报的水平又上了一个新台阶。现在，数值预报已被人们所普遍认可，而且成为现代气象预报业务的基础和提高准确率与服务水平的最根本科学途径。以数值预报技术为基础，结合其他方法建立起来的现代综合气象预报系统，已成为气象工作者进行天气、气候分析和预报、预测的重要且有效的手段。

　　与发达国家相比，我国的业务数值预报起步较晚。1956 年我国中央气象局气象科学研究所成立了由著名的气象学家顾震潮主持下的数值预报研制小组，并于 1959 年将研制的第一张正压模式的欧亚形势预报图向新中国成立 10 周年献礼。1961 年提升为北半球模式，1969—1978 年运用平均运算速度为 6 万次/s 的 DJS6 计算机，运行三层原始方程模式（A 模式），制作 72 h 短期形势预报。1982 年根据全国灾害性天气预报服务工作会议上重点发展数值预报，逐步实现天气预报客观、定量的精神，中国的数值预报以前所未有的速度迅猛地发展起来。1981—1982 年在百万次速度的 M170 机上先后建立了分辨率为 381 km、5 层原始方程的半球预报模式（B 模式）和分辨率小于 200 km、垂直层次为 15 层的亚洲有限区域模式数值预报系统。而后，又引进 ECMWF 预报模式，分别于 1990 年、1992 年和 1997 年建立了 T42 半球、T63 全球和 T106 全球预报模式。自从 1999 年峰值速度为 760 亿的 SP 并行机在国家气象中心计算机大厅落户后，我国数值预报工作者将并行算法的全球 T213 谱模式在 2002 年 3 月实现了业务化运行。

　　基于数值预报在气象业务服务中的基础性作用以及数值模式在大气与地球科学研究中的重要地位，自主发展我国的数值天气预报系统成为世纪之交我国大气科学界高度关注的一个热点。2001 年中国气象局把数值预报系统创新技术的发展列为气象科技创新的最重要项目之一，组织了数值预报技术创新的专门队伍与机构。同时，国家科技部在"十五"国家重点科技攻关计划中启动了"中国气象数值预报系统技术创新研究"项目，开始自主研究开发我国新一代全球/区域同化预报系统（GRAPES，Global/Regional Assimilation Prediction System），GRAPES 模式从 2009 年 5 月开始业务化运行。

　　经过五年的联合攻关，中国气象局科研人员对全球资料（特别是卫星资料）三维变分同化和全球谱模式 T213L31 升级为 T639L60 的研发工作也取得重大进展。2006 年开展业务试验,2008 年投入了业务运行,该项工作在开发符合我国天气实际情况的物理过程等方面取得了实质性进展。

目前,我国已初步建立了由全球中期天气预报模式、中尺度数值天气预报模式、全球集合预报系统、热带气旋路径数值预报模式、沙尘暴数值模式、紫外线、海浪以及污染物扩散传输模式等组成的较完整的数值天气预报业务体系(图 7.1)。

国家气象中心目前的数值预报水平进入国际先进行列,其标准为:

①完成了全球业务数值预报模式 T213 到 T639 的升级,模式水平分辨率达到了 30 km,垂直分辨率提高到了 60 层,可用预报时效已达到 7 天。

②我国自主发展的全球数值预报模式 GRAPES-GFS1.0 投入了业务化运行。

③覆盖全国范围的 GRAPES 区域数值天气预报水平分辨率精细化到 15 km。

④2010 年成立了国家数值预报中心,集中国内外精英从事数值天气预报系统的研究和发展,必将大大提高我国数值天气预报业务的水平,缩短与世界领先水平的差距。

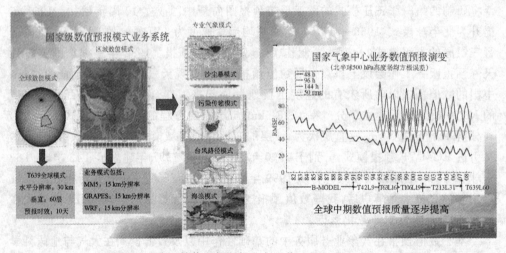

图 7.1　我国数值天气预报业务现状(图源:国家气象中心)

7.1.3　数值预报的科学基础

20 世纪 20—50 年代,气象工作者进行了大量的探索,逐渐从一般流体运动中认识到大气运动独特的物理机制,建立了较为完整的理论体系,为开展数值天气预报奠定了科学基础。在这 30 多年中,与数值天气预报相关的重大科学技术在如下 3 个方面取得了进展。

7.1.3.1　大气探测技术的发展

20 世纪 30 年代初,无线电探空仪有了广泛的应用。人们可以获得高空各层气象要素,甚至绘制高空天气图,范围也扩展到洲际,从而发现许多重要的事实,如在大气平均高度 5500 m(500 hPa)上,盛行偏西风气流,在它的上面叠加着波长为4000~5000 km 的大型波动(长波)。长波又在一定程度上联系着地面天气图上的气旋波动。高空天气图的绘制使人们认识了半球范围的大尺度运动特征与规律。

7.1.3.2　长波理论的提出

在分析高空长波运动的基础上,罗斯贝建立了长波理论,这是气象学史上第一个成功的动力学模式。长波满足准地转平衡原理,按照涡度守恒原理在高空运行。这个异常简化的模式却抓住了复杂的大气运动的主要物理机制,而且符合客观大气实际的变化过程,具有很大的实践指导意义。它不但为传统的天气图预报方法提供了可应用的理论知识,也为数值预报打下了坚实的物理基础。

7.1.3.3　计算数学和计算技术的发展

动力学模式的控制方程组决定之后,接下来是如何从数学上求解,并使计算的速度大大超过天气变化的速度。由于大气运动最简单的模式是非线性的,它只能用数值方法求解,这就会出现一系列的计算方法问题,特别是计算的稳定性问题。1928年,数学界得到了著名的保持差分计算的稳定性条件。根据该条件,外推的时间步长必须小于波动通过空间格距所需要的时间,因此数值模式求解的计算量很大。40 年代后期,计算条件有了很大的发展,使数值预报的梦想得以实现。

7.1.4　数值预报方法

数值预报的方法主要涉及数值模式和资料处理两个方面。

7.1.4.1　模式

模式是数值预报的主角。简单说来,模式就是处理和运算天气信息的数学物理方案。这种方案首先包括预报方程及其定解条件(如初始条件和边界条件);其次是解方程的数学方法。在求解数值解时需要设计一定的水平网格和合理的空间层次。这些内容的整体就称为模式。

数值预报的模式有上百种,但是按照所使用的微分方程组,可以大体分为地转模式、平衡模式和原始方程模式 3 大类。

(1)准地转模式

分为一层模式和斜压模式。前者是用 500 hPa 代表大气的平均层,在该层上绝对涡度守恒。天气尺度系统的运动基本上是一种水平运动。高压、反气旋等为负涡度，低压、气旋等则为正涡度。它们在移动时保持涡度守恒。模式利用计算他们的移动来估计未来天气的发展。实践证明，地转一层模式不但能报出系统的移动和变化，有些环流的演变和槽脊的生消也可以计算出来。因为尽管绝对涡度守恒，但其两个分量（切变涡度和曲率涡度）之间可以相互转换。如切变涡度转化为曲率涡度，则涡旋系统加强，西风气流减弱，或者在西风带中会出现槽脊的新生；反之，当曲率涡度向切变涡度转换时，则西风气流（或急流）加强，涡旋系统就会减弱。但是，这种变化只是实际大气变化的很小一部分，它不能很好地描述大气的复杂变化，特别是在天气剧烈变化时，往往预报的准确性就较差。

要改进预报性能，就要进一步扩展到多层模式的预报。这就是要考虑大气的上下层之间的关系以及辐散、辐合的作用，也就是大气斜压性在天气变化中的作用。其实质是空气块在运动过程中其绝对涡度随时间的变化与该气块的辐散、辐合有关。因此，在方程中保留了辐散项。这个方案比仅用 500 hPa 平均层作预报提高了一步。

（2）平衡模式

地转模式往往存在一些系统性误差。如低压的移动方向偏北，副热带高压出现虚假的增强等。因此，气象工作者考虑非地转运动对大尺度天气过程的影响，就产生了所谓平衡模式。也即在散度方程中略去与散度有关的项，保留了除地转关系以外的其他项，这就是平衡方程。它反映了在无辐散情况下风场与气压场的关系，比地转关系更进了一步。由于风场与气压场是平衡的，因此也除去了"气象噪音"。

由于实际大气并不是严格无辐散的，所以人们只用平衡方程代替地转关系，方程组仍用涡度方程和热力学方程，这样就在无辐散条件下得到了斜压平衡模式。

但是，改进了的平衡模式仍存在许多缺陷和计算上的困难，求解过于复杂，在实际业务预报中，实行起来比较困难。因此，在实际业务中较少直接应用平衡模式，而只是用它去求原始方程的初始场，使模式的初始风压场满足平衡关系。

（3）原始方程模式

地转模式的地转近似是不够精确的，而平衡模式又遇到数学上的许多困难。在20世纪50年代末，提出了所谓原始方程模式，即应用原始的大气动力学、热力学方程组来进行预报。鉴于理查逊失败的教训，在积分原始方程时须克服方程中包含的快波的干扰。快波振幅的快速增长，会扰乱整个预报的结果。人们必须想办法来抑制快波的生长，只有这样，才能抓住大尺度运动的主要特征。

原始方程模式的预报方程都是非线性的，只能近似地求数组解。最常用的就是差分方法，即把方程转变到一组离散的空间和时间点上，并用差分运算代替微分运算。在一定的空间网格点上给出某一初始时刻的要素值，再按一定的时间步长，一步一步地计算下去，直到算出预报时刻的气象场为止。

7.1.4.2　气象资料与数值预报

有了预报模式和电子计算机还不能作预报,还需要作为初始场的气象资料。在数值预报中如何使用气象资料是一个很大的问题。随着气象观测手段的发展和现代化,气象资料的数量增多,品种增加。有常规站点的观测,也有非定点的观测。如海洋观测,飞机报告及卫星、雷达观测等。有定时观测,也有非定时观测。如何把这些不规则的资料放到模式所设定的网格点上去,这就需要进行必要的处理。这就涉及多源资料客观分析和四维同化技术。

(1)客观分析

对于模式所设定的每个网格点,电子计算机都可以找出它周围的测站资料,用一定的数学公式,推算出格点上气象要素近似的值,这就是客观分析的主要特点。究竟周围取多少测站,以及用什么样的数学公式,不同的客观分析方法有不同的处理方法,并且有几条必须遵循的准则。首先是要考虑各个测站与所要分析格点之间的距离,仿照预报员绘图的经验,对距离近的资料要多考虑一些,即权重要大些;其次是要考虑测站的密度、气流的方向以及气象要素本身的性质等。根据这些准则,人们提出了各种客观分析的方法,大体上有 3 大类,即多项式法、逐次订正法和最优插值法。

分析出各网格点上的各个气象要素值(如风向、风速、气压、温度等)后,还要进行适当的调整,使它们之间满足一定的物理关系,消除它们之间可能出现的矛盾。对于一些缺少测站的地区,可以用卫星资料或飞机报告来补充,也可以使用上一个时刻数值预报的结果。此外,根据物理规律,从周围的测站资料去推算缺测地区的情况也是可行的。

客观分析达到的精确度远比主观分析要高。它不仅把主观分析的工作做得又快又好,而且还可以用计算机完成人工难以完成的工作。如自动分析垂直速度场、绘制垂直剖面等。

总之,客观分析不仅与数值预报工作密切相关,其本身的结果也可以用于对实际天气的分析和研究,是气象预报现代化工作的一个重要环节。

(2)初值化和四维同化

客观分析所获得的格点上的气象资料,它们之间是各自独立地进行插值的。对于使用原始方程组进行数值预报,各个气象要素之间必须进行协调,这就是初值化。初值化中简单的协调方法有地转风关系、地转无辐散、平衡方程等,也可以采用变分进行协调。

客观分析的工作是在三维空间进行的。对于非定时观测的气象资料,如气象卫星资料、雷达资料、飞机报告及海上的船舶报告等的资料就要进行特殊的处理。也就是说,客观分析不再是三维,而是加上了时间这一维,形成了四维同化。四维同化就是把各个不同时刻、不同观测设备获得的观测资料,纳入统一的分析预报中来,使各个气象要素自然满足所要求的协调条件。

在分析某一时刻的天气实况时,除了利用本时刻的气象资料外,还要利用邻近时刻的观测资料所做的预报结果。在向前作预报时,每作几十分钟,就会遇到新的观测资料,就必须用这些新资料对这几十分钟的预报结果进行修正,称之为资料更新。

目前,由于观测误差还比较大,所以在实际业务工作中,只要每天进行 4 次定时的客观分析,每相邻两时次的客观分析之间相隔 6 h。这样就可以把前后 3 h 之间的各种非定时的观测资料,都算作中间这个时刻的观测资料,而进行定时的三维空间的客观分析。这就是目前大多数国家业务工作中实际应用的情况。

7.1.5　数值预报的发展和应用

数值预报发展几十年来,已取得了十分可喜的成绩。它已是天气预报的一个十分重要的手段,为天气预报开辟了一个十分广阔的前景。具体表现在以下几个方面:首先,采用的步长越来越细。水平网格一般在几十千米甚至几千米,还采用大小网格嵌套,以解决中尺度系统的预报问题。垂直方向的分辨率也越来越高,分层达几十层。其次,考虑的物理因子越来越复杂。不仅考虑地形、摩擦等动力因素,还考虑各种非绝热过程,如感热、潜热、辐射、雪盖等。此外,还有蒸发、凝结等水汽过程。第三,使用的资料越来越多。目前可以把高低空资料以及飞机、船舶、卫星、雷达等非定时资料通过四维同化,分析到一个瞬时来使用。最后,自动化程度越来越高。用大型电子计算机实现从资料收集、分析、预报,到快速传递预报全过程。充分发挥了电子计算机速度快、容量大的优越性。

近几十年来,数值预报的准确率不断提高。不仅能作 24 h 的数值预报,而且逐渐开展了中期数值预报的业务。目前不少国家已有 1 周以内的数值预报服务,欧洲中期天气预报中心已开始提供 15 天预报产品。许多国家还很重视数值业务预报的总结评分工作。我国的数值预报工作无论是在理论和实践两方面都有很大的提高。业务数值预报工作已在全国各中心气象台广泛开展。除了短期的数值预报业务外,我国已成为世界上为数不多的开展中期数值预报业务的国家之一。数值预报业务在实际工作和为国民经济服务中起了不可忽视的重要作用。

7.2　我国常用国外数值模式及产品

7.2.1　欧洲中期数值预报模式简介

欧洲中期天气预报中心(简称 ECMWF)主要提供全球 15 天的中期数值预报产

品。各成员国通过专用的区域气象数据通信网络得到这些产品,同时,ECMWF 也通过由世界气象组织(WMO)维护的全球通信网络向世界各国发送部分常用的中期数值预报产品。

7.2.1.1　ECMWF 中期数值预报模式现状

ECMWF 中期数值预报系统包括资料同化系统、高分辨率确定性预报模式系统、模式系统。

(1)资料同化系统

四维变分同化系统中的正演模式为全物理过程非线性模式 T1279L130(15 km,130 层)。非线性模式考虑了湿物理过程。下降算法采用共轭梯度法,模式变量为地面气压、温度、风、比湿、臭氧等。内外循环,其中外循环为 T1279L130,内循环采用三重极小化迭代(T159-T255-T1279)。ECMWF 开发的大气辐射传输模式 RT-TOV,具有模拟计算目前已知的、几乎所有的气象卫星资料的能力,并不断完善。对所有卫星资料采用变分偏差订正技术。模式中增加了云和降水同化、水汽资料应用技术、地面资料应用技术。

欧洲中心卫星资料应用技术和能力是世界领先的。目前,已知的卫星资料绝大部分都已应用到数值预报中。据估计,现在数值预报所使用的资料中,卫星资料类型已达 50 种(图 7.2),数量达到卫星资料的 95%,包括极轨卫星 NOAA,METOP,AQUA 的 ATOVS 辐射率,高光谱 YASI,AIRS 辐射率,静止卫星(GOES,GMS,FY-2C)辐射率,云导风,GPS 水汽和掩星资料等,几乎涵盖所有可以得到的资料。

(2)数值预报模式系统

2010 年 ECMWF 的高分辨率确定性业务系统模式为 T1279L130(15 km,130 层)全球谱模式。该模式每日两次预报,有效预报时段为 10 天,延伸预报为 15 天。ECMWF 未来计划在资料同化方面,研究长时间窗的四维变分方法,该方法将涉及海冰区域、陆地、云区和雨区的卫星资料在模式中的应用;湿物理过程;高分辨率的陆表模式;大气化学模式及资料再分析技术等。

7.2.1.2　ECMWF 中期预报数值模式主要功能

(1)资料获取

气象资料的获取是数值预报的重要基础,ECMWF 从英国布拉克内尔区域通讯中心获取资料,它是以世界气象组织的编码格式通过全球通讯系统(GTS)发送的。这就意味着,欧洲中期天气预报中心能够接收列入全球通讯系统进行全球交换的全部气象资料,并作为模式全球分析的输入资料,也能利用大量区域交换的常规、非常规加密区域气象资料,丰富的资料数据是 ECMWF 模式水平位居世界领先的原因之一。

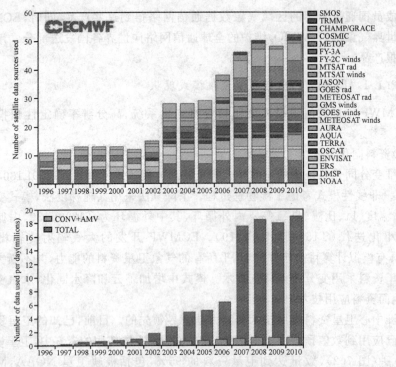

图 7.2　1996 年以来被数值预报同化系统所吸纳的卫星资料类型（源自：ECMWF）

（2）资料预处理

ECMWF 数值模式预处理子系统包括对已接收的观测资料进行译码、检验和质量控制、贮存这些资料的数据库及从数据库中提取分析方案所需的资料。对于世界气象组织编报格式的所有气象资料，ECMWF 数值模式均利用法国气象局开发的程序对其进行检验和译码。而气象资料质量控制，欧洲中心数值模式则采用瑞典气象水文研究所研制的方法和程序进行。这些气象资料分析处理方法均是国际领先技术水平。

ECMWF 数值模式用到如下 7 种不同类型的气象报告，其数据类型所用的检验和质量控制方法如下：

1）地面（陆地测站地面天气报告、海洋站地面天气报告、船舶地面天气报告、自动陆地测站地面天气报告）

①对气压、风向、风速、气温、露点、海面温度进行气候极值检验。

②对风向、风速、气温、露点、气压倾向、能见度、现在天气和所有云资料进行内部一致性检验。

2）大气（飞机高空报告、明语形式的飞机报告、定高气球报告）

①对气压、高度和风向进行气候极值检查。

②对温度和风速进行气候极值检查,气候极值由气压或高度决定。

3)卫星观测的地面温度、风、云、辐射报告

①对地面温度、云高、气压、风向进行气候极值检查。

②对温度、风速进行气候极值检查,气候极值由气压决定。

4)海洋(浮标观测报告、深水温度观测报告、海洋测站温度、盐度和海流报告)

①对地面气压、风向、气温、海面温度进行气候极值检查。

②对深水温度、盐度和海流进行历史极值检查。

5)陆地站、海洋站和下投式探空仪的高层气压、温度、湿度和风的报告

①对地面气压、地面温度、地面风速进行气候极值检查。

②对高层大气温度和风速进行气候极值检查,极值由气压或高度决定。

③标准层和重要层次的温度递减率检验。

④由重要层次资料返算标准层资料并且同已接收的标准层资料进行比较,为遗漏或错误资料提供替代资料。

⑤标准层资料进行静力学检验,为遗漏或错误资料提供替代资料。

⑥对标准层之间的风速切变和风向切变进行气候极值检查,极值由气压决定。

6)陆地测站高空风报告、海洋站高空风报告

①对高层大气风速进行气候极值检查,极值由气压或高度决定。

②对标准层之间风速切变和风向切变进行气候极值检查,极值由气压决定。

7)卫星观测的垂直温度廓线

①对地面温度、云顶气压、云量、对流层顶气压、基准气压、参考气压进行气候极值检查。

②对对流层顶温度进行气候极值检查,极值由对流层顶气压决定。

③对平均温度和两个气压层之间的降水进行气候极值检查,极值由基准和参考气压决定。

④对两个标准层之间厚度进行气候极值检查,极值由基准气压和参考气压决定。

(3)处理后资料分析

ECMWF 预报系统其业务基本方案:第一步同化资料。用 6 h 间隔同化每个观测时间(即 00 时、06 时、12 时、18 时)前后 3 h 内的所有资料并对这些资料进行分析,然后根据风以及重力位势的观测值减去预报值之差,用三维多变量最优插值法制作风和重力位势的客观分析。用三维插值和订正法分析湿度。采用类似的二维方案分析海面温度。第二步初值化。为消除大尺度重力波使用非线性正交波形的初值化方法。

(4)短、中期天气预报

现有(2011 年)ECMWF 的中期数值预报业务系统是 T1279L130 预报模式,其垂直分层为 130 层,水平分辨率为 15 km,同化方案是 4D VAR/ENKF。预报从当天

12 时或 18 时的分析场和初值化场开始,然后继续运算直到作出 10 天的预报。每 6 h 形成一个保存所有预报结果的文件并将文件传送给后处理模块。

(5)后处理和发布预报产品

后处理过程是接收分析和预报产生的各种场的业务过程,并且把资料进行适当改变便于后续所用。这个阶段要处理大量的资料。业务上,每天对四个观测时刻(前一天 18 时、00 时、06 时、12 时,也可能有当天 18 时)都进行分析,并且在每 6 h 时间间隔都作 10 天预报。ECMWF 预报产品的内容及单位标注见表 7.1 和表 7.2。

(6)我国常用的 ECMWF 预报产品

在我国,ECMWF 数值预报产品由国家气象中心以 grib 码格式(早期以 grid 码格式)通过 9210 通信系统下传,单个 grib 文件存放的数据区域为 90°×90°经纬度,分辨率为 2.5°×2.5°。所有 grib 文件经 gzip 压缩后,大小为 1.2 M(08 时)和 2.5 M(20 时)。ECMWF 数值预报产品的查询方式有 GrADS 方式和 MICAPS 方式两种。

1)GrADS 方式查询。系统首先通过提交的区域、要素、层次、时效等参数合成 grib 文件名,再通过解压缩来匹配 grib 文件、生成相应的 GrADS CTL 描述文件、生成相应脚本、调用 GrADS 绘图输出,实现调用查询。这种方式将产生较多的临时文件。另外,由于是根据用户提交的参数来合成 grib 文件名,若用户对 ECMWF 产品不熟悉,则很可能会导致提交了不适宜的参数,以致于不能合成正确的 ECMWF 产品文件名。

2)MICAPS 方式查询。系统在后台直接解析 gzip 压缩包结构,按"区域/要素/层次/时效"形成文件列表。出图时,根据提交的 grib 文件名自动地从压缩包读取和解析该 grib 文件,并采用基于三角形网格的等值线绘制技术,进行等值线的插值、追踪,以 MICAPS 1.0 的经典风格直接在 WEB 页面出图,没有任何临时文件的生成。同时,由于所提交的 grib 文件名直接从压缩包中得到,因此,不会出现以 GrADS 方式查询时文件名不匹配的情况。

表 7.1 我国常用 ECMWF 模式预报产品表

资料类型	要素	层次
格点资料	高度	地面、500 hPa
	温度	850 hPa
	风场	200,500,700,850 hPa
	湿度	700,850 hPa
	变温	850 hPa
	变压	700 hPa

续表

资料类型	要素	层次
热带	气压	地面
	高度	500 hPa
	风场	200,700,850 hPa
全球	高度场	500 hPa
	气压场	地面
	10 m 风场	
南半球	高度场	500 hPa
	气压场	地面
	温度场	850 hPa
	风场	200,500,700,850 hPa
	10 m 风场	
北半球	10 m 风场	
细网格	高度	200,500,850 hPa
	相对湿度	200,500,850 hPa
	温度	200,500,850 hPa
	风场	200,500,850 hPa
	2 m 露点	
	2 m 温度	
	2 m 温度(全球)	
	10 m 风场	
降水	3,6,12,24 h 及累计	地面

表 7.2　ECMWF 数值预报图主要内容的单位、等值线间隔和中心符号

物理量名称	单位	意义	线条间隔	中心符号
2 m 温度	℃	摄氏度	4	L 冷,N 暖
温度	℃	摄氏度	4	L 冷,N 暖
变温	℃	摄氏度	4	D 大,X 小
露点温度	℃	摄氏度	4	D 大,X 小
2 m 露点	℃	摄氏度	4	D 大,X 小
相对湿度	%	百分比	8	D 大,X 小
10 m 风速	m/s	米/秒	2	D 大,X 小
风场	m/s	米/秒	2	D 大,X 小
涡度	(12Z)1.0E-6/s	1.0×10^{-6}/秒	10(12Z)	+正,−负
	(00Z)1.0E-5/s	1.0×10^{-5}/秒	5(00Z)	

续表

物理量名称	单位	意义	线条间隔	中心符号
垂直速度	(12Z)1.0E—5 hPa/s (00Z)1.0E—4 hPa/s	$1.0×10^{-5}$百帕/秒 $1.0×10^{-4}$百帕/秒	（<100）25（12Z） （>100）100（12Z） 15（00Z）	＋正，一负
降水(3,6,12, 24 h及累计)	mm	毫米	常规,(1,10,25,50…)	＋正，一负
高空图	gpm	位势米	常规	H 高,L 低
地面图	hPa	百帕	常规	H 高,L 低
变压	hPa	百帕	常规	＋正，一负

7.2.1.3　ECMWF 产品图例

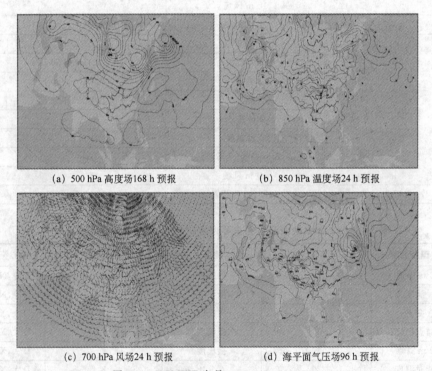

(a) 500 hPa 高度场168 h 预报　　　　(b) 850 hPa 温度场24 h 预报

(c) 700 hPa 风场24 h 预报　　　　(d) 海平面气压场96 h 预报

图 7.3　ECMWF 产品(源自:MICAPS 系统)

7.2.2　日本气象厅业务数值预报系统

日本气象厅(JMA)现有确定性模式系统和集合预报系统;确定性业务模式主要为 T959L60 全球谱模式(GSM)和中尺度模式(MSM),集合预报系统为台风集合预报模式和 7 天集合预报模式。其中,全球业务模式 T959L60 全球谱模式在业务分析预报系统中起主要作用:①发布 2～7 天大尺度流型预报、区域要素预报和台风路径预报等;②中尺度细网格模式提供随着时间变化的边界条件;③为分析提供初始猜测场。中尺度模式主要作用是发布防灾减灾的短时和短期天气预报。

7.2.2.1 日本气象厅数值预报中心数值天气预报模式

日本气象厅数值预报中心当前所使用的数值预报模式如表 7.3 所示:

表 7.3 日本气象厅数值预报中心数值天气预报模式

	全球谱模式(GSM)	中尺度模式(MSM)	周集合预报	台风集合预报
目标	中、短期预报	减灾、短期预报	周预报	台风预报
预报范围	全球	日本及周边 (3600 km×2880 km)	全球	
水平分辨率	$T_L959(0.1875°)$	5 km	$T_L319(0.5625°)$	
垂直层数/顶层	60 0.1 hPa	50 21800 m	60 0.1 hPa	
预报时效 (起始时刻)	84 h (00,06,18 UTC) 216 h (12 UTC)	15 h (00,06,12,18 UTC) 33 h (03,09,15,21 UTC)	216 h (12 UTC) 51 个成员	132 h (00,06,12,18 UTC) 11 个成员
起始条件	全球分析 (四维变分)	中尺度分析 (四维变分)	带有集合扰动全球分析 扰动由 SV-方法生成	

(1)确定性模式系统

如图 7.4 所示。

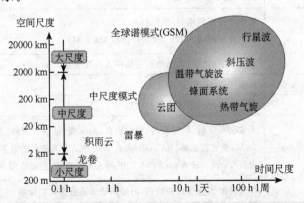

图 7.4 确定性模式系统示意图(大圈内表示 GSM 系统所预报的天气系统,小圈内代表中尺度模式所预报的系统)(源自:Masakazu HIGAKI)

（2）集合预报系统

如图7.5所示。

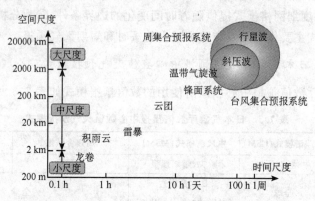

图7.5　集合预报系统示意图（大圈内表示周集合预报系统所预报的天气系统，
小圈内代表台风集合预报系统所预报的系统）（源自：Masakazu HIGAKI）

7.2.2.2　日本气象厅数值天气预报模式基本框架和物理过程

（1）客观分析系统

如表7.4所示。

表7.4　客观分析系统

截止时间（cutoff time）	2 h 20 m 每天在世界时 00 时、06 时、12 时、18 时进行初始分析 11 h 35 m 每天在世界时 00 时、12 时进行循环分析 5 h 35 m 每天在世界时 06 时、18 时进行循环分析
初估场	GSM 的 6 h 预报场
格点形式和分辨率	缩小的高斯网格，外层网格是 0.1875° 标准高斯网格，0.75°，内层网格数 480×240
层次	垂直分层 60 层（包括地面层），模式顶气压 0.1 hPa
分析变量	地面气压、温度、风和比湿
方法	在模式层次上用四维变分方法
所用资料	天气预报资料、船舶资料、浮标资料、温度资料、航空资料、风廓线，AIREP，SA-TEM，垂直探测器，SATOB，来自 QuikSCAT 卫星上的散射仪的地面风资料和来自 Terra and Aqua 的 MODIS 的风资料格式；台风应用分析资料
初始场	非线性的数值模式初始场，内层网格为垂直模式初始场

（2）数值分析和预报系统（NAPS）流程

日本气象厅的数值分析和预报系统（NAPS）流程包括观测、分析、预报和应用。现在观测资料来源主要是地表观测、探空、卫星探测、雷达探测、飞机和船舶观测等，得到观测资料后，进行解码、质量控制，并利用四维变分同化把资料运用到数值预报模式中去，第三步是用数值预报模式进行预报，对数值预报结果进行统计修正并制作图形，最后给出数值预报结果，具体流程如图 7.6 所示。

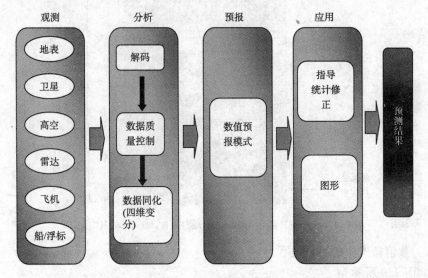

图 7.6　日本气象厅的数值分析和预报系统（NAPS）流程图（源自：Masakazu HIGAKI）

（3）业务化模式的地形

高分辨率的模式能够更好地捕获地形，进而能更真实地预测地表参数，如温度和风场。

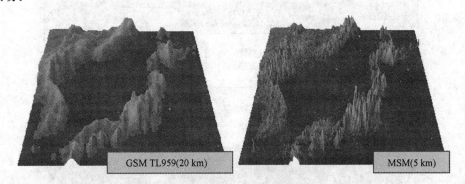

图 7.7　两种不同分辨率的模式地形（源自：Masakazu　HIGAKI）

（4）全球谱模式的 Sigma-P 混合垂直分层

如图 7.8 所示。

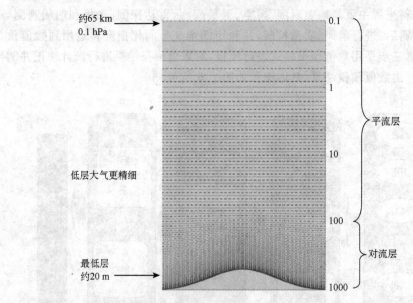

图 7.8　Sigma-P 混合坐标垂直分层（源自：Masakazu HIGAKI）

（5）数值模式中的物理过程

如图 7.9 所示。

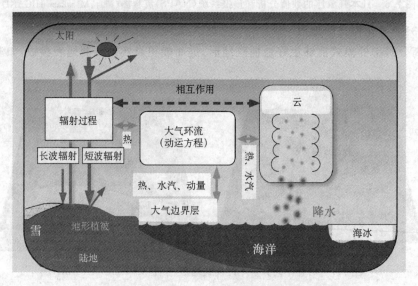

图 7.9　大气模式物理过程示意图（源自：Masakazu　HIGAKI）

(6)模式物理属性

重力波拖曳——地形重力波拖曳；

辐射——短波和长波辐射；

对流——浅对流、深对流；

云的形成——云水容量预报；

降水——由小云滴转换并由积雨云溢出而成；

垂直边界层——动量、热量和水汽的垂直混合；

考虑海冰、雪盖等地标特征；

地表通量——辐射通量和湍流通量；

陆面过程——简单的 Biosphere(SiB)模式。

(7)模式中的物理过程参数化

次网格现象：如图 7.10 所示。

当云、湍流等物理现象的尺度小于模式网格距时，数值模式就很难把它反映出来。因此，扰动只能用网格平均值来计算。参数化就可以被用于估算这种网格现象所产生的效应。

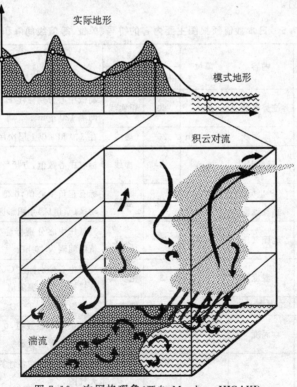

图 7.10　次网格现象(源自：Masakazu HIGAKI)

（8）模式初始场的制作

由图 7.11 所示：利用初估场和观测场合成作为模式的初始场，初估场是前一个时次的预报场，初始场的质量与预报精度密切相关。

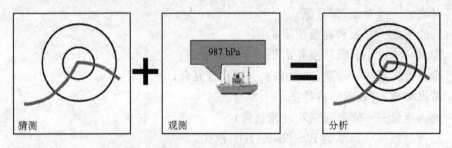

猜测　　　　　　　　　　观测　　　　　　　　　　分析

图 7.11　模式初始场制作过程示意图（源自：Masakazu HIGAKI）

7.2.2.3　日本数值模式预报产品识别、产品及图例

（1）数值预报图的识别

表 7.5 给出日本数值预报图上的主要内容所用的符号、单位、等值线的间隔和形状，以及相关说明。

表 7.5　日本数值预报图主要内容的符号、单位、等值线间隔和形状

符号	内容	单位	等值线		说明
			间隔	形状	
HEIGHT(M)	位势高度	gpm	60	粗实线	高低中心分别标注 H,L；300 hPa 以上层次间隔 120 gpm
ISOTRCH(KT)	等风速线	n mile/h	20	虚线	在 300 hPa 以上层次用
PRECIP(MM) （24～36）	降水量	mm	5	虚线	标有中心数值，方括号内表示出预报时段
P-VEL(hPa/H)	P 坐标 垂直速度	hPa/h	10	虚线	标有正负中心值，0 值线用细实线，上升运动区（负值区）用阴影区表示
SURFACE PRESS(hPa)	地面气压	hPa	4	实线	高低压中心分别标注 H,L；北半球图上等值线间隔为 10 hPa
TEMP(C)	温度	℃	3	粗实线	冷暖中心分别标注 C,W；300 hPa 以上层次直接标出各点温度值
T-TD(C)	温度露点差	℃	6	细实线	以阴影区表示 T-TD≤3℃区
VORT(10^{-6}/SEC)	涡度	10^{-6}/s	20	虚线	标有正负中心数值，0 值线用细实线，正涡度区用阴影区表示
WIND ARROW	风矢				直接用羽矢填在各计算格点上，规定同常规天气图

（2）日本模式预报产品和图例

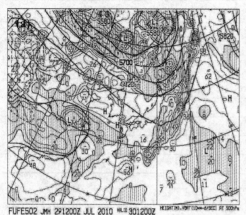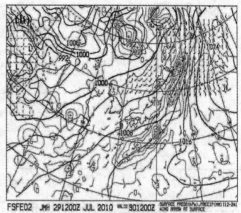

图 7.12　日本传真 2010 年 7 月 29 日 20 时起报,24 h 预报:500 hPa 高度场和涡度场(a);
日本传真 2010 年 7 月 29 日 20 时起报,24 h 预报:海平面气压场、风场和 12 h 降水量(b)
（源自:MICAPS 系统所调的传真图）

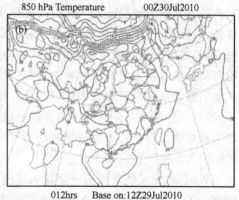

图 7.13　日本格点预报,6 h 降水量预报图(a);日本格点预报,预报时效:12 h,
850 hPa 温度场(b)（源自:MICAPS 系统截图）

表 7.6　我国常用日本模式预报产品

资料类型	要素	层次
观测值	高度场	500 hPa
	气压场	地面
	温度场	850 hPa
	风场	850,700,500,200 hPa

资料类型	要素	层次
预报值	6 h 降水	地面
	12 h 降水	地面
	24 h 降水	地面
	累计降水	地面
预报场	2 m 温度	
	6 h 降水	地面
	12 h 降水	地面
	24 h 降水	地面

7.2.3　中尺度数值预报(WRF)模式

7.2.3.1　WRF 模式简介

WRF(Weather Research Forecast)模式系统是由美国许多研究部门和大学的研究人员共同参与研发的新一代中尺度预报模式和同化系统。WRF 模式系统具有可移植、易维护、可扩充、高效率、方便等诸多特性。WRF 模式是一个完全可压非静力模式,控制方程组为通量形式。模式的动力框架有三个不同的方案:前两个方案都采用时间分裂显示方案来求解动力方程组,即模式中垂直高频波的求解采用隐式方案,其他的波动则采用显示方案。这两种方案的最大区别在于它们所采用的垂直坐标的不同,它们分别是几何高度坐标和质量(静力气压)坐标。第三种模式框架方案是采用半隐式半拉格朗日方案来求解动力方程组,这种方案的优点是能采用比前两种模式框架方案更大的时间步长。

WRF 模式系统已成为改进从云尺度到天气尺度等不同尺度重要天气特征预报精度的工具。为了满足模拟实际天气的需要,模式具有完整的物理过程,比如辐射过程、边界层参数化过程、对流参数化过程、次网格湍流扩散过程、微物理过程等。由于 WRF 模式重点考虑 1~10 km 的水平网格,所以模式中的部分物理方案可能在此分辨率下尚不理想。

WRF 模式应用了继承式软件设计、多级并行分解算法、选择式软件管理工具、中间软件包(连接信息交换、输入/输出以及其他服务程序的外部软件包)结构,具有先进的数值计算和资料同化技术、多重移动套网格性能以及较为完善的物理过程(尤其是对流和中尺度降水过程)。因此,WRF 模式在许多国家的气象业务和科研中得到广泛的应用。

7.2.3.2　基本方程组

WRF 模式实行多模式框架的结构,以供科学研究和实时预报业务的不同运行需求。目前模式提供了地形追随高度坐标和地形追随静力气压坐标两种方案。

(1)地形追随高度坐标

根据变量的守恒性质,采用 Oyama(1990)的预报方程的公式化思想,定义通量形式的保守量为:

$$V = \rho v = (U,V,W), \quad \Theta = \rho \theta \tag{7.1}$$

则非静力原始方程组为:

$$\frac{\partial U}{\partial t} + \boldsymbol{V} \cdot (vU) + \frac{\partial p'}{\partial x} = F_U \tag{7.2}$$

$$\frac{\partial V}{\partial t} + \boldsymbol{V} \cdot (vV) + \frac{\partial p'}{\partial y} = F_V \tag{7.3}$$

$$\frac{\partial W}{\partial t} + \boldsymbol{V} \cdot (vW) + \frac{\partial p'}{\partial z} + g\rho' = F_W \tag{7.4}$$

$$\frac{\partial \Theta}{\partial t} + \boldsymbol{V} \cdot (v\Theta) = F_\Theta \tag{7.5}$$

$$\frac{\partial \rho'}{\partial t} + \boldsymbol{V} \cdot \boldsymbol{V} = 0 \tag{7.6}$$

(2)地形追随静力气压坐标

Laprise 的方程组可写成如下的预报方程组形式:

$$\frac{\partial U}{\partial t} + (\boldsymbol{V} \cdot vU)_\eta + \mu\alpha \frac{\partial p}{\partial x} + \frac{\partial p}{\partial \eta} \frac{\partial \varphi}{\partial x} = F_U \tag{7.7}$$

$$\frac{\partial V}{\partial t} + (\boldsymbol{V} \cdot vV)_\eta + \mu\alpha \frac{\partial p}{\partial y} + \frac{\partial p}{\partial \eta} \frac{\partial \varphi}{\partial y} = F_V \tag{7.8}$$

$$\frac{\partial W}{\partial t} + (\boldsymbol{V} \cdot vW)_\eta - \left(\frac{\partial p}{\partial \eta} - \mu\right) = F_W \tag{7.9}$$

$$\frac{\partial \Theta}{\partial t} + (\boldsymbol{V} \cdot v\Theta)_\eta = F_\Theta \tag{7.10}$$

$$\frac{\partial \mu}{\partial t} + (\boldsymbol{V} \cdot \boldsymbol{V})_\eta = 0 \tag{7.11}$$

$$\frac{\partial \varphi}{\partial t} + (v \cdot \boldsymbol{V}\varphi)_\eta = g\omega \tag{7.12}$$

7.2.3.3　物理方案

WRF 模式中考虑的物理过程及参数化过程包括:云微物理过程、积云参数化、长波辐射、短波辐射、边界层湍流、表面层、陆面参数化、次网格扩散(表 7.7)。

表 7.7　WRF 模式中的物理过程及参数化过程

物理过程	已经实现的方案
云微物理过程	Kessler 方案；Lin 方案；WSM3 方案；WSM5 方案；Zhao-Carr 方案；Ferrier 方案
对流参数化	Kain-Fritsch 方案；Bett-Miller-Janjic 方案；新 KF 方案
长波辐射	RRTM 方案；GFDL 长波方案
短波辐射	简单短波方案；Goddard 短波方案；GFDL 短波方案
表面层	相似理论；MYJ 方案
陆面过程	热量扩散方案；Oregon State-Eta 方案
边界层	MRF 方案；Mellor-Yanada-Janjic 湍流动能方案
次网格湍流扩散	简单扩散方案；应力/变形方案

7.2.3.4　模式软件结构

WRF 模式中不允许使用公用数据块，因此，所有的变量都必须通过参数列表传给子程序。模块技术（FORTRAN 90 的新功能）的运用很好地解决了程序之间的接口问题。为了让用户能够在尽量少地涉及 WRF 模式其他部分源代码的情况下，很容易地在 WRF 模式中实现自己的方案设计，WRF 模式将自己的结构设计成三层：模式层、中间层和驱动层。参见图 7.14。

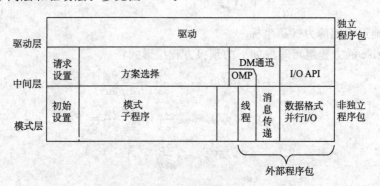

图 7.14　WRF 模式的软件结构设计方案（章国材 等 2007）

①驱动层：驱动层是模式的最顶层，它控制着模式的初始化、时间步长、输入/输出、模式的计算区域嵌套关系、计算区域的分解计算、计算机处理器的分布以及其他的有关并行的控制。

②中间层：中间层是介于模式层和驱动层之间，起连接作用的层。中间层具有驱动层和模式层两者的重要信息。比如模式层中的模式积分计算的流控制信息，驱动层中的内存分布以及设备通讯信息。中间层能够很好地将模式层信息进行封装，有利于程序的移植和交换。

③模式层:模式层是由执行实际模式计算功能的子程序所组成,这一层的程序通常是由气象科学专家编写。模式层中的子程序要求写成对于三维模式计算空间中的任何子空间都能调用。

7.2.3.5　WRF 模式产品图例

如图 7.15、图 7.16、图 7.17 所示。

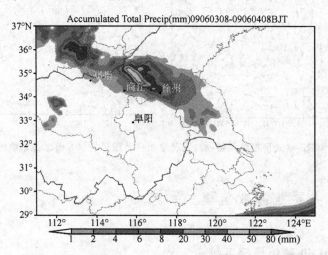

图 7.15　2009 年 6 月 3—4 日 WRF 模式 24 h 降水预报

(图源:南京信息工程大学)

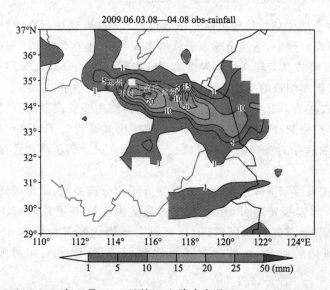

图 7.16　2009 年 6 月 3—4 日的 24 h 降水实况(图源:南京信息工程大学)

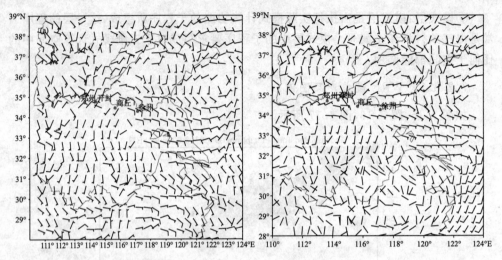

图 7.17　WRF 模式预报的风场(a);实况地面自动站风场(b)(图源:南京信息工程大学)

7.3　我国主要业务数值模式和产品

7.3.1　T639L60 数值预报系统

7.3.1.1　T639L60 数值预报系统概述

T639L60 全球中期数值预报模式是通过对 T213 模式进行性能升级发展而来,具有较高的模式分辨率,达到全球水平分辨率 30 km,垂直分辨率 60 层,模式顶到达 0.1 hPa;T639 模式具有较高的边界层垂直分辨率,其中在 850 hPa 以下有 12 层,对边界层过程有更加细致的描述,更适合于支撑短时、临近预报。

T639 模式在动力框架方面进行了改进,包括使用线性高斯格点、稳定外插的两个时间层的半拉格朗日时间积分方案等,提高了模式运行效率和稳定性;另外,改进了 T213 物理过程中对流参数化方案以及云方案,大大改善了降水预报偏差大、空报多的问题。

T639 模式采用了国际上先进的三维变分同化分析系统,除可以同化包含 T213 模式同化的全部常规资料外,还能直接同化美国极轨卫星系列 NOAA-15/16/17 的全球 ATOVS 垂直探测仪资料,卫星资料占到同化资料总量的 30% 左右,大大提高了分析同化的质量,显著改善了模式预报效果,缩短了和国际先进模式的差距。

T639 模式第一次在中期业务模式中嵌入台风涡旋场,在台风季节可用性较

T213 明显增强。T639 模式在产品上继承了 T213 模式的特点,具有数据与图形多类别、多种分辨率、高时间频次、多种物理诊断量的产品。

经过 2007 年及以后二年的预报结果统计检验表明,T639 模式的预报效果较同期业务运行的 T213 模式对北半球(南半球)500 hPa 高度的预报改进明显,可用预报时效分别提高 1 天(2 天),东亚也有改善,只是改进的幅度不及南、北半球的大。温度场和风场预报也有不同程度的改进。

降水预报在短期时效的改进更明显一些,无论哪一级的降水 TS 评分均高于 T213,除中雨外,与日本的其他各级降水预报水平相当。降水分布与实况更接近,且降水变化趋势及强度预报也好于 T213。

根据中央气象台以及各省(区、市)气象台对 T639 应用的调研情况,目前 T639 模式已代替 T213 成为预报业务上经常使用的数值预报产品。它不但在日常短期和中期预报中得到广泛应用,还在各地的精细要素预报中发挥重要作用。同时 T639 作为区域模式驱动的初始场和边界条件,为精细区域模式所使用。经过业务实践中的对比,大部分用户都认为:T639 的形势场 H,T,P 等基本要素预报准确率提高,降水预报能力增强,特别是强降水预报水平较 T213 有明显提高,时间分辨率增加,可用预报时效拉长等。

7.3.1.2　T639L60 同化系统

资料同化是通过模式背景场和观测资料的最佳融合而形成初始时刻的模式初值。在国际上,随着气象科技和计算机技术的发展,资料同化技术也由早期的 20 世纪 50 年代的逐步订正,70、80 年代的最优插值(OI)发展到 90 年代至今天的变分同化。对于 OI 同化技术而言,因其只能使用包含模式变量的常规观测资料,且常规观测存在资料稀疏和分布不均的特点,对更进一步大幅度提高数值预报效果造成难以逾越的障碍。与 OI 同化技术相比,变分同化技术的最显著的优越性是能处理和应用非模式变量的非常规观测资料,如 ATOVSE 卫星辐射资料、GPS 资料。这些资料与大气模式的基本状态变量呈现非常复杂的非线性关系。T639 同化系统使用的是 90 年代末从美国引进的 SSI 变分同化方案,SSI 变分同化关键技术包括三个部分:基本原理、误差估计和观测资料算子。

7.3.1.3　T639L60 物理过程

T639L60 物理过程见表 7.8。

表 7.8　T639L60 物理过程

物理方案	具体方案	方案简述
辐射方案	Morcrette(1990) 长波辐射方案	晴天长波通量计算用比辐射率方法,同时用了一个更好的方案来描述长波吸收对温度和气压的依赖关系。既考虑水汽的 p 型连续吸收,又考虑 e 型连续吸收
	Fouquart 和 Bonnel(1980) 短波辐射方案	短波通量用光子路径分布方法,分开辐射传输中散射和吸收过程的贡献。散射处理用 Delta Eddington 近似,透射函数用 Pade 近似
湍流扩散方案	Louis(1979)方案	表面通量采用 Monin-Obukhov 相似理论,上层大气湍流通量的计算以 K 扩散率概念为基础
次网格地形参数化方案	Lott 和 Miller (1996)方案	描述地形与模式层相交时产生的对流层低层的阻塞作用和次网格尺度重力波的传输(与 T213 模式相同)
积云对流参数化方案	Tiedtke(1989) 质量通量方案	用一维总体模式来描述云集合,描述了各种类型的对流,包括与大尺度辐合流相联系的穿透对流,在抑制条件下的浅对流,以及与边界层以上位势不稳定大气和大尺度上升相联系的热带外有组织的中层对流
云方案	Tiedtke(1993) 预报云方案	由云液体水/云冰和云量的预报方程所描写。考虑了通过积云对流、边界层湍流形成的云以及层云的形成(指非对流过程的产生的云),还考虑了几个重要的云过程(云顶的夹卷、降水和降水的蒸发)
陆面过程方案	Viterbo 和 Beljaar (1995)方案	把土壤分为 4 层,分别定性地反映了日变化,一日至一周,一周至一月和月以上时间尺度的强迫作用。考虑了周、季时间尺度的土壤水文过程,水文扩散和传导率强烈地依赖于土壤湿度;土壤的持水力可以维持干季蒸发;降水的拦截;热量和湿度的粗糙长度不同于动量。新增一表面温度,来描述顶部一个很薄的表面层对强迫的平衡

7.3.1.4　T639L60 的控制方程

基本方程组:

(1)动量方程

$$\frac{\partial U}{\partial t}+\frac{1}{a\cos^2\theta}\Big(U\,\frac{\partial U}{\partial \lambda}+V\cos\theta\,\frac{\partial U}{\partial \theta}\Big)+\eta\,\frac{\partial U}{\partial \eta}-$$

$$fV+\frac{1}{a}\Big[\frac{\partial \varphi}{\partial \lambda}+R_dT_v\frac{\partial}{\partial \lambda}(\ln p)\Big]=P_U+K_U \tag{7.13}$$

$$\frac{\partial V}{\partial t} + \frac{1}{a\cos^2\theta}\Big[U\frac{\partial V}{\partial \lambda} + V\cos\theta\frac{\partial V}{\partial \theta} + \sin\theta(U^2 + V^2)\Big] + \eta\frac{\partial V}{\partial \eta} -$$

$$fU + \frac{\cos\theta}{\alpha}\Big[\frac{\partial \varphi}{\partial \theta} + R_d T_v\frac{\partial}{\partial \theta}(\ln p)\Big] = P_V + K_V \tag{7.14}$$

(2)热力学方程

$$\frac{\partial T}{\partial t} + \frac{1}{a\cos^2\theta}\Big(U\frac{\partial T}{\partial \lambda} + V\cos\theta\frac{\partial T}{\partial \theta}\Big) + \eta\frac{\partial T}{\partial \eta} - \frac{\kappa T_v \omega}{[1 + (\delta - 1)q]p} = P_T + K_T$$

$$\tag{7.15}$$

(3)水汽方程

$$\frac{\partial q}{\partial t} + \frac{1}{a\cos^2\theta}\Big(U\frac{\partial q}{\partial \lambda} + V\cos\theta\frac{\partial q}{\partial \theta}\Big) + \eta\frac{\partial q}{\partial \eta} = P_q + K_q \tag{7.16}$$

(4)连续性方程

$$\frac{\partial}{\partial t}\Big(\frac{\partial p}{\partial \eta}\Big) + \nabla \cdot \Big(\mathbf{v}_H\frac{\partial p}{\partial \eta}\Big) + \frac{\partial}{\partial \eta}\Big(\eta\frac{\partial p}{\partial \eta}\Big) = 0 \tag{7.17}$$

7.3.1.5　T639L60 系统构成

T639L60 系统的核心包含 4 个部分,分别是 SSI 三维变分资料同化系统、耦合器、预报模式系统、地形和下垫面资料处理(图 7.18)。由于 SSI 在较高分辨率下运行计算量增加太多,且鉴于目前全球观测网的分辨率,SSI 的水平分辨率比全球模式低。但垂直分辨率较高,从而避免在模式上层的外插。

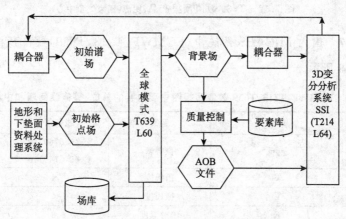

图 7.18　T639L60 系统流程(章国材 等 2007)

7.3.1.6　T639 数值预报产品

T639 数值预报产品如图 7.19 所示。

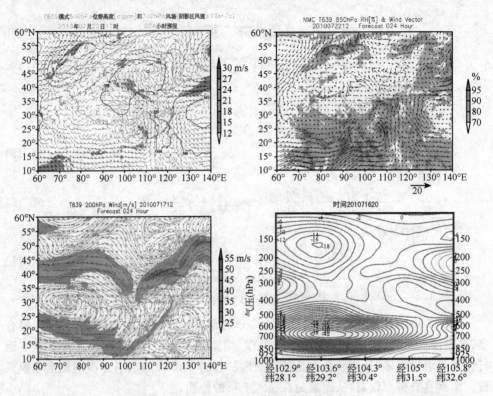

图 7.19　T639 数值预报产品(图源:国家气象中心)

7.3.1.7　国内 MICAPS 系统中(ECMWF,T213,T639)数值预报图的识别

见表 7.9 所示。

表 7.9　ECMWF,T213,T639 数值预报图主要内容的单位、等值线间隔和中心符号

物理量名称	单位	意义	线条间隔	中心符号
厚度	gpm	位势米	(<5760)80 (>5760)40	H 高,L 低
温度	℃	摄氏度	4	L 冷,N 暖
温度露点差	℃	摄氏度	4	D 大,X 小
假相当位温	K	绝对温度	8	D 大,X 小
$\dfrac{\partial \theta_{se}}{\partial p}$	K/hPa	层结稳定度	10	D 大,X 小
全风速	m/s	米/秒	2	D 大,X 小
变高	dagpm	位势什米	5	+正,一负
涡度	(12Z)1.0E—6/s (00Z)1.0E—5/s	1.0×10^{-6}/秒 1.0×10^{-5}/秒	10(12Z) 5(00Z)	+正,一负

物理量名称	单位	意义	线条间隔	中心符号
垂直速度	(12Z)1.0E−5 hPa/s (00Z)1.0E−4 hPa/s	$1.0×10^{-5}$ 百帕/秒 $1.0×10^{-4}$ 百帕/秒	(＜100)25(12Z) (＞100)100(12Z) 15(00Z)	+正,−负
水汽通量	1.0E−1 g/(cm・hPa・s)	$1.0×10^{-1}$ 克/ (厘米・百帕・秒)	(＜100)20 (＞100)50	+正,−负
水汽通量散度	1.0E−9 g/(cm²・hPa・s)	$1.0×10^{-9}$ 克/ (厘米²・百帕・秒)	(＜50)25 (＞50)50	+正,−负
降水量	mm	毫米	常规,(1,10,25,50…)	D大,X小
高空图	gpm	位势米	常规	G高,D低
地面图	hPa	百帕	常规	G高,D低
变压图	hPa	百帕	常规	+正,−负
500 hPa 变高	gpm	位势米	50	+正,−负
700 hPa 变高	gpm	位势米	50	+正,−负

7.3.2 GRAPES 数值预报系统

7.3.2.1 GRAPES 数值预报系统概述

GRAPES(Global/Regional Assimilation and Prediction System)——全球(区域)同化预报系统,是我国自主研究开发的科研与业务通用的数值天气预报系统。GRAPES 系统是集常规与非常规变分同化、静力平衡与非静力平衡、全球与区域模式、科研与业务应用、串行与并行计算、标准化与模块化程序、理想实验与实际预报等为一体,中小尺度与大尺度通用的先进数值天气预报体系。

GRAPES 全球模式采用完全可压缩的非静力学方程组,是一个多尺度可用的动力框架。时间积分使用两个时间层的半隐式半拉格朗日方案(SISL),使得模式可同时兼顾计算精度、计算稳定性和计算效率;GRAPES 全球模式包含比较完整的物理过程;GRAPES 全球模式三维变分资料同化系统采用了谱滤波逼近背景误差水平相关模型,以适应球面几何特性,该系统使用的观测资料包括常规探空、地面观测及卫星垂直探测器的辐射率观测、微型大气运动矢量等多类遥感资料。

GRAPES 全球三维变分资料同化系统是一个完全的循环同化预报系统,每个同化时的背景场由 GRAPES 全球模式 6 h 预报提供。同化系统作出当前分析值,提供给模式作预报的初值,由此循环。循环过程中,用增量插值和数字滤波初始化抑制由资料、模式短期积分中的重力波及变量变换和插值带来的噪音。

GRAPES_GFS 1.0 系统在南、北半球资料同化效果与 NCEP 分析场相当,对主要天气系统、典型形势、降雨预报等方面的预报基本准确,对影响我国的主要天气系统,如入海环流系统、副高北跳、阻塞高压、寒潮暴发的环流特征有较好的预报能力。

下面对 GRAPES 系统作一个综合性的介绍,供 GRAPES 用户、相关科技人员、教学人员及同学们参考(图 7.20)。

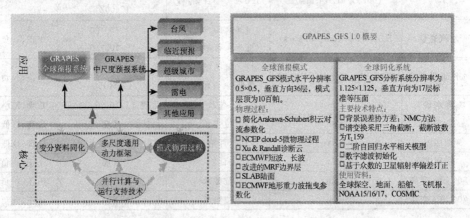

图 7.20　GRAPES 系统框图及概要(图源:国家气象中心)

7.3.2.2　GRAPES 数值预报系统方案及性能

GRAPES 系统从理论方案设计、程序编写,到系统运行都是按"一体化(unified model)"的思想进行构造的,它可以通过简单的参数置换选用区域 GRAPES_Meso 和全球 GRAPES_Global 两个版本。GRAPES_Global 是在 GRAPES_Meso 基础上发展起来的全球中期数值预报系统,相对来说,它增加了包括近极地半拉格朗日处理方法、极区滤波、极区 Arakawa-C 网格设计及由此带来的 Helmholtz 稀疏矩阵的计算方法等一些特殊的技术处理。

GRAPES 系统的核心部分包括模式动力框架、经过优化选取和改进的物理过程参数化方案、三维变分资料同化系统(未来 1～2 年内将更新为四维变分同化系统)、模式标准初始化系统。

(1)GRAPES 模式基本方程组

GRAPES 模式采用完全可压缩的非静力学方程组,同时为兼顾较粗分辨率和高分辨率的不同应用,模式中设置了静力和非静力的开关系数,是一个多尺度通用的动力框架。其方程组如下:

1)运动方程

$$\frac{\mathrm{d}u}{\mathrm{d}t} = -\frac{c_p\theta}{r\cos\varphi}\frac{\partial\pi}{\partial\lambda} + fv + F_u + \delta_M\left(\frac{uv\,\tan\varphi}{r} - \frac{u\omega}{r}\right) - \delta_\varphi\{f_\varphi\omega\} \tag{7.18}$$

$$\frac{\mathrm{d}v}{\mathrm{d}t} = -\frac{c_p\theta}{r}\frac{\partial\pi}{\partial\varphi} - fu + F_v - \delta_M\left(\frac{u^2\,\tan\varphi}{r} - \frac{v\omega}{r}\right) \tag{7.19}$$

$$\delta_{NH} \frac{d\omega}{dt} = -c_p \theta \frac{\partial \pi}{\partial r} - g + F_\omega + \delta_M \left(\frac{u^2 + v^2}{r} \right) + \delta_\varphi (f_\varphi u) \tag{7.20}$$

2)连续方程

$$(\gamma - 1) \frac{d\pi}{dt} = -\pi D_3 + \frac{F_\theta^*}{\theta} \tag{7.21}$$

$$这里：\gamma = \frac{c_p}{R}$$

3)热力学方程

$$\frac{d\theta}{dt} = \frac{F_\theta^*}{\pi} \tag{7.22}$$

其中：$\pi = (p/p_0)^{\frac{R}{c_p}}$，无量纲气压，$\theta = \frac{T}{\pi}$，位势温度。垂直方向采用地形追随高度坐标(height-based terrain-following coordinate)，水平方向为球面坐标。

(2)GRAPES 同化系统

模式积分的初值是根据初始时刻的气象观测资料通过特定的资料同化方案而形成的。目前我国业务上仍采用国际上 20 世纪 80 年代的最优插值方案(OI)加非线性规模初值化的同化分析技术。由于 OI 方法不能处理与大气模式的基本状态变量呈现非常复杂的非线性关系的观测资料，因此使用的资料仍以常规探空观测为主，致使大量的非常规观测资料、特别是卫星遥感辐射率资料无法直接使用，造成我国数值预报长期面临海洋或高原地区的大片区域资料空缺，这是我国数值预报精度偏低的重要原因。在近 10 年中，国际上这一缺乏观测资料的困难因大量卫星遥感资料在数值预报中的定量应用而基本得以克服。卫星遥感资料在数值预报中的定量应用，不仅依赖于遥感技术的发展，也与 90 年代起资料变分同化技术的应用有密切关系。这一新的同化方法使与大气模式的基本状态变量呈现非常复杂的非线性关系的遥感观测资料的直接同化成为可能，如卫星、雷达遥感资料。因此，GRAPES 的同化系统采用变分同化方案。

目前业务应用版本的 GRAPES 同化系统是三维变分同化系统(GRAPES 3D-Var)(2012 年开始更新为四维变分同化系统)。变分同化系统包含优化目标泛函所对应的系统核心框架和同化各种观测资料所对应的观测算子。

1)核心框架

GRAPES 变分同化系统的研发思路是全球和区域一体化，发展路线是从三维到四维。考虑到全球和四维的资料同化的开销，GRAPES 变分同化系统采取了国际上多数业务中心的增量同化策略，计算量最大的最优化过程是在较低的分辨率上进行的。GRAPES 3D-Var 采用了全球和区域统一的框架设计。

2)GRAPES 变分同化系统的观测算子

目前 GRAPES 3D-Var 系统可以同化常规资料和卫星遥感资料。常规资料的风场、位势高度/温度、相对湿度/比湿与模式变量,无需变量间的物理变换。因此常规资料的观测算子非常简单,只需要空间插值,包括水平插值和垂直插值,表示为 $H = H_{\alpha}H_s = H_{\alpha}H_V H_H$。其中,水平插值 H_H 采用双线性插值,垂直插值 H_V 采用气压(对于风场)或气压对数(对于质量和湿度场)的线性插值,H_{α} 是观测资料质量控制。

目前 GRAPES 3D-Var 系统的版本中,对于同化无线电探空报、飞机报、地面报、船舶报和卫星反演的云迹风、温、湿廓线等不同来源的资料都应用相同或相近的观测算子。但是对不同来源的这些资料,其观测误差取值不同。通常都假定不同位置、不同来源的观测资料是不相关的,因此观测误差协方差是由观测误差就可确定的。

卫星辐射率资料的观测算子表示为 $H = H_{\alpha}H_p H_s = H_{\alpha}H_{RT}H_V H_H$,其中 H_{RT} 是表示物理变换的辐射传输模式,我们选用目前国际上业务同化通用的快速辐射传输模式 RTTOV7;目前 GRAPES 3D-Var 系统中,除了温度和湿度的廓线为 RTTOV7 的输入状态变量,其他输入量都作为固定的参数给定。当模式质量场变量为位势时,垂直插值 H_V 还包含用三次样条方法从位势廓线得到温度廓线的静力关系;当模式湿度场变量为相对湿度时,垂直插值 H_V 还包含从相对湿度廓线得到比湿廓线的转换公式。

(3)GRAPES 物理过程

本节主要包括 GRAPES 各类物理过程参数化方案的介绍以及 GRAPES 模式的物理过程程序结构设计(表 7.10)。

表 7.10　GRAPES 物理过程

物理方案	具体方案	方案简述
微物理方案 (共 6 种,常用 3 种)	Kessler 方案(1969)	简单暖云方案,包括水汽、云水和雨三种水物质,考虑雨的产生、下降和蒸发,云水的增长和自动转换以及由于凝结产生云水等微物理过程
	Lin 方案(1983)	考虑水汽、云水、云冰、冰雹、雨水和雪在内的 6 种水物质,并考虑 24 种水物质相互作用和转化的微物理过程
	NCEP-3class 方案	考虑水汽、云水/云冰(依据温度区分)、雨/雪(依据温度判断)三种水物质,包含 8 种微物理过程
积云对流 参数化方案	Betts-Miller (1986)方案	Betts 取"观测的准平衡状态线"或修正的湿绝热线作为深对流调整参考廓线
	Kain-Fritsch (1993)方案	认为大气中的对流有效位能可直接用于控制或调整积云对流发展过程,描述积云过程环境场的反馈作用

续表

物理方案	具体方案	方案简述
边界层参数化方案	MRF 边界层参数化方案	主要是在不稳定状态下计算反梯度热量通量和水汽通量,在行星边界层中使用增强的垂直通量系数,而行星边界层高度由一个临界理查逊数决定
	MYJ 方案	是一个基于 1.5 阶湍流闭合的边界层参数化模式,从 2 阶闭合方案简化而来。在边界层内,以湍流动能 q 作为预报量,对所有湍流阶量进行诊断,从而达到闭合边界层内动量方程的目的
地表通量参数化(陆面过程)	SLAB 方案	将土壤分为 5 层,每层均考虑向上、向下的热通量,并通过热平衡方程对每一层土壤的温度进行预报。该模式没有土壤湿度预报
	NOAH LSM 方案	包括了一个 4 层土壤的模块和一层植被冠层的植被模块。不仅可以预报土壤温度,还可以预报土壤湿度、地表径流等
辐射过程	Simple 短波辐射参数化方案	简单计算了由于晴空散射和水汽吸收,以及由于云的反射和吸收引起的向下短波辐射通量
	Goddard 短波方案	计算了由于水汽、臭氧、二氧化碳、氧气、云和气溶胶的吸收,以及由于云、气溶胶和各种气体的散射产生的太阳辐射通量
	RRTM 长波辐射方案	该方案的辐射传输应用与 K 有相互关系的方法计算了大气长波谱域($10\sim3000$ cm^{-1})的通量和冷却率
	GFDL 长波和短波辐射方案	使用了覆盖 7 个谱区域($0\sim2220$ cm^{-1})的宽带通量发射率方法。方案首先计算各谱域中占优势气体的吸收率,然后通过一系列高度参数化的近似技术计算其他成分的吸收率
	ECMWF 长波和短波辐射方案	是 Morcrette 根据法国 Lille 大学辐射方案发展的更新版本。长波方案使用了覆盖 6 个谱区域($0\sim2820$ cm^{-1})的宽带通量发射率方法,分别对应水汽的旋转和振动旋转谱带的中心、二氧化碳的 15 μm 谱带、大气窗、臭氧的 9.6 μm 谱带、25 μm 窗区和水汽振动旋转谱带的翼

7.3.2.3　GRAPES 系统构成

GRAPES 系统的核心包含三个部分,分别是 GRAPES 三维变分资料同化系统、模式标准初始化系统以及预报模式系统(图 7.21)。为了在业务环境下实时运行,除了同化和预报系统,还需要解决其他一些相关的环节:如实时观测资料从要素库的检索、观测资料的质量控制、同化所需背景场和模式积分所需边界条件的选取和接入、分析系统与模式的标准化接口、模式预报结果的后处理、模式产品的入库、模式产品图形显示和模式结果检验以及整个系统的作业管理等。另外,预报模式部分的计算是并行实现的,系统运行结合了计算机平台的并行环境建设。

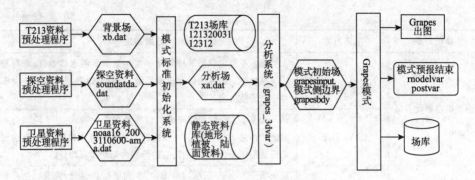

图 7.21　GRAPES 系统流程(章国材 等 2007)

7.3.2.3.1　GRAPES 资料同化系统

GRAPES 的资料同化系统由三部分组成:

①观测资料预处理模块,包括实时观测资料的检索和质量控制;

②背景场预处理模块,同化的初始猜测场采用国家气象中心全球谱模式 T213L31 的 6 h 预报结果。

③分析模块,采用 GRAPES 3DVAR 基本分析框架(图 7.22)

到目前为止,纳入 GRAPES 资料同化系统的观测主要包括来自 GTS 的常规观测(探空、地面、船舶、飞机、卫星测风和卫星测厚)和来自北京、广州和乌鲁木齐三个地面卫星接收站接收的 NOAA16/17 极轨卫星的辐射率观测。

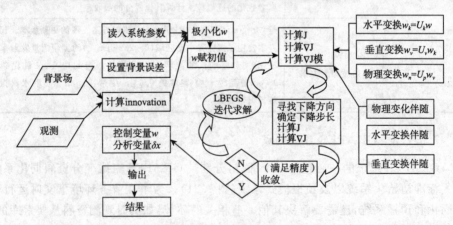

图 7.22　GRAPES 分析模块流程(章国材 等 2007)

7.3.2.3.2　GRAPES 模式标准初始化系统

GRAPES 模式标准初始化系统(Standard Initialize,SI)主要用于将分析场资料或大模式资料处理成模式运行所必需的模式格点上的初始场资料及侧边界资料。

GRAPES 模式前处理系统通过较高精度的水平及垂直插值方法,科学合理的方案设计来实现此目标。GRAPES 模式标准初始化系统通过三个主要模块完成其主要功能:静态资料准备、模式变量的水平插值及垂直插值(图 7.23)。其中,用户可选择粗网格模式产品以及 GRAPES 同化分析结果作为处理的初始资料,水平插值和垂直插值有多种插值方案可供用户选择。

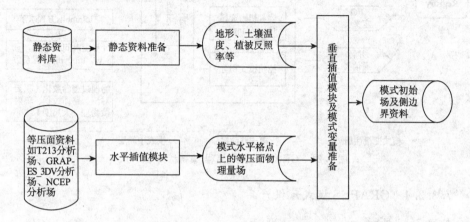

图 7.23　GRAPES 模式标准初始化系统流程(章国材 等 2007)

7.3.2.3.3　GRAPES 模式

GRAPES 模式采用完全可压缩的非静力学方程组,同时为兼顾较粗分辨率和高分辨率的不同应用,模式中设置了静力和非静力的开关系数,是一个多尺度通用的动力框架。垂直方向采用地形追随高度坐标,水平方向为球面坐标。在空间离散化时,模式水平方向取 Arakawa-C 跳点经纬网格,垂直方向则选取 Charney-Phillips 变量配置。时间积分使用半隐式半拉格朗日方案(SISL)使得模式可同时兼顾计算精度、计算稳定性和计算效率。SISL 在高分辨率非静力条件下的可行性及有效性通过理想试验得到了验证。

模式动力学框架的其他主要特征有:

①三维矢量离散化求解三维动力学方程组以避免模式中曲率项的显式计算;

②考虑球面曲率效应的拉格朗日轨迹计算;

③带有预条件的 Generalized Conjugate Residual method(GCR)方法求解三维亥姆霍兹方程;

④拉格朗日上游点处物理量插值的高精度方案。如图 7.24 所示。

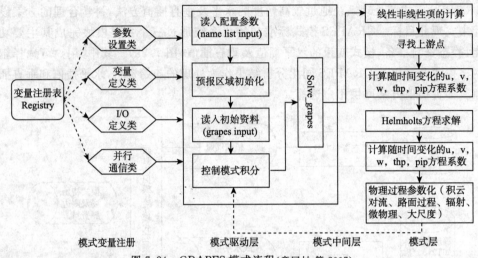

模式变量注册　　　　模式驱动层　　　　模式中间层　　　　模式层

图 7.24　GRAPES 模式流程（章国材 等 2007）

7.3.2.4　GRAPES 模式预报产品

如表 7.11 所示。

表 7.11　GRAPES 模式预报产品

要素名称	分辨率	区域范围	层次	时次	输出间隔	预报时效	MICAPS 目录（ruc/op）
高度							height
温度							temperature
风场							stream
比湿							vapor
垂直速度			200				omega
相对湿度			500	00 03 06			Rh
海平面气压	0.15×0.15	70°—145.15°E 15°—64.35°N	700	09 12 15	1 h	24 h	Pressure
累计总降水			850	18 21			Rain
对流有效位能			925				Cape
组合雷达发射率							c_dBz
强天气威胁指数							sweat
K 指数							KI
1 h 降水							Rt
图形产品	分辨率	区域范围	层次	时次	输出间隔	预报时效	图形目录（ruc/op/gif）
1 h 地面总降水 Rt	0.15×0.15	70°—145.15°E 15°—64.35°N	地面	00 03 06 09 12 15 18 21	1 h	24 h	ruc/op/gif/
雷达组合反射率 C_DBZ							ruc/op/gic

7.4 数值预报误差分析与订正

数值预报的误差是客观存在的,各数值预报的预报性能不一,同一模式不同预报时段的差异有时也是很大的,因此业务预报中常常因这些差异太大,预报员不知道应该用哪一个。因此,建立分析模式的误差、评价产品性能、订正预报误差十分重要。

分析误差是为了改进数值模式或在应用数值预报产品时加以订正。误差分析通常采用统计的方法,可着眼于数值模式的整体性能,也可针对天气系统或具体天气分别进行。

7.4.1 天气系统预报误差分析

可着重对影响预报区的天气系统(如高、低压或高压脊、低压槽)进行分析。

分析的方法是将预报结果和出现的实况作对比并进行统计。

分析的内容主要有:

①系统漏报、空报和能正确作出预报的情况;

②系统强度预报误差情况(偏强、正确、偏弱);

③系统移速预报误差情况(偏快、正确、偏慢)。

统计中要注意:对应系统要找准,如果把预报的系统与一个不相关的其他系统作比较,就会得出错误的结论。对强度误差和移速误差的分析,最好能定量化,如可用$\pm x$经距$/12$ h 来定量描述某类系统的平均移速预报误差。对同类系统在不同区域、不同季节的预报,误差可能是不同的,故一般应分区、分季节统计。

7.4.2 气象要素预报误差分析

日常工作中较多进行的是对降水预报的误差分析,根据需要还可以对地面(海面)风、空中风、高度(气压)、气温等要素作误差分析。

对降水预报误差的分析,可从降水区域的范围和降水量着手,也可从某测站有无降水及降水量着手。分析的方法也是将预报量与实况作对比统计。其中某测站有无降水的预报误差统计,可用准确率或成功指数作为误差情况的衡量标准。这种统计方法比较简单,各气象业务单位只要有降水量数值预报图和相应的天气实况即可进行。

用数值预报图作降水区域范围的误差分析,难度较大,因为面积计算比较困难,所以一般气象业务单位,尤其是基层气象台通常只作一些粗略的定性统计,也可以在某区域内选若干代表站,用统计单站预报误差的方法作定量统计。

在降水预报误差分析中,一般也应分区域、分季节进行,因为不同区域(如高原与海面)、不同季节(如夏季和冬季)的误差情况通常是不同的,误差分析最好还应分不同的影响系统(西风带系统和副热带系统)进行,这样得出的统计结果更便于应用。

7.4.3　数值预报误差的订正

数值预报误差的订正在误差统计分析的基础上进行。比如,若误差统计结果发现某数值模式预报的降水量多数比实况小一个等级,则当其预报有中(大)雨时就应该考虑有大(暴)雨的可能性。又如,目前多数数值模式对副热带高压预报误差较大(日本预报模式较好),使用中应根据统计的不同季节强度、脊线、西伸脊点等的误差情况作出订正。

误差订正要尽可能做到客观定量。钟元、金一鸣等在热带气旋路径预报中,用一元回归方法分月对 500 hPa 高度场和地面气压场的数值预报产品进行订正,方法简单易行,值得借鉴。当数值预报产品的 500 hPa 高度场和地面气压预报值分别为 $H(\varphi,\lambda,t)$ 和 $P(\varphi,\lambda,t)$ 时,由一元回归方程:

$$\hat{H}(\varphi,\lambda,t) = a_0 + aH(\varphi,\lambda,t) \tag{7.23}$$

$$\hat{P}(\varphi,\lambda,t) = b_0 + bP(\varphi,\lambda,t) \tag{7.24}$$

即可得到相应的订正值 $\hat{H}(\varphi,\lambda,t)$ 与 $\hat{P}(\varphi,\lambda,t)$。

7.5　集合预报简介及产品应用

7.5.1　集合预报概述

大气本身的混沌特性使得数值模式对于初始场的微小误差十分敏感,而初始资料的误差和模式的误差带来了大气初始状态的不确定性和大气模式的不确定性,利用数值预报模式在确定性预报的初始场上叠加适当小扰动,从而形成稍有差别的多个初始场,作出多个动力延伸预报。用带有这种扰动的初值制作一系列预报,这些预报的集合就称之为集合预报(单模式集合预报)。若用多个数值模式作出的预报集合,则称之为多模式集合预报。

最初集合预报的概念是针对大气初始状态的不确定性提出的,集合预报的研究者认为,由于初值存在不确定性,那么从数学上来讲,可以找到一个合适的概率密度函数(PDF)来描述这种不确定性,这样天气预报问题可以表述为大气相空间中一个合适的 PDF 随时间的演变问题,在预报初始 0 时刻的概率密度函数 PDF(0)代表初始时刻的不确定性,随着积分时间的增加,到了第 N 天,单一的确定性预报已不能正确地预测大气的真实状态,此时则可以用从初始状态出发的一系列扰动预报的集合来估计在未来第 N 天的概率密度函数的分布,当然,这些初始扰动应尽可能地能代表初始的不确定性。然而,实际上不可能找到一个准确的 PDF 表达式来反映这种不确定性,气象学家想出了一种实际可用的办法,即通过设计一些能反映初值和模式不确定性的有限数目的确定性预报来对这种 PDF 取样。具体的做法是:为反映初值的不确定性,在确定性预报的初始场上施加一些能反映初值不确定性的扰动,然后用带有这种扰动的初值制作一系列预报,即集合预报,而这种集合预报则称为初值集合。同样为反映模式的不确定性,还可以对一个模式内部的物理过程如物理参数化方案、外强迫等进行改动,然后用不同改动物理过程的模式制作一系列预报,这种集合预报则称之为物理集合。此外,也可把不同模式用初值集合或物理集合制作的集合预报结果再进行集合,这就是所谓的多模式集合预报。由上述可知,从给数值预报结果带来不确定性的来源划分,可把集合预报分为初值集合、物理集合和多模式集合。而按照目前集合预报研究的时间尺度来划分,则可把集合预报分为短期、中期、月动力延伸。

集合预报是近十几年来天气预报领域的一个重大进展,集合预报系统的使用和发展,大约经历了 3 个阶段:第一阶段,集合预报的产品主要是邮票图、集合平均图,使用结果表明集合平均的技巧评分好于单个确定性预报,为集合预报奠定了基础。第二阶段,进一步发展了面条图、分类图、概率图等。第三阶段,各种预报图的信息进一步地延伸到了要素预报,对集合预报产品的可信度也有了一定的认识。从理论上说,集合预报的成员应该越多越好,构造预报成员时应该同时考虑大气初始状态的不确定性和预报模式的不确定性,然而受到计算机资源的限制,事实上预报成员不可能太多。实际经验表明,对一般天气现象的集合平均预报,10 个左右的成员就基本够了,而且有学者认为,当计算机条件改善时,应首先提高模式的分辨率,然后再增加成员数目。

集合预报优于确定性预报,集合预报已成为未来数值预报发展的方向之一,最终可能会取代目前单一的确定性预报,成为业务化的主要预报产品。

7.5.2　二类常用集合预报技术

7.5.2.1　初始场扰动技术

(1)随机扰动法(MCF)

最简单方法是 Monte Carlo 随机扰动法,用不同方式的随机扰动值加到格点场、谱系数或经验正交函数中。该方法的缺点是与动力模式不相协调,实践证明从随机扰动产生的初始场演变成动力不稳定结构差异较大的大尺度环流,需要较长的时间,这导致集合成员间的分离度很小,主流预报趋势不清晰,目前较少使用该方法。

（2）滞后平均法（LAF）

把过去相隔一定时间的一系列模式格点分析场作为集合预报的系列初始场，由此得到集合预报。

（3）增长模培育法（BGM）

是 Toth 和 Kalnay 提出的一种方法。选择模式 6 h 预报场与同一时刻的分析场之偏差作为初始扰动。主要步骤有：

①将一个随机扰动加到数值模式的初始分析场上；

②对扰动初始场和未扰动初始场（控制预报）作 6 h 积分；

③用控制预报减去扰动预报；

④将差值按比例缩小到与初始扰动有相同的大小（在均方根误差意义上）；

⑤将该扰动加到如①所述的下一个 6 h 同化分析中，依时间多次重复上述步骤。平均积分 1.5 天后，扰动增长率达到最大。同化周期计算的预报场与分析场的误差主要来自于不稳定环流型。

（4）奇异向量法（SVS）

基本原理是利用非线性动力学理论中的有限时间不稳定理论和数值天气预报中同化技术即切线性和伴随模式，求取切线性模式的奇异值和奇异向量，最大奇异值对应的奇异向量就是增长得最快的扰动。求取切线性模式的奇异值和奇异向量就是求线性和伴随模式乘积的特征值和特征向量。数学上如 Lorenz(1965) 所描述的，在给定一个较短的积分时段内，假设快速增长的扰动是线性的，$A(t_1-t_0)$ 是 t_0-t_1 时刻扰动的线性传播算子。A^* 是它的伴随算子，A^*A 的积是 A 在 t_0-t_1 的最优奇异模态。最大的扰动就是 A^*A 的最大特征向量。动力系统中，最大特征向量的增长较其他模态快得多。ECMWF 采用这个方法产生集合预报的扰动。

（5）观测扰动技术

用类似于 Monte Carlo 的随机噪声代表观测误差，对观测资料加以扰动，每个扰动的同化分析周期都是独立的，由此产生独立初始分析场，通过积分模式得到预报结果。

（6）综合扰动技术

用初始扰动场与不同动力模式、不同的物理过程参数化方案组合产生集合预报，这是加拿大（CMC）采用的方法。他们用增长模繁殖法产生一套扰动初值，用两个动力模式（全球谱模式和全球格点模式），每个动力模式选取若干个不同的物理过程参数化方案组合，由此形成集合预报系统。

以上各方法之间的对比见表 7.12。

表 7.12　初值扰动技术的优缺点对比及应用部门

方法	优点	缺点	应用部门
时间滞后法 （LAF）	①考虑了与动力模式的协调 ②简单,容易实现,计算量小	①增加样本困难 ②难以确定每个初始场的统计权重 ③发散度不确定	①中国气象局 ②日本气象厅（多用于长期集合预报）
奇异向量法 （SVS）	①较好处理资料同化中许多不定量的假设 ②容易增加集合预报成员数 ③中高纬扰动结构与物理意义明确 ④容易捕获分析误差 ⑤可以确定最快的扰动发展方向,发散度好	①计算量大 ②忽略误差短期不增长的部分 ③扰动结构受同化分析中切线模处理过程影响,热带地区的扰动效果较差 ④扰动结构与模式大气层结构不一致	①ECMWF ②日本气象厅 ③中国气象局
增长模繁殖法 （BGM）	①计算量小 ②容易捕获分析误差 ③扰动结构与模式大气结构协调性较好	①忽略误差增长率及误差中短期不增长的部分 ②扰动振幅影响集合预报技巧 ③真实误差概率密度函数分布不可知	①NCEP ②日本气象厅 ③美国（海军）舰队数值海洋中心 ④南非气象局 ⑤加拿大气象中心
观测扰动技术	①计算量相对较小 ②容易捕获分析误差	①与动力模式不相协调 ②真实误差概率密度函数分布不可知	加拿大气象中心
综合扰动技术	①动力因子明晰 ②物理意义清楚	①难以确定最优扰动增长方向 ②难以确定最优的物理方案组合	加拿大气象中心

7.5.2.2　ECMWF 和 NCEP 的集合预报系统

ECMWF 最初采用的奇异向量法的原理是找出在预报初始时刻将来时段内（ECMWF 选取的时间长度是 2 天）增长最快的扰动结构,称其为"初始的奇异向量"。通过这些奇异向量的组合生成集合预报的初始扰动,是通过求预报初始时段内的大气线性化时间演变算子的奇异向量得到的。这些奇异向量大致代表了在预报初始时段内最不稳定的相空间的方向。1992 年欧洲中心的业务集合预报系统开始运行时,其基于奇异向量法的集合预报初始扰动的产生范围仅限于北半球中高纬地区。

NCEP 采用的增长模繁殖法则是在已有数值预报模式的基础上,通过模式的繁殖循环求取最快增长模,然后把最快增长模作为集合预报的初始扰动,并用以制作集合预报的方法。求取增长模的繁殖循环流程,该流程类似于数值预报的分析循环,不同的是分析循环只作控制预报,通常这一循环每 6 h 一次,每日 4 次,而繁殖循环除了作控制预报外还要作扰动预报。

NCEP 构造初始扰动的思路和 ECMWF 是相同的,即如果能计算出大气在预报初始时刻前后一段有限时间内最不稳定的几个模态,而这些不稳定模态的增长若与初值误差在预报过程中的增长很相似,则可用这些不稳定模态来构造初始场的扰动,可以把这种构造初始扰动的思路称为"有限时间不稳定模方法"。ECMWF 最初采用的"初始的奇异向量法"是求出预报初始时刻未来 2 天内最快增长的奇异向量,用这些奇异向量的组合作为集合预报的初始扰动,而 NCEP 的增长模繁殖法是直接用数值模式通过繁殖循环估计出预报初始时刻前一段时间内的最快增长模,就将其作为集合预报的初始扰动。可见,两者计算的最快增长模所处的时间段是不同的,一个在预报初始时刻后,而另一个在预报初始时刻前。实际上,用增长模繁殖法得到的最快增长模近似等于主奇异向量。

7.5.2.3　集合预报分簇技术

分簇方法目的是提取集合预报概率分布的最重要信息,将集合预报分成具有不同天气意义的几簇。分簇方法一般是用聚类分析原理对 500 hPa 环流分型。常用聚类分析类型如下:

(1)非系统聚类法

NCEP 的 ACC 逐步聚类法用距平相关系数(ACC)表示样本距离。首先寻找临近阈值的两个最不相似的成员,以这两个成员为凝聚点,计算其他成员与这两个凝聚点的距离,将达到临界值(如 ACC 大于 0.6)的成员分入最接近的一类。其次,在剩余的没有被分类的样本中用系统聚类法寻找最相似的两个成员,其他成员围绕着这两个成员分类,后一步骤不断重复,直至分类结束。这种方法的优点是强调最不相似的预报图形。

ECMWF 种子场聚类法和中央聚类法的基本原理与 NCEP 的 ACC 逐步聚类法近似,但样本距离用均方根误差(RMS),人为确定凝聚点。ECMWF 通过选择控制预报、高分辨率模式 T319、UK 统一模式、DWD 模式的四个预报场作分类种子场,其他扰动成员以它们为中心分类。ECMWF 的中央聚类法假设集合平均值就是集合成员的中心点,围绕着集合平均聚类。

(2)系统聚类法

系统聚类法是聚类分析最常用的方法。ECMWF 使用 Ward 的递推算法,样本距离定义为集合成员 500 hPa 高度场均方差(RMS),递推过程中,事先定义一个阈

值,当过程参数大于该阈值时,便终止聚类。ECMWF 事先规定的阈值有:

①分类总数超过某一值;

②某类内部方差超过某一绝对值(如分类标准差≤50 m)或者是一个相对大小值(如分类标准差小于总体方差的 50%);

③按分类标准定义的方差偏离该类平均(中心点)达一临界值(如 50%);

④某一类样本量超过一临界值(如 17 个成员即可满足集合分类选择)。

(3)管形聚类法(tubing)

管形聚类法基于以下三条假设:

①集合成员通常是单模态分布;

②实况最可能出现在集合平均附近;

③集合众数通常是不可信的,如果出现多模态,实况可能更接近于集合平均而不是集合众数。

管形聚类法的计算过程是:

①围绕集合平均聚类,得到集合中央类。中央类的成员被包围在临界方差值为半径的圆中。

②确定离集合平均距离最远的样本位置,定义它为第一类管端,以集合中心点到管端位置的连线为对称轴线,以中央类的半径为半径形成一个管柱,管柱的一端是集合中央类的边界,另一端是极远样本所在位置。落入管柱内的集合成员被归入第一管形类。

③这一过程反复进行,直至所有的成员都被聚类,同时遵循下面的原则,已被分入某管形类的成员不能成为管端,但仍可被归入另一管形类。

7.5.3 常用集合预报产品

集合预报在原理上又被称之为概率预报系统,其产品在应用中也不断得到扩展。业务中常用集合预报产品如下:

(1)集合平均

集合预报最基本的产品,将集合平均与集合发散或面条图结合起来,可反映出集合中的各成员对集合平均的贡献。

(2)集合发散

集合预报另一种基本指导产品,是集合平均的标准偏差,表示集合成员在集合平均周围的变化。

(3)聚类法

对大量的预报产品进行处理、合成、压缩。例如,ECMWF 早期使用 Ward (1963)聚集法;瑞典气象局使用的神经元法 Eckert(1995);ECMWF 的 Atger(1999)

管子法。聚类法注重集合的平均及其极值,找出集合预报中占主导地位和重要的部分(图7.25)。

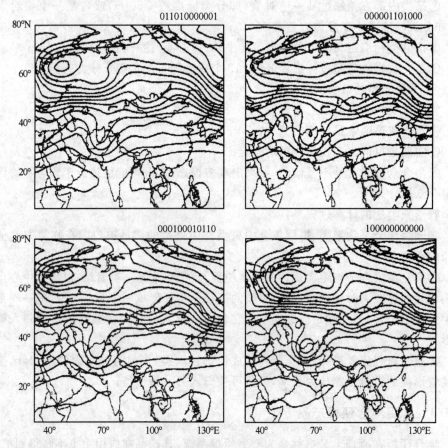

图7.25　使用聚类法得到的500 hPa高度场集合预报分簇平均图

(预报时间:1999年11月1日00时;时效:96 h;即1999年11月5日00时)

(段明铿 等 2004)

(4)面条图

将所有成员的特征等值线如500 hPa高度场的588线绘在一张图上,给出集合预报的可信程度。一般来说,特征线发散表示其可信度较低,反之特征线集中表示其可信度较高(图7.26)。

(5)要素概率预报

集合预报最重要和最综合的产品,如降水、10 m的风速、2 m温度及850 hPa温度距平在某一范围内的概率分布平面图(图7.27)。

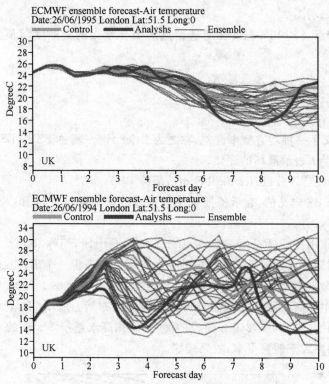

图 7.26　ECMWF 伦敦温度预报的集合预报（"面条"图）

（源自：ECMWF）

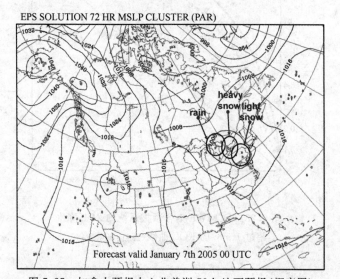

图 7.27　加拿大预报中心北美洲 72 h 地面预报（概率图）

（6）概率烟羽图

给出如降水、850 hPa 温度在所选站点的集合预报的离散度随预报时间的演变情况。

7.5.4　集合预报效果检验方法

（1）Brier 评分

Brier 定义了一种均方概率误差，称之为 Brier 评分（简称 BS）。BS＝0 表示概率预报最佳；BS＝1 表示最坏的评分。

（2）Brier 技巧评分（Brier Skill Score，简称 BSS）

它是基于 BS 定义的，表示预报对气候预报改进的程度。与 BS 相反，BSS 值越大预报就越好。

（3）相对作用特征（Relative Operating Characteristic，简称 ROC）

信号探测理论在数值天气预报中的一种应用。它考虑一个事件发生或不发生两种状态，根据命中率和假警报率绘成一曲线，称之为 ROC 曲线。ROC 曲线越靠近图的左上方，命中率高而假警报率低，预报越好，反之亦然。图 7.28 给出 ECMWF 集合预报系统的 96 h，144 h，240 h 预报的 24 h 累积降水超过 1 mm 的 ROC 曲线，可以看出其命中率大于假警报率，效果较好。

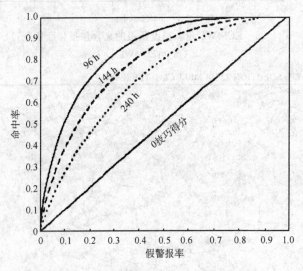

图 7.28　ECMWF 集合预报系统的 24 h 降水
超过 1 mm 的 ROC 曲线（源自：杨学胜等）

思　考　题

1. 一个完整的数值预报模式必须包括哪几个部分？

2. 概述日本气象厅数值天气预报模式的数值分析和预报系统流程。

3. WRF 模式中考虑了哪些物理过程及参数化过程？

4. 我国数值天气预报现状如何？

5. 数值预报误差分析分为哪两种？具体内容有哪些？降水预报误差分析多用什么方法？

6. 集合预报是如何分类的？

7. 常用的集合预报产品有哪些？

8. 简述集合预报系统的检验方法。

参　考　文　献

陈德辉,薛纪善. 2004. 数值天气预报业务模式现状与展望[J]. 气象学报, **62**(5):623-633.

陈静,陈德辉,颜宏. 2002. 集合数值预报发展与研究进展[J]. 应用气象学报, **13**(4):499-504.

段明铿,王盘兴. 2004. 集合预报方法研究及应用进展综述[J]. 南京气象学院学报, **27**(2):283-285.

冯汉中,陈静,何光碧,等. 2007. 长江上游暴雨短期集合预报系统试验与检验[J]. 气象, **32**(8):12-16.

关吉平,张立凤,张铭. 2006. 集合预报研究现状与展望[J]. 气象科学, **26**(2):228-229.

《广东省天气预报技术手册》编写组. 2006. 广东省天气预报技术手册[M]. 北京:气象出版社.

沈桐立,田永祥,葛孝贞. 2003. 数值天气预报[M]. 修订版. 北京:气象出版社.

王晨稀,端义宏. 2003. 短期集合预报技术在梅雨降水预报中的试验研究[J]. 应用气象学报, **14**(1):69-77.

王晨稀,姚建群. 2006. 上海区域数值预报模式集合预报系统的建立与试验[J]. 气象科学, **26**(2):127-134.

章国材,矫梅燕,李延香. 2007. 现代天气预报技术和方法[M]. 北京:气象出版社.

Kanamitsu M,等. 1989. 日本气象厅业务谱模式评述[J]. 毛贤敏,王雪晶,陈艳秋,译. 气象与环境学报,(2):51-56.

Newson R. 1982. 欧洲中期天气预报中心的业务系统[J]. 王诗文,译. 气象科技,(5):33-38.

第 8 章　数值预报产品释用

8.1　数值预报产品释用简介

8.1.1　引言

传统的天气预报业务是以天气图和历史资料为基础,以天气学、动力气象知识为理论并结合预报员的经验,以会商决策方式完成的定性为主的预报。而现代天气预报业务则需要客观化、定量化,要建立以数值预报产品为基础的综合预报方法与工具,其中如何更好地应用数值预报产品是关键。目前,数值模式报出的高空形势预报已超过有经验预报员的水平,但是对于地面要素的预报,尤其像降水、温度、风、云等要素预报准确率不高,影响了现代天气预报业务的水平。1965 年,美国国家气象局技术发展实验室首先提出了用数值天气预报与统计天气预报相结合的动力—统计预报方法来制作天气要素预报,这种方法就是数值预报产品的释用。

数值预报产品释用就是为了提高数值天气预报的准确率而对数值预报产品的进一步解释和应用,具体来说就是利用统计、动力、人工智能等方法,并结合实际预报经验,对数值预报的结果进行分析、订正,最终给出更为准确的客观要素预报结果或者特殊服务需求的预报产品。

数值预报产品释用的方法很多,大体上可分为几类:①统计释用方法,包括常用的 MOS(模式输出统计)方法、PP(完全预报)方法、卡尔曼滤波方法等;②人工智能方法,包括神经网络方法、专家系统等;③以动力学原理为基础而无需大量统计的动力释用方法;④和预报员主观预报经验与能力相关的天气学释用方法。

8.1.2　国内外情况

美国从 20 世纪 50 年代末进行 PP 试验,60 年代投入业务运行,70 年代 MOS 方法进入业务运行,70 年代以来其他发达国家也相继开展了 MOS 方法和 PP 方法的试验或业务运行。目前,用于业务系统的预报方法主要有 MOS 方法、相似预报方法、动力释用方法。

美国的区域模式的 MOS 方法业务化程度很高,其预报要素包括降水概率、温度、强对流指数等;英国用于业务的数值预报产品释用方法主要是卡尔曼滤波方法,它所使用的模式主要是全球模式;加拿大利用 PP 方法制作降水概率预报,并在预报系统之后接上了一个误差反馈系统,以此来订正系统误差,同时还利用 PP 方法制作云量、气温、空气质量预报,利用相似方法制作降水概率、云量和风的预报;日本的精细化气象要素预报主要是利用卡尔曼滤波方法预报温度,MOS 方法预报云量和降水。

我国对数值产品释用技术的研究始于 20 世纪 80 年代,且很快就与预报业务紧密结合。吉林省气象台和江苏省苏州气象台在 20 世纪 80 年代初就利用我国的 B 模式开展了 MOS 预报业务。兰州区域气象中心从 1989 年开始利用国家气象中心 T42L9 半球谱模式预报产品作为大尺度环流背景场,进行更细网格有限区域嵌套预报。国家气象中心的夏建国开展了数值产品的暴雨动力释用预报方法的试验研究,于 1994 年建成了预报系统并投入应用;苗春生等也采取人工智能方法建立了数值预报降水预报系统。

8.2　数值预报产品统计释用

数值预报产品统计释用国内外主要以 MOS 方法和 PP 方法为主。MOS 方法和 PP 方法的数学基础就是通常的统计预报方法,包括回归方法、判别方法、聚类方法等,但习惯上把回归分析方法的模式输出统计预报叫做 MOS 方法或 PP 方法。MOS 方法和 PP 方法的数学基础虽然是一致的,但它们的预报思路却不完全相同。

8.2.1　模式输出统计(MOS)

Glathn 和 Lowry(1972)提出了模式输出统计(MOS)法。具体做法是:将数值预报的历史因子值与预报要素的历史实况建立统计关系(预报方程),预报时把数值预报输出的相关结果代入模式的预报因子。MOS 方法对模式的系统性误差有明显的订正能力,数值模式不必有很高的精度,只要模式预报误差特征稳定就可以得到比较好的 MOS 预报效果。目前,MOS 预报在国内外天气预报业务中广泛使用,是数值预报产品释用方法中较为成熟的技术。MOS 预报的对象既可以是定点气象要素预报,也可以应用于不同的天气系统或不同的天气类型的预报预测中。值得注意的是,MOS 预报是一种线性预报方法,在预报如降水量这类天气要素时,效果不是很理想;此外,在建 MOS 方程时,对数值预报产品历史资料要求较高,要求有较长一段时期数值模式稳定的历史资料(统计样本要足够多),这对于我国数值预报模式不断升级变化的历史阶段,建立有效稳定的 MOS 预报方程是困难的。

8.2.1.1　基本原理

MOS 法(Model Output Statistics Method)。MOS 方法是直接用数值模式产品作为预报因子,并与预报时效对应时刻的天气实况(预报对象)建立统计关系:

$$\hat{y}_t = f_3(\hat{x}_t) \tag{8.1}$$

在实际使用中,只需把数值模式中输出的结果 $\hat{x}_t$ 代入(8.1)式,即可得到我们所需要预报对象 $\hat{y}_t$ 的预报结论。

MOS 方法优点:能自动地修正数值预报的系统性误差,如某数值模式对低压中心强度的预报有规律的偏小,那么根据这种预报强度偏小的低压中心与实际天气区的关系建立起来的统计关系式,仍然可以把天气区预报在与实际天气区相近的位置上。也就是说,如果某种数值预报产品对我们建立统计方程要用到的预报因子的预报不够准确,那么 MOS 的预报精度要优于 PP 法。能够引用实况资料中不容易取到的预报因子,如垂直速度、边界层的风、辐散、涡度和三维空气轨迹等。此方法不足之处是利用数值预报产品来建立预报关系式的,因此预报关系式依赖于数值模式,往往数值模式一旦有了改进或变动,就会在某种程度上影响 MOS 预报的效果,人们必须等待新模式有了足够预报样本个例后才能重建稳定有效的预报关系式。

8.2.1.2　应用举例

(1)精细化 MOS 相对湿度预报方法研究

陈豫英等(2006)曾用 MOS 方法作了宁夏地区 2004 年 5—9 月逐时相对湿度的预报试验,取得了较好的效果,大致思路如下:

①采用目前在国外比较成熟的 MOS 预报业务中预报因子的处理方法,将数值预报产品的格点预报值直接内插到站点上作为站点的预报因子,再与站点的预报对象建立预报方程;

②在考虑宁夏地形、气候背景以及影响相对湿度变化等各项条件后,根据人工经验,初选预报因子,计算预报因子时需对各物理量先进行标准化处理,本实验采用方差标准化处理;

③在预报对象与预报因子单点相关普查的基础上,选取相关系数大而且相互独立的高相关因子按不同站点、不同时次分别建立因子库,并依据相关系数大小,按能通过 0.05 显著性 t 检验的标准对因子库进行排序筛选,剔除一些与预报量相关不大而且物理意义不明显的因子,将最后入选的因子和实况按对应关系建立逐站逐时回归方程;

④同时采用多元线性回归和逐步回归建立 MOS 预报方程,其中求解回归系数采用最小二乘法和乔里司基(Kholesky)分解法(即平方根法);

⑤预报结果预处理:相对湿度呈连续的、有规律的变化,对历史拟合率和预报试验情况分析发现,个别站点、个别时次有时会出现预报值异常偏高或偏低,为了降低这种由于统计方法带来的误差,采用 5 点 3 次平滑方法对 48 个时次的预报值进行平滑。

预报结果:通过对数值预报产品的释用,确实使要素预报比模式直接输出的预报效果有明显提高,实践证明 MOS 方法制作 48 h 逐时相对湿度预报结果是可用或可参考的,但出现特殊或转折性天气时,该方法与一般的统计方法类似,预报结果不稳定,误差变率起伏波动大。

(2)基于 MM5 模式的精细化 MOS 温度预报

陈豫英等(2005)运用 2002 年 9 月到 2003 年 8 月 MM5 模式每隔 1 h 的站点基本要素预报场和物理量诊断场资料,以及相应时段内宁夏 25 个测站的温度自记观测资料,同时采用多元线性和逐步回归两种 MOS 统计方法,预报宁夏 25 个测站 48 h 逐时温度。

具体方法:将 MM5 数值预报产品的格点预报值直接内插到站点上作为站点的预报因子,再与站点的预报对象建立预报方程。

内插方法:$V_S = \dfrac{\sum\limits_{i=1}^{N}(V_i \cdot W_i)}{\sum\limits_{i=1}^{N}(W_i)}$,其影响权重函数采用 Cressman 客观分析方法

函数进行计算:

$$W_i = \begin{cases} \dfrac{R_0^2 - R_i^2}{R_0^2 + R_i^2} & (R_i \leqslant R_0) \\ 0 & (R_i > R_0) \end{cases}$$

式中,V_S 为站点因子值,V_i 和 W_i 分别为第 i 个网格点的数值预报值和该格点对站点 S 影响的权重函数。

预报方程建立前,先进行人工初选预报因子,接着进行预报因子与预报对象的相关性分析并依据相关系数大小,按能通过 0.05 显著性 t 检验的标准对因子库进行排序筛选,按不同季节、不同站点、不同时次分别建立因子库。实况温度按对应关系建立分季逐站逐时回归方程,对多个因子用多元线性回归和逐步回归方法。本例中同时用这两种方法建立 MOS 方程,其中求解回归系数采用最小二乘法和乔里司基(Kholesky)分解法。针对这两种不同的统计方法,采取不同建模方式。最后采用五点三次平滑方法对 48 个时次的预报值进行平滑。

结果分析:通过多元线性回归和逐步回归两种方法建立的逐时温度 MOS 方程,无论是准确性还是稳定性,都比 MM5 模式直接输出的预报有明显提高,而且 24 h

极端温度 TS 评分个别月份接近甚至超过预报员,说明该方法制作 48 h 逐时温度预报结果是可用的,但在天气变化剧烈、出现极端天气时,该方法与一般的统计方法类似,误差增大。

该实验中,通过分析所选的温度预报因子发现:多元回归取 15 个相关最好的因子预报效果最佳,逐步回归因子数控制在 20 个以内预报效果最好,而且所选的因子随季节、站点、时次不同而改变,但入选方程的因子多是与本地温度有关的中低层物理量,考虑到宁夏区域性差异,对于海拔>1500 m 的测站,850 hPa 及其以下的因子慎用。

本方法的 MOS 预报只选用了 MM5 模式的输出产品,使其预报质量严重依赖于模式预报的准确性,若在建立 MOS 预报方程时,适当考虑增加一些测站的实况因子,如本站温、压、湿等与温度相关的基本要素场资料或组合因子,可能会有更好的预报效果。

(3)基于 MM5 模式的站点降水预报释用方法研究

陈力强(2003)利用 MM5 模式对 1997 年到 1999 年 6—8 月进行了逐日反算,每天 08 时、20 时分别积分 48 h,得到样本长度为 552 的 MM5 模式输出产品,建立县级站点定量降水 MOS 预报模型。

具体方案:

①将影响辽宁降水的天气模型归纳为降水的动力诊断模型,根据动力诊断模型构造多个能够综合反映降水模型特征的物理因子:

水汽因子:水汽因子包括低层水汽辐合项(D_q)和水汽的上下游影响项(Q_v),分别表示水汽的辐合和输送。水汽辐合项(D_q)由 925 hPa,850 hPa,700 hPa 3 层水汽通量散度(D_i)和表示;水汽的上下游影响项(Q_v)由预报站点南部 925 hPa,850 hPa,700 hPa 3 层水汽通量(Q_f)和表示。具体表达式为:

$$\left.\begin{aligned} D_q &= D_{i700} + D_{i850} + D_{i925} \\ Q_v &= Q_{f700S} + Q_{f850S} + Q_{f925S} \end{aligned}\right\} \tag{8.2}$$

冷暖空气强度因子:冷暖空气强度因子包括高低层冷暖空气对比项(T_v)、能量输送项(T_h)、锋生及锋区强度项(F)和总能量(E)项。高低层冷暖空气对比项(T_v)由预报站点低层(850 hPa)南部与中高层(500 hPa)北部温度平流(T_a)差表示。能量输送项(T_h)由预报站点南部 850 hPa θ_{se} 平流表示。锋生及锋区强度项(F)由 700 hPa 的锋生函数表示。总能量(E)项由中低层 500 hPa,700 hPa,850 hPa 假相当位温和表示。主要表达式为:

$$\left.\begin{aligned} T_v &= T_{a850S} - T_{a500N} \\ T_h &= (-V \cdot \nabla \theta_{se})_{850S} \\ E &= \theta_{se500} + \theta_{se700} + \theta_{se850} \end{aligned}\right\} \tag{8.3}$$

大气层结因子:大气层结因子包括 K 指数和整层水汽饱和度项(H)。整层水汽饱和度项(H)由 500 hPa,700 hPa,850 hPa 3 层温度露点差(T_{td})和表示。具体表达式为:

$$H = T_{td500} + T_{td700} + T_{td850} \tag{8.4}$$

上升运动因子:上升运动因子包括上升运动项(W)和螺旋运动项(V_o)。上升运动项(W)包含高层辐散(200 hPa 散度),低层辐合(850 hPa 散度)及中层(500 hPa)正涡度平流;螺旋运动项(V_o)包含低层正涡度(850 hPa 涡度),高层负涡度(200 hPa 涡度),中低层上升运动(700 hPa 上升运动)。具体表达式为:

$$W = D_{200} - D_{850} + V_{v500} \tag{8.5}$$

式中,D 为散度,V_v 为涡度平流。

$$V_o = \zeta_{850} - \zeta_{200} - \omega_{700} \tag{8.6}$$

式中,ζ 为涡度,ω 为垂直速度。

由于无雨的气候概率最大,所以,首先将降水量划分为有雨和无雨两档,有雨用 1 表示,无雨用 0 表示,以建立晴雨预报方程,即概率预报方程。然后对有雨的个例再进行正态化处理,本实验采用了两套方案即分级处理和开 4 次方处理。将预报分为晴雨预报和有雨雨量预报两步,不但使它们的预报对象基本服从正态分布,建立的统计方程会更加稳定,而且极大地减小了降水的空报次数。

从表 8.1 可以看出,正态化处理后降水的相关系数明显高于原始降水的相关系数,而开 4 次方与分级降水之间的差别不大。降水、K 指数、总能量、能量输送、水汽上下游效应、水汽饱和度等预报因子的相关系数都通过了 $\alpha = 0.05$ 的显著性检验。这样初选降水、K 指数、总能量、能量输送、水汽上下游效应、水汽饱和度、冷暖空气、螺旋运动为建立预报方程的预报因子。

表 8.1　沈阳站预报因子与不同预报对象相关系数

预报因子	晴雨		原始		开 4 次方		分级	
	36	48	36	48	36	48	36	48
降水	0.53	0.54	0.57	0.54	0.66	0.64	0.68	0.59
K 指数	0.42	0.36	0.25	0.28	0.42	0.40	0.42	0.38
总能量	0.46	0.39	0.43	0.52	0.54	0.56	0.51	0.46
饱和度	−0.45	−0.35	−0.29	−0.32	−0.44	−0.40	−0.45	−0.34
水汽效应	0.37	0.16	0.47	0.66	0.48	0.46	0.46	0.25
能量输送	0.28	0.21	0.38	0.59	0.47	0.46	0.46	0.28
冷暖空气	0.32	0.20	0.23	0.06	0.24	0.23	0.25	0.15
水汽辐合	−0.21	−0.16	−0.21	−0.54	−0.23	−0.41	−0.26	−0.15
螺旋运动	−0.20	−0.16	−0.20	−0.47	−0.18	−0.33	−0.23	−0.20
Q 锋生	0.15	0.13	0.18	0.37	0.22	0.26	0.22	0.09
上升运动	0.12	0.10	0.23	0.30	0.23	0.17	0.22	0.10

②预报模型建立:应用线性逐步回归方法,根据初选的预报因子和正态化处理后的预报对象逐站建立 36 h,48 h 降水预报模型,每站的预报模型分为两个模块,即晴雨预报(概率预报)模块和雨量预报模块,当晴雨预报模块预报有降水才启动雨量预报模块。为提高预报方程的稳定性,最后进入方程的预报因子控制在 5 个左右。以沈阳站 12~36 h 晴雨预报为例,进入预报方程的预报因子有:降水、K 指数、水汽饱和度、低层水汽辐合、水汽上下游效应。

③结果分析:该预报模型在 2001 年和 2002 年汛期进行了业务试运行,经过统计分析预报准确率较原 MM5 模式预报有一定提高,而且各类预报都是有技巧预报,与日常业务预报水平相当,特别是一般降水的 24~48 h 预报较原模式提高比较明显,另外对暴雨的预报也有一定改进,但对一般降水 12~36 h 预报改进不大。2001 年汛期,辽宁省出现了 8 次强降水过程,该系统 6 次预报基本正确,其余 2 次在强度和预报时效上有差异,特别对 7 月 3—4 日过程、7 月 21 日过程提前 48 h 作出准确预报;对 8 月 1—2 日过程、16—17 日过程提前 24 h 作出准确预报。2002 年汛期辽宁出现了 3 次区域性暴雨,该模型也作出较正确的预报。所以,该预报模型对夏季降水有较高的预报能力。

8.2.2 完全预报法(PP 法)

早在 20 世纪 60 年代,美国气象学者克莱因提出了用历史资料、与预报对象同时间的实际气象参量作预报因子,建立统计关系。预报时,假定数值预报的结果是"完全"正确的(Perfect),然后用数值预报产品代入到上述统计关系中,就可得到与预报相应时刻的预报值,这就称为完全预报法(PP 法)。PP 方法与 MOS 方法不同之处主要是 PP 方法以预报因子的客观分析历史值(实况)同预报要素的历史实况建立统计关系(预报方程),而不是利用模式输出的结果与预报对象建立统计关系。这种方法可利用大量的历史资料进行统计,因此得出的统计规律一般比较稳定可靠,且预报正确率随着数值预报模式水平的提高而提高。但是该方法除含有统计关系造成的误差外,主要是无法考虑数值模式的预报误差,因而使预报精度受到一定影响。

8.2.2.1 基本原理

PP 方法是一种在历史资料中预报量和预报因子的同时相关关系,即在建立统计预报方程时,预报对象和预报因子是同时的实况观测值或者诊断值,实际预报代入预报方程的预报因子是输出的数值预报产品,且用历史天气资料稍作加工可以得到的量,其推导的统计方程可以写为:

$$\hat{y}_t = f_2(x_t) \tag{8.7}$$

$\hat{y}_t$ 是时刻 t 的应变量(预报量) y 的估计(预报)，x_t 是能用数值模式报出的气象要素(自变量)。(8.7)式不是一个预报关系式，而是一个大气物理量间的统计关系式。使用 PP 法作预报时，假定数值预报的结果完全正确，将数值模式的输出 $\hat{x}_t$ 代入(8.8)式，其关系式为：

$$\hat{y}_t = f_2(\hat{x}_t) \tag{8.8}$$

例如，用 n 小时数值预报产品输出的 $\hat{x}_t$ 代入(8.8)式，即可得到预报对象 $\hat{y}_t$ 的 n 小时预报结论。

　　PP 法的基础是假定模式输出的与实测值完全一致的，所以称为完全预报法。这种方法的优点是能从长期的历史资料中导出稳定的统计关系式，在没有足够长的数值预报产品的情况下也能制作，在数值模式改变时也不必重建关系式，因此，不会影响数值预报业务的连续运行。但是，数值预报结果相对于实况是有误差的，因此用模式输出做统计预报必然会产生相应的误差，一旦 $\hat{x}_t$ 有误，立即影响预报值 $\hat{y}_t$。不过在数值模式不断改进的情况下，PP 法也会自动随之提高准确率。PP 法的统计关系不受数值模式的影响，所以，可以同时使用几种不同的数值预报产品，然后进行集合，这样结果一般会更可靠些。

8.2.2.2　应用举例

(1)江苏省夏季最高温度定量预报方法

①以江苏省徐州、南京、射阳 3 个探空站 2002—2006 年 7—8 月逐日观测资料为基础，选取了影响最高温度变化的因子；

②利用逐步回归方法建立了以徐州、南京、射阳 3 地为中心的区域预报模型；

③利用高斯权重插值方法将预报场的格点资料插值到江苏各站点；

④通过 PP 法用数值预报要素值代入预报模型，完成了预报地区最高温度的定量预报。本节仅以南京地区当日最高温度预报模型为例：

预报方程为：

$$
\left.
\begin{aligned}
T_{\max 1} &= 3.485 + 0.939 T_{08} + 0.263 T_{850-20} - \\
&\quad 0.017 R_{H850-08} - 0.016 R_{H850-20} \qquad (R^2 = 0.81) \\
T_{\max 2} &= 4.19 + 1.11 T_{08} + 0.166 T_{850-20} - 0.014 R_{H850-08} - \\
&\quad 0.019 R_{H850-20} + 0.074 \Delta H_{500-20} \qquad (R^2 = 0.81) \\
T_{\max 3} &= 3.339 + 0.957 T_{08} + 0.24 T_{850-20} - 0.016 R_{H850-08} - \\
&\quad 0.015 R_{H850-20} + 0.106 \Delta H_{500-20} \qquad (R^2 = 0.82)
\end{aligned}
\right\} \tag{8.9}
$$

以上模型中的 $T_{\max 1}$，$T_{\max 2}$，$T_{\max 3}$ 分别代表不同变量因子建立模型预报的最高温度。

T_{08} 是南京当日 08 时的气温；T_{850-20} 是南京 20 时 850 hPa 温度；$R_{H850-08}$ 为南京

08 时 850 hPa 相对湿度；$R_{H850-20}$ 为南京 20 时 850 hPa 相对湿度；ΔH_{500-20} 为南京上空 20 时 500 hPa 变高；R^2 是回归模型的复相关系数的平方。利用当日最高温度预报模型进行回代检验其效果如图 8.1 所示，从图中可见实际预报效果比较好，变化趋势也比较一致。证明模型本身所选预报因子较为科学，对温度变化具有一定的预报能力。但就预报的具体数值看仍有一定的偏差，各模型均是在温度偏高时预报效果较好，而最高温度较低时预报效果较差。在出现温度连续稳定变化时，预报效果较好。特别是出现转折性温度变化时预报值与实际值差距较大。这些结果的产生可能和样本的性质有一定的关系，本模型的样本大部分是高温日数样本而转折性日数样本较少，结果产生预报模型的系统性误差。模型效果检验要从长期的实际预报中来体现，为此，对 2007 年 7—8 月实际预报情况进行了统计检验，结果显示，总体平均绝对误差为 1.35℃，和实况资料的回代结果差别不大，预报效果比较理想。为了解误差产生原因，对预报误差较大的时段和误差小的时段和地区进行了反查，当出现预报误差较大时并不仅仅是模型本身的问题，数值预报误差而造成的系统误差也是重要原因，这时就需要进行误差订正。误差订正时首先考虑误差来源问题，是系统误差还是偶然误差，若是系统误差，其大小可以测定且具有一定的规律性，可以根据一段时间的检验来进行模型订正。而偶然误差的订正相对比较麻烦，且判断比较困难，需要根据对预报模型的分析来讨论偶然误差。

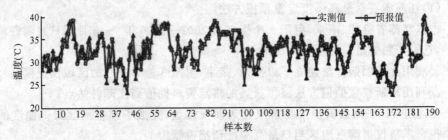

图 8.1　南京最高温度预报值与实测值效果检验

（2）完全预报（PP）方法在广东冬半年海面强风业务预报中的应用

林良勋等（2004）分别用 59321（东山）、45045（香港）和 59673（上川）观测站作为粤东海面、粤中海面和粤西海面的强风代表站，利用 1990—1999 年共 10 年历史天气图的地面气压和有关强风代表站的地面风资料，进行客观分析，把相关的气压要素内插到与日本数值预报模式一致的网格点上；制作预报时使用日本数值预报模式每日输出的未来 120 h 内各预报时效相应地面气压场和风场（1.25°×1.25°）格点资料。通过大量历史个例的对比和检验分析，构造出影响广东海面强风的关键区域（图 8.2）。

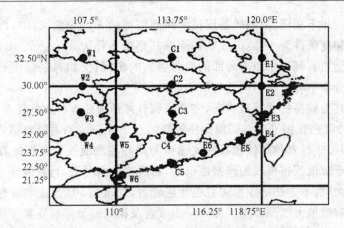

图 8.2　广东海面强风关键区及关键点分布图

　　其中,关键点 W_i,C_i 和 E_i($i=1,2,3,4$)用于地面气压场的客观定量分型;其余关键点用于各气压分型下各海面强风的因子判别及预报。W_i,C_i 和 E_i($i=1,2,3,4$)的地面气压值 p 分别代表了海面强风的关键区域的西部、中部和东部的气压分布特征。定义:

$$
\left.
\begin{array}{ll}
p_w = \left(\sum p_{wi} \right)/4 & (i = 1,2,3,4) \\
p_c = \left(\sum p_{ci} \right)/4 & (i = 1,2,3,4) \\
p_e = \left(\sum p_{ei} \right)/4 & (i = 1,2,3,4)
\end{array}
\right\}
\qquad (8.10)
$$

式中,p_w,p_c 和 p_e 分别为关键区西部、中部和东部的平均气压。计算 p_w,p_c 和 p_e 的最大值 p_{MAX},即:$p_{MAX}=\text{MAX}(p_w,p_c,p_e)$。如果 $p_w=p_{MAX}$,则定义气压场分型为西高型;如果 $p_c=p_{MAX}$,则定义气压场分型为中高型;如果 $p_e=p_{MAX}$,则定义气压场分型为东高型。如果 p_w,p_c 和 p_e 有其中任意二个值同时为最大值或三个值相等时(这种情况极少出现),则定义气压场分型为中高型。统计分析发现,这种极少出现的气压分布情况(大约占样本的 1.5%)其相应的海面强风特点也与中高型的强风特点相似。再根据经验加统计的因子挑选并经过信度检验用点 $W5$ 和点 $W6$(见图 8.2)的气压差 Δp_{w5w6} 作为粤中、粤西部海面偏北强风的预报判别因子之一;用点 $E3$ 和点 $E6$ 的气压差 Δp_{e3e6} 作为粤东海面东北强风的预报判别因子;用点 $E5$ 和点 $C5$ 的气压差 Δp_{e5c5} 作为粤中海面偏东强风的预报判别因子之一;用点 $C5$ 和点 $W6$ 的气压差 Δp_{c5w6} 作为粤西海面偏东强风的预报判别因子之一等。

　　从三种气压分型广东各海面各预报风级的预报判别因子阈值表(表略)可以看出:预报风级的大小与相应的气压梯度成正比,即预报可能出现的强风风级越大,它要求对应的气压梯度也越大;预报海面和预报风级相同,而气压分型不同,它要求对应的气压梯度却不相同,如同样是预报中西部海面的 6 级偏北风,中、西高型时要求对应的气压梯度条件为 $4<\Delta p_{w5w6}\leqslant7$,而东高型的条件为 $5<\Delta p_{w5w6}\leqslant7$,说明中、西高型比东高型更有利于中西部海面的偏北强风的出现;又如粤东海面 6 级东北强风在三种气压分型中有三种不同的气压梯度。

本方法具有较高的预报准确率,完全达到日常预报业务的质量要求;特别是预报时效长达 120 h 的预报准确率仍能保持较高的水平(图 8.3),对资料格式作适当的修改,本方法即可进行其他数值预报模式输出的产品在海面强风预报的释用。但本方法比较依赖于数值预报模式的预报准确率,在极少数情况下,当数值预报模式输出的预报误差较大时,本方法的预报误差也相应较大,这也是 PP 方法今后有待进一步完善之处。随着数值天气预报模式的进一步改善及模式的形势和要素预报能力的进一步提高,数值天气预报输出产品的统计解释应用方法将成为提高海面强风预报能力的更有效的途径之一。

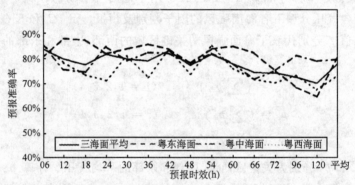

图 8.3　120 h 内各预报时效海面强风风级预报准确率分布图

8.2.3　卡尔曼滤波

卡尔曼滤波方法是一种统计估算算法,通过处理带有误差的实际测量数据而得到所需物理参数的最佳估算值。它的主要优点在于:能够根据前一时刻的预报误差大小及其他统计量的变化来调整预报方程的系数。它不仅利用了样本所提供的信息,同时也吸收了前一时刻预报方程的反馈信息,从而有利于提高预报精度。利用卡尔曼滤波方法可对数值预报产品进行统计释用,主要适用于制作连续性的天气要素湿度、风速特别是温度的预报。卡尔曼滤波方法与 MOS 和 PP 方法相比,有两大特点;一是所需历史资料少,便于建立方程,并且能够适应不断更新的数值预报模式;二是所建立方程的通用性好,使用期限长,便于实际业务应用。图 8.4 为 ECMWF 模式温度预报与卡尔曼滤波温度预报,我们可以看出,利用卡尔曼滤波方法进行温度预报具有较高的准确率。

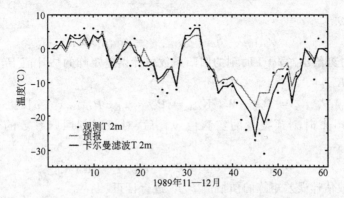

图 8.4　ECMWF 模式温度预报与卡尔曼滤波温度预报

8.2.3.1　卡尔曼滤波基本原理

统计预报方法的最通常的一种做法是在预报量和预报因子间建立回归方程。根据这些统计关系(即回归方程式)可作出相应气象要素或天气现象的预报。回归方程的一般形式为：

$$y = b_0 + b_1 x_1 + b_2 x_2 + \cdots + b_m x_m \tag{8.11}$$

一般而言,要得到稳定可靠的统计关系,要求样本数量至少为数百个。而卡尔曼滤波采用一种新的思路：只用少量样本(少于 100 个)建立回归方程,然后根据前一时刻的预报误差来订正回归(预报)方程中的回归系数。

卡尔曼滤波方法要求滤波对象是离散时间线性动态系统,假定某些气象预报对象是具有这种特征的动态系统,可用下列两组方程来描述：

$$y_t = b_{0t} + b_{1t} x_1 + b_{2t} x_2 + \cdots + b_{mt} x_m + e_t = (b_t)' x + e_t \tag{8.12}$$

$$b_{t+1} = \Phi_t b_t + \varepsilon_t \tag{8.13}$$

式(8.12)对应于回归方程(8.11),在卡尔曼滤波中称为量测方程,其中 y_t 为预报变量在 t 时刻的实际观测值,$x = (x_1, x_2, \cdots, x_m)'$(这里上面加一撇表示转置,下同)为预报因子向量,$b_t = (b_{0t}, b_{1t}, b_{2t}, \cdots, b_{mt})'$ 为 t 时刻的回归系数向量,e_t 为量测(预报)误差,是一个随机量,其方差为 v。式(8.13)在卡尔曼滤波中称为状态方程。将回归系数向量 b_t 作为状态向量,它是变化的,用该状态方程来描述其变化。Φ_t 为转移矩阵,在数值预报产品的统计释用的问题中其值难以确定,一般简单地将其取为单位矩阵。尽管这是一个缺陷,但目前没有更好的办法。ε_t 为动态噪声向量,与随机量 e_t 相互独立,两者为均值为零的白噪声。ε_t 的误差方差矩阵为 W。由式(8.12)、式(8.13)和上述关于 e_t, ε_t 的假定,运用广义最小二乘法,可得到(推导过程繁琐,这里省略)下面一组卡尔曼滤波技术应用于数值预报产品释用时的递推公式：

①在 t 时刻作对 $t+1$ 时刻的回归系数估计,进而给出对预报量在 $t+1$ 时刻的估

计值(预报值)：

$$\hat{b}_{(t+1)/t} = \hat{b}_{t/t}, \quad \hat{y}_{(t+1)/t} = (\hat{b}_{t+1/t})'x; \tag{8.14}$$

②在 t 时刻给出对 $t+1$ 时刻的回归系数估计误差矩阵的估计值 $P_{(t+1)/t}$，进而给出增益向量 K_{t+1}：

$$P_{(t+1)/t} = P_{t/t} + W, \quad K_{t+1} = P_{(t+1)/t}x[x'P_{(t+1)/t}x + v]^{-1} \tag{8.15}$$

③得到 $t+1$ 时刻预报量的实测值 y_{t+1} 后，对该时刻回归系数的估计值进行订正：

$$\hat{b}_{(t+1)/(t+1)} = \hat{b}_{(t+1)/t} + K_{t+1}[y_{t+1} - \hat{y}_{(t+1)/t}] \tag{8.16}$$

并对回归系数估计误差矩阵的预估值 $P_{t+1/t}$ 进行订正：

$$P_{(t+1)/(t+1)} = (I - K_{t+1}x')P_{(t+1)/t} \tag{8.17}$$

④将值 $t+1$ 赋给 t，即可进行下一个递推段的计算。

为了启动上述递推过程，需要给定回归系数向量及其估计误差矩阵的初始值 $\hat{b}_{0/0}$ 和 $P_{0/0}$ 量测方程随机误差的方差 v 和状态方程模型误差方差矩阵 W。$\hat{b}_{0/0}$ 值通常由开始少量历史资料用最小二乘回归方法进行估计，而 $P_{0/0}$ 可以简单地取为 0 矩阵，也可根据经验对 0 矩阵作一定的修正。v 值的选取可通过初始回归方程的残差平方和进行估计。而状态方程中模型噪声 ε_t 的误差方差矩阵 W 的估计不能显而易见地给出，需要凭经验反复试验确定。

8.2.3.2　应用举例

(1)北京地区卡尔曼滤波温度和风的预报方法

王迎春等(2002)曾用卡尔曼滤波方法建立北京的温度和风的预报方程，取得了较好的效果，其步骤如下：

①选取代表站并确定预报对象：选取 9 个有代表性的预报站点，分别是天安门、东直门、西直门、永定门、丽泽桥、怀柔、门头沟、房山、霞云岭。预报对象为各站点的当日 17 时到次日 20 时，时间间隔为 3 h 的风和气温以及日最低和最高气温。

②选取预报因子：考虑到近地面气温和风主要是受低层大气影响，故选取了 500 hPa 以下和地面的 14 个数值天气预报产品(表 8.2)作为候选预报因子。将模式格点预报值插值到预报站点上，用经验和最优回归方法进行相关性分析统计，挑选出最佳因子组合。其中，最低气温和最高气温的预报因子分别用 05 时和 08 时及 14 时和 17 时的气温平均值代替，而修正回归系数时使用的观测值是实际观测到的最低和最高气温。

表 8.2　14 个数值预报产品候选因子

层次	要素
500 hPa	T_1
850 hPa	T_2, U_5, V_8, RH_{11}
1000 hPa	T_3, U_6, V_9, RH_{12}
2(10)m	$T_4, U_7, V_{10}, RH_{13}$
地面	R_{14}

注：T 为气温，U 为风的东西分量，V 为风的南北分量，RH 为相对湿度，R 为降水，下标为因子的顺序号。

最后确定的预报因子：用于地面气温预报的因子为 T_4, T_2, V_8 和 RH_{13}；用于地面风 U 分量预报的因子为 U_5, T_2, T_4 和 RH_{12}；地面风的 V 分量预报因子为 V_8, T_1，T_2, RH_{12}。

③利用 2000 年 3 月、4 月和 5 月三个月的中尺度数值预报产品(预报时效为 36 h)和北京地区自动站观测资料建立初始回归方程，进而得到 $\hat{b}_{0/0}$。再给定其他三个起步参数 $P_{0/0}, v$ 和 W 启动卡尔曼滤波递推系统，并对 2000 年 6—10 月进行试预报。

④预报结果检验：图 8.5 为由卡尔曼滤波方法预报的天安门站 2000 年 10 月份最高、最低气温与实测值的逐日对比。从气温的变化起伏可以看出，预报的趋势与实况是基本吻合的，且 10 月季节的变化特征及气温的转折也可以反映出来，这说明卡尔曼滤波方法对数值预报产品的解释应用是有效的，具有较好实用价值。图 8.6 为天安门站 2000 年 10 月份最低气温三种预报模型的预报结果与实况的对比。图中 4 因子指的是使用 4 个预报因子的本方法确定的方程，单因子是指仅用 2 m 气温作为预报因子的方程计算所得结果，2 m 温度就是指 MM5 直接输出的 2 m 温度。从中可以看出，本方法所计算的预报结果好于模式直接输出的 2 m 温度，可见通过使用卡尔曼滤波方法对 MM5 的预报产品进行解释应用，地面温度的预报有明显的提高。

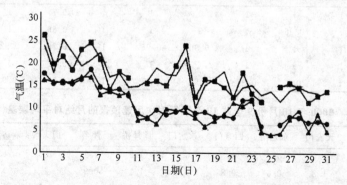

图 8.5　2000 年 10 月份天安门最低和最高气温 36 h 预报与实况对比
(—最高气温实况■最高气温预报▲最低气温实况●最低气温预报)

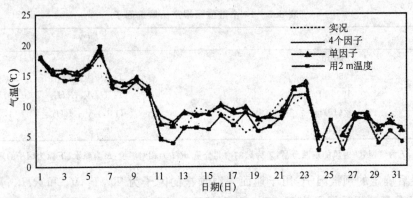

图 8.6　2000 年 10 月三种不同模型的天安门逐日最高气温 36 h 预报与实况的对比

　　通过 2000 年 6—10 月 9 个站卡尔曼滤波方法与会商室预报员的最低气温、最高气温预报准确率的对比(会商室的预报是指每天 15:30 预报会商后对外发布的当天夜间最低气温和第二天白天的最高气温预报准确率),我们把预报与实况的绝对误差小于 2.0℃ 视为准确,准确率为报对的次数除以预报的总次数。总体来看,该系统的预报准确率接近预报员水平,具有很好的参考价值。

　　表 8.3 和表 8.4 分别是 2000 年 9 个站 6—10 月 17 时的卡尔曼滤波方法的风向预报准确率和 2000 年 10 月份 9 个站 10 个预报时次风速预报的月绝对平均误差分析。由于北京地方性风为南风、北风,所以在分析风向的预报准确率时按东西南北 4 个方向来判断,由于风向的准确率较高,所以风速的月绝对平均误差多数小于 1.6 m/s 也是可信的。因此,如果按级别来预报风速,该系统是有指导意义的。

表 8.3　2000 年 9 个站 6—10 月逐日 17:00 风向预报月平均准确率(%)

月份	天安门	东直门	西直门	永定门	丽泽桥	怀柔	门头沟	房山	霞云岭
6	1	1	1	1	1	1	0.77	1	1
7	1	0.96	1	1	1	1	0.86	1	1
8	1	1	1	0.96	0.96	1	0.76	0.92	1
9	1	1	1	1	1	1	0.86	1	1
10	1	0.9	0.97	0.93	0.97	1	0.59	0.9	0.97

表 8.4　2000 年 10 月份 9 个站 10 个预报时次风速预报的月绝对平均误差(m/s)

	天安门	东直门	西直门	永定门	丽泽桥	怀柔	门头沟	房山	霞云岭
当天 17:00	1.4	0.7	0.8	0.7	1.2	1.1	1.5	1.2	1.1
当天 20:00	1.3	0.6	0.8	0.8	1.1	0.9	1	0.8	0.5
当天 23:00	1.3	0.5	0.6	0.5	0.8	1	0.6	0.9	0.8
第二天 02:00	1.6	0.6	0.6	0.9	1.2	0.8	0.9	0.7	0.8
第二天 05:00	1.5	0.7	0.6	0.8	1.5	0.9	0.9	0.7	0.5

	天安门	东直门	西直门	永定门	丽泽桥	怀柔	门头沟	房山	霞云岭
第二天 08:00	1.4	1.1	0.7	0.6	1.2	0.8	1.3	0.9	0.7
第二天 11:00	1.6	1	0.7	0.9	1.3	1.3	1.4	1.6	1
第二天 14:00	1.5	0.9	0.8	0.7	1.1	1.2	1.5	1	0.9
第二天 17:00	1.7	0.7	0.9	0.8	1.3	1.2	1.6	1.3	1.2
第二天 20:00	1.3	0.9	0.8	0.6	1	1.5	1.2	0.9	0.5

(2)用卡尔曼滤波制作河南省冬春季沙尘天气短期预报

梁钰等(2006)在分析河南省冬春季沙尘天气气候特征的基础上,筛选出 T213 数值预报产品中与风速和能见度相关性较好的预报因子,采用卡尔曼滤波方法,分站建立了河南省冬、春季的风速和能见度短期预报方程,并利用相应的沙尘天气分级量化标准,实现了河南省冬、春季沙尘天气的短期分站、分级预报。

具体方法:

①根据沙尘天气的定义及分级量化标准结合台站观测的实际情况,利用能见度(VV)和风速(V)初步给出了沙尘天气的分级量化标准(表 8.5)。

表 8.5　沙尘天气的分级量化标准

沙尘类型	能见度(km)	风速(m·s^{-1})
浮尘	$VV<10.0$	$V\leqslant3$
扬沙	$1.0<VV<10.0$	$3<V<6$
沙尘暴	$VV<1.0$	$V\geqslant6$

②由于卡尔曼滤波对象是离散时间的线性动态系统,因此,将沙尘天气这个不连续量的预报转化为对风速和能见度这两个连续量的预报。在进行风速和能见度预报因子的选取时,首先根据形势分析和物理量分析结论,选取了一些初级因子,并增加一复合因子,然后经过反复分析和相关性计算,确定最终入选因子。

③不同区域的站点,预报因子并不完全相同。

郑州站风速预报因子:(a)地面气压差 $X_1=p_{西安}-p_{郑州}$;(b)地面 24 h 变压差 $X_2=\Delta p_{24西安}-\Delta p_{24郑州}$;(c)1000 hPa 全风速 $X_3=V_{1000郑州}$;(d)温度梯度 $X_4=T_{850(郑州—北京)}$。

郑州站能见度预报因子:(a)500 hPa 高度差 $X_1=H_{500西安}-H_{500郑州}$;(b)近地面层稳定度 $X_2=T_{850郑州}-T_{1000郑州}$;(c)近地面层湿度项 $X_3=(T-T_d)_{1000郑州}$;(d)上升运动项 $X_4=\omega_{500郑州}$。

④利用 T213 数值预报产品的 6 h 物理量预报场,计算出所需的预报因子,并读取当日各站的风速和能见度实况,用卡尔曼滤波方法对预报方程系数进行修正后,实现风速和能见度的滚动预报。

结果分析:利用 2004 年 1—5 月的资料,对建立的沙尘预报方法进行了业务试验。从 11 个站的分站预报结果来看(表 8.6),扬沙和浮尘的平均预报准确率达到了60%以上,但沙尘暴的预报准确率较低,仅有 46.2%。造成准确率下降的主要原因是空报较多。分析空报原因将预报方法进行了后处理,增加了两条判别指标。(a)方程输出沙尘天气预报等级后,再利用该站前 15 天的降水实况与历史平均值进行对比,如果总降水量比历史同期偏多 20%以上时,该站沙尘天气预报结果降低一个等级(如方程预报结果为沙尘暴,则实际发布预报结论为扬沙,以此类推)。(b)如果预报站点前一天实况已经出现降水或 T213 数值产品预报 6 h 内有降水发生时,该站沙尘天气预报结果相应降低一个等级。这样就大大减少了空报率。

表 8.6　用卡尔曼滤波方法作全省沙尘天气预报的试验结果(2004 年 1—5 月)

24 h 预报项目	对(次)	空(次)	漏(次)	准确率
浮尘天气	38	15	7	63.3%
扬沙天气	35	16	7	60.3%
沙尘暴天气	6	5	2	46.2%

预报业务流程的建立:

建立了河南省冬春季沙尘天气短期预报业务流程(图 8.7)。此流程是在已经利用历史资料建立了风速和能见度的预报方程后运行的。

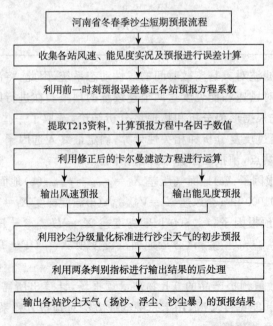

图 8.7　河南省冬春季沙尘天气短期预报业务流程图

8.3　数值预报产品动力释用

8.3.1　动力释用方法

数值预报产品的 PP、MOS、卡尔曼滤波等统计释用方法，由于采用的是统计学方法，需要大量的历史样本。而像 MOS 及卡尔曼滤波方法，还需要大量的数值预报产品历史资料积累，随着数值模式的改进和变动，样本资料的积累和收集就会成为不小的难题。动力释用则是采用非统计的方法来应用数值预报产品，以弥补统计预报的缺陷，是数值预报产品释用的另一种途径。

动力释用方法根据反映特定天气的概念模型或动力学背景条件的物理量，利用天气动力学原理分析判别这种特定天气出现的可能性。动力释用方法用到的物理量可能是比较复杂的综合量，比如，整层大气的水汽含量情况、层结的稳定情况、冷暖平流的情况、辐散辐合情况等。如果满足了所必需的天气动力学条件，故预报出现这种天气。这种方法多用于大范围降水的预报。特定天气出现的背景条件其判据依赖于预报员的天气学知识和实践经验，故目前成熟、实用的方法较少。动力释用方法在预报时是用模式预报结果，其优缺点类似 PP 方法。

8.3.2　应用举例

（1）强降水动力释用方法

国家气象中心夏建国设计的强降水动力释用方法是利用中国气象局武汉暴雨研究所 AREM 模式输出的风场、比湿场与垂直速度场，结合实况降水强度，预报华中区域的降水强度及降水量，取得了较好的效果，本节将以此为例，说明动力释用方法的应用。

该方法的基本思路是：在数值模式运行后，同时获得最新观测资料的 6 h 降水量基础上，推算出相应的降水强度和垂直速度，并用其来修正数值模式有关格点的垂直速度预报场，再近似计算未来 6～30 h 的降水强度及各 6 h 时段的降水量。其基本方法如下：

1）由 6 h 雨量推断降水强度

6 h 雨量 R_6（单位：mm）与降水强度 R（单位：g/s）的经验诊断关系是：

$$R = R_6/(RTIME \times 3600 \times RATE) \tag{8.18}$$

式中，R 为降水强度（g/s）；R_6 为 6 h 雨量；$RTIME$ 为降水时间，以 1.5 h 做试验；$RATE$ 为水汽与降水量的比率，即 1 g 水汽能产生 10 mm 的降水量（在 1 cm² 面积上)。

2)由 6 h 降水强度推断出垂直速度

另外,降水强度公式还可近似表示为:

$$R \approx \frac{1}{g} \int_{p_s}^{0} \boldsymbol{\nabla} \cdot (Vq) \mathrm{d}p = \frac{1}{g} \int_{p_s}^{0} \boldsymbol{V} \cdot \boldsymbol{\nabla} q \mathrm{d}p + \frac{1}{g} \int_{p_s}^{0} q \boldsymbol{\nabla} \cdot \boldsymbol{V} \mathrm{d}p \tag{8.19}$$

式中,p_s 为地面气压,q 为比湿,$\boldsymbol{V}$ 为风矢量。为简化计算,略去 500 hPa 以上的水汽对强降水的贡献,上式积分上限设为 500 hPa。利用连续方程:

$$\frac{1}{g} \int_{p_s}^{500} q \boldsymbol{\nabla} \cdot \boldsymbol{V} \mathrm{d}p \approx -\frac{1}{g} \bar{q} \omega_{500} \tag{8.20}$$

于是,降水强度也可表示为:

$$R \approx \frac{1}{g} \int_{p_s}^{500} \boldsymbol{V} \cdot \boldsymbol{\nabla} q \mathrm{d}p - \frac{1}{g} \bar{q} \omega_{500} \tag{8.21}$$

$$\omega_R = -\left(R - \frac{1}{g} \int_{p_s}^{500} \boldsymbol{V} \cdot \boldsymbol{\nabla} q \mathrm{d}p\right) g / \bar{q} \tag{8.22}$$

式中,ω_R 即为由 6 h 雨量推算出的垂直速度,可以把降水系统当做一个具有该垂直速度的天气系统来处理,它会移动,但移动的方向与速度不取决于它所在格点的风场,而是取决于环境风场。因此,以不同时效的数值预报的风场近似代替环境风场,并利用数值预报格点场的垂直速度变化率来修正到达新位置的垂直速度值,最后求出由该垂直速度产生的降水强度及降水量。

3)垂直速度的变化计算

业务试验方案:

①资料获取模块:利用中国气象局武汉暴雨研究所业务运行的 AREM 模式,根据计算方案需要,读取 500 hPa,700 hPa,850 hPa,950 hPa 4 个层次的比湿、东西风、南北风、垂直速度等物理特征量预报场,以及模式逐小时降水预报,选取时次为 12~36 h,范围为 15°—55°N,85°—135°E,格距为 0.5°×0.5°。由于业务模式未输出近地面资料,因此方案积分下限调整为 950 hPa。从湖北省气象局 9210 工程资料处理机上读取最新的地面气象站点过去 6 h 降水实况,范围与模式资料读取区域相对应,并将数据经过内插到上述范围,格距为 0.5°×0.5°。

②数据处理计算模块

(a)利用插值处理后的 6 h 降水实况代入公式(8.18),计算降水强度,降水时间的合理设定是一个难点,可以通过较多的试验,按不同区域、不同季节、不同移速给出一个近似值,这里按照夏建国和宋煜等采用的试验方案,取 1.5 h。

(b)将实况计算出来的降水强度和 AREM 输出的相关物理量代入公式(8.22),得到即为由 6 h 雨量推算出的垂直速度。它可以看作是一个具有该垂直速度的天气系统来处理,其移动的方向与速度不是取决于它所在格点的和,而是决定于环境风场。由于系统移动与环境风场间的关系比较复杂,试验暂且把该问题当做线性关系来处理。

(c)由于系统移动速度的变化主要取决于环境风场的变化,故以不同时效的数值预报风场近似代替环境风场,利用空间 5 点平均和时间内差,求格点不同时次的环境风场:

$$\overline{U}^5 = \overline{U}_{12}^5 + (\overline{U}_{36}^5 - \overline{U}_{12}^5) \times T_i/24 \tag{8.23}$$

$$\overline{V}^5 = \overline{V}_{12}^5 + (\overline{V}_{36}^5 - \overline{V}_{12}^5) \times T_i/24 \tag{8.24}$$

式中,$\overline{U}_{12}^5, \overline{U}_{36}^5, \overline{V}_{12}^5, \overline{V}_{36}^5$ 分别代表预报时效为 12 h 与 36 h 的 U, V 分量的 5 点平均值,T_i 为时间内插的小时数,以资料时间后 3 h 的数据代表 6 h 的平均值,因此分别取为 3,9,15,21。

(d)根据计算出来的环境风场,计算 ω_R 移动距离和格距。

$$\Delta i_{ii} = \overline{U}^5 \times \Delta t/\Delta x \tag{8.25}$$

$$\Delta j_{jj} = \overline{V}^5 \times \Delta t/\Delta y \tag{8.26}$$

$$i_{ii} = i_0 + \Delta i_{ii} \tag{8.27}$$

$$j_{jj} = j_0 + \Delta j_{jj} \tag{8.28}$$

式中,$\Delta t = 6$ h $= 360$ min;$\Delta x = 2 \times 3.14159 \times 6371 \times 1000 \times \cos\varphi \times \Delta\lambda/360$;$\Delta y = 2 \times 3.14159 \times 6371 \times 1000 \times \Delta\varphi/360$;$\varphi$ 为所在的纬度,$\Delta\varphi = 0.5°N, \Delta\lambda = 0.5°E, ii, jj$ 四舍五入取整。

(e)求 ω_R 在移动 15 h,21 h,27 h,33 h 后所在格点(ii, jj)的值 ω_{Rt}。ω_{Rt} 为与降水量对应的不同时刻的垂直速度,并看做是 $t-3h$ 至 $t+3h$ 的平均。比如 ω_{R15} 为与降水量对应的,在资料时间后 15 h 的垂直速度,代表 12~18 h 内的平均垂直速度。考虑到由降水量导出的垂直速度 ω_R 的移动,近似计算 ω_{Rt} 的变化,则变化后为:

$$\omega'_{Rt} = \omega_{Rt} + \Delta\omega_{Rt} \tag{8.29}$$

$$\Delta\omega_{Rt} = \omega_{Rt} \times \alpha \times (\omega_{Rt2} - \omega_{Rt1})/\omega_{Rt1} \tag{8.30}$$

式中,$\omega_{Rt2}, \omega_{Rt1}$ 分别为前后 6 h 的 AREM 垂直速度预报值,α 为试验系数,这里取 0.6。

(f)根据步骤(e)分别求取 15 h,21 h,27 h,33 h 的垂直速度,并代入公式 (8.21),得到降水强度,乘以降水时间,取 1.5 h,由此算出的即为 6 h 时段内的降水量,然后合计求出各格点的 12~36 h 雨量。

③数据输出模块

(a)将模式计算出的格点雨量预报值采用距离加权平均法插值到华中区域 5 省气象站点上。

(b)输出 MICAPS 第 3 类数据格式的站点预报结果文件。

（2）夏季平均环流和降水的动力相似预报方法

任宏利等（2007）为了在现有模式和资料条件下提高数值预报应有水平，开展了动力相似预报（DAP）的策略和方法研究。提出"利用历史相似信息对模式预报误差进行预报"的新思路，从而将动力预报问题转化为预报误差的估计问题，并发展了一种基于相似误差订正的预测新方法（FACE）。将 FACE 应用于业务海—气耦合模式的跨季度预测试验，夏季平均环流和降水的预测结果表明，FACE 具有减小预报误差，提高预报技巧的能力。敏感性实验表明，相似的个数、选取变量和度量标准都对FACE 预报有显著影响。

本方法利用国家气候中心的 NCC/IAP T63 海气耦合模式（CGCM）在 1983—2005 年共 23 年的历史回报数据，选取从 2 月底起报的每年 6—8 月集合平均结果。大气模式初值采用 2 月最后 8 天 00Z 的 NCEP/NCAR 再分析资料（NNRA）；海洋初始场为海洋资料同化系统经过扰动得到（1 个控制场和 5 个扰动场）的海洋同化场；海洋和大气初始场经组合构建季节预报的 48 个成员初值集合。

夏季环流和降水的 FACE 预报试验方案：

①从 23 年回报数据中提取夏季平均 200 hPa 高度和总降水量；

②提取 1982/1983—2004/2005 年共 23 个冬季季节平均的 NNRA 的 500 hPa高度场、海平面场、1000—500 hPa 厚度场以及 NOAA/NCDC 的 ERSST 资料，用于历史相似选取；

③提取夏季平均 500 hPa 高度场和 CMAP 总降水量资料，用于预报结果检验；

④基于 FACE 采用 SLEM（最小二乘意义下的简单线性估计算法）来估计误差；

⑤预报试验采用交叉检验方式，即每次取出 1 年夏季作为预报目标，利用其余年的信息来预报目标的夏季环流和降水；

⑥检验评分采用时间相关系数 TCC 和空间型相关系数 PCC 或 ACC。

夏季平均环流的 FACE 预报试验：

从图 8.8 看到，夏季环流预报与实况的时间相关系数不高，仅在较少区域达到了 t 检验的 0.1 以上显著性水平，这表明单纯进行系统性误差订正的环流预报效果并不理想。

由图 8.9 可以看到，整个低纬地区几乎被超过 0.05 统计显著性水平的高正相关区所覆盖。特别在亚洲季风区、非洲季风区乃至南美季风区存在高相关的极值中心，通过了 0.001 的显著性水平，这无疑为季风区的季节预测提供了重要参考。对于气候变率大、可预报性低的东亚季风区，它是图中北半球中纬度地区仅有的显著正相关区，其中一个高相关中心覆盖在中国东北西部到华北北部，长江以南大片地区呈现更为显著的正相关。

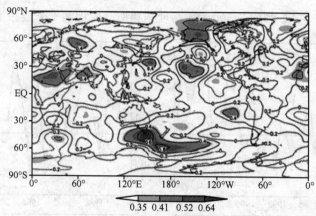

图 8.8　基于 SPEC(系统性误差订正)的夏季平均 500 hPa 高度预测与
实况的时间相关系数分布(图中标记阴影层次的相关系数 0.35,0.41,
0.52 和 0.64 分别对应着 0.1,0.05,0.01 和 0.001 的 t 检验显著性水平)

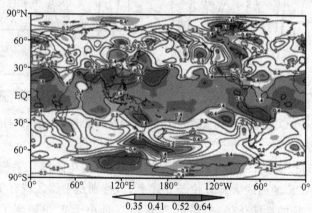

图 8.9　基于 ACC(季节平均场之间的距平相关系数)选取 4 个相似的
FACE 夏季平均 500 hPa 高度预测与实况的时间相关系数分布
(图中说明同图 8.8)

夏季降水的 FACE 预报试验(见表 8.7):

表 8.7　不同区域夏季降水量的预测与实况的 23 年平均 PCC(预测与实况的型相关系数)

空间区域	全球	热带	东亚	中国
	0°—360°E	0°—360°E	100°E—140°E	72°E—136°E
	60°S—70°N	30°S—30°N	10°N—40°N	21°N—54°N
SPEC	0.009	0.010	0.003	0.052
FACE	0.101	0.168	0.127	0.110

FACE 基于 ACC 和前冬 500 hPa 高度选相似并使用前 4 个最好相似(图 8.10)。

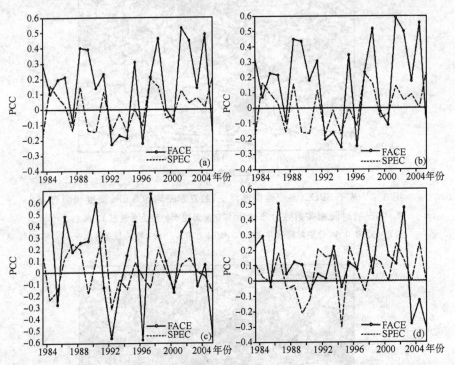

图 8.10　基于 ACC 选取 4 个相似的 FACE 作 4 个区域夏季降水量预测与实况的 PCC
(a)全球;(b)热带;(c)东亚;(d)中国

由图 8.10 可以看到,SPEC(系统性误差订正)的技巧曲线几乎都是在 0 线两侧正负振荡;而 FACE 的曲线大部分位于 0 线上方,特别是中国区域有 17 年 PCC 大于 0,这反映出 FACE 的性能优势,但最近 3 年 PCC 都小于 0,也体现了夏季降水预测的复杂性。另外,SPEC 和 FACE 都表现出全球和热带 PCC 曲线的一致性,这表明夏季降水型的主要贡献来自于热带。

预报结果检验:将 FACE 应用到海—气耦合模式的跨季度预测试验,利用前冬环流选取相似来预报夏季环流和降水的试验结果表明,FACE 能有效地提高低纬地区环流和区域降水型的预报技巧,特别是东亚地区,比单纯系统性误差订正预报有明显改善;FACE 还具有不错的恢复模式预报方差的能力。敏感性试验也显示相似的个数、选取变量和度量标准都对 FACE 预报有显著影响。总体来看,FACE 能在一定程度上减小模式预报误差,恢复预报方差,提高预报技巧。

8.4　人工智能预报释用方法

8.4.1　人工神经网络原理

人工神经网络(Artificial Neural Networks,ANN)是一种非线性知识处理系统,它与专家系统(ES)均属人工智能的方法。它是由模仿人体神经系统信息储存和处理过程中某些特性而抽象出来的数学模型。方法中的神经元是神经网络的基本结构单元,单个的神经元虽然结构简单,功能有限,但大量的神经元所构成的神经网络却是一个结构复杂的高度非线性系统,它能实现极其复杂的功能。

人工神经网络的研究已有几十年的历史,近十几年来在气象领域得到了广泛的应用,证明了人工神经网络技术在天气预报中的应用具有良好前景。人工神经网络有很多种结构模型,气象中常用的是反向传播模型(Back-Propagation,BP),它基本结构如图 8.11 所示:

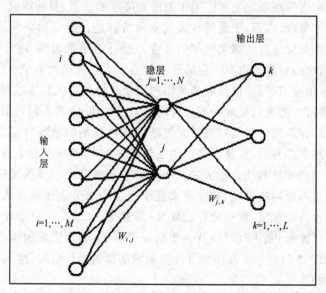

图 8.11　BP 网络基本结构

BP 网络包括了输入层、隐层和输出层三部分,隐层可以是多层也可以是一层,隐层上的节点称为隐节点。输入信号向前传播到隐层节点,通过权值和作用函数的作用形成隐节点的值,隐节点的值再向前传播到下一层,最后获得输出结果,每一层节点的输出只影响到下一层节点的输出。BP 网络可以看做是一个从输入到输出的高

度非线性映射。作用函数通常为 Sigmoid 型函数,一般采用的作用函数如下式所示:

$$f(x) = \frac{1 - e^{-x}}{1 + e^{-x}} \tag{8.31}$$

网络的权值通过学习获得,常用的学习方法是误差反向传播算法,误差反向传播算法的基本过程为:

①初始化,即给网络权值赋以初值;

②分别计算隐层和输出层的值,求得输出结果的误差;

③根据误差结果由后向前采用梯度下降法修正各层各节点的权值;

④重读②、③直到网络收敛或达到一定的误差要求,学习结束。

神经网络预报系统的建立包括三个部分:

①预报因子选取,根据历史因子资料及预报要素的历史实况资料选取预报因子;

②模型建立,把所选取的历史因子和实况资料代入 BP 网络,通过学习获得网络权值;

③预报流程的建立,包括预报因子读取、预报、结果处理。

人工神经网络预报系统主要应用于温度和降水的预报,目前国家气象中心、南京信息工程大学气象台,广西、宁夏等省级气象台站都进行神经网络预报的试验工作,有的已进行了业务化运行。国家气象中心业务运行的结果表明,神经网络预报系统对温度的预报较好,对降水也有一定的预报能力。人工神经网络是非线性分析,逐步求解,为其提供预报因子,归根结底是利用气象学变量来表现和描述将出现的天气现象,这和数值预报中的参数化或物理过程有类似的性质,需要人们对形成天气现象的大气物理结构的深刻理解以及对表征大气结构的物理量的敏锐洞察力;神经网络的因子选取并不是多多益善,重要的是抓住现象的本质,要具有符合大气科学规律的合理性。苗春生等用统计和动力学方法从 HLAFS 预报产品中寻找预报因子,对选用的因子进行人工神经网络训练,建立南京夏季短期降水分级预报方法。该方法试用于南京夏季降水分级预报,取得较好的效果(苗春生　2007)。赵翠光等从有利于产生沙尘天气的环流形势、天气系统及一些物理量着手,利用选取的预报因子,经过样本训练,使用 BP 方法建立了我国北方沙尘暴短期预报潜势模型,预报准确率为 83%(赵翠光　2004)。

8.4.2　应用举例

(1)模块化模糊神经网络的数值预报产品释用

金龙等(2003)利用综合应用预报量自身时间序列的拓展,数值预报产品和模块化模糊神经网络方法,研制了一种新的数值预报产品释用方法,并在实际预报中与常规 PP 预报方法对比检验。结果表明,这种模块化模糊神经网络数值预报产品释用预报方法比 PP 预报方法的预报精度显著提高。并且,通过对预报模型"过拟合"现象的研究发现,这种模块化模糊神经网络的数值预报产品释用预报模型具有很好的泛化性能。

模块化模糊神经网络是由模糊规则网络和规则适应度网络组成,其中模糊规则网络是用来表示模糊规则结论的函数。模块化模糊神经网络的结构如图 8.12 所示,由该网络结构可以看出,模块化网络是由规则适应度网络是采用模糊 C 均值聚类方法,将输入样本 X 划分成 C 个子域作模块化处理。

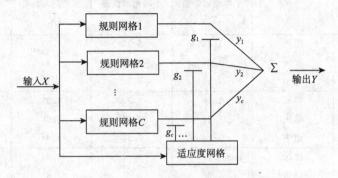

图 8.12 模块化模糊神经网络结构

本例以广西北部、中部、南部,桂林、柳州、南宁 3 个代表站,2001 年春季(2—4月)共计 89 天的日平均气温序列作为预报研究对象。根据常规的完全预报(PP)方法,计算出欧洲中心中期数值预报模式 850 hPa 温度分析场资料与上述 3 站日平均温度序列的相关格点,将达到相关显著性水平的格点作为基本预报因子,采用回归方法建立 3 个站的基本预报方程:

$$\left.\begin{array}{l} y = 7.327 + 0.267x_1 + 0.134x_2 + 0.086x_3 + 0.164x_4 \\ y = 5.675 + 0.784x_1 + 0.384x_2 + 0.326x_3 - 0.267x_4 \\ y = 3.635 + 0.541x_1 + 0.199x_2 + 0.729x_3 - 0.514x_4 - 0.182x_5 \end{array}\right\} \qquad (8.32)$$

为了统一地对比检验分析,3 个站的预报方程样本均取第 3 至 74 天的前 72 个样本,而最后 15 天作为预报方程的独立样本用于预报检验。方程的复相关系数分别为 0.8646,0.8753,0.8707。以原方程为基本方程,将后 15 天需要预报的 48 h 的预报场资料代替原方程中的分析场资料即可得到常规 PP 方法的预报结果。计算结果表明 PP 方法对 3 个站 15 天的逐日平均气温的预报平均绝对误差分别为:2.31(桂林)、3.23(柳州)和 2.07(南宁)。

利用建立带有预报量后延序列的模糊神经网络统计动力预报模型,则预报量自身时间序列必须具有很好的时滞相关。为此,进一步分别计算了桂林、柳州和南宁 3 个站 2001 年 2—4 月,89 天日平均气温序列的前 74 个样本与各自序列的 2 个后延序列的相关(表 8.8)。结果发现,3 个站日平均气温序列与其 2 个后延序列的相关系数均超过 0.001 相关显著水平。

预报结果检验:模块化模糊神经网络数值预报产品释用预报方法比 PP 预报方法的预报精度显著提高。

表 8.8　模糊神经网络预报模型不同训练次数的预报检验分析

训练次数	站点	历史样本拟合		独立样本检验	
		平均绝对误差（℃）	平均相对误差（%）	平均绝对误差（℃）	平均相对误差（%）
1000	桂林	1.18	9.17	1.39	7.75
	柳州	1.24	8.16	1.61	8.05
	南宁	1.14	7.11	1.72	7.67
1300	桂林	1.18	9.73	1.39	7.75
	柳州	1.23	8.08	1.57	7.91
	南宁	1.14	7.11	1.64	7.27
1500	桂林	1.17	9.57	1.34	7.57
	柳州	1.22	8.05	1.61	8.21
	南宁	1.09	6.81	1.65	7.32
1800	桂林	1.16	9.43	1.42	7.93
	柳州	1.22	8.04	1.57	7.88
	南宁	1.09	6.80	1.60	7.12
2000	桂林	1.15	9.41	1.40	7.69
	柳州	1.21	8.01	1.53	7.78
	南宁	1.09	6.79	1.60	7.09
2500	桂林	1.13	9.39	1.41	8.02
	柳州	1.19	7.89	1.62	8.16
	南宁	1.08	6.76	1.60	7.18

模糊神经网络预报模型的历史样本拟合结果如图 8.13 所示。

(2)人工神经网络方法在降水分级预报中的应用

苗春生等(2007)将人工神经网络方法试用于南京夏季短期降水分级预报,效果较好。具体方法如下:

1)资料选取:根据 HLAFS 原始资料,利用 2002 年 6 月 1 日 20 时至 7 月 30 日 20 时共 60 天的 24 h 预报产品资料(选取相同日期两个时次的 12 h 预报之和作为 24 h降水因子,预报时段为当日 20 时至第二日 20 时)选取预报因子;选取范围 15°—64°N,70°—145°E;格距为 0.5 经(纬)度,共计 151×99 个格点。内容包括不同层次的涡度、散度、位势高度、温度、温度露点差、风(风向,风加权平均)、相对湿度、垂直速度、地面气压和 12 h 降水预报(表 8.9)。另外选取南京 6 月 2 日至 7 月 31 日 60 天 20 时的 24 h 降水实况资料为预报对象的资料。

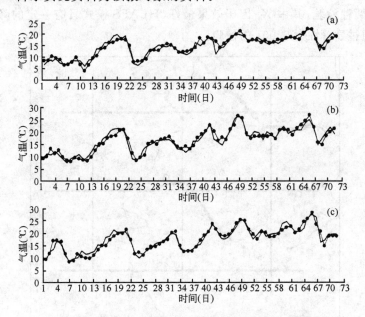

图 8.13　模糊神经网络预报模型的历史样本拟合结果

[实线为实测值,点线为拟合值;(a)桂林,(b)柳州,(c)南宁]

表 8.9　不同等压面预报物理量的选取和处理结果

层次(hPa)	不同等压面物理量资料的选取和处理结果
500	涡度、散度、等压面上的高度、温度、温度露点差、风(风向和风的加权平均)、垂直速度、比湿*
700	涡度、散度、等压面上的高度、温度、温度露点差、风(风向和风的加权平均)、垂直速度、相对湿度、比湿*、地转风*、水汽通量散度*
850	涡度、散度、等压面上的高度、温度、温度露点差、风(风向和风的加权平均)、相对湿度、比湿*、地转风*、水汽通量散度*
地面	地面气压、12 h 降水预报

注: * 表示经过计算处理得出的物理量;其余未带 * 的是未处理的 HLAFS 原始产品资料

2)输入因子选取:为了使神经网络预报方法尽快达到预期效果,选取预报因子是极为重要的工作。选取的预报因子应与预报对象有较好的相关性,而且还应具有明确的物理意义。根据降水预报经验和指标,在确定的选取方法(单站组合因子选取办法)下(图 8.14),设计了可供选择的初选因子 X_1,X_{13}(表 8.10)。在选定天气学意义明确的因子后,利用统计的方法对预报因子与预报对象求取相关系数,根据设定的信度,可通过 t 检验和相关系数检验的因子,作为最优预报因子。由检验结果(表 8.10)可以看出,X_1,X_4,X_6,X_7,X_9,X_{10},X_{13} 七个因子检验结果可以同时通过至少显著性为 0.05 的两种检验,其中 X_1 因子效果最好(HLAFS 模式具有一定的降水预报能力),可以通过显著性为 0.001 的检验。

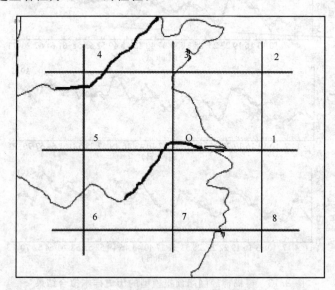

图 8.14　单站组合因子选取方法示意图

(中心 O 点为南京,周围取等间距的 8 个点,间隔约 400 km)

表 8.10　预选预报因子及检验结果

预选因子	代表符号	物理意义	计算方法(选取因子的方法见图 8.14,表中物理量标号与图中标号对应)	相关系数	相关系数检验 $\alpha1$	t 检验 $\alpha2$
X_1	RAIN	与实况降水直接相关	前日 08 时的 12 h 降水预报资料和 20 时的 12 h 降水预报资料求和,作为前日 20 时 24 h 的预报因子	0.529	0.001	0.001
X_2	Height 1	南京地区地转涡度因子	Height1$=(H1+H3+H5+H7)-4\times HO$ (H:500 hPa 高度场)	0.118	—	—
X_3	Height 2	东北—西南向 500 hPa 高空槽强度因子	Height2$=(H4+H8-2\times HO)$ (H:500 hPa 高度场)	0.153	—	—

续表

预选因子	代表符号	物理意义	计算方法（选取因子的方法见图 8.14，表中物理量标号与图中标号对应）	相关系数	相关系数检验 $\alpha 1$	t 检验 $\alpha 2$
X_4	Height 3	表征 500 hPa 高度场（气压场）形式因子	500 hPa 高度场，取河西走廊西北 95°—100°E，40°—45°N 和以福州为中心的 120°—125°E，25°—30°N 的两部分区域分别求高度场的平均值，再相减	0.291	0.05	0.01
X_5	Height 4	与 X_4 相同	500 hPa 高度场，取长江上游 102°—107°E，27°—32°N 与长江中下游 118°—123°E，30°—35°N 两部分区域分别求高度场的平均值，再相减	0.183	—	
X_6	Height 5	与 X_4 相同	500 hPa 高度场，取郑州附近 110°—116°E，31°—37°N 与长江中下游 116°—125°E，25°—34°N 两部分区域分别求高度场的平均值，再相减	0.256	0.05	0.05
X_7	Height 6	与 X_4 相同	500 hPa 高度场，取郑州为中心 110°—116°E，32°—36°N 与以福州为中心 116°—125°E，23°—28°N 两部分区域分别求高度场的平均值，再相减	0.349	0.01	0.01
X_8	$\Delta T700$	等温线密集带对应地面锋面	$\Delta T=(T6+T7+T8)-(T4+T3+T2)$（$T$：700 hPa 温度）	0.214	0.1	0.1
X_9	$\Delta T850$	与 X_8 相同	$\Delta T=(T6+T7+T8)-(T4+T3+T2)$（$T$：850 hPa 温度）	0.333	0.01	0.01
X_{10}	$\Delta TD700$	表征大气饱和程度，与降水密切相关	$\Delta TD=(T_d6+T_d7+T_d8)-(T_d4+T_d3+T_d2)$（$T_d$：700 hPa 露点）	0.319	0.02	0.01
X_{11}	$\Delta TD850$	与 X_{10} 相同	$\Delta TD=(T_d6+T_d7+T_d8)-(T_d4+T_d3+T_d2)$（$T_d$：850 hPa 露点）	0.171	—	
X_{12}	$WP700$	负值越大表示南京上升运动越强，间接表明副高强度	$WP=\omega$（南京）$-\omega$（福州）（ω 表示垂直速度）	−0.217	0.1	0.1
X_{13}	ZH	南京地区水汽垂直输送因子	$ZH=$南京 700 hPa 垂直速度＋南京中低层水汽通量散度（500 hPa，700 hPa，850 hPa 水汽通量散度之和）	0.381	0.01	0.01

注：表中"—"表示没有通过规定信度的检验

　　针对以上检验结果，由于预选因子中产生了两个最优因子 X_4 和 X_7，它们都表示了 500 hPa 环流特征，为避免因子的重复，设计两组因子（表 8.11）分别代入神经网络进行学习。

表 8.11　代入神经网络的两组预报因子

预报因子组	显著性水平	选中的预报因子
A 组	0.05	$X_1, X_4, X_9, X_{10}, X_{13}$
B 组	0.01	$X_1, X_7, X_9, X_{10}, X_{13}$

3)人工神经网络模拟预报和检验

按照神经网络特点,用于天气预报的 BP 网络为三层:输入层、隐层、输出层。输入层节点由所选取的预报因子数确定,本方法取为 5;输出层节点由预报对象的分级情况确定,这里根据梅雨降水特点将降水分为三级(表 8.12),所以输出层节点数为 3。隐层的节点数 N 可以由经验公式得到,也可以人为地取一个相当的数,试验发现,过多的隐层节点数可能导致训练时间延长和输出不易收敛,取一个合适的隐层值对网络的性能也有很大的影响。本文隐层节点数取为 4。

学习的精度也是网络的一个重要参数。确定学习的精度就是确定误差范围以决定学习训练的结束时机。本文前后两轮训练网络的均方误差的差的临界值取为 0.0001,当满足此临界条件时训练结束。

表 8.12　降水预报分级标准

降水量级	无雨	小到中雨	大到暴雨
降雨量	$\leqslant 0.1$ mm	$0.1 \sim 25$ mm	$\geqslant 25$ mm

①网络的模拟预报

具备了良好的预报因子,在上述的 BP 网络要求下,将上述两组预报因子分别输入网络学习,依照上述工作流程运行,训练结束后,便得出对应于两组因子对各降水级别拟合的不同结果(表 8.13)。鉴于数据资料有限,为了了解训练 BP 网络的效果,需要抽出一部分资料进行检验,本文取两种方法进行抽样检验,各得到了不同的效果。

方法一:取所选 60 天资料的最后 5 天进行检验。这样选取学习日期,不仅包含了所有梅雨天气的资料进行学习,而且学习过程比较完整。缺点是检验因子不理想。检验效果不是十分可靠。

方法二:将典型梅雨期(6 月中旬至 7 月中旬)每隔一候抽取一天,共 5 天进行检验。使用这种方法检验因子比较理想,是由于所抽取的 5 天中包含了对梅雨降水分级的三类情况(无雨、小到中雨、大到暴雨),这种抽取方法从对网络的检验来看,理论上检验效果比较可信。

表 8.13 两组因子对降水级别拟合的不同结果

因子	总天数和正确率	预报正确的天数和比例 预报降水天数和比例			晴天天数和正确率	漏报	错报
		所有降水	小到中雨	大到暴雨			
A	48(48/55) 87.3%	13(13/17) 76.5%	8(8/13) 61.5%	4(4/4) 100%	36(36/38) 94.7%	4 次;全部中雨	3 次 其中 1 次雨型错误
B	49(49/55) 89.1%	15(15/17) 88.2%	9(9/13) 69.2%	4(4/4) 100%	36(36/38) 94.7%	2 次;全部中雨	4 次 其中两次雨型错误
A*	49(49/55) 89.1%	12(12/16) 75%	9(9/13) 69.2%	3(3/3) 100%	37(37/39) 94.9%	4 次;全部中雨	2 次
B*	51(51/55) 92.7%	12(12/16) 75%	9(9/13) 69.2%	3(3/3) 100%	39(39/39) 100%	4 次;全部中雨	无
HLAFS 降水预报	44(44/60) 73.3%	12(12/18) 66.7%	8(8/14) 57.1%	2(2/4) 50%	34(34/42) 81%	6 次降水 5 次中雨 1 次大雨	10 次 其中两次雨型错误
逐步回归 降水预报	27(27/60) 45%	18(18/18) 100%	14(14/14) 100%	0(0/4) 0%	13(13/42) 31%	无	33 次 其中 4 次雨型错误

注:A,B 表示利用方法一进行学习和抽样;A*,B* 表示利用方法二进行学习和抽样。

同时,为了比较神经网络预报效果,利用初选预报因子以及实际降水量(Y)进行逐步回归运算,得到了 $F=2.5$ 的回归预报方程如下:

$$Y = -9.987 + 0.266X_1 + 0.191X_8 + 1.62X_{13} \tag{8.33}$$

复相关系数 0.637。预报结果见表 8.14。

根据 BP 网络经过学习后对降水级别拟合的结果可以看出,无论抽取学习资料采取方法一或是方法二,拟合效果 B 组因子优于 A 组因子。其主要结论可概括为:第一,根据表 8.10 检验结果,B 组因子中表现高度场的 X_7 因子的相关系数以及通过显著性检验的水平本身就高于 A 组因子中的 X_4。从物理意义上可以解释为:B 组因子 X_7 表示以郑州为中心和以福州为中心的高度场平均值的组合因子,相较于 X_4 表示以河西走廊西北和福州为中心的高度场平均值的组合因子,X_7 所表示的高度场环流形势在位置上更接近南京,对于本文针对第二天进行的预报而言,同时考虑系统的移速,选取 X_7 因子应该更合理。实际证明,结果确实如此。第二,同时可以看出,选用 B 组因子的学习结果,其中拟合预报降水级别总准确率方法二优于方法一(B* 优于 A*),预报降水准确率方法一优于方法二。分析原因是由于方法一选取了梅雨期的所有降水资料进行学习,与方法二相比加大了降水学习的机会,其降水预报的能力必然比方法二强。第三,另外值得一提的是本文通过对 HLAFS 资料的预报结果二次处理,预报大、暴雨的准确率显著提高,预报降水的准确率提高了20多个百分点。第四,通过人工神经网络方法预报降水的结果与HLAFS降水预报的结果对比,可以发现:降水预报准确率由HLAFS原来的66.7%提高到最好的88.2%;大到暴雨的预报准确率有了明显提高。从所分的降水等级来看,每个级别的预报准确率都有大幅度提高。漏报、错报明显减少,达到了很好的预期效果。第五,由于逐步回归在考虑因子综合效果上有缺陷,没有预报大到暴雨的能力。比较几种预报方法,神经网络方法对大到暴雨的预报有优越性。

②预报效果检验

对网络学习结果分别用以上两种方法进行检验(表8.14)。方法一所选用的检验资料没有代表性,因此A,B的检验结果虽十分理想,但不可靠。这里主要分析运用方法二进行检验的结果。A^*检验结果预报降水,两天实况降水漏报一天,但漏报当天的降水量小于1 mm,检验总预报准确率为60%;B^*漏报一天降水,漏报当天水小于1 mm,但暴雨的预报十分准确,检验总预报准确率为80%。

表8.14　两种方法进行检验(试预报)结果比较

检验因子	检验日期	实况降水(mm)	检验预报结果	检验预报1类概率	检验预报2类概率	检验预报3类概率
A^*	6/21	大、暴雨(36.4)	小、中雨	0.001	0.555	0.458
	6/26	晴	晴	1.000	0.000	0.000
	7/1	晴	晴	0.977	0.101	0.000
	7/6	小、中雨(0.4)	晴	0.666	0.475	0.000
	7/11	晴	晴	1.000	0.000	0.000
B^*	6/21	大、暴雨(36.4)	大、暴雨	0.001	0.214	0.897
	6/26	晴	晴	1.000	0.000	0.047
	7/1	晴	晴	0.899	0.128	0.017
	7/6	小、中雨(0.4)	晴	0.841	0.189	0.019
	7/11	晴	晴	1.000	0.012	0.000

综合对结果的分析和检验结果,B^*综合预报效果最理想,B降水预报效果最好。为了更好地对学习网络进行检验,可以取更多的梅雨期资料来测试网络的性能。本文由于资料有限,对B训练的网络的检验存在不足,有待以后进一步的检验结果。实际上,理想的网络模型,输入预报因子应该使用梅雨期的所有资料进行学习(上述方法一),而利用新的梅雨期资料进行检验,这样既保持了学习的完整性,也可以选取有代表性的资料检验(上述方法二),才能真正保证结果的完整性和可靠性。

8.5 数值预报产品天气学定性释用方法

8.5.1 数值预报产品定性应用的基本方法

定性应用数值预报产品制作天气预报，实际上就是把天气学理论和天气图预报方法进行移植和扩展。不同于传统天气预报方法的是，将对前期和现时实况天气图的时间、空间分析延伸到了未来（利用了数值预报结果），并把传统天气图方法中对气压场、高度场（风场）及温度场、湿度场的分析和预报扩展到对物理量场的分析和预报，我们把这种分析预报过程称之为天气学释用方法。这种方法与天气预报员的主观预报能力和经验有关。

8.5.1.1 天气学释用法

以日本传真图（包括分析图和数值预报图）为例，天气学释用的思路简单概括为：

首先是对各类图（包括前期天气分析图、现时实况分析图、不同时效的数值预报图）做时间连续的演变分析。要着重分析影响系统的移动及移动中各时段的强度变化（包括生消）。分析中应对各物理量场（如涡度及涡度平流、垂直速度场等）的演变情况结合起来进行。

其次是对同一时间的各类图做垂直对比分析，从中了解主要影响系统的空间结构和有关物理量的配置关系及其演变情况。如 FSAS 上若本站受低压控制，且 FS-FE02 图中本站处于雨区内，则可对应分析 FXFE782 图的锋区、槽线（切变线）、垂直速度和 FXFE572 上的湿区以及 FUFE502 上的涡度（涡度平流）等分布情况，以及上下对应分析槽线（锋面）坡度及降水所在部位，由此判断锋面类型和相应的天气特点，这种分析对具体的要素预报有直接的启示作用。

鉴于目前数值预报，尤其是短期数值预报对形势的预报已超过预报员主观预报的水平，所以在形势分析中要以数值预报结果为分析基础，但还应充分发挥预报员经验，即用天气学分析方法来修正数值预报可能出现的明显失误。当数值预报结果与主观预报结论差异很大，或有转折性天气过程发生，或经误差检验分析表明数值模式预报能力较差的天气系统将影响时，要做细致分析研究，得出符合实际的预报结论。

在形势分析预报的基础上，我们就可运用天气学概念模型。根据一般的天气学预报方法和预报员的经验作出相应要素的定性预报。当然，在作要素预报时，充分利用其他资料，包括数值预报产品中的部分要素预报（如温度、降水量等）是十分必要的。

8.5.1.2 相似形势法

相似形势法也叫天气分型法，是天气图预报具体方法的一种。它的理论依据是相似原理,即认为相似的天气形势反映了相似的物理过程,因而会有相似的天气出现。用传统的相似形势法作气象要素预报,要在事先用历史资料把各种天气出现时的地面或空中形势归纳成若干型天气分型,并统计各型的相似天气过程与预报区天气的关系。作预报时,只要根据当时的天气形势及其演变特点,找到历史相似天气型,即可作出相应的天气预报。

有了数值预报产品,我们可以将传统的相似形势法加以改造和利用。方法是用预报的形势场到历史资料中找出相似个例或相似模型,则该相似个例或相似模型对应出现的天气,就是我们要预报的结论。可见,应用了数值预报产品,是我们把衡量天气形势和天气过程相似的标准,从前期和当前推进到了未来,无疑这对提高预报准确率是有利的。

8.5.1.3　天气概念模型法

将表征某种天气现象发生时的一些物理条件的特征量(特征线),描绘在同一张天气图上,然后综合这些条件,把各特征量场重合的范围认为是该种天气现象最可能出现的区域,这种方法叫做天气概念模型预报法,此种方法需要有区域预报经验和天气个例分析的积累。

实践表明,某些天气(特别是对流性天气)形成的物理条件常常在天气产生前不久才开始明显。因此,在有数值预报产品以前,天气概念模型预报法所能预报的时效是非常有限的,一般只作 12 h 以内的预报。因为用当时的观测实况资料组成的各特征量(线)来确定某天气现象的发生区域(落区),从本质上讲只是一种实时诊断而非预报。

有了数值预报产品,就有了预报的未来的天气形势、有关物理量,也就有了能反映某种天气产生的各物理量场的预报值,根据这些特征量场确定的天气落区,才是真正意义上的落区预报。

例如,我们要预报雷暴等对流性天气,就需要了解未来的影响系统(触发机制)、垂直运动、湿度及稳定度等情况,并用相应的特征量(线)来确定其未来的落区。根据可得到的数值预报产品和有关的天气学知识,一般认为槽前型雷暴多出现在 500 hPa 槽前、低空 SW 风急流的左前方、有上升运动($\omega<0$)、正涡度($\zeta>0$)或正涡度平流($-V \cdot \nabla \zeta>0$),中低层湿度大($T-T_d<3℃$)和条件不稳定区域,据此就可得到雷暴的预报区域(图 8.15)。

需要注意的是,由于公开发布的数值预报产品是有限的,有时还不能完全满足预报工作的需要,因而根据需要有时还要对已有的数值预报产品进行再加工,国外称此为数值输出产品的再诊断(Model Output Diagnoses,简称 MOD)。比如,我们可以根据位势高度场或风场的预报结果,分析出相应的槽线(切变线);根据 200 hPa 和 850 hPa 风场预报确定高、低空急流;根据 850 hPa 温度场预报确定锋区及锋面性质;根据 850 hPa 和 500 hPa 上预报的温度计算出两层的温差,来近似地反映稳定度;根据预报的涡度场和高度场,分析正负涡度平流等。MOD 使数值预报的再生产品更丰富,有效地了解数值预报产品的使用范围。

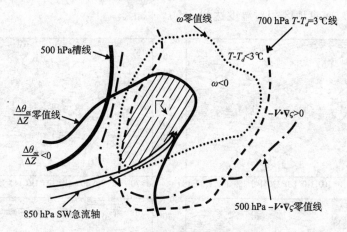

图 8.15　雷暴落区预报示意图

8.5.2　数值预报产品定性应用实例

用孔玉寿个例来说明定性应用数值预报产品作形势分析和要素预报的过程。

1989 年 1 月 17 日,500 hPa 高空图上,08 时(图 8.16(a)),欧亚大陆为明显的两槽一脊的形势,两槽分别位于巴尔喀什湖和鄂霍次克海北侧,与冷中心相对应;脊线位于贝加尔湖西侧,与暖中心相对应,高空大形势稳定。中纬度地区在 100°E 附近有一低压槽,暖湿空气借助槽前的西南气流不断向长江中下游输送,此时该低压槽还没有影响到南京地区,南京地区正在受高压脊控制。14 时(图 8.16(b)),中纬度系统东移,南京处于槽前脊后,盛行西南气流。

850 hPa 上,欧亚大陆形势与 500 hPa 相似。08 时(图 8.16(c)),南京受中心位于西太平洋上的高压影响,位于高压西北侧,受西南暖湿气流影响;14 时(图 8.16(d)),南京地区由高压西北侧转为西南侧,同时也有西南气流转为东南气流,把东海上的水汽源源不断地向长江下游地区输送,水汽条件良好。

由地面图(图略)可以看出:南京处于脊线位于祁连山脉至日本海的东西向高压的南部,地面风向偏东;35°N 以南在云贵地区存在昆明准静止锋,雨区从西南向东北方向扩展,14 时随着 500 hPa 由脊前转为槽前,且由于 850 hPa 水汽源源不断地输送,南京开始由多云转雨。

由图 8.17 所示,700 hPa 上,08 时(图 8.17(a)),上升运动中心位于(110°E,28°N),最大上升运动中心达到 -0.4 Pa/s 以下,南京地区的上升速度为 $-0.05 \sim -0.1$ Pa/s;到了 14 时(图 8.17(b)),上升运动中心分裂成两个,其中一个位于安徽境内,中心值 -0.2 Pa/s 以下,南京地区的上升速度在 $-0.15 \sim -0.2$ Pa/s。

相对湿度场特征:700 hPa,08 时(图 8.17(c)),南京地区相对湿度为 70%,到了 14 时(图 8.17(d)),南京地区相对湿度达到了 90%以上。

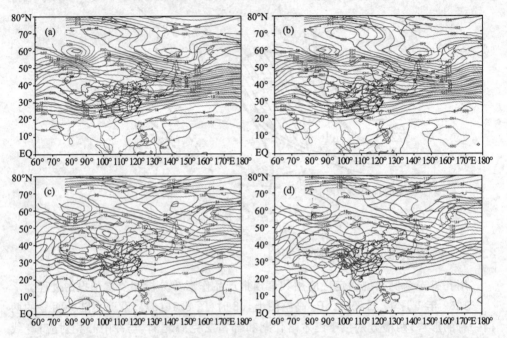

图 8.16 1989 年 1 月 17 日 500 hPa 天气形势图:(a)08 时;(b)14 时;850 hPa 天气形势图:(c)08 时;(d)14 时[实线为位势高度场(单位:dagpm);虚线是温度场(单位:℃)]

表 8.15 1989 年 1 月 17 日 08 时和 14 时的形势和气象要素对比表:

	08 时	14 时
500 hPa 形势	脊前西北气流,负涡度平流	槽前西南气流,正涡度平流
850 hPa 形势	高压顶后部,西南气流	高压底后部,东南气流
垂直运动	南京处于−0.05~−0.1 Pa/s	南京处于−0.15~−0.2 Pa/s
相对湿度	70%	90%
天气	多云	有雨

从上面的分析可看出,南京从 14 时开始由多云转为有雨,在此情况下,用数值预报产品分析和预报未来 24 h 的形势及相应的要素预报。由 FSAS 图(图 8.18)可知,18 日 08 时长江口附近海面上预报将出现气旋波(FSFE02 图上该处表现为一明显的倒槽,图 8.19),并有锋面生成,南京(图中▲所在位置)处于气旋后部。到了 18 日 20 时(图 8.20),这个气旋波已经向东移动并发展加深了(已有闭合等压线)。我国 17 日 02 时(世界时为 16 日 18 时)发布的亚欧地面 48 h 预报图(图 8.21)上也预报 19 日 02 时在东海存在气旋波,且其后部冷锋已南压至华南,分裂高压中心南移到 33°N

附近,华东地区气压场转为西高东低。

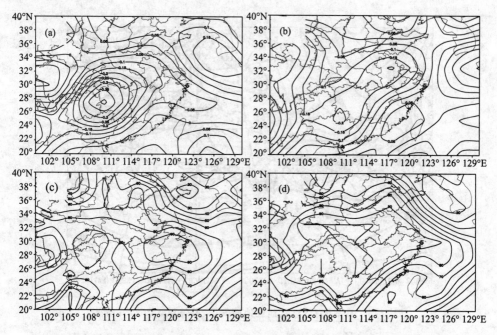

图 8.17　700 hPa 垂直速度:(a)08 时;(b)14 时;700 hPa 相对湿度:(c)08 时;(d)14 时

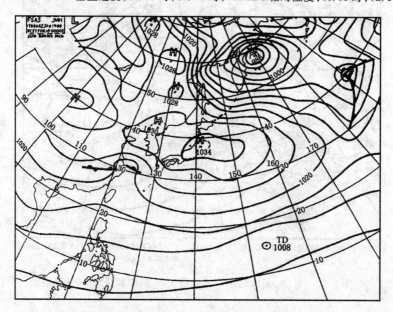

图 8.18　日本 JMH 亚洲地区地面形势 24 h 预报

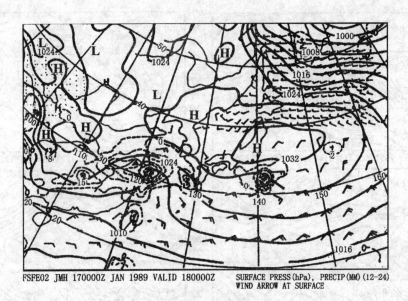

FSFE02 JMH 170000Z JAN 1989 VALID 180000Z　　SURFACE PRESS(hPa), PRECIP(MM)(12-24)
WIND ARROW AT SURFACE

图 8.19　日本 JMH 远东地区地面气压、风矢和降水 24 h 预报

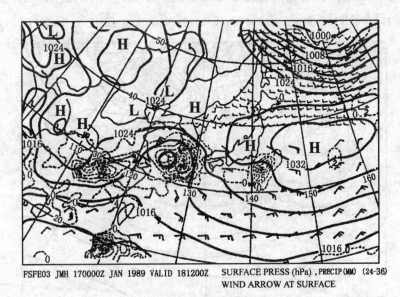

FSFE03 JMH 170000Z JAN 1989 VALID 181200Z　　SURFACE PRESS(hPa), PRECIP(MM)(24-36)
WIND ARROW AT SURFACE

图 8.20　日本 JMH 远东地区地面气压、风矢和降水 36 h 预报

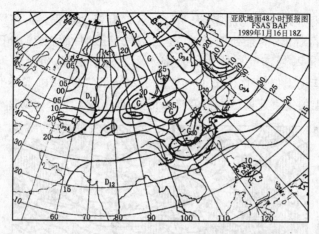

图 8.21 中国 BAF 亚欧地区地面 48 h 预报

由上述数值预报结果可以推断,未来 24 h 地面形势将发生明显变化。主要特点是将有东海气旋波新生并发展,南京地区气压场将由北高南低转为西高东低,因此风向将由偏东转向偏北。

上面的分析过程就是对地面形势的时间连续演变分析。类似地我们还可对其他各层的形势或有关物理量进行这种分析,这里不再细述。下面再看空间垂直对比分析。

在 FSFE02 图(图 8.19)上对应有一片降水区,32 mm 的降水中心与波动中心相对应,南京的降水量在 10~15 mm。

在 FXFE782 图(图 8.22)上 850 hPa 等温线在东海至我国西南地区比 AXFE78

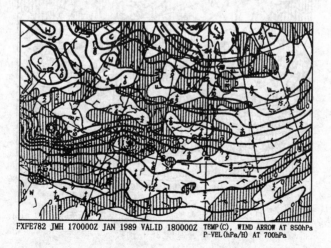

图 8.22 日本 JMH 远东地区 850 hPa 温度、风矢和 700 hPa
垂直速度 24 h 预报

图(图 8.23)上相应地区明显加密,表明该地区确有锋生过程。由该图预报的 18 日
08 时风矢分布可看出,南京处于槽前,受西南气流影响;而在 700 hPa 垂直运动场
上,上升运动中心与地面气旋波中心及降水中心近于重合,南京处于负值区(阴影
区),即有上升运动。但到了 18 日 20 时(图 8.24),虽然 850 hPa 锋区仍存在,但南京
上空 700 hPa 上的垂直速度已由负值转为正值,即出现了下沉运动。

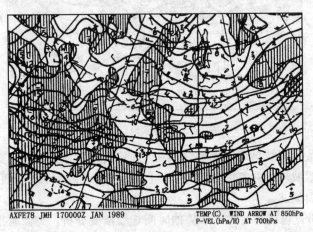

AXFE78 JMH 170000Z JAN 1989　　　　TEMP(C), WIND ARROW AT 850hPa
　　　　　　　　　　　　　　　　　P-VEL(hPa/H) AT 700hPa

图 8.23　日本 JMH 远东地区 850 hPa 温度、风矢和 700 hPa
垂直速度实况分析

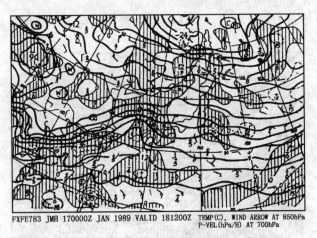

FXFE783 JMH 170000Z JAN 1989 VALID 181200Z　TEMP(C), WIND ARROW AT 850hPa
　　　　　　　　　　　　　　　　　　　　　P-VEL(hPa/H) AT 700hPa

图 8.24　日本 JMH 远东地区 850 hPa 温度、风矢和 700 hPa
垂直速度 36 h 预报

再看 FXFE572 图(图 8.25),南京处于阴影区中,说明 18 日 08 时南京上空
700 hPa上将是湿度较大,$T-T_d<3℃$。到了 18 日 20 时(图 8.26),这片阴影区已东

移南压,南京已处于 $T-T_d>3℃$ 区。此外,从这张图上预报的 500 hPa 温度场可看出,在地面锋所在地区上空,等温线比较稀疏,无明显锋区特征,这说明此次锋生过程主要发生在对流层低层,锋面的垂直伸展高度较低。

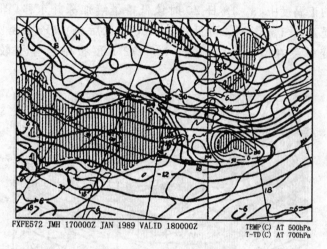

图 8.25　日本 JMH 远东地区 500 hPa 温度、700 hPa 的 $T-T_d$

24 h 预报

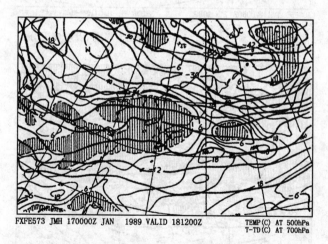

图 8.26　日本 JMH 远东地区 500 hPa 温度、700 hPa 的 $T-T_d$

36 h 预报

再看 500 hPa 的形势特点。17 日 08 时 500 hPa 上 35°N 以南地区为较平直的西风气流,华南地区受弱脊控制(图 8.27)。此时,南京处于负涡度区中。在南京西侧的四川省存在正涡度中心,在偏西气流作用下江淮地区至东海有正涡度平流,利于低层低值气压系统的发展。到了 18 日 08 时(图 8.28),预报高原东侧有明显低槽发展起来,且该槽位于预报的 850 hPa 槽西侧(即槽随高度时西倾的),槽前至华东沿海西南气流明显加强,与地面气旋中心对应的长江口上空出现了数值为 55×10^{-6}/s 的正涡度中心。18 日 20 时该低槽继续加深并东移(图 8.29),南京仍处于槽前受西南气流影响。可见,17 日 08 时以后 500 hPa 形势亦将有明显变化。这一演变过程在欧洲中心的 48 h 和 72 h 预报中也作了较准确的预报(图 8.30)。

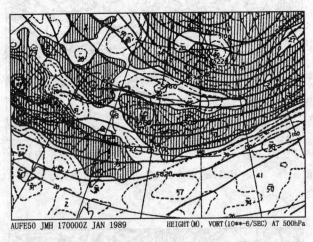

AUFE50 JMH 170000Z JAN 1989　　　　HEIGHT(M), VORT(10**-6/SEC) AT 500hPa

图 8.27　日本 JMH 远东地区 500 hPa 高度、涡度实况分析

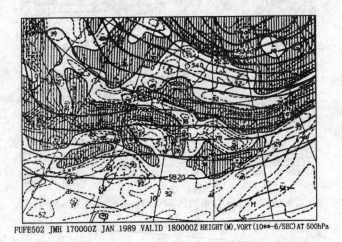

FUFE502 JMH 170000Z JAN 1989 VALID 180000Z HEIGHT(M),VORT(10**-6/SEC)AT 500hPa

图 8.28　日本 JMH 远东地区 500 hPa 高度、涡度 24 h 预报

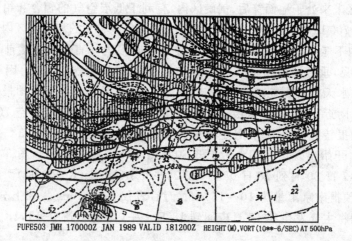

FUFE503 JMH 170000Z JAN 1989 VALID 181200Z HEIGHT(M),VORT(10**-6/SEC)AT 500hPa

图 8.29 日本 JMH 远东地区 500 hPa 高度、涡度 36 h 预报

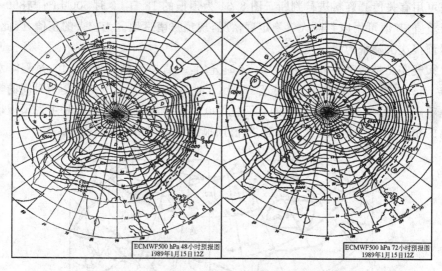

图 8.30 欧洲中期天气预报中心 500 hPa 形势预报图

  通过上面分析可见,地面气旋和锋面的发生与移动对应着空中 500 hPa 低槽及相应涡度场的演变。在此背景条件下,垂直运动和湿度分布在未来 24 h 内都将发生变化。根据这些数值预报结果,再参考其他传真资料及有关预报规则,就可用天气学原理作出相应气象要素的定性预报。

  下面仅以南京地区降水的 24 h 预报说明之。

  产生云和降水的宏观基本条件是上升运动和水汽条件。从前述数值预报产品看,南京地区未来处于地面锋后、气旋区内,有利于低层空气的辐合和抬升;18 日 08 时南京上空 700 hPa 预报为上升运动,且处于 $T-T_d<3℃$ 的相对湿区内;而 500 hPa 低槽 24 h 内不能移过南京,即南京地区在预报时限内一直受该槽槽前西南气流影响。由此可见,垂直运动和水汽条件都有利于南京地区发生降水。因此,17 日 14 时开始的降水天气将可能持续到 18 日白天。到 18 日 20 时,不但预报气旋中心已移至 125°E 附近,这预示着低层辐合抬升作用将减弱,而且南京上空 700 hPa 的垂直运动已预报转为下沉运动,且空气相对湿度减小(转为 $T-T_d>3℃$),即不利于降水的条件开始出现。我们参考 FSFE02(图 8.19)和 FSFE03(图 8.20)所作的 12～24 h(17 日 20 时到 18 日 08 时)和 24～36 h(18 日 08～20 时)两时段的雨量预报,前者预报南京雨量为 10～15 mm,而后者仅 5～10 mm。综上分析可知,此次降水过程将主要发生在 17 日夜间到 18 日上午(雨量小到中等),18 日下午雨将停止。

至于降水性质的预报,除可参考当地季节性特点(南京冬季少对流性降水)外,我们还可用有关传真资料进行判断。图 8.31 为预报的 18 日 08 时 500 hPa 与 850 hPa θ_{se} 的差值,其值可用以判断大气稳定度情况,现预报南京地区为较大的正值,因此,我们可预报这次降水为稳定性降水。

天气实况是南京的降水从 17 日 14 时开始,一直持续到次日 10:40,过程降水量 11.4 mm,主要发生在 17 日 20 时至 18 日 08 时时段内,18 日下午只是短时间的零星小毛毛雨,可见预报基本是成功的。而且 500 hPa 形势的演变,特别是主观预报很难报出的东海气旋的发生发展及移动,数值预报结果均与实况相当一致。

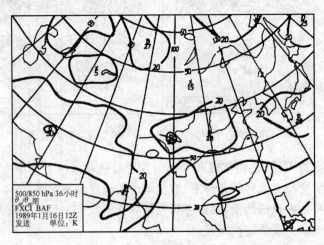

图 8.31　中国 BAF $\dfrac{\Delta\theta_{se}}{\Delta Z}$ 36 h 预报

8.6　数值预报产品释用中的几个重要问题

8.6.1　对预报方法要有充分的了解

对预报方法的充分了解是用好该预报方法的关键,很多的方法在推导过程中本身含有假设,比如多元回归方法就是假设预报量遵从正态分布的,因而多元回归方法在温度预报上有比较好的效果,而对降水则预报效果并不好,原因是降水并不是正态分布的变量,如果对降水进行一些处理,使得处理后的变量能够接近正态分布也是提高预报效果的一种方式。

8.6.2　因子的选取是关键

不管是什么预报方法,预报因子的选取是关键,没有好的预报因子,任何方法都难以得到好的结果。预报因子的选取要注意以下几个方面:

①要选取物理意义明确、代表性好的因子;

②选取数值预报精度相对较高的因子;

③因子的选取要涵盖预报对象发生、发展的动力、热力、水汽和其他条件;

④根据需要,推导出非模式直接输出的因子;

⑤可以根据经验得到一些综合因子,如:

$$\overline{RH} = \frac{1}{2}(RH_5 + RH_7 + RH_8) \tag{8.34}$$

⑥可以把一些预报经验变为有效的数据形式代入方程;

⑦一般情况下所用因子都是单站上的值,可以考虑引入反映因子场的结构和空间结构的组合因子,以及不同空间配置的因子。

8.6.3　因子和预报对象的预处理

有时通过对因子和预报要素的预处理可以提高预报质量。例如,事先对因子和降水根据经验进行分级处理;对因子进行非线性化处理,如 x^2,$\log(x)$ 等。

8.6.4　综合集成预报

集成预报包含两个方面的内容,一个是多个模式预报结果的集成,一个是多个客观预报结果的集成。综合集成预报应该是产品释用的一个重要方面,因为在实际的预报业务中预报员往往要面对很多的预报产品,对预报产品的不同使用依赖于预报员的判断,因而带有更多的主观性。集成预报是我国气象业务台站未来较为经济和适用的预报方法,具有发展前景。

思　考　题

1. 我国常用数值预报产品统计释用方法有哪些？
2. 简述 MOS 方法、PP 法的基本原理。
3. 指出 MOS 方法的优缺点有哪些？
4. BP 神经网络常用的学习方法是什么？简单说出其基本过程。
5. 利用当前实况资料和欧洲中心预报图、日本传真图，对南京（或其他城市）未来 24 h 的气温、降水、风向等进行预报，并简述预报理由。

参　考　文　献

陈力强. 2003. 基于 MM5 模式的站点降水预报释用方法研究[J]. 气象科技，31(5)：269-272.

陈豫英，陈晓光，马金仁，等. 2005. 基于 MM5 模式的精细化 MOS 温度预报[J]. 干旱气象，23(4)：53-56.

陈豫英，陈晓光，马筛艳，等. 2006. 精细化 MOS 相对湿度预报方法研究[J]. 气象科技，34(2)：143-146.

金龙，林熙，金健，等. 2003. 模块化模糊神经网络的数值预报产品释用预报研究[J]. 气象学报，61(1)：78-84.

金琪，王丽，叶成志，等. 2008. 基于 AREM 数值预报产品的强降水动力释用试验[J]. 安徽农业科学，36(3)：1156-1157.

孔玉寿，章东华. 2005. 现代天气预报技术[M]. 第二版. 北京：气象出版社.

梁钰，布亚林，贺哲，等. 2006. 用卡尔曼滤波制作河南省冬春季沙尘天气短期预报[J]. 气象，32(1)：63-67.

林良勋，程正泉，张兵，等. 2004. 完全预报(PP)方法在广东冬半年海面强风业务预报中的应用[J]. 应用气象学报，15(4)：485-493.

刘梅，濮梅娟，高苹，等. 2008. 江苏省夏季最高温度定量预报方法[J]. 气象科技，36(6)：728-733.

苗春生，段婧，徐春芳. 2007. 人工神经网络方法在短期天气预报中的应用[J]. 江南大学学报(自然科学版)，6(6)：648-653.

任宏利，丑纪范. 2007. 动力相似预报的策略和方法研究[J]. 中国科学，37(8)：1101-1109.

王迎春，刘凤辉，张小玲，等. 2002. 北京地区中尺度非静力数值预报产品释用技术研究[J]. 应用气象学报，13(3)：312-321.

朱乾根，林锦瑞，寿绍文，等. 2000. 天气学原理和方法[M]. 第三版. 北京：气象出版社.

第 9 章　现代天气诊断分析

　　在天气分析和预报中有一些物理量十分重要,如涡度、散度、垂直速度、水汽通量和水汽通量散度及各种能量场等。但这些物理量与常规气象要素(温、压、湿、风)不同,它们是无法直接观测获得的,必须通过计算而间接获得。这些物理量在某时刻的空间分布被称为诊断场。研究这些物理量的计算方法,分析其空间分布特征以及它们和天气系统发生、发展的关系等称为天气诊断分析。

　　诊断分析的方法,原则上适用于大气科学的所有领域,当诊断的对象不同时,计算和诊断的重点也不一定相同。

　　为了提高预报水平,在常规天气形势分析的基础上,必须进一步清楚地认识影响本地区天气系统的发生、发展各阶段气象要素场(或称物理量场)的三维空间结构的物理图像,进而掌握这些天气发生发展的规律,才有可能对天气作出较为准确的预报。

　　本章主要介绍一些常用的传统诊断量和强对流诊断量的计算。

9.1　诊断大气动力学特征的参量

9.1.1　地转风

　　中纬度自由大气的大尺度运动满足水平运动方程的零级简化方程,即在水平方向上地转偏向力与气压梯度力接近平衡。满足地转平衡的空气水平运动即为地转风,用 V_g 表示,在球坐标系下的计算公式为:

$$\begin{cases} u_g = -\dfrac{g}{fa}\dfrac{\partial Z}{\partial \varphi} \\[2mm] v_g = \dfrac{g}{fa\cos\varphi}\dfrac{\partial Z}{\partial \lambda} \end{cases} \tag{9.1}$$

　　中纬度地区地转风可作为实际风的近似,上述表达式计算的地转风单位为 m/s,量级为 $10^0 \sim 10^1$。

9.1.2　热成风

若分析不同层次的地转风可发现其随高度而变化。这种随高度变化的地转风称为热成风,其风向与等平均温度线(或等厚度线、等平均位温线、等平均假相当位温线)平行,用 V_t 表示,在球坐标系下的计算公式为:

$$\begin{cases} u_t = -\dfrac{R_d}{f}\ln\dfrac{p_1}{p_2}\left(\dfrac{\partial T}{\alpha\partial\varphi}\right) \\[2mm] v_t = \dfrac{R_d}{f}\ln\dfrac{p_1}{p_2}\left(\dfrac{\partial T}{\alpha\cos\varphi\partial\lambda}\right) \end{cases} \tag{9.2}$$

上式计算的热成风单位为 m/s,量级为 $10^0 \sim 10^1$。

在大气诊断分析中,热成风关系可作为量度大气斜压性的参量——只有在斜压情况下才有热成风存在。实际工作中可用热成风近似代替风的垂直切变,从而推断大气湍流稳定度和静力稳定度的分布情况。

9.1.3　流函数与势函数

实测风 V 可以分解成辐散部分 V_χ 和有旋部分 V_ψ,辐散部分即为无旋运动,有旋部分即为无辐散运动,针对这两种运动可引进速度势和流函数。流函数和速度势反映了风场的基本特征,在描写大气运动的方程简化和求解方面提供了较大的方便,从而在大气科学各领域得到了很好的应用。流函数和速度势的空间分布、时间变化在大气环流诊断、30～60 天低频振荡机制和低频 Rossby 波能量传播分析中有着广泛的应用,流函数和速度势作为诊断量在计算强降水的水汽收支和分析中尺度扰动等方面也经常被引入,通过风场求得的流函数和速度势还可应用于研究海—气相互作用、北方涛动、偶极子、海浪和数值预报及同化分析等。

因为流函数对应的运动形式是有旋无辐散的,而大气运动的主要分量则是无辐散旋转风,找到流函数(ψ),即可计算出其无辐散风(V_ψ,也叫旋转风、旋度风),也就相当于掌握了大气运动的基本特征。

$$\begin{cases} u_\psi = -\dfrac{\partial\psi}{\partial y} \\[2mm] v_\psi = \dfrac{\partial\psi}{\partial x} \end{cases} \tag{9.3}$$

上式求得的无辐散风单位为 m/s,量级为 $10^0 \sim 10^1$,并满足如下关系式:

$$D_\psi = \frac{\partial u_\psi}{\partial x} + \frac{\partial v_\psi}{\partial y} = 0 \tag{9.4}$$

流函数则可根据实测风资料计算涡度,然后通过求解泊松方程(9.5)式得到。

$$\nabla^2\psi = \zeta \tag{9.5}$$

尽管在大尺度条件下,风的辐散分量要比有旋部分小很多,但在天气系统的发展中起着非常重要的作用:辐散风通过连续方程与垂直运动相联系,引起水汽的局地变化和凝结潜热的释放。因此,诊断势函数和无旋风场对热带地区及中小尺度系统的研究极为重要。势函数(χ)与无旋风($\mathbf{V}_\chi$,也称为辐散风)有如下关系:

$$\begin{cases} u_x = -\dfrac{\partial \chi}{\partial x} \\[2mm] v_x = -\dfrac{\partial \chi}{\partial y} \end{cases} \tag{9.6}$$

由上式求得的 $\mathbf{V}_\chi$ 单位为 m/s,量级为 $10^0 \sim 10^1$。上式中的势函数(χ)同理可根据实测风资料计算散度,然后通过求解泊松方程(9.7)得到。

$$\nabla^2 \chi = -D \tag{9.7}$$

例如,使用流函数和速度势分析台风的风场结构,全面跟踪 2008 年第 8 号台风"凤凰"发生发展、成熟和衰退的全过程(黎爱兵 等 2009)。

对流函数和速度势形势分析。无论在台风的发展和成熟时期,还是在衰退时期(如图 9.1 所示),流函数与高度场形势比较相似,其低值中心位置基本吻合,且相应时刻的速度势在对应的低值区有一高值区,但它们的中心位置不完全吻合,此外,速度势的梯度没有流函数的大,即流函数的等值面较速度势的要陡。因为高度低值中心位置可反映台风的中心即台风眼位置,而流函数与高度场相似,低值中心位置基本吻合,所以,可用流函数低值中心位置来分析台风的中心和移动路径。从流函数等值线密集程度和其低值中心值大小来看,在台风发生发展和衰退时期的流函数等值线比成熟期的等值线要疏,且成熟期的流函数中心值要比其他时期要低,这与台风中心高度值或地面气压值在成熟期要比其他时期要低相对应,说明此时中心值越低,台风强度越强。

9.1.4　螺旋度

螺旋度是一个用来衡量风暴入流气流强弱以及沿入流方向上的涡度分布状况的参数。它不仅表达了风场旋转的强弱,而且反映了对旋转性的输送,是一个反映动力条件的物理参数。其严格的定义是风和涡度点积的体积分(单位为 m/s^2,量级为 $10^{-10} \sim 10^{-8}$):

$$h = \iiint_r \mathbf{V} \cdot (\nabla \times \mathbf{V}) \mathrm{d}r \tag{9.8}$$

螺旋度能够较好地刻画强对流天气的空间物理结构,对雷暴、龙卷、大范围暴雨等强对流天气的发生发展的分析预报有一定的指示作用,其垂直分量与垂直方向的风速和涡度相联系,可综合反映大气的垂直运动与辐散、辐合情况,并大致反映雨带的分布。当对流中下层的 Z-螺旋度为正值(即气旋式涡度区),上层为负值中心(即反气旋式涡度区)时,例如,暴雨区上空 300 hPa 存在一负螺旋度中心,600 hPa 附近存在正值中心,这样的配置有利于暴雨的产生和维持,在 300 hPa 螺旋度的极小值中心位置与主要雨区中心位置非常靠近(图 9.2)。

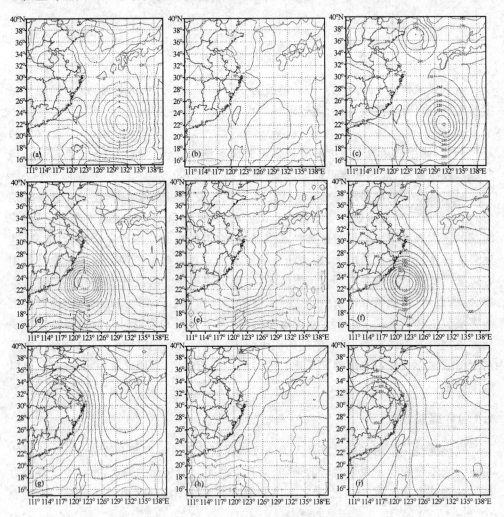

图 9.1　台风发生、成熟、衰退时期 975 hPa 的流函数、速度势(量级 10^7)(黎爱兵 等 2009)

(a)25 日 14 时流函数场;(b)25 日 14 时速度势场;(c)25 日 14 时高度场

(d)28 日 00 时流函数场;(e)28 日 00 时速度势场;(f)28 日 00 时高度场

(g)30 日 06 时流函数场;(h)30 日 06 时速度势场;(i)30 日 06 时高度场

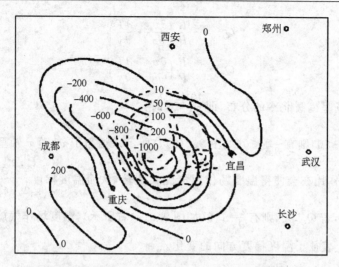

图 9.2　1982 年 7 月 16 日 08:00 300 hPa 螺旋度(实线)

与其后 24 h 降水量(虚线)(吴宝俊　1996)

9.1.5　Q 矢量及其散度

Q 矢量这个概念是 Hoskins 等 1978 年提出来的。在科学文献中,Q 矢量分析方法被誉为垂直运动业务估算的高级方法,是用来计算垂直运动的最好的一种工具。传统的 Q 矢量分析方法有准地转 Q 矢量、半地转 Q 矢量、非地转 Q 矢量、湿 Q 矢量。

(1)准地转 Q 矢量

20 世纪 80 年代后期,白乐生(1988)引入了准地转 Q 矢量这个概念,随后准地转 Q 矢量分析方法在我国的气象业务诊断分析及研究中得到广泛的应用。由准静力、准地转、绝热无摩擦、f 平面的 p 坐标系运动方程组出发推得的准地转 Q 矢量的表达式为:

$$Q = (Q_x, Q_y) = \left[-\frac{\partial \boldsymbol{V}_g}{\partial x} \cdot \nabla \left(-\frac{\partial \phi}{\partial p} \right), -\frac{\partial \boldsymbol{V}_g}{\partial y} \cdot \nabla \left(-\frac{\partial \phi}{\partial p} \right) \right] \tag{9.9}$$

式中,$\frac{\partial \phi}{\partial p} = -\alpha$,且 $\alpha = \frac{RT}{P}$ 为比容;$\boldsymbol{V}_g$ 代表水平地转风场。

由此,准地转 Q 矢量还可以用另一种表达式:

$$Q = (Q_x, Q_y) = -\frac{R}{P} \left(\frac{\partial u_g}{\partial x} \cdot \frac{\partial T}{\partial x} + \frac{\partial v_g}{\partial x} \cdot \frac{\partial T}{\partial y}, \frac{\partial u_g}{\partial y} \cdot \frac{\partial T}{\partial x} + \frac{\partial v_g}{\partial y} \cdot \frac{\partial T}{\partial y} \right) \tag{9.10}$$

由上式可知,准地转 Q 矢量决定于地转水平梯度与水平温度梯度的乘积。因此,用一层等压面的位势高度 ϕ 和温度 T 资料,即可计算出该层的准地转 Q 矢量。若假设等 T 线与 x 轴平行,即有温度梯度的 x 分量:$-\frac{\partial T}{\partial x} = 0$,则:

$$Q_x = -\frac{R}{P}\left(\frac{\partial v_g}{\partial x} \cdot \frac{\partial T}{\partial y}\right) \tag{9.11}$$

$$Q_y = -\frac{R}{P}\left(\frac{\partial v_g}{\partial y} \cdot \frac{\partial T}{\partial y}\right) \tag{9.12}$$

当温度场呈南暖北冷的分布,即$\frac{\partial T}{\partial y}<0$时:

· 若$Q_x<0$,则有$\frac{\partial v_g}{\partial x}<0$(如图9.3(a)左所示),相当于$v_g$随$x$轴呈反气旋式旋转,这种旋转作用亦会使得温度场作反气旋式旋转,从而温度梯度$\left(-\frac{\partial T}{\partial y}\right)$的方向发生变化;反之,若$Q_x>0$,则有$\frac{\partial v_g}{\partial x}>0$(如图9.3(a)右所示),温度场作气旋式旋转。因此,Q_x实际上表征了温度梯度方向的变化。

· 若$Q_y<0$,则有$\frac{\partial v_g}{\partial y}<0$(如图9.3(b)左所示),相当于等温线作辐合运动,即温度梯度$\left|-\frac{\partial T}{\partial y}\right|$增大,锋生;反之,若$Q_y>0$,则有$\frac{\partial v_g}{\partial y}>0$(如图9.3(b)右所示),相当于等温线作辐散运动,即温度梯度$\left|-\frac{\partial T}{\partial y}\right|$减小,锋消。因此,$Q_y$实际上表征了温度梯度大小的变化。

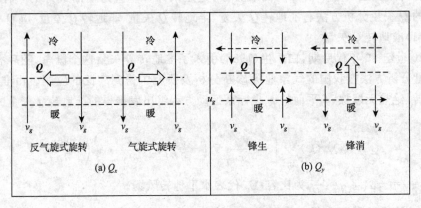

图9.3　准地转Q矢量各分量的物理意义示意图

综上所述,Q矢量代表了引起温度场变化(温度梯度的方向和大小)的地转扰动(切变和辐散、辐合)。当Q矢量与∇T的交角小于90°时,有利于锋生,反之则有利于锋消。

(2)半地转Q矢量

李柏等(1997)由半地转、准静力、绝热无摩擦的p坐标下动力方程组推导出半

地转 Q 矢量($Q=Q_x,Q_y$)的表达式：

$$Q_x = \frac{1}{2}\left[-\frac{\partial \boldsymbol{V}}{\partial x}\cdot\boldsymbol{\nabla}\left(-\frac{\partial\phi}{\partial p}\right)-f\frac{\partial\boldsymbol{V}}{\partial p}\cdot\boldsymbol{\nabla}v_g+v\beta\frac{\partial v_g}{\partial p}\right] \tag{9.13}$$

$$Q_y = \frac{1}{2}\left[-\frac{\partial \boldsymbol{V}}{\partial y}\cdot\boldsymbol{\nabla}\left(-\frac{\partial\phi}{\partial p}\right)+f\frac{\partial\boldsymbol{V}}{\partial p}\cdot\boldsymbol{\nabla}u_g-v\beta\frac{\partial u_g}{\partial p}\right] \tag{9.14}$$

半地转条件下的动力方程组相比准地转近似条件下的动力方程组，不仅保留了非地转风造成的地转动量平流，多了由非地转风引起的温度平流，且考虑了 β 效应。推导出的 Q 矢量方程含有地转风，同时还包括了实际风、 β 项，但同样满足其散度与垂直速度 ω 的正比关系： $\omega\propto\boldsymbol{\nabla}\cdot\boldsymbol{Q}$ 。当 $\boldsymbol{\nabla}\cdot\boldsymbol{Q}>0$ 时， $\omega>0$ ，对应下沉运动；当 $\boldsymbol{\nabla}\cdot\boldsymbol{Q}<0$ 时， $\omega<0$ ，对应上升运动。

(3)非地转 Q 矢量

张兴旺(1999)由准静力、绝热无摩擦、 f 平面的 p 坐标系原始方程出发，推导出的非地转 Q 矢量($Q=(Q_x,Q_y)$)的表达式：

$$Q_x = \frac{1}{2}\left[f\left(\frac{\partial v}{\partial p}\frac{\partial u}{\partial x}-\frac{\partial u}{\partial p}\frac{\partial v}{\partial x}\right)-h\frac{\partial\boldsymbol{V}}{\partial x}\cdot\boldsymbol{\nabla}\theta\right] \tag{9.15}$$

$$Q_y = \frac{1}{2}\left[f\left(\frac{\partial v}{\partial p}\frac{\partial u}{\partial y}-\frac{\partial u}{\partial p}\frac{\partial v}{\partial y}\right)-h\frac{\partial\boldsymbol{V}}{\partial y}\cdot\boldsymbol{\nabla}\theta\right] \tag{9.16}$$

上式中，各项中都包含实际风，这是与准地转 Q 矢量及半地转矢量所不同的地方，式中 $h=\frac{R}{P}\left(\frac{P}{1000}\right)^{R/c_p}$ 。非地转 Q 矢量同样满足其散度与垂直速度 ω 的正比关系： $\omega\propto\boldsymbol{\nabla}\cdot\boldsymbol{Q}$ 。当 $\boldsymbol{\nabla}\cdot\boldsymbol{Q}>0$ 时， $\omega>0$ ，对应下沉运动；当 $\boldsymbol{\nabla}\cdot\boldsymbol{Q}<0$ 时， $\omega<0$ ，对应上升运动。

(4)非地转湿 Q 矢量

张兴旺(1999)考虑了大气中水汽凝结潜热释放的作用，并把它作为非绝热的原始方程组出发，推导出非地转湿 Q 矢量($Q=(Q_x,Q_y)$)的表达式：

$$Q_x = \frac{1}{2}\left[f\left(\frac{\partial v}{\partial p}\frac{\partial u}{\partial x}-\frac{\partial u}{\partial p}\frac{\partial v}{\partial x}\right)-h\frac{\partial\boldsymbol{V}}{\partial x}\cdot\boldsymbol{\nabla}\theta-\frac{\partial}{\partial x}\left(\frac{LR\omega}{c_pP}\frac{\partial q_s}{\partial p}\right)\right] \tag{9.17}$$

$$Q_y = \frac{1}{2}\left[f\left(\frac{\partial v}{\partial p}\frac{\partial u}{\partial y}-\frac{\partial u}{\partial p}\frac{\partial v}{\partial y}\right)-h\frac{\partial\boldsymbol{V}}{\partial y}\cdot\boldsymbol{\nabla}\theta-\frac{\partial}{\partial y}\left(\frac{LR\omega}{c_pP}\frac{\partial q_s}{\partial p}\right)\right] \tag{9.18}$$

由上式可见，湿 Q 矢量不仅包含实际风，同时包含了凝结潜热加热项，与实际大气状况更接近，对梅雨锋暴雨的诊断能力最强。

分别以上述四种 Q 矢量作为强迫项的运动方程均可写成如下形式：

$$\boldsymbol{\nabla}^2(\sigma\omega)+f^2\frac{\partial^2\omega}{\partial p^2}=-2\boldsymbol{\nabla}\cdot\boldsymbol{Q} \tag{9.19}$$

当 ω 场具有波状特征时，有 $\omega\propto\boldsymbol{\nabla}\cdot\boldsymbol{Q}$ 。因此， Q 矢量的散度能反映垂直运动：当 $\boldsymbol{\nabla}\cdot\boldsymbol{Q}>0$ 时， $\omega>0$ ，对应下沉运动；当 $\boldsymbol{\nabla}\cdot\boldsymbol{Q}<0$ 时， $\omega<0$ ，对应上升运动。

9.1.6　E指数

E指数反映暴雨形成所需要的垂直运动、水汽输送和层结稳定度条件的配置情况。表达式为：

$$E = K - W_{700} - \Delta\zeta - \boldsymbol{\nabla} \cdot q\boldsymbol{V} \tag{9.20}$$

式中，$K = T_{850} - T_{500} + T_{d850} - (T - T_d)_{700}$，$W_{700}$ 为 700 hPa 面上的垂直速度，该两项的差值反映大气层结稳定状态，差值越大，层结越不稳定；$\Delta\zeta$ 是指 300 hPa 减去 850 hPa 的涡度差值，$\boldsymbol{\nabla} \cdot q\boldsymbol{V}$ 是 850 hPa 层上水汽通量的南北分量，该两项表示大气中低层饱和程度，其值越小，空气越接近饱和。

一般而言，上式计算的 E 指数愈大愈有利于降水产生，分析 E 指数大值区便可判断暴雨的落区。为了缩小 E 指数变化的振幅，引入权重系数，即

$$E = K/17 - W/8 - \Delta\zeta/9 - \boldsymbol{\nabla} \cdot q\boldsymbol{V}/6 \tag{9.21}$$

E 指数关系式中引入权重系数之后，经验证明可产生以下两点效果：①使得 E 指数变化的振幅明显缩小，便于对降水区的判别；②每项物理量对暴雨贡献值大小相近，数据近似于标准化处理。右边各项值≥1，有利于产生暴雨，反之，则不利于暴雨发生。分析 E 指数等值线并经实践验证得到：

1≤E≤2：未来 12 h 或 24 h 内有中到大雨发生；

E>2：未来 12 h 或 24 h 内有暴雨或大暴雨发生。

丁太胜等(1995)使用 E 指数对 1993 年、1994 年梅雨期暴雨预报试验证明效果显著，具有较好的使用价值。6～12 h 内降水的落区与预报区基本一致。24 h 暴雨区的预报往往与系统的移动速度有关，一般而言，在某一区域内出现暴雨乃至大暴雨，天气系统相对是比较稳定，预报区与实况也较一致，对于少数移动较快的降水系统，预报区会稍落后于实况。

9.1.7　位涡

在正压大气中，通常使用涡度描述大气的行为，因为它在无黏、绝热的正压大气中沿气块轨迹守恒。同样，在斜压大气中，位涡在无黏、绝热的斜压大气中沿气块轨迹亦守恒。所以，位涡与位温和比湿一样，可以作为跟踪气块移动的又一物理量，等压面上的位涡表达式为：

$$PV = PV_1 + PV_2 = \left[-g \frac{\partial\theta}{\partial p}(\zeta + f) \right] + \left[g \left(\frac{\partial v}{\partial p} \frac{\partial\theta}{\partial x} - \frac{\partial u}{\partial p} \frac{\partial\theta}{\partial y} \right) \right] \tag{9.22}$$

上式计算得到的位涡单位为 PVU[10^{-6} K · m²/(kg/s)]，量级为 $10^{-7} \sim 10^{-6}$。式中，ζ 为垂直涡度，f 为科氏参数，PV_1 为正压项，PV_2 含有风速垂直切变和位温水平梯度，所以称其为斜压项。

在考虑降水特别是暴雨的生成机制时，必须考虑水汽的作用，以假相当位温 θ_{se} 代替位温，从而出现了湿位涡概念：

$$MPV = \alpha \boldsymbol{\zeta}_a \cdot \nabla \theta_{se} \tag{9.23}$$

式中，α 为比容，$\boldsymbol{\zeta}_a$ 为绝对涡度矢量。湿位涡不仅表征了大气动力、热力属性，还考虑了水汽的作用，与对称不稳定有很好的对应关系，湿位涡的分析能更全面有效地描述对流的发生发展，揭示降水的物理机制，因此得到广泛应用。

等熵面上的湿位涡，即 θ 坐标系下的湿位涡表达式：

$$MPV = -g\zeta_\theta \frac{\partial \theta_{se}}{\partial p} \tag{9.24}$$

式中，ζ_θ 为等熵面上的垂直涡度。在等压面上，考虑大气垂直速度的水平变化比水平速度的垂直切变小，从而忽略 ω 水平变化时，可得 p 坐标系下的湿位涡：

$$MPV = -g(f\boldsymbol{k} + \nabla_p \times \boldsymbol{V}) \cdot \nabla_p \theta_{se} = -g(\zeta_p + f)\frac{\partial \theta_{se}}{\partial p} + g\left(\frac{\partial v}{\partial p}\frac{\partial \theta_{se}}{\partial x} - \frac{\partial u}{\partial p}\frac{\partial \theta_{se}}{\partial y}\right) \tag{9.25}$$

其中，∇_p 为 xyp 空间中的三维梯度符，ζ_p 为垂直方向涡度，f 为地转涡度。这时的位涡称为等压位涡。

等压面上的湿位涡同样可分为正压项（MPV_1）和斜压项（MPV_2）：

$$MPV_1 = -g(\zeta_p + f)\frac{\partial \theta_{se}}{\partial p} \tag{9.26}$$

$$MPV_2 = g\left(\frac{\partial v}{\partial p}\frac{\partial \theta_{se}}{\partial x} - \frac{\partial u}{\partial p}\frac{\partial \theta_{se}}{\partial y}\right) \tag{9.27}$$

MPV_1 为湿位涡的垂直分量（正压项），其值取决于空气块绝对涡度的垂直分量和相当位温垂直梯度的乘积[单位 PVU（10^{-6} K·m^2/(kg/s)），量级 $10^{-7} \sim 10^{-6}$]。因为绝对涡度是正值，当大气为对流不稳定 $\left(\frac{\partial \theta_{se}}{\partial p} > 0\right)$ 时，$MPV_1 < 0$，这样表明负 MPV_1 区对应不稳定的暖湿空气；反之，大气为对流稳定 $\left(\frac{\partial \theta_{se}}{\partial p} < 0\right)$ 时，$MPV_1 > 0$，即正 MPV_1 区对应稳定的干冷空气。

MPV_2 是湿位涡的水平分量（斜压项），它的数值由风的垂直切变和 θ_{se} 的水平梯度决定，表征大气的湿斜压性。一般情况下，MPV_2 数值比 MPV_1 要小，但它在低涡暴雨的落区方面是很好的预报参考指标：MPV_2 负值越大则表明大气的斜压性越强，其表现在风的垂直切变的增加或水平湿斜压的增加，湿等熵面的倾斜总会引起垂直涡度 ζ_p 的增长，从而有利于强降水发生或加剧。因此，强降水总是发生在对流层低层冷空气前部斜压性最强（即 MPV_2 负中心）的区域。

将等压面位涡分解成正压和斜压部分，可计算出（湿）斜压系统中（湿）斜压性相对于正压性的大小,从而反映(湿)斜压系统的结构特征。

2009 年 6 月 8 日凌晨至傍晚,北京、天津和河北省中北部大部分地区出现雷雨天气,有 4 个县出现冰雹,20 多个县市出现了短时暴雨,部分县市还出现了短时大风等强对流天气。7 日 20 时,整个降水区 850 hPa 等压面上 MPV_1 均为弱负值区(图略),说明大气低层是对流不稳定的。到 8 日 02 时(如图 9.4(a)所示),也就是暴雨发生前 3 h,850 hPa 等压面上 MPV_1 的分布发生了变化:在暴雨发生地的西北侧出现了正的 MPV_1 区,说明西北侧有冷空气向东移动。东南侧仍为负 MPV_1 区,表明有暖湿气流的存在。暴雨发生在 MPV_1 的正负过渡带内,偏向于正值区。这个过渡带与高空锋区是一致的,有利于水汽辐合、垂直涡度剧烈发展。在 MPV_1 等值线相对密集的零线附近,正是冷暖空气交汇的地带,有利于水汽辐合、垂直涡度剧烈发展。强降水区随 850 hPa 等压面上 MPV_1 的正负过渡带的移动而移动。

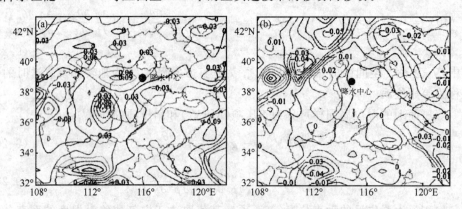

图 9.4　2009 年 6 月 8 日 02 时 850 hPa 上 MPV_1(a)和 MPV_2(b)分布图(高万泉 等 2011)

等压面上湿位涡斜压项 MPV_2(图 9.4(b))显示,除了暴雨区的西、北侧和东侧有局部弱的正值外,其他大部均为负值区,但数值较 MPV_1 较小,这说明大气低层存在着弱大气湿斜压性,风垂直切变较弱,而暴雨就发生在 MPV_2 弱负值区内。(注意:这次强对流暴雨不是发生对流不稳定与斜压不稳定最强的位置,而是对流不稳定与斜压不稳定相结合的区域)

在绝热无摩擦的条件下,湿位涡同样具有守恒的特性。根据湿位涡守恒,来自高层稳定环境的高位涡气流,到达低层不稳定环境后其涡度增大,于是便会引起气旋的发生和发展,从而引起暴雨或强对流天气的形成(刘志雄 等 2002)。这种来自对流层中、上层,具有低相对湿度和高位涡特征的干燥下沉气流被称为"干侵入"。

9.1.8　锋生函数

锋面是冷暖气团之间的一个过渡带,也是一个常伴有强降水、大风等剧烈天气现象并具有显著水平温度梯度的区域。锋生指锋产生或增强的过程,锋消是指锋减弱或消失的过程。可使用锋生函数定量描述此类过程。锋生函数被定义为位温的水平梯度随时间的变化率。

$$F_p = \frac{D}{Dt}|\nabla_p\theta| \tag{9.28}$$

式中,下标 p 表示在 p 等压面上,展开后为:

$$F_p = \left[\left(\frac{\partial v}{\partial y}\right)_p\left(\frac{\partial \theta}{\partial y}\right)_p\right] + \left[\left(\frac{\partial \omega}{\partial y}\right)_p\frac{\partial \theta}{\partial p}\right] - \left[\frac{1}{c_p}\left(\frac{P_0}{P}\right)\frac{\partial}{\partial y}\left(\frac{dQ}{dt}\right)_p\right] - \left[\frac{\partial}{\partial y}\left(K\frac{\partial^2\theta}{\partial y^2}\right)_p\right] \tag{9.29}$$

式中,K 是湍流扩散系数,Q 为加热。可见,锋生函数 F_p 可分为四项因子,分别对应上式的右边四项:辐合项、倾斜项、非绝热加热的水平梯度项和湍流扩散项。

此诊断量用于诊断中纬度天气系统的结构和发展:当 $F_p > 0$ 为锋生,反之为锋消。

9.2　诊断大气水汽条件的参量

9.2.1　可降水量

可降水量是指单位气柱中的水汽含量(mm),将一地区上空整层大气的水汽全部凝结并降至地面的降水量称为该地区的可降水量,单位:mm,量级:10^1,表达式为:

$$PW_1 = \frac{1}{g}\int_0^{p_0} q\mathrm{d}p \tag{9.30}$$

由于水汽绝大部分集中在对流层低层,积分上限可取至 300 hPa 至 400 hPa。某地区可降水量的大小表示了该地区整层大气的水汽含量。

单靠大气中现存的水汽含量要产生较大的降水量,往往是不够的。例如,在含水量较多的积雨云中,即使云中含水量全部降落(称为可能降水量),也只有 10～20 mm。造成中国达到暴雨以上的气团,一般是太平洋、南海和印度洋上生成的热带海洋气团或赤道气团,非常潮湿,它们最大的可能降水量也只有 50 mm,而一次暴雨往往一天能下 100～200 mm,因此,要下一场暴雨必须要有水汽源源不断地从云外输入,云内水汽又不断凝结才有可能。这就需要分析水汽的输送情况。

9.2.2　水汽通量

水汽通量又称水汽输送,指单位时间流经与速度矢正交的某一单位截面积的水汽质量。它表示水汽输送的强度和方向,有水平分量与垂直分量两种。

(1)水平水汽通量

平常所说的水汽输送,多数情况下是指水平水汽通量,它是指单位时间内流经与气流方向正交的单位截面积的水汽质量,它表征水汽的来源,水汽量的大小与天气系统之间的关系。其方向与风向相同,单位为 g/(cm·hPa·s),计算表达式为:

$$F_H = \frac{1}{g} V q \tag{9.31}$$

(2)垂直水汽通量

一般来说,水汽向上输送,才能增厚湿层,产生凝结,成云致雨。因此,当讨论暴雨过程的水汽收支问题时,往往需要计算垂直水汽通量。垂直水汽通量是指单位时间内流经单位水平面向上输送的水汽通量。它的大小与垂直速度及比湿成正比,单位为 g·cm^{-2}·s^{-1},表达式为:

$$F_z = \rho \omega q \tag{9.32}$$

式中,$\omega = \dfrac{\mathrm{d}z}{\mathrm{d}t}$ 表示垂直坐标为 z 时的垂直速度。当有上升运动时,$\omega > 0$,垂直水汽通量 $F_z > 0$。

9.2.3 水汽通量散度

从水汽通量的数值和方向,只能了解暴雨过程的水汽来源,以及这种水汽输送和某些天气系统的关系。在降水过程中,空气中的水汽一面不断凝结降落,一面从降水区处不断有水汽向降水区补充,实际暴雨产生前后空气中的水汽含量没有明显变化,而是水汽的辐合集中更重要,因此作暴雨预报时,不仅要了解水汽的来源,还要看水汽在何处集中。水汽通量辐合中心是预报暴雨落区的一个很好的指标,然后根据水汽收支情况计算可能达到的降水强度。该诊断量反映水汽通量的辐散(水汽减少)和辐合(水汽增加)的情况,表达式为:

$$\nabla \cdot \left(\frac{1}{g} \mathbf{V} q \right) = \frac{\partial}{\partial x} \left(\frac{1}{g} u q \right) + \frac{\partial}{\partial y} \left(\frac{1}{g} v q \right) \tag{9.33}$$

单位为 g/(cm^2·hPa·s),量级为 10^{-7}。

有关水汽通量散度的使用经验:

①由于大气中的水汽主要集中在对流层的下半部,因此,这种计算一般只计算到 500 hPa 等压面即可。

②暴雨落区多数都是水汽辐合区,一般只计算 850 hPa,700 hPa,500 hPa 三层的水汽通量散度之和,有时边界层的水汽通量散度也很重要。

③低层的水汽通量散度比高层的水汽通量散度反映降水的强度更明显一些。

水汽通量是表示水汽输送强度的物理量,代表着水汽输送的大小和方向;水汽通量散度表示水汽的源和汇,即水汽通量收支。

　　2010 年 5 月,江西出现两次大暴雨过程。第 1 次大暴雨过程是 2010 年 5 月 13 日,受切变低涡影响,江西 11 个设区市除赣州外其余设区市全部被暴雨覆盖,大于 100 mm 的大暴雨有 13 站次,分布在 6 个设区市,最大 142.3 mm 出现在宜春万载。5 月 14 日,切变低涡暴雨带南压到赣州地区,大余出现 153.1 mm 大暴雨。第 2 次大暴雨过程是 5 月 21 日在锋前暖区中,江西有 6 个设区市出现局部暴雨,其中宜春万载、上高和宜丰分别出现 174.4 mm,175.0 mm 和 121.0 mm 大暴雨,表现为锋前暖区强降水性质。5 月 22 日,切变低涡暴雨带东移,暴雨主要分布在江西东部,抚州、鹰潭和上饶地区,出现 4 站次大暴雨,其中鹰潭最大 141.0 mm。

　　分析表明,5 月 13 日和 5 月 21 日 08:00,2 次大暴雨过程都有比较强的水汽通量输送,输送层主要集中在 500 hPa 以下,见图 9.5(a)、(b)。2 次大暴雨发生时,江西中部或西部上空都有强水汽通量中心建立并维持,其最强输送通道在 850 hPa 到 500 hPa 之间,中心强度都在 $20(g \cdot cm^{-1} \cdot s^{-1})$ 以上。20:00,当强水汽通量中心东移到 116°E 以东时,江西中部或西部上空水汽通量强度值小于 $8(g \cdot cm^{-1} \cdot s^{-1})$,表

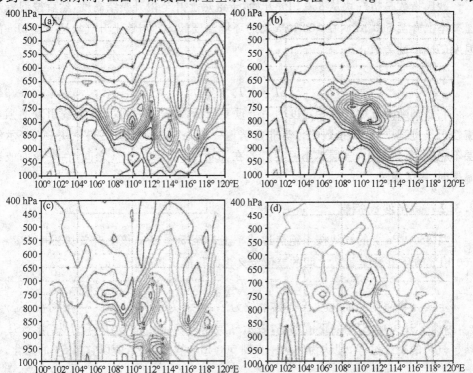

图 9.5　沿 28°N 水汽通量强度(a)、(b)(单位:$g \cdot cm^{-1} \cdot s^{-1}$)和水汽通量散度(c)、(d)

[单位:$10^{-7}(g \cdot cm^{-2} \cdot hPa^{-1} \cdot s^{-1})$]垂直剖面图(肖云 等 2011)

[(a)、(c)为 5 月 13 日 08:00;(b)、(d)为 5 月 21 日 08:00]

明有利于降水发生的水汽通道被切断,江西暴雨迅速减弱或消失。

此外,5 月 13 日和 5 月 21 日 08:00,2 次大暴雨发生时,在 110°E 到 115°E 中低层水汽通量都是辐合的,中低层水汽是增加的,且 5 月 13 日大暴雨过程中的水汽通量散度辐合中心强度(图 9.5(c)),几乎是 5 月 21 日大暴雨过程的两倍(图 9.5(d)),表明 5 月 13 日大暴雨的水汽输送要远远好于 5 月 21 日大暴雨过程。2 次大暴雨过程结束时的水汽通量散度场(图略)的辐合中心东移,江西中部以及西侧为辐散水汽通量中心控制,表明水汽输送开始减少,水汽条件被破坏,降水减弱或消失。

9.3　诊断大气稳定性的参量

9.3.1　沙氏指数

沙氏指数是指气块从 850 hPa 开始,干绝热上升至抬升凝结高度,然后按湿绝热递减率上升至 500 hPa,在 500 hPa 上的环境温度(T_{e500})与该上升气块达 500 hPa 的温度(T_{p500})的差值:

$$SI = (T_e - T_p)_{500} \tag{9.34}$$

它是判断对流性天气稳定度的一个重要指标,在研究中小尺度系统引发的强对流性天气过程中,沙氏指数的计算非常普遍。$SI > 0$,表示气层稳定,$SI < 0$,表示气层不稳定,负值越大,气层越不稳定。若在 850 hPa 与 500 hPa 之间,存在锋面或逆温层时,则无意义。

9.3.2　简化沙氏指数

将 850 hPa 上的气块按干绝热递减率上升至 500 hPa,该上升气块温度 T'_{p500} 与 500 hPa 的环境温度 T_{e500} 之间的差值定义为简化沙氏指数:

$$SSI = T_{e500} - T'_{p500} \tag{9.35}$$

上式计算得到的简化沙氏指数单位为℃,量级为 $10^{-1} \sim 10^1$。一般情况下,$\gamma \leqslant \gamma_d$,因而 $SSI \geqslant 0$。SSI 的正值越小,表示气层越不稳定。将 SSI 与 SI 相比,SSI 忽略了气块的凝结过程,即认为气块一直到 500 hPa 均未饱和,所以它是 SI 的简化。

9.3.3　抬升指数

抬升指数是一种表示自由对流高度以上不稳定能量大小的指数。目前常用的定义是指:气块从自由对流高度出发,湿绝热上升至 500 hPa 处的温度(T''_{p500})与

500 hPa环境温度（T_{e500}）之差，单位为℃，量级为$10^{-1} \sim 10^{1}$，表达式为：

$$LI = T_{e500} - T_{p500}'' \qquad (9.36)$$

当抬升指数为正值时，表示大气层结稳定；反之，$LI < 0$ 时，表明气块温度高于环境温度，层结不稳定，继续上升，LI 的绝对值越大，层结不稳定性的增强致使暴雨前期不稳定能量不断积聚，为暴雨的发生提供充足的能量条件。

表 9.1　不同抬升指数与可能出现的天气现象的对应关系

抬升指数	天气现象
>0	不可能出现雷雨天气
0～−3	可能出现雷雨天气
−3～−5	很可能出现雷雨天气
−5～−7	强对流（雷雨）天气
<−7	大气极端不稳定，强对流天气

值得注意的是，我国某些出版物将抬升指数定义为上述气块温度减去此时的环境温度：

$$LI' = T_{p500}'' - T_{e500} \qquad (9.37)$$

用这个定义计算出的抬升指数（LI'）将与之前的 LI 数值相同，但正负号相反。

9.3.4　K 指数

K 指数是考虑了气层水汽条件的一种不稳定指数，表达式为：

$$K = (T_{850} - T_{500}) + T_{d850} - (T - T_d)_{700} \qquad (9.38)$$

其中，第 1 项为 850 hPa 与 500 hPa 的温度差，代表温度递减率，第 2 项为 850 hPa 的露点，表示低层水汽条件，第 3 项为 700 hPa 的温度露点差，反映中层饱和程度和湿层厚度。

K 指数虽然是一个经验指标，但它是一个能同时反映干空气稳定度、湿度状况的综合指标。一般说来，K 指数越高，潜能越大，大气越不稳定。其计算简便，在暴雨分析预报中，常被作为一种较好的热力稳定度指标，其单位为℃，量级为$10^{-1} \sim 10^{1}$。

9.3.5　A 指数

A 指数是综合反映大气静力稳定度与整层水汽饱和程度的物理量，其单位为℃，量级为$10^{-1} \sim 10^{1}$，表达式为：

$$A = (T_{850} - T_{500}) - [(T - T_d)_{850} + (T - T_d)_{700} + (T - T_d)_{500}] \qquad (9.39)$$

A 值越大，表明大气越不稳定或对流层中下层饱和程度越高，对降水越有利。

　　A 指数的使用经验如下：

　　可制作 A 指数单站时间变化曲线，一般情况下，当 A 由负值上升到正值时，天气转阴雨，达到 10℃ 可以产生降水，当 A 值下降时，雨势减弱，由正转负则天气转晴。利用本站或其他指标站 A 指数作时间演变曲线，分析它与本地降水关系，进而作出预报。

思　考　题

1. 水汽通量散度的定义、表达式及单位各是什么？
2. 诊断分析螺旋度的作用是什么？
3. 如何利用实际风计算流函数与势函数？请举例分析台风的动力场特征。
4. 如何使用湿位涡分析暴雨落区？
5. 如何使用本章介绍的物理量诊断暴雨形成条件？

参 考 文 献

白乐生. 1988. 准地转 Q 矢量分析及其在短期天气预报中的应用[J]. 气象，**4**(8)：25-30.

丁一汇. 1989. 天气动力中的诊断方法[M]. 北京：科学出版社.

丁太胜，刘勇，任敏. 1995. 数字化诊断分析在暴雨落区和强度预报中的应用[J]. 江西气象科技，(2)：25-28.

高万泉，周伟灿，李玉娥. 2011. 华北一次强对流暴雨的湿位涡诊断分析[J]. 气象与环境学报，**27**(1)：1-6.

梁必骐. 1995. 天气学教程[M]. 北京：气象出版社.

黎爱兵，张立凤，臧增亮. 2009. 有限区域流函数和速度势计算的新方法及其在台风诊断分析中的应用[C]. 第 26 届中国气象学会年会热带气旋科学研讨会分会场论文集：309-322.

刘健文，郭虎，李耀东，等. 2005. 天气分析预报物理量计算基础[M]. 北京：气象出版社.

李柏，李国杰. 1997. 半地转 Q 矢量及其在梅雨锋暴雨研究中的应用[J]. 大气科学研究与应用，**12**(1)：31-38.

陶祖钰，谢安. 1989. 天气过程诊断分析原理和实践[M]. 北京：北京大学出版社.

王建中，马淑芬，丁一汇. 1996. 位涡在暴雨成因分析中的应用[J]. 应用气象学报，**7**(1)：19-27.

吴宝俊，许晨海，刘延英，等. 1996. 螺旋度在分析一次三峡大暴雨中的应用[J]. 应用气象学报，**7**(1)：108-112.

肖云，马中元，傅文兵. 2011. 两次大暴雨过程天气形势与物理量场对比分析[J]. 气象水文海洋仪器，(1)：49-58.

岳彩军，寿亦萱，姚秀萍，等. 2005. 中国 Q 矢量分析方法的应用与研究[J]. 高原气象，**24**(3)：450-455.

岳彩军,寿亦萱,寿绍文,等. 2003. Q 矢量的改进与完善[J].热带气象学报,**19**(3):308-316.

章国材,等. 2001. 我国天气预报逐级指导技术研究[M].北京:气象出版社.

章国材,矫梅燕,李延香,等. 2007. 现代天气预报技术和方法[M].北京:气象出版社.

张兴旺. 1999. 修改的 Q 矢量表达式及其应用[J].热带气象学报,**15**(2):162-167.

赵艳丽,王秀萍,杨彩云,等. 2011. 呼和浩特市一次大暴雨天气的湿位涡诊断分析[J].内蒙古气象,(2):9-12.

郑秀雅,张廷治,白人海. 1992. 东北暴雨[M].北京:气象出版社.

中央气象台. 2002. 天气预报方法与业务预报研究文集[M].北京:气象出版社.

第 10 章　现代预报技术

10.1　短期天气预报技术

10.1.1　概述

天气预报技术方法总的可以分为两类:第一类是经验方法,也称主观预报方法。主要依据天气图、卫星和雷达资料以及各种经验规则和统计图表,由预报员综合作出。因而,预报的正确性很大程度上取决于预报员的经验,缺点是不够客观和定量。第二类是客观预报方法。这包括数值预报和统计预报以及两者相结合发展的统计—动力(或数值)预报方法,特别是随着近年来数值预报的发展,使得以数值预报产品解释应用以及以集合预报为基础的客观预报有了很大进步。应该指出,随着各类客观预报方法的发展完善,预报员的主观预报中也越来越多地包括了客观预报结果,而预报员的丰富经验则在转折性、关键性和灾害性等特殊天气以及短时临近天气的预报预警中起着重要作用。

短期天气预报主要是 1～3 天的预报,制作短期天气预报最重要的理论依据是罗斯贝波动力学,主要影响系统的时空尺度是大尺度和 α 中尺度。短期天气预报技术是众多技术的综合体现,如资料探测和分析技术、数值天气预报技术、预报工具平台的技术等,在这些技术的发展带动下,短期天气预报水平得以不断提高。50 多年来我国天气预报技术获得了巨大的发展,特别是自 20 世纪 80 年代以来,各种先进技术与装备不断引进和更新,目前已经建立了以数值预报及其释用技术为代表的现代天气预报方法,预报产品不断丰富,预报准确率逐渐提高。

10.1.2　应用于短期天气预报的主要技术手段

天气预报技术是各种技术综合应用的结果,大致可以分为以下三个方面。

(1)探测资料和分析技术

可以说,大气科学取得的每一次重大进展都是由探测手段的革命性变化带来的,这也正是天气预报最基础的技术手段。现阶段,主要应用的探测分析技术主要有:

1)常规天气探测资料分析

常规天气探测资料主要由气象观测站完成,基于地面和高空观测的风、压、温、湿等气象要素,我们可以进行天气图分析,考虑槽来脊去,变压大小,风向风速辐合辐散等因素,进而对大气作出天气学分析和预报。这也是早期制作短期天气预报的主要技术手段。目前,常规天气资料观测系统也在不断改进,主要是自动地面观测系统的不断改进,大大增加了观测的时空密度。

2)雷达探测和分析技术

自二战以来,先后发展出数字化天气雷达、多普勒天气雷达、双线偏振多普勒雷达等天气雷达以及风廓线雷达和星载雷达等,借助这些雷达探测到的基本反射率因子、多普勒径向速度和谱宽、差分反射率因子、双程差分传播相位变化及不同偏振相关系数等变量的分析,可以探测和分析中小尺度的天气系统,这直接推动了对流性天气研究和预报技术的长足发展。

3)卫星探测和分析技术

20 世纪 60 年代之后气象卫星探测技术有了长足发展,极轨气象卫星和地球静止气象卫星观测到的各类可见光、红外、水汽等图像,大大丰富了全球气象资料的获取。对卫星图像的分析技术也不断发展和完善,卫星产品种类丰富,涵盖了对云、辐射、雪、冰、雾、火、水、沙尘、植被等各类要素的探测和分析,极大地提高了短期天气预报水平。而最新的 GPS 气象探测发展正方兴未艾,它大大提高了对大气、水汽、温度等要素探测的时空分辨率。

4)雷电探测和分析技术

闪电定位仪的出现使得雷电监测网络得以建立,由闪电与对流性降水之间的关系,可以对对流性天气的监测和预报带来帮助,也使得雷电的监测和预报得以实现。

随着探测手段日趋丰富和物理机制研究的进步,天气预报思路也在进步,不再局限于槽来脊去,而是更多地从分析各种物理量入手,了解天气系统内部结构、环流形势、各系统之间、上下层之间的关系,从大气表象演变深入到大气内在运动,实现了从天气学描述方式向大气运动那种规律方式的转变。

(2)数值天气预报技术

数值天气预报的业务化,标志着天气预报进入现代技术阶段,而数值天气预报技术的发展直接决定了现代天气预报的水平。数值预报技术在以下三方面的发展极大地提高了短期预报技术水平:

1)数值预报模式能力

数值预报模式能力的提高得益于三个方面的进展:①资料分析和同化技术获得突破性进展;②模式分辨率逐步提高;③物理过程参数化不断改进。这使得数值预报越来越准确和精细。

2)集合预报技术

集合预报技术已成为热门技术,它更能反映大气作为一个非线性耗散系统的特点,对于延长预报时效、提高预报精度和减少预报不确定性方面发挥了重要作用。

3)数值预报产品释用

现代天气预报中气象要素的预报主要依赖于对数值预报产品的释用,而数值预报模式的不断改进使得产品释用技术也在不断发展,先后有完全预报法(PP)、模式输出统计法(MOS)、卡尔曼滤波和神经元网络等技术发展出来,不断适应和改进着数值预报产品的释用,发展出了大量的针对各种要素和天气的预报方法,大大提高了短期天气预报水平。

(3)预报分析平台技术

有了先进探测手段和高性能计算机对数值预报产品的支持,预报员在获得高技术支撑的同时也面临必须处理海量信息的难题。预报员要在短时间内作出高质量的预报,就要求有高效便捷的工作平台,这就是气象信息人机交互处理技术发展的目标。美国的 AWIPS 系统、法国的 SYNERGIE 等均具有功能强和使用方便的特点,给予了预报员极好的支持。国家气象中心与部分地区气象局合作开发了MICAPS 3.0气象信息综合处理系统并在全国推广,部分地区气象台也开发了自己的分析预报平台,在预报业务上发挥了重要作用。

此外,人工智能(AI)技术发挥了重大作用,各种专家预报系统的开发应用,使天气学经验预报等非数值预报方法跻身气象业务现代化的行列,能较好克服传统非数值预报的种种弊端,有效消除预报员主观影响客观的现象,使天气预报决策过程实现客观化,实现了非数值预报的工程化。

10.1.3　部分特殊天气类型预报要点

(1)强对流天气

强对流天气主要指冰雹、雷雨大风、短时强降水和龙卷风等,强对流天气应重点加强短时临近预报和预警,在短期时效主要通过天气学概念模型和配料法对各种对流参数综合分析,探讨水汽、稳定度、启动机制、加强机制四方面条件,作出强对流天气潜势预报。

(2)台风

台风预报首先要借助气象卫星、多普勒天气雷达、地面自动气象观测站等资料为基础,确定台风的初始定位和定强精度,然后通过各种技术手段对未来路径、强度、风雨影响作出预报。

(3)暴雨

我国暴雨预报重点考虑三个大尺度方面的影响因子:夏季风进退、西太平洋和青藏高原副高位置、暴雨年际变率与中高纬大气环流异常。并分析有无关键的天气尺度和中小尺度影响系统。

（4）大风

大风预报要重点考虑冷空气大风、暴发性气旋大风、地形性大风、对流性大风的不同成因和性质特点。

（5）沙尘

沙尘天气预报重点考虑三大因子：沙源因子、强风因子、边界层不稳定因子。沙源因子是个地理条件，相对固定，一般是存在的，它决定了沙尘天气发生的气候位置。强风是起沙的动力，是必不可少的一个条件。不稳定的层结则是沙尘卷扬到高空的主要原因，不稳定的层结可以是动力不稳定，如风速垂直切变较大，也可以是热力不稳定，如地表的强烈加热，或者两者结合。

（6）雾

根据形成过程的不同，雾可分为辐射雾、平流雾、混合雾、上坡雾、蒸发雾，其中以辐射雾、平流雾最为常见。根据雾的形成条件可以有针对性地利用多种方法预报，如持续性外推法、气候统计法、天气学分析法等。

（7）寒潮

寒潮的预报重点分析寒潮天气系统极涡、极地高压、寒潮地面高压、寒潮冷锋等，注意分析寒潮天气属于哪种过程类型（小槽东移发展型、低槽东移型、横槽型），则有利于把握具体的寒潮的路径、暴发等不同特点。

（8）雪

雪的预报重点是考虑温度场的变化，然后从气候学、影响系统、物理量等各方面分析，注意分析降雪的性质、强度。

（9）高温

高温预报要考虑气候值作为重要背景，然后重点考虑季节性、地理位置、天气状况、天气系统、前期基础温度等。注重分析温度平流、垂直运动、非绝热变化等因子。

10.1.4　部分气象要素主观预报经验

（1）风的预报

风的预报主要考虑地转风原理，重点考虑水平气压梯度和地转偏向力的平衡，等压线密集的地区（气压梯度大）地转风较大。然后考虑各种影响因素，如：地表摩擦作用、地形阻挡作用、地形狭管作用、局地热力环流作用、动量传递作用等。

（2）气温的预报

气温的预报主要考虑温度平流的影响、垂直运动的影响、非绝热加热的影响、天空状况的影响、降水的影响、风的影响、日变化的影响、下垫面的影响等诸多因素。

（3）降水的预报

降水的预报主要考虑降水实况、成因、影响系统、历史背景、温压湿条件、降水性质等的影响。

10.1.5　实习：制作短期天气预报

（1）预报制作的一般流程

如前所述，短期天气预报技术是各种技术的综合体现，在作预报时预报员应科学地应用这些技术手段，最后再辅以自身的预报经验来完成最终的预报产品。与这些技术手段对应，一般的预报流程结构如图 10.1 所示：

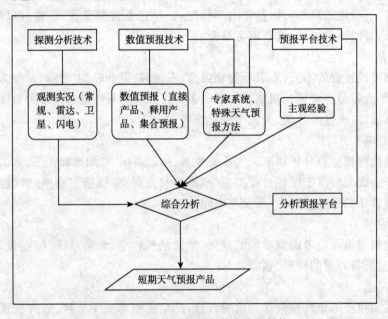

图 10.1　短期天气预报技术流程结构

在制作短期天气预报时，应首先对各类实况进行天气学分析，然后参考各类数值预报产品，针对不同的特殊天气类型如冰雹、暴雨、雾等，借鉴相应客观预报方法和专家系统，最后结合主观预报经验，在综合分析的基础上借助预报制作平台作出短期天气预报最终产品。

（2）分类别制作短期天气预报

按照上述一般流程，以下面三种方式制作短期天气预报：

1）制作 0～72 h 逐 24 h 全国降水落区预报图

①用 MICAPS 3.0 调阅 500 hPa，700 hPa，850 hPa，200 hPa 探空和地面实况资料；

②分析以上天气图,可用客观分析工具辅助,分析影响降水的重要天气系统,重点分析大尺度水汽辐合条件;

③考虑降水的季节特点,有针对性地利用客观预报方法;

④调阅 T639、欧洲中心、日本、德国数值预报的各要素场产品,进行天气图分析,重点分析相关时效的影响系统;

⑤调阅参考 T639、欧洲中心、日本、德国数值预报的降水量预报产品;

⑥结合自己主观认识,按照量级给出综合的降水落区分级预报。

2)制作某站点某时次风力风向、温度、云量、天气状况的要素预报

①用 MICAPS 3.0 调阅实况,分析主要站点当前和上游主要影响系统;

②调阅参考数值预报模式给出的各种要素预报,分析未来影响站点的主要天气系统;

③分析站点在预报时刻可能的天气状况、云量、云类;

④参照客观要素预报值,分析影响各要素的主要因子;

⑤分析产生雷电、大风、暴雨雪、极端高低温、强对流等灾害性天气的可能性,参考相关天气各客观预报方法和专家系统;

⑥结合主观经验制作出预报要素。

3)制作全国区域 12~24 h 强对流潜势落区预报

①用 MICAPS 3.0 调阅实况,分析主要对流性天气落区及环流背景,重点关注是否有强对流天气;

②分析当前实况中的强对流性天气四条件(水汽、稳定度、启动机制以及加强机制);

③在实况分析的基础上调阅各数值模式输出产品,分析未来预报时效内的环流背景和强对流天气四条件;

④重点参考湿度、最有利抬升指数、地面对流有效位能、低层辐合区、风的垂直切变,按照配料法思路制作强对流天气预报落区。

(3)个例实习

1)2003 年 11 月 5—9 日寒潮及暴雪

2003 年 11 月 5—9 日的冷空气过程强度是全国性寒潮过程,华北、黄淮、江淮、汉水流域、西北东部、江南大部、华南东部及川东、渝、黔东等地先后出现小到中雨(雪),部分地区大到暴雨(雪)。实习过程重点分析如下几个方面:

①调阅 11 月 3—5 日的寒潮暴发前期实况,重点关注亚洲中高纬 500 hPa 环流形势和地面冷高压,分析环流前期演变和暴发前的特点。此次寒潮属于倒 Ω 流型寒潮,暴发方式为横槽南压型。

②调阅 11 月 5 日 20 时地面天气图和 700 hPa 天气图,重点分析锋面位置与700 hPa急流在华北地区的配置,注意 700 hPa 急流的水汽输送作用和地面锋面抬升

作用。

③调阅 11 月 5 日、6 日 24 h 降水量观测和地面天气现象,重点关注降水性质、量级。

④对整个过程的高空槽、地面锋面推进、低空急流以及天气区域的演变进行分析,理解这次全国寒潮和降水过程的主要成因。

2)2005 年 6 月中旬暴雨和高温

2005 年 6 月中旬到下旬前期,江南、华南先后经历了大到暴雨天气过程,同期华北、黄淮、江淮等地出现大范围持续性高温天气。通过此个例了解我国夏季常伴随出现在不同地区的高温和强降水天气的影响系统。

①调阅 8 日到 25 日的 500 hPa 环流形势,分析环流演变;

②重点分析 21 日 20 时天气图,重点分析下面几个天气系统:

(a)注重副高形态、控制区域及演变情况,关注脊线、西脊点;

(b)分析亚洲中高纬纬向型的环流特点,重点关注控制我国西北、华北地区的高压脊和河套阻塞高压;

(c)分析地面大陆高压控制区域;

(d)分析低空急流及水汽输送特点;

(e)分析南方地面锋面、低空切变线、急流等位置演变与强降水中心的关系;

③总结这一时期北方高温、南方暴雨的主要天气形势特点。

10.2　临近和短时天气预报技术

10.2.1　短时临近预报的定义与思路方法

(1)短时临近预报的定义

1981 年大气科学委员会(CAS)天气预报工作组提出,天气预报按时效分为长期、中期和短期预报,其中短期预报内含临近预报和甚短期预报,甚短期预报即我国一般所指的短时预报。

世界气象组织(WMO)定义临近预报为:当时的天气监测和 2 h 以内的简单外推预报;定义短时预报为 0~12 h 以内的天气预报。而中国气象局印发的《全国短时临近预报业务规定》中也指出:短时预报是指对未来 0~12 h 天气过程和气象要素变化状态的预报,预报的时间分辨率应小于等于 6 h,其中 0~2 h 预报为临近预报。

(2)短时临近预报的主要预报内容

短时临近天气预报的内容,可以包括降水、温度、湿度、风、云和能见度等的具体要素预报,但重点还是以强对流灾害天气(冰雹、雷雨大风、龙卷风和暴洪)和降水预报为主。

《全国短时临近预报业务规定》中指出：短时临近预报业务的工作重点是监测预警短历时强降水、冰雹、雷雨大风、龙卷风、雷电等强对流天气，并对各类强对流天气标准进行了初步规定：短历时强降水定义为 1 h 降水量大于等于 20 mm 的降水；冰雹天气一般指降落于地面的直径大于等于 5 mm 的固体降水过程；雷雨大风指平均风力大于等于 6 级、阵风大于等于 7 级且伴有雷雨的天气。

（3）短时临近预报的发展意义和业务现状

1）短时临近预报的发展意义

我国强对流天气频发，常常导致重大人员伤亡和财产损失。比如，2005 年 6 月 10 日下午，黑龙江宁安市沙兰镇沙兰河上游地区突降暴雨，导致包括 103 名学生、2 名幼儿在内共 117 人遇难；2009 年 6 月 3 日、5 日和 14 日华东连续出现强对流天气，11 月 9 日我国南方出现罕见强对流天气。据统计，2001—2007 年强对流灾害所造成的直接经济损失每年均在 110 亿元以上，占气象灾害全部损失的 6%～15%；2009 年强对流天气则是我国第三大气象灾害，仅次于干旱和暴雨洪涝。

由于强对流天气主要由中尺度系统引发，而与中尺度天气相联系的中尺度系统，时空尺度很小，突发性强，其可预报性一般只有几十分钟到十几小时，因而它不能用一般的短期天气预报方法，而必须发展新的预报方法去解决。为了解决中尺度天气预报问题，近 20 年来，许多国家都大力发展短时临近预报业务及相关研究。

2）短时临近预报的业务现状

①国外短时临近预报系统的业务现状

美国 MDL（气象开发实验室）发展了 SCAN 预报系统，进行雷暴和强雷暴 0～3 h 预报；美国 NSSL 开发的 WDSS Ⅱ 强对流天气预报系统已经应用于国家级强对流天气预报中心（SPC）；美国国家大气科学研究中心（NCAR）发展了 ANC 进行 0～2 h 临近预报；英国的 NIMROD 预报系统融合了基于雷达等资料的外推预报与中尺度模式预报，将预报时效提高到 6 h，空间分辨率可达 2 km；加拿大建立了 MAPLE 预报系统进行 0～8 h 降水预报、CARDS 系统进行 0～1 h 雷暴预报；澳大利亚建立了 STEPS 预报系统进行 0～6 h 降水预报、TIFS 系统进行 0～6 h 雷暴预报；法国建立的 SIGOONS 系统进行 0～4 h 雷暴、降水、雾、风的预报；日本建立了 VSRF 系统进行 0～6 h 降水预报。以上这些先进的强对流天气临近预报系统大多参与了 2000 年悉尼奥运会和 2008 年北京奥运会的 FDP 项目试验，极大地推动了临近预报技术的发展。

美国 SPC 作为其国家级强对流天气预报中心，进行时间尺度从几十分钟到 8 天的强对流天气（龙卷、冰雹和对流性大风）的展望和警戒预报，美国地方气象局进行 2 h 内的临近警告预报，在这种有效的协作下，2000 年，美国暴发性洪水预报提前时间为 43 min;2005 年提前时间为 54 min,预报准确率为 90%。2004—2006 年龙卷风预报提前时间平均为 12.5 min,预报准确率平均为 76%。

②国内短时临近预报系统的业务现状

国内从 2004 年开始逐步开展了强对流天气的短时临近预报业务,但至今尚未形成比较完善的业务。目前的业务产品还不能区分短时强降水、雷雨大风和冰雹等各类强对流天气;对龙卷风的实时监测和预报也有较大的困难,很难预报该类天气;目前也没有统一的强对流天气预报产品检验和质量评定方法。

2009 年 3 月国家气象中心成立强天气预报中心,专门负责强对流天气预报,每天发布 3 次强对流 12 h 预报指导产品,以带动全国的强对流天气预报业务发展和预报技术研发。这是国内首个组建的专门强对流天气预报队伍,也带动了国内部分省市组建了专门的强对流天气预报部门。

香港天文台从 20 世纪 90 年底就开始建设"小涡旋"SWIRLS 系统进行降水的短时临近预报;广东省气象局建立了短时临近预报系统 GRAPES-SWIFT,其核心技术建立在 GRAPES 数值预报模式提供的高分辨率树枝预报产品、新一代多普勒天气雷达探测资料、自动气象站和风云气象卫星资料等基础上;湖北省气象局建立了 MY-NOS 临近预报系统;上海市气象局建立了 NOCAWS 临近预报系统进行雷达回波和闪电活动的外推预报;北京市气象局引进并建设本地化美国 NCAR 的 ANC 短时临近预报系统,该系统在 2008 年北京奥运会气象保障和日常业务预报中发挥了重要作用。

中国气象局从 2007 年底开始大力建设强对流天气临近预报业务系统 SWAN。目前 SWAN 1.0 已经基本建设完成并全国推广,2.0 版本正在开发中。

SWAN 1.0 系统以中国气象局业务平台 MICAPS 3.0 为基础开发完成,其主要功能如下:灾害性天气显示和报警,二维和三维雷达拼图,雷达定量估测降水,区域追踪(TREC)及回波外推预报,降水 0~1 h 的外推预报,每 6 min 风暴单体识别和 30 min、60 min 的外推预报等。SWAN 2.0 版本着重开发和引入以下模块:引入高时空分辨率的中尺度数值模式预报数据;强对流天气分类识别和预报技术;卫星资料在强对流云团快速识别和云团对流特征参数分析中的应用技术;LAPS 快速融合和分析系统生成的基本要素三维分析场和云分析算法等。

SWAN 1.0 系统在上海世博会 WENS 第一次演练中表现稳定,并在 2009 年第十一届全运会气象保障工作中发挥了重要作用。

(4)强对流天气短时临近预报技术

1)国内外短时临近预报技术

强对流天气短时临近预报所依靠的主要资料是各种非常规观测资料、高时空分辨率的中尺度数值模式数据以及这些数据的融合分析数据等。非常规观测资料主要来自自动站、雷达、卫星、闪电定位、GPS/MET、风廓线雷达等的观测。因此,强对流天气短时临近预报技术就是根据这些观测资料的特性、数值模式资料的有效性和特点、强对流天气的物理特征和机理综合开发完成。

目前,强对流天气短时临近预报技术主要包括雷暴识别追踪和外推预报技术、数值预报技术和以分析观测资料为主的概念模型预报技术等。

2)国内短时临近预报业务技术支撑

2009 年国家气象中心利用常规观测资料、重要天气报、自动站、闪电、静止卫星红外资料和云分类资料实现了全国强对流天气的实时监测。并试行了中尺度天气的综合天气图分析方法,并建立了一套中尺度天气图分析综合分析规范。

同时,国家气象中心和北京大学联合移植和发展了雷暴识别、追踪和临近预报算法 TITAN;广东省气象局研发了基于我国自主研发模式 GRAPES 的 GRAPES-SWIFT 短时临近预报系统;中国气象局北京城市气象研究所在美国的 WRF 模式基础上开发完成了 BJ-RUC 快速更新数值模式系统;国家气象中心联合广州热带海洋气象研究所和上海中心气象台基于中国气象局自主研发模式 GRAPES 建立了 GRAPES-RUC 快速更新循环预报系统等。这些数值预报系统的建立进一步加强了我国强对流天气短时临近预报业务的技术支撑能力。

(5)短时临近预报的思路方法

作短时临近预报,需要在短期预报的基础上,依靠短时预报和临近预报方法来定时定点定量地作出确切的天气预报,其中短时预报一般是在事件发生前作出的,而临近预报通常是在事件已经在进展时作出的。

1)短时预报思路

①中尺度的强对流天气系统是在一个有利的大尺度环流背景下发生发展起来的,所以,要作好短时预报,必须对有利于强对流天气的环流背景有清楚的认识,如东北冷涡和华北冷涡对华北黄淮、江淮地区强对流的影响;蒙古高压脊前横槽对华北地区降雹的作用;在副高的边缘,由于水汽条件充足且层结常常不够稳定亦容易出现强对流天气等。2009 年国家气象中心开展天气系统的中尺度分析,正是基于这个目标,对业务中有效识别强对流天气的天气类型和经验模型非常有效。

②在有利的环流背景条件下,首先需要关注对流性天气的三个基本条件:水汽、不稳定层结和抬升机制。其中,水汽条件对于冰雹和短时强降水的发生发展十分重要,而雷雨大风天气也需要低层有较好的水汽条件;不稳定层结条件主要通过各种实况和预报物理量指数可以进行判断(实况常使用高空探测的温度—对数气压图),如 K 指数,CAPE,SI 指数,850 hPa 和 500 hPa 温差等,同时还需要注意高低层冷暖平流的配置情况;抬升机制主要是指包括地形抬升、锋面抬升、露点锋抬升、海陆风辐合抬升、局地热力抬升等各种能够将水汽从底层抬升至自由对流高度的动力热力条件。

③在判断天气形势有利于产生对流天气后,再判断有无强对流发生发展的有利条件,包括逆温层、前倾槽、低层辐合高层辐散、高低空急流等。

④在进行对流天气和强对流天气的落区判定后,可以根据各种强对流天气的不同之处,继续判断强对流天气的类型,比如冰雹天气的0℃层和-20℃层高度、短时强降水天气的多层水汽辐合条件、雷雨大风天气的中层相对干层的存在、垂直风切变所在层次等,作出分类型的强对流天气预报。

2)临近预报思路

临近预报是在短时预报的基础上,利用雷达、卫星和自动站等资料进行的以外推方法为主的预报预警。预报员在利用雷达、卫星、风廓线、自动站这些资料进行临近预警时,常常用到如下经验和方法:

①强冰雹天气雷达探测和预警的主要指标是高悬的强回波,通常要求50 dBz以上的强回波扩展到-20℃等温线以上,同时0℃层到地面的距离原则上不超过5 km。在中等以上的垂直风切变条件下,除了高悬的强回波,典型的雹暴还呈现出低层强的反射率因子梯度,入流缺口,弱回波区和中高层回波悬垂,在超级单体风暴情况下还出现有界弱回波区。除了以上因子,雷暴的旋转、三体散射、风暴顶强辐散和VIL的相对大值也是强冰雹预警的辅助指标。

②对于龙卷风,除了有利超级单体风暴发生的条件外,有利于F2级以上强龙卷风发生的特殊环境条件是强烈的0~1 km的垂直风切变和低的抬升凝结高度,而在雷达上的预警指标是在径向速度图上识别出强中气旋或识别出底高不超过1 km的中等强度中气旋,若同时伴有龙卷涡旋特征,可发布龙卷风预警。

③雷暴大风大多数情况下是由对流风暴内的强下沉气流造成的,对流层中层存在明显干层和对流层中下层的温度直减率较大,是有利于雷暴大风形成的环境条件。小范围内的下击暴流引发的雷暴大风在雷达上的前兆是,不断下降的反射率因子核心和突然出现的云底以上的径向速度辐合,而区域性的雷暴大风通常出现在中等强度以上的垂直风切变环境中,导致雷暴大风的系统可以是飑线、弓形回波形状的多单体风暴和超级单体风暴,在雷达上的预警指标主要是弓形回波、中层径向辐合和中气旋。

④短时强降水主要取决于雨强和降水持续时间,雨强可根据低层的反射率因子判断。通常将对流性降水系统划分为大陆强对流型和热带降水型,前者回波的强反射率因子扩展的高度较高,后者强反射率因子主要集中在低层。降水持续时间则根据单体的生命周期、所处环境位置和移动方向进行判断,如回波单体排列的列车效应是短时强降水的重要判据。

⑤雷暴生成的临近预报在层结稳定度和水汽条件满足情况下,主要考虑边界层辐合线抬升和中尺度地形抬升。雷暴倾向于在边界层辐合线附近生成,而两条辐合

线相交的区域雷暴生成的几率最高。雷暴生成后,有利于上升气流垂直发展的底层垂直风切变将促进雷暴的维持和发展,雷暴合并一般导致雷暴增强发展,若雷暴距离其出流边界或其他类型的辐合线的距离一直保持不变,则倾向于维持或发展,若逐渐远离则趋于消散。

10.2.2 短时临近预报实例分析

本节以三次强对流过程(2010 年 5 月 6 日重庆强风雹、2010 年 5 月 30 日黄淮强对流天气、2010 年 8 月 24 日安徽沿江东部强对流天气)为例,介绍短时临近预报思路和资料使用方法。

(1)2010 年 5 月 6 日重庆强风雹过程

2010 年 5 月 6 日凌晨,重庆强风雹天气过程造成垫江县 21 人、梁平县 6 人死亡,暴雨天气过程还导致涪陵区 4 人、彭水县 1 人死亡;约 174 人受伤,4822 间房屋垮塌;彭水县汉葭镇城北隧道、三道拐等地出现地质滑坡,大量农作物和基础设施受损;重庆因灾直接经济损失达 6 亿余元。

1)天气实况

2010 年 5 月 6 日 02 时重庆、四川多站出现≥17.2 m/s 的极值大风,其中重庆垫江和梁平最大极值风速分别达 31 m/s 和 30 m/s(图 10.2,图 10.3)。从短时强降水分布来看,重庆南部、中部、东部多个自动站出现≥20 mm/h 降水,其中 100 多个乡镇累计雨量超过 50 mm,20 多个乡镇累计雨量超过 100 mm,最大降水量出现在彭水达 157.0 mm。

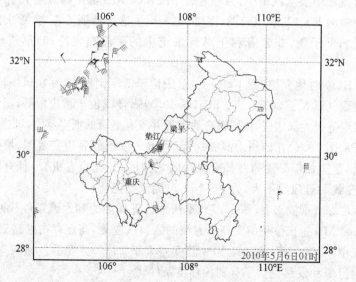

图 10.2 2010 年 5 月 6 日 00—01 时重庆大风分布图

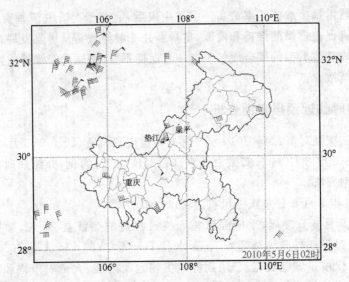

图 10.3 2010 年 5 月 6 日 01—02 时重庆大风分布图

2)天气形势

在重庆强风雹过程发生前,5 月 5 日 20 时 500 hPa 中高纬为一脊一槽型,贝加尔湖向南延伸到华北为槽区,高空槽尾部位于四川北部,从乌拉尔山东部到长江流域为大范围的西北气流。重庆的西北侧主要为偏西气流,四川上空存在短波槽活动,重庆西部位于短波槽前,为西南气流;重庆西部和四川存在弱冷平流。但需要指出的是,重庆上空对流层中层水汽很少,为一显著干区,500 hPa 温度露点差大于 40℃。强风雹过程发生前的 FY-2E 水汽云图(图略)也表明了这一特征。总之,重庆区域对流层中上层大气非常干燥,非常有利于对流系统中的雨滴蒸发冷却,形成较强的下击暴流。

5 月 5 日 20 时地面图(图 10.4)上,重庆位于低压倒槽中,存在风场辐合线,同时大片区域地面气温大于 30℃。850 hPa(图 10.5)辐合线位于重庆中部,湿舌和暖脊自南向北覆盖了重庆大部地区,该层辐合线附近并没有显著的低空急流,风速在 6 m/s 左右。700 hPa(图 10.6)在四川中部有一低涡,重庆位于低涡切变南侧,切变线两侧干湿差异明显,重庆西部和贵州西部有湿舌向北伸展,并配合有暖脊,且有风速和风向辐合,但切变线附近风速不大,为 4~6 m/s,无低空急流。

从高低层综合配置来看(图 10.7),重庆地区低层热力和水汽条件较好,低空存在辐合抬升,200 hPa 重庆位于南支高空急流的入口区左侧,高层存在强烈辐散,500 hPa 有干冷空气侵入,500 hPa 和 850 hPa 温度差大于 25℃,温度垂直递减率较大,为强对流风暴的组织和发展提供了有利的环境条件。

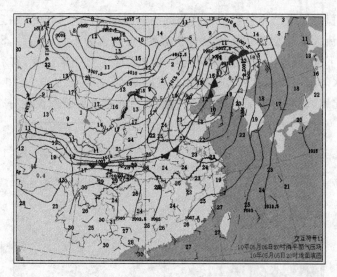

图 10.4　2010 年 5 月 5 日 20 时地面实况

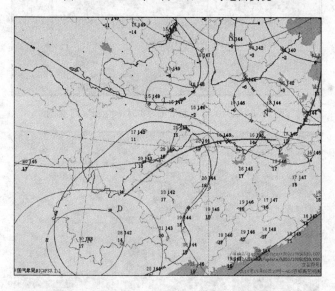

图 10.5　2010 年 5 月 5 日 20 时 850 hPa 高空图

　　把达州 5 日 20 时与 08 时的 T-lnP 图进行比较可见(图 10.8),对流层中上层湿度显著减小,形成明显干层,低层温度增高,湿层向上扩展,对流抑制能量明显减小,对流不稳定能量迅速增加,垂直风切变很明显(地面至 6 km 超过 16 m/s),这种配置有利于雷雨大风的产生,但 0℃层高度较高,不利于大冰雹的形成。从不稳定能量来看,对流有效位能达 2411.8 J/kg,对流抑制能量很小,K 指数为 30℃,表明不稳定层结已存在,不稳定能量已充分积聚。达州的抬升凝结高度为 855 m,一旦有合适的触发条件,强对流天气就会暴发。探空分析表明,重庆也为不稳定层结,850～700 hPa 为湿层,上干下湿,最大上升速度和对流有效位能均达到一定强度,有利于雷雨大风和短时强降水等强对流天气的发生。探空资料显示,沙坪坝从 5 日 20 时以后,低层逐渐转为偏北风,表明边界层有冷空气入侵,这可能是触发强对流的一个重要条件。

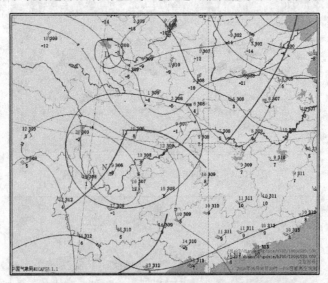

图 10.6　2010 年 5 月 5 日 20 时 700 hPa 高空图

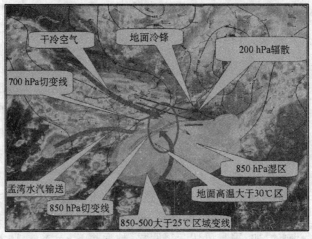

图 10.7　2010 年 5 月 5 日 20 时(北京时间)重庆风雹天气过程综合配置图
(背景云图为 20 时 FY—2E 红外云图)

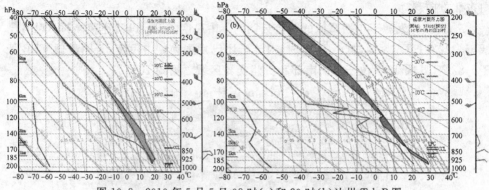

图 10.8　2010 年 5 月 5 日 08 时(a)和 20 时(b)达州 T-lnP 图

　　自动站温度和风场资料显示,在对流形成前,四川盆地和重庆西部一直维持温度的高值区。5 日 16 时,近地层有冷空气自北向南到达四川盆地中北部,在地面产生辐合,辐合线在 20 时左右移到重庆附近,受地形影响,辐合线东段移动缓慢,其上有对流系统生成。22 时,冷空气前沿辐合线受地形阻挡,移动缓慢,不断激发新对流系统产生。与此同时,露点锋也自北向南移到重庆西部。地面风场和假相当位温的演变(图 10.9)表明,5 日 08 时至 20 时,能量锋从北部形成发展并南移,20 时到达重庆西部,地面风场出现明显辐合。以上分析表明,边界层辐合为这次强对流天气过程的重要触发因子。

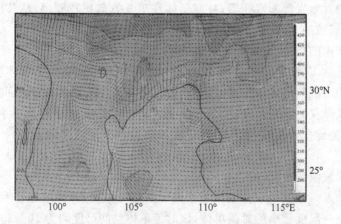

图 10.9　2010 年 5 月 5 日 20 时地面风场和假相当位温分布

3)静止卫星云图特征

FY—2E 静止卫星红外云图清楚地展示了“5.6”风雹过程对流云团的发展过程。从红外云图和可见光云图可见“5.6”风雹过程对流云团最早为 5 日 15 时发源于川西高原,这些对流云团在向东南方向移动过程中同贵州和重庆当地发展的云团合并,并向东北方向移动。

　　5日15时发源于川西高原的对流云团为β中尺度,云团TBB还较高,但TBB已低于−32℃;风雹发生时(6日01时)对流云团已发展为α中尺度,云团最低TBB低于−82℃,最低TBB位于重庆南部和贵州交界区域。见图10.10。

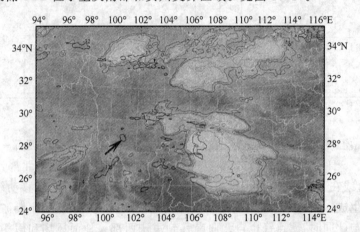

图 10.10　2010年5月5日15时和6日01时FY—2E红外云图和TBB等值线

(黑色实线为5日15时−32℃ TBB等值线,黑色箭头所指云团为初始对流云团;云图和灰色等值线为6日01时)

　　从TBB的梯度分布来看,发生风雹过程的区域范围为高TBB梯度区,这说明发生风雹区域的对流发展非常旺盛,对流云体在垂直方向比较陡峭;从TBB的大小来看,发生风雹区域的TBB低于−72℃,高于重庆南部区域。

　　但需要指出的是,重庆中部和南部的TBB分布表明,TBB的冷区呈现出一个向东方向的不对称V形分布,这种V形分布云型常常表明对流中上层环境风较强,高空动量会随强下沉气流传送到地面,给地面带来强风。从下文的雷达回波来看,雷达反映的对流风暴仅为γ中尺度,但其云砧已达β中尺度,也表明对流层中上层存在很强的高空风,使得位于对流层上层的对流云砧面积显著大于对流层中下层的对流云体。

　　4)雷达回波演变特征

　　从重庆和万州雷达0.5°仰角反射率因子演变可以看到,导致垫江和梁平的风雹天气过程的是一尺度较小的对流单体,该对流单体空间尺度约为10~20 km,为γ中尺度的天气系统,持续时间约6个小时。值得注意的是,在该对流单体周边还有几个对流单体在发展,成为多单体对流风暴。

　　导致风雹天气的对流单体于5日21时在重庆市区的南部附近产生,此后不断发展加强,并以25~30 km/h的速度向东北方向移动,并在重庆市区附近有所减弱;23时进入山区,在长寿县境内强烈发展,雷达反射率因子明显增强,23:28反射率因子最大达到 50～55 dBz;对流单体继续向东北方向移动,在 6 日 00 时后进入垫江境内发展到最强,00:54 反射率因子最强达到 70 dBz,03 时移出梁平并减弱。强度达 70 dBz 反射率因子分布表明对流系统存在显著的固态(冰相)水物质。值得注意的是,该对流风暴发展过程中的西侧呈现出较显著的钩状回波特征,表明对流系统的暖湿入流气流非常强盛。

从 6 日 00:54 的雷达垂直剖面图(图 10.11)上可以看到:强回波顶高在 12 km 以上;中高层有明显的回波悬垂,但无有界弱回波区。由于该过程只有导致风雹灾害的单体对流风暴较强,其出流边界很难形成大范围的飑线,因此在雷达反射率因子图上没有看到阵风锋。从反射率因子的垂直剖面的时间演变来看,对流风暴的反射率因子核心呈现出明显下降的特征。

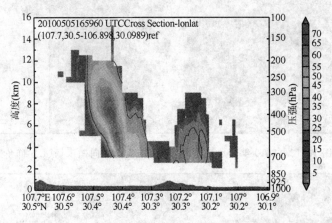

图 10.11　2010 年 5 月 6 日 00:54 反射率因子垂直剖面

雷达风场显示对流层低层有一个涡旋(图 10.12),但其正负速度对尚未达到中气旋标准,速度场以径向辐合为主,切向速度值不大。但对流风暴伴随明显的中层径向辐合和高层的风暴顶辐散,中层径向辐合的速度对最大达到 31 m/s,符合形成下击暴流的条件。

从垂直积分液态含水量(图 10.13)来看,该对流风暴的垂直积分液态含水量非常高,达到 55～60 kg/m²,且>50 dBz 的强回波伸展到接近 8 km 高度,这一高度的温度大约为－20℃。这表明对流风暴中存在较大的固态水粒子。

雷达反射率因子和径向速度的分布和演变表明对流风暴的中层径向辐合和反射率因子核心的下降促成了下击暴流,是导致该次重庆严重风雹灾害的直接原因。

预报思路:

此次重庆强对流过程是在 850 hPa 和 700 hPa 切变线、500 hPa 弱西风槽等天气系统配置背景下产生的,200 hPa 的副热带急流有利于对流风暴的组织和发展。强对流风暴是在低层增暖增湿、中层十分干燥而产生的高不稳定能量条件下,由地面辐合线和露点锋触发而成的。

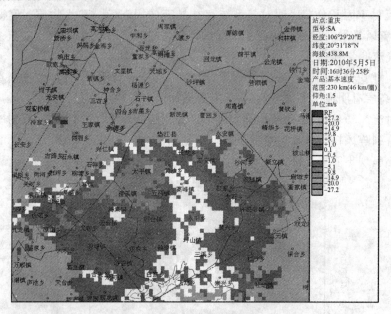

图 10.12　2010 年 5 月 6 日 00:36 重庆雷达径向速度场(1.5°仰角)

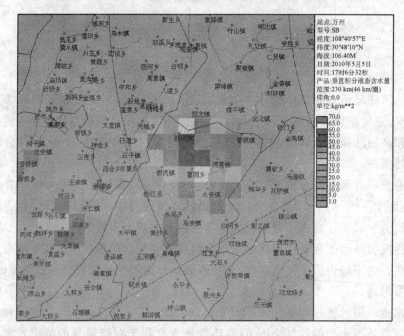

图 10.13　2010 年 5 月 6 日 01:06 万州雷达垂直积分液态含水量

　　造成重庆风雹灾害天气的主要系统为多单体强风暴,其中层的径向辐合和反射率因子核心的下降促成了下击暴流,导致了地面大风。

　　抓住冷空气的入侵路径和时间并充分考虑地形的影响,是预报此次强对流过程的关键;有效的地面自动站风场和露点分析能够及时有效地观测到冷空气的入侵。

　　(2)2010 年 5 月 30 日黄淮强对流天气预报分析

　　1)天气实况

　　2010 年 5 月 30 日白天,黄淮东部部分地区出现了一次强对流天气,山东、安徽东北部和江苏北部地区多站出现了冰雹、雷雨大风和短时强降水(图 10.14)。

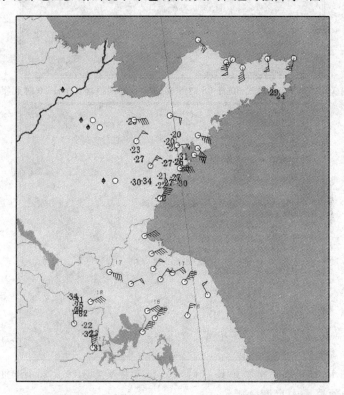

图 10.14　2010 年 5 月 30 日 08—20 时强对流天气实况

　　2)T639 预报场形势分析

　　从 500 hPa 的形势预报场看,冷涡位于东北南部,500 hPa 槽线基本呈东西走向,而且从 08 时至 14 时,500 hPa 槽线显示冷涡明显南下并旋转下摆,必然携带冷空气南下造成黄淮地区层结不稳定,诱发强对流天气发展,而且因为此次冷涡位置偏东,所以强对流位置考虑主要在黄淮东部地区(图 10.15,图 10.16)。

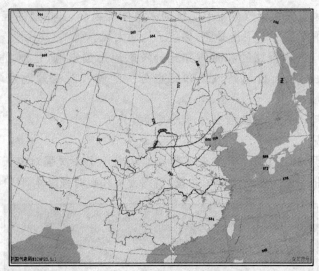

图 10.15　T639 模式 30 日 08 时 500 hPa 形势预报场(29 日 20 时起报)

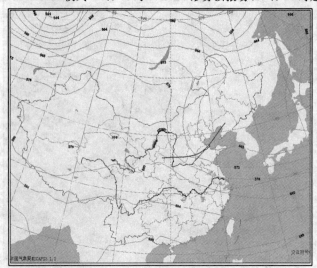

图 10.16　T639 模式 30 日 14 时 500 hPa 形势预报场(29 日 20 时起报)

3)T639 预报场中尺度分析

　　从 T639 数值预报的中尺度分析(图 10.17)看,30 日 08 时 850 hPa 的切变线(黑色双线)、暖脊(黑色点线)、露点锋(黑色点画线)及 500 hPa 的显著降温区(灰色区域)均位于黄淮东部地区,拥有形成强对流天气的抬升条件。此时北部的 500 hPa 槽线为一接近东西向的横槽,之后随着横槽南下并下摆,必然继续携带冷空气南下,而此时黄淮东部地区天气晴好,850 hPa 到地面不断升温,上冷下暖的结构更加剧了层结的不稳定,上午 10 时,在山东北部和半岛就开始出现了强对流天气,而到了午后,随着高层冷空气的继续南下,江苏北部和安徽东北部也开始出现强对流天气。

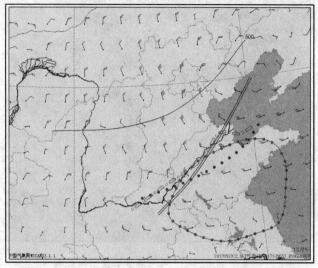

图 10.17　T639 模式 30 日 08 时预报中尺度分析图
(29 日 20 时起报,背景场为 30 日 08 时 850 hPa 风场预报)

4)强对流特征物理量分析

从 30 日 14 时 NCEP 的物理量预报场看(图 10.18),最有利抬升指数 BLI 最小值达到-7,对流有效位能达到 1400(图 10.19),在 5 月下旬,该物理量显示层结较不稳定,尤其是达到-7 的 BLI 值非常有利于强对流天气的发生发展。

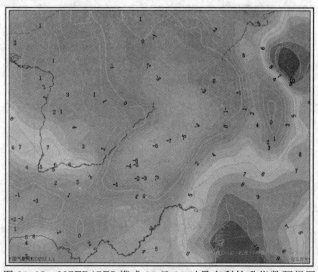

图 10.18　NCEP/GFS 模式 30 日 14 时最有利抬升指数预报图
(29 日 20 时起报)

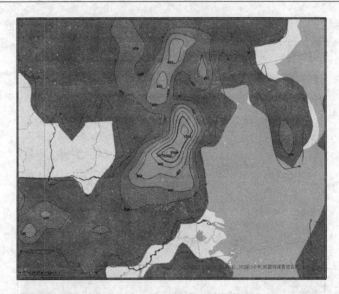

图 10.19　NCEP/GFS 模式 30 日 14 时对流有效位能预报图（29 日 20 时起报）

5）短时预报结论

根据以上分析，中央气象台强天气预报中心在 30 日 08 时作出如下 30 日白天的强对流潜势预报（004 标值区域为雷暴区，050 标值区域为冰雹雷雨大风区）（图 10.20）。

从实况与预报的对比看，30 日 08 时预报 12 h 冰雹雷雨大风的范围与实况较为一致，可以说是一次比较成功的强对流天气预报。

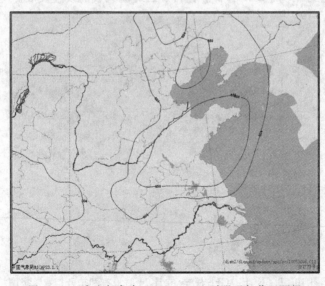

图 10.20　中央气象台 30 日 08—20 时强天气落区预报

6）雷达监测临近预报

30 日 09 时之后，山东开始出现对流回波并不断发展，青岛雷达 10：28 在青岛北侧胶州市附近处回波的剖面图（图 10.21）上存在弱回波区和回波悬垂，在速度场上胶州市附近存在明显风速辐合（图 10.22），虽难以判断是否有中气旋产品存在来佐证该单体是否为超级单体，但可以判断该单体为一强风暴，将造成明显的强对流天气，而垂直积分液态含水量（图 10.23）显示该处含水量并不是很高，故可以推断，该处强对流将以雷雨大风和短时强降水为主，冰雹的可能性不大。相反，在潍坊附近的风暴，其垂直积分液态含水量较高，说明可能出现冰雹天气。

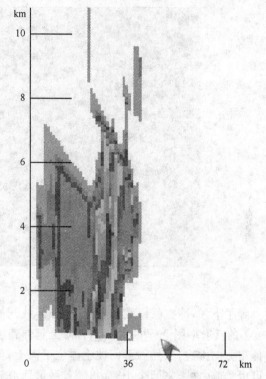

图 10.21　10：28 青岛雷达反射率垂直剖面图（胶州市附近）

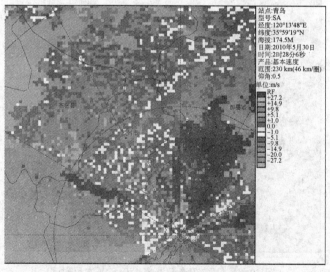

图 10.22　10：28 青岛雷达 0.5°仰角基本速度场

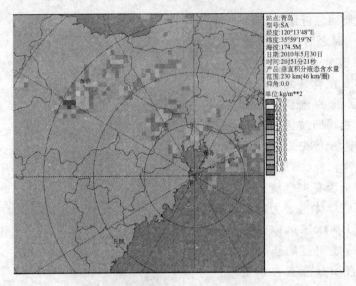

图 10.23　10:51 青岛雷达垂直积分液态含水量

　　到了下午,冷空气继续东移南下,强回波开始进入江苏境内,在江苏连云港雷达 15:07 的反射率图上(图 10.24),自海上延伸到连云港开始出现了一条弓状回波向南略偏东方向推进,虽然弓形回波主体位于海上,但其西南侧前缘有一条阵风锋存在,故可以推测,在未来两个小时内,随着弓形回波和阵风锋的向南推进,江苏北部的偏东地区将出现明显的雷雨大风。

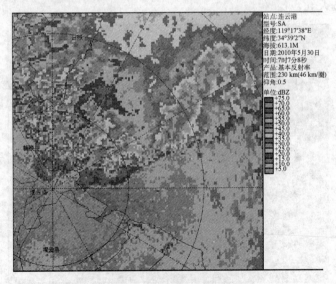

图 10.24　15:07 连云港雷达 0.5°基本反射率

预报思路：

此次黄淮强对流过程的天气尺度系统主要是 500 hPa 的华北冷涡，冷涡的旋转南下造成中高层冷空气南下，而低层的不断升温形成了上冷下暖的不稳定层结结构，在各种物理量参数上体现出黄淮东部地区的强烈不稳定。在这种层结条件下，低层的切变线和干线触发了强对流天气的发生发展，并随着冷空气的东移南下不断向南推进。

在雷达监测过程中，可以利用外推方法和根据雷达反射率、反射率剖面图、速度场、垂直积分液态含水量等雷达数据进行短时临近预报，判断灾害性天气的性质、大致影响区域和影响时间。

(3)中尺度数值模式应用

对于小范围的强对流天气，利用大尺度环流系统很难进行预报分析，如 2010 年 8 月 24 日下午，在安徽省沿江东部到江苏省西南部的小范围内出现了多站的短时强降水和数站的雷雨大风天气，在大尺度的数值预报场上很难进行预报分析，下面采用国家气象中心运行的 GRAPES-RUC 数值预报分析场简单分析该次过程。

1)天气实况

2010 年 8 月 24 日 14 时至 20 时，受到对流云团的影响，在安徽省沿江东部到江苏省南部地区出现了多站的短时强降水，最大小时降水量出现在江苏盐城，达到 110 mm/h，安徽南陵也出现了 83 mm/h 的短时强降水。同时，数站出现了 ≥17.2 m/s 的雷雨大风，其中安徽芜湖极值大风达到 25 m/s(图 10.25)。

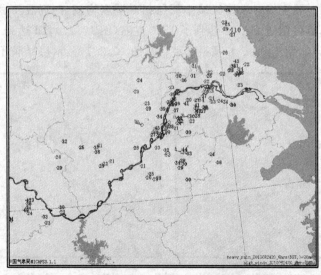

图 10.25　2010 年 8 月 24 日 14—20 时强对流天气实况

2)天气尺度形势

虽然在 500 hPa 上没有明显的低槽,但是安徽省沿江东部等地处于副高北缘,副高北部边缘地区一般层结较不稳定,容易出现对流性天气(图 10.26)。

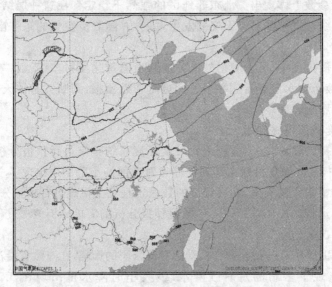

图 10.26　2010 年 8 月 24 日 17 时 500 hPa 形势分析(RUC)

3)强对流天气条件

RUC 的相对湿度场显示该区域中低层相对湿度均较好;而在不稳定层结方面,从物理量场看,该处附近 CAPE 达到了 1800 左右(图 10.27),LI 达到了−5 左右(因缺乏 17 时分析场,用 14 时 3 h 预报场替代)(图 10.28),显示层结较不稳定,在温度

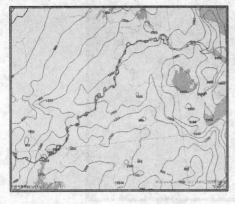
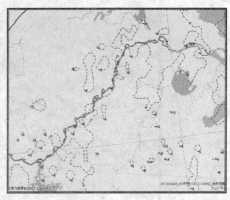

图 10.27　2010 年 8 月 24 日 17 时 CAPE　　　图 10.28　2010 年 8 月 24 日 14 时 LI 3 h 预报

场上,925 hPa 在安徽省东南部为一暖脊(图 10.30),而在 700 hPa 图上安徽省沿江东部为一冷槽(图 10.29),同时在 700 hPa 温度场上,自 14 时至 17 时,安徽省沿江东部温度有明显下降(图 10.31,图 10.32),说明在 700 hPa 有冷空气,上冷下暖的结构和上层的冷空气更加剧了层结的不稳定和触发了对流发展;而在抬升机制上,925 hPa 在安徽省东部地区有低涡和切变线,而地面图上在安徽省沿江东部地面存在明显的地面辐合线,且南北风速均达到 6 m/s 以上(图 10.33),在两者基本重合的地区特别有利于低层暖湿空气的抬升。

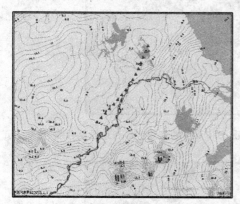
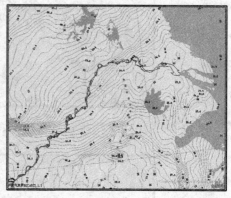

图 10.29　2010 年 8 月 24 日 17 时 700 hPa 冷槽　　　图 10.30　2010 年 8 月 24 日 17 时 925 hPa 暖脊

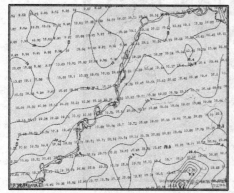
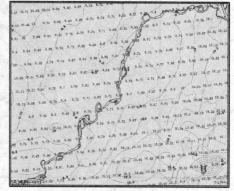

图 10.31　2010 年 8 月 24 日 14 时 700 hPa 温度　　　图 10.32　2010 年 8 月 24 日 17 时 700 hPa 温度

　　将以上的多条中尺度分析线结合,即可得到如下的中尺度分析图(图 10.34),中尺度分析线较为密集的区域即强对流出现区域。

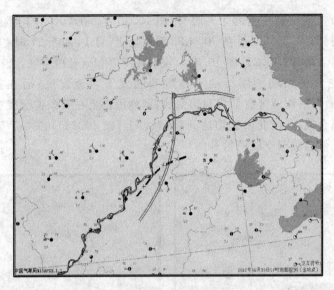

图 10.33　2010 年 8 月 24 日 17 时地面实况、925 hPa 切变线(灰)和地面辐合线(黑)

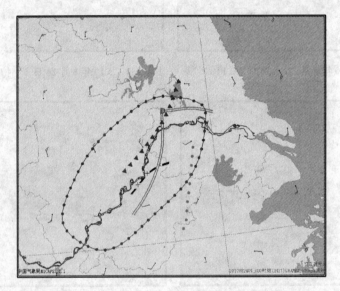

图 10.34　2010 年 8 月 24 日 17 时中尺度分析图(背景场为 925 hPa 风场)

4)强对流天气性质

在 RUC 分析场上,由于该时节已是盛夏,安徽省沿江东部在 500 hPa 场上为 588 线附近,而温度场上约为 -3℃,即 0℃层高度基本在 5 km 高度以上,不利于冰雹天气出现,故该次过程基本以短时强降水和雷雨大风为主。

预报思路:

　　对于中小尺度的强对流天气,仅使用大尺度的数值预报系统较难预报具体落区和强对流性质,需要重点利用中尺度数值预报模式,在大尺度环流背景下着重关注小范围内的水汽、层结和抬升机制等条件,作好小范围的强对流天气预报。

10.3　热带天气分析预报技术

10.3.1　气压场分析

　　由于热带地区气压的日变化比日际变化大,同时气压梯度较小,再加上不适用气压场与风场的地转关系,所以气压场分析方法并不是热带天气分析的主要方法。但是,气压场分析在热带天气分析中仍然是一种有效的辅助分析工具,尤其是在测站较稠密的地区。首先,使用气压场分析方法,还是能清楚地反映出一些行星天气尺度的大型扰动涡旋,如赤道槽、季风低压、赤道反气旋、热带气旋等。其次,虽然热带气压场形势的日际变化不大,但在 10~15 天期间,较大范围内气压场形势仍会发生明显的变动。可以读取某区域一定分辨率网格点上实际气压值的大小,转换为气压指标值。

10.3.2　风场分析

　　与中、高纬度不同,在热带地区描写大气运动情况是以流场分析为主。分析的层次一般选取摩擦作用小而又离地面不太远的高度以及对流层上部的高度,即850 hPa和 200 hPa。由于热带天气系统不但移动比较缓慢,而且发展也比较缓慢,因而一般只分析 00 时和 12 时(世界时)两时次图。至于热带天气底图的比例尺和范围,可视需要而定。

　　风场分析的目的是,用所选取的高度上二维水平矢量的观测记录,按一定要求画出表示风场的一些流线,以反映流场的扰动特性。由于风场是一个矢量场,它不仅有风速值的大小,而且有风向的不同。因而,一般要分析两组等值线,才能全面反映风场的情况。

　　分析风场的方法,在日常分析中应用最多的是流线—等风速线法。所谓流线就是处处与风矢量相切的线,而等风速线则是相同风速的点连成的线。前者表示风向,后者表示风速,两者结合在一起,就能得出流场的一个完整分析。

　　(1)流线分析

　　1)直接法

　　即用各测站的实际风矢进行风矢的内插。按流线定义,流线是各处与风矢相切的线。因此,直接进行风矢的内插时,要严格使流线与风矢的相切,并绘上箭头以指明气流的方向。

分析时,应从观测资料分布最密且风向比较均匀处入手,画出一条直线或弯曲较小的流线。然后根据流线附近的风矢是否分开、汇合或平行,再相应地勾画其他流线、渐近线和奇异点。最后,检查各个风矢是否严格与流线相切,奇异点处是否风速为零,系统配置是否合理,直至全图流线合乎这些要求并且光滑优美时,这样整个流线分析才算完成(图 10.35)。

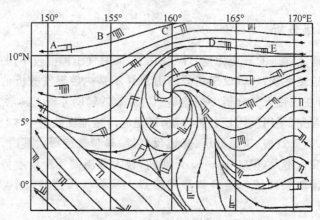

图 10.35 直接法绘制流线

要使流线分析顺利进行,应充分利用测风资料,分析时须注意前后图次的连贯性和参考月平均环流图,以及应用卫星资料进行校正等。

用直接法绘制流线虽然易产生误差,但它简单实用。只要有足够的资料,认真细致地分析就能做到流线分析基本无误。

2)等风向线法

用直接法绘制流线虽便于在实际工作中应用,但在测站稀疏的地区则容易引起流线出现系统性的歪曲。因而,精确的流线分析方法就是等风向线法。等风向线分析是把风向作为水平空间的一个连续函数(除切变线、锋面、静风区等由于风向变化激烈而例外),然后按标量内插分析等风向线。其具体做法是:

①在各测站站圈上填上风向的度数(以 10° 为单位);

②绘制等风向线。在风向连续处,通常每间隔 30° 绘一条等风向线,在风向少变地区,每隔 15° 或 10° 绘一条等风向线。在风向不连续处或静风区,首先画出零风速区,然后由此往外向四周绘出等风向线;

③在每一等风向线上画出与风向相切的许多小线段;

④用切线将这些小线段连接为光滑的矢线,即为流线。

在分析时要注意,因等风向线的分析不像温压场分析那样简单,故不同数值的等风向线可以同时通过流场中的奇异点。

(2)等风速线分析

等风速线分析就是风速的标量分析。等风速线分布和流线之间存在一定的关系：

①最大等风速区通常为长条形,位于每一束流线的中部,但在宽广的相对均匀的气流中,最大风速则多出现在气流曲率较小的地区。

②在奇异点上风速为零,奇异点附近为最大风速区。在流线曲率很大的地区(如气旋性和反气旋性流线的顶部)风速通常很小。

③风速最小区常沿辐合辐散气流之间的渐近线伸得很长,而在中性点附近,数值很小的等风速线常呈椭圆形,但离中性点较远的等风速线常沿渐近线向外伸展,呈四角星形,其四角星尖正好在渐近线上。

(3)风矢法

在应用模式输出结果进行分析时,一般用风矢表示流场结构,箭头方向指出流向,长短则标示风速大小,有时还绘出风速等值线(阴影)突出大风区域(图10.36)。

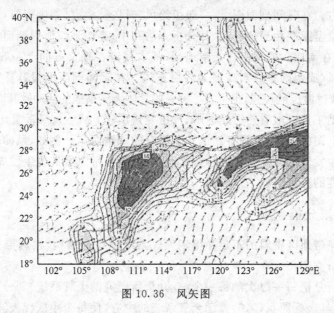

图 10.36 风矢图

10.3.3 气象卫星与雷达资料的分析

由于气象卫星观测范围是全球性的,即使在无人区、海洋区也可进行观测。所以,在资料稀少的热带地区,特别是热带海洋地区,气象卫星资料的分析就成为天气分析极为重要的工具。

气象卫星资料在热带天气分析中的应用已日趋广泛。它可用来确定云区分布，天气系统(如槽、脊、台风、急流等)的位置、移动和强度；监视热带风暴的位置、发生发展，以及校正热带分析结果等。近来，还可通过反演手段，提供地表温度及空中温、湿度和风的数值资料。

气象雷达是提供当地短时预报的重要资料。在热带地区气象雷达网资料可用来监视和观测热带风暴的活动，测定台风的位置，判断台风的移动和强度的变化，监视和了解在短期时间内将影响本地的天气系统，特别是一些对流性天气系统(如雷暴、飑线、龙卷风等)的活动情况。

10.3.4　其他辅助分析

在热带地区由于测站稀少，给流线分析和气压场分析工作带来不少困难。因此，可借助一些辅助图表来弥补这一缺陷。例如，垂直时间剖面图可用来分析单站气象要素的连续变化。由于热带天气系统移动缓慢，在进行剖面图分析时，若能结合天气图的分析，其效果将会更好。在热带地区，天气系统一般自东向西移动，因此时间坐标取自左向右。在时间剖面图上，一般填绘风向风速、温度、湿度资料，以及表示大气热力状态的位温或假相当位温等，其分析方法和中、高纬地区时间剖面图的分析方法相同。夏季，在南亚和西太平洋热带地区，基本气流在垂直方向上一般分为两层：低层为赤道西风(或西南季风)，高层为热带东风。在时间剖面上很容易发现这两层气流及其厚度或过渡层的位置，也可以了解一些具体天气系统的活动及其对天气的影响。

其他辅助工具一般有热力学图解、气压变量图(如 ΔP_{24})、风垂直切变图、雨量图等。这些辅助图的使用，可视各地区和所研究的课题而定。例如，风的垂直切变小是热带风暴发生发展的必要条件之一。因此，在分析热带风暴的发生发展时，就应重视风的垂直切变的分析。

10.3.5　合成分析

为弥补热带地区资料的不足并得到天气系统的综合结构，在热带天气分析中可采用合成分析方法。

合成分析是把每一时次的每一个波动(指所研究的天气系统)划分成若干个正交矩形小区，将其坐标原点(0,0)置于天气系统的中心，使每个小区代表波的不同部位，然后把每次波动的观测资料按相对于波的不同部位，再分别填写到相应的小区中。

当观测值填入到相应的小区中时，为了确定各有关变量的合成场压，需在地面到各标准等压面上取各小区的平均值或众数值，然后分析这些资料，就可以得到所研究的天气系统的合成结构。

合成分析的坐标原点(0,0)可以是固定的(指地理位置)，即凡天气系统进入该点就作为研究的样本;也可以是活动的,即只要属于同类天气系统,不管其具体地理位置如何都可作为研究的样本。

应用合成分析时,要注意天气系统的分类和足够的样本,只有同类型的天气系统和足够多的样本,其合成结构才有意义。合成网络的大小一般也考虑扰动振幅的大小,才能反映出各网络小区在天气系统中的相对部位。在不少研究中,还将原始资料先进行滤波,把主要的扰动(如空间尺度为 1000 km,时间尺度为 3~5 天的扰动)分离出来。

10.3.6　客观分析

目前,客观分析是根据有限观测资料并通过计算机来分析计算风场(高度场)。它能做到迅速而客观地进行分析,在缺少资料的热带地区可以大大减少和避免分析上的主观任意性。这种分析方法主要是一种逐步订正过程,但也有用最优插值法和多项式逼近法的。各种现行的客观分析方法只是对不同来源资料的处理和加权过程及平滑技术。

逐步订正法一般包括三个步骤:计算第一近似场;记录鉴别;记录订正。最后得到各网格点上的要素值。

首先是确定第一近似场,再用实测资料对第一近似场进行逐步订正。一般使用前次分析场作为初始场进行预报,并根据相应的预报值作为第一近似场。记录鉴别需分数次进行,第一次是弃掉其值与第一近似场内插值之差大于某一限度以上的实测值,而以下几次则弃掉第一次未舍弃但与近似场内插值的差大于 2.6 倍实测值与近似场之间的均方差的实测值。扫描订正则用加权平均方法,即以格点为中心,并以半径 R 扫描,在此范围内,每个实测值的订正值为 $C_i = W(u - u_i)$,其中 u 是实测值,u_i 是根据测点位置由第 i 次近似场内插到测站所得到的值,W 为权重函数 $[W = (R^2 - d^2)/(R^2 + d^2)$,$d$ 是测点与网格点之间的距离]。每个网格点上的订正值是它周围 R 范围内所有 C_i 值的简单平均,将它加在各网格点上的上一次近似值上,即得出下一次近似场。

10.3.7　热带天气预报方法

由于热带低纬度大部分地区为海洋和热带丛林,测站极其稀少。正是由于作为正确的热带天气分析和预报的观测资料的缺少或极其不完备,加上热带天气中的一些固有特点,如水平梯度值很小,对流作用强,不适用地转近似等,所以,多年来,既缺少正确而又适用的热带天气分析方法,更缺少普遍有效的热带天气预报方法。

长期以来,广大热带气象工作者通过不断实践和努力,逐步发展了一些热带天气分析和预报方法。较早期的主要方法包括气候学方法、气团方法和扰动方法。气候学方法是认为热带地区逐日天气变化与当地月和年平均情况差不多。显然这种方法与天气演变的实际不尽符合。气团方法是将中、高纬度的锋面和气团方法套用于热带低纬,如热带辐合带就成为热带锋或赤道锋,原则上被看做与极锋相类似。而热带风暴则被看做是热带锋面波动锢囚发展而成的,但是随着观测资料的增多,人们认识到气团法是完全不适用于热带地区的。而自第二次世界大战以来发展的扰动法,认为热带基本气流可看作是基本上纬向的,但常有波动或不稳定的扰动在其上发展,并伴有特征性的天气和气压系统。这种扰动方法已越来越证明其生命力,并且在不断充实其内容,使人们对热带天气演变的认识不断深化。

随着雷达和气象卫星的应用,使我们获得了大量的遥感资料,揭示了许多热带天气现象和天气系统——扰动的性质,为我们提供了有效的热带天气预报参考工具。电子计算机的利用则促进了低纬天气动力学的研究,进行各种数值试验,开展热带地区客观天气分析和数值天气预报。

研究表明,热带大气的活动规律和天气演变,既不同于中高纬度,又与中高纬度有不可分割的联系。故此,在分析和预报热带天气时,既要突出热带特点,也不应丢弃中高纬度的一般方法。例如,分析热带大气运动时,采用流线图,但也可参考气压场的分布;创立和运用热带天气模式时,模式中的参数要突出热带特点,同时又不能忽视与中纬度环流的相互关系。

(1)应用热带天气模式及环流间的相互作用来预报天气

在一定的环流背景条件下,应用热带扰动天气模式和把握中低纬之间以及南北半球之间环流的相互作用,对于掌握热带天气的演变规律是必要的。

1)热带天气模式

在制作天气预报时,可根据热带地区各种不同尺度的天气扰动出现的情况,直接用外推法预报扰动对本地区天气的影响,套用天气扰动模式作出未来1~2天内的短期天气预报。并根据所掌握的一般有关扰动发展演变规律的知识,进一步推断扰动未来可能的发展变化。例如,扰动初期伴有急流出现时,要考虑正压不稳定对扰动的作用,扰动上空的中层大气中出现暖心结构,则要考虑 CISK 机制的作用,至于各个扰动之间的相互影响,特别是对台风路径的影响,更要细致地考虑。

还要指出一点,在热带地区,用天气模式制作预报,气候背景对天气预报的重要性,较之中、高纬度重要得多。这是因为热带地区的某些气象要素的实际变化以至季节变化,反比日变化小;其次,气象要素水平分布均匀;再次,热带地区的一些天气系统,如热带辐合带、副热带高压等,尺度比较大,而移动变化一般比较缓慢,除了移动发展迅速的天气扰动影响外,在短期内,热带地区的逐日天气变化是比较小的。由于以上这些原因,在制作热带天气预报时,更可充分运用气候资料,结合天气扰动模式,应用持续性的原则,作出外推预报。

2)中、低纬度环流之间的相互作用

全球大气环流是个整体,虽然低纬和中、高纬之间的环流有其各自的特征和发展过程,它们之间不是孤立的,而是有着明显的相互作用,把握住这些作用,对于作好热带天气预报,乃至作好中、高纬度天气预报都是非常重要的。这些作用主要表现为以下几种方式:

①冷空气涌

在冬季风时期,东亚大陆沿岸的冷空气涌可以往南深入到热带和近赤道地区,在那里引起强烈的对流活动,启动赤道波动。这些波动又把低纬的能量输送到很远的中纬度地区。在几天和几周的时间尺度中,上述过程能制约副热带急流的强度和走向,从而形成副热带地区的天气条件。

根据冬季风时期东亚冷涌的研究表明,这种热带—中纬度相互作用的特征表现为空间尺度相当大,而时间尺度很短(1~2 天)。为了揭示这个过程中行星尺度环流的短期遥相关(几天),对活跃与不活跃的冬季风时期的行星尺度运动进行了对比研究。综合结果表明,在活跃时期,南海沿岸地区有很强的冷空气涌,中纬度和热带环流系统相互一致地发生变化,东亚副热带急流最大中心、局地哈得莱环流、海洋大陆的辐散流出、太平洋和印度洋的赤道垂直纬向环流都稳定地加强,而亚洲西部的次急流风速中心减弱。不活跃时期,南海海面为持续的偏南风,中纬度环流系统都表现出相反的变化,而热带环流的变化,虽然有相反的趋势,但并不一致。以上说明冷涌时期中低纬度之间存在某种短期遥相关关系。由冷涌的活跃期和不活跃期热带相应的组织程度之不同,似乎表明,热带环流的变化是由中纬度强迫的,而不是相反,至少在东亚和西太平洋地区是这样。

这种相互作用的短时间尺度主要是由天气尺度冷涌在对流层下部非常迅速地移向热带地区造成的。分析实际资料表明,一般表现为两个阶段,其时间间隔为几小时到一天。第一阶段的特征是气压有显著上升,而第二阶段表现为露点的迅速下降。两个阶段,地面风显著增大。两个阶段的时间间隔,在上游站是比较短的,而在下游站一般是长的。第二阶段与锋面过境有关,而第一阶段与任何天气事件没有清楚的联系,根据很迅速的传播速度推知,由于冷涌在低纬非地转动力作用下,第一阶段与一种天气尺度的重力波型运动有关。

②热带云涌

在某种有利的大尺度环流形势下,热带云涌可以大范围地向北涌进,影响到副热带地区的天气。这种云涌过程一般在天气图上不容易分析出来,而往往不被人们注意。副热带地区的有些坏天气往往与这种云涌密切相关。在卫星云图上云涌现象表现最清楚。经常可以看到,热带辐合带中的一条云系有规律地向北伸展到中纬度。如果同时从北方有冷空气下来,则在副热带地区造成一次强降水过程。

云涌最常见于冬半年,也可出现在夏季。当中纬度高空槽伸到很低的纬度时,槽底伸到离开赤道10°—20°,这时从热带有一片云系向副热带地区伸展。或当季风强烈向北推进时,西南季风云系可推进到长江流域,甚至影响华北,造成强暴雨天气。在副高西侧的东南气流中,也可观测到大片云区和云线向西北推进,引起强降水天气。

云涌向北推进的过程可概述如下:在过程开始时,热带辐合带云系中云量稠密,并向高纬方向突出。然后,从这个突起部分伸出一条云带,热带辐合带的突出部分就是热带辐合带中云量出现最多的地方。当热带辐合带云系中不断有云生成时,有一片中高云向高纬度方向伸展,沿着这条南北向云带的北部边界上,是对流层上部急流所在。这支急流愈往高纬度方向流去,急流表现为反气旋弯曲愈显著。这种推进过程的持续时间,最短为 48 h,最长可达几天。这种南北向的云带一般是自西向东移动。

热带云涌向北推进的现象,在北半球的阿拉伯海、孟加拉湾、南海发生的云涌对我国南部和西藏高原天气的影响最明显。就季节而言,不论在南半球或北半球,热带云区的推进现象都以冬季半球出现较多,南北半球相比,北半球比南半球多一倍。

③中纬度系统与台风云系的相互作用

一个台风云系如果没有外界大尺度环流的影响,云系一般比较对称,近于圆形,尤其是成熟的台风。如果台风在西移过程中,遇到高空槽,则台风云系在高空槽前强西南气流影响下,可以向东北方向伸展很远,有时可达上千千米之外,远远超过环流本身影响的范围。这种由台风伸展出的长云带在天气图上不易分析出来,而对所经过地方的天气却有明显的影响。从卫星云图上,可以直观地看到这种现象。这种现象,就西太平洋而言,以秋季和初冬(9—12 月)最多,春季次之,夏季只有当台风侵入西风带后才会出现这种情况。

上述情况主要是风暴云系与副热带高空槽相互作用后出现的结果。这种云带与中纬度云带(如锋面云带)并没有发生连接。但在秋季,尤其在秋季中期,还常见到一种情况,即这条云涌伸向东北方向的长云带最后与中纬度温带气旋云带连接。这时,北段的云带显然具有锋面性质,而南段云带完全处在热带空气之中,并不具有锋面性质。这种长云带一旦出现,可以持续一至数天。

由于这种云带表示热带的热量和水汽向西风带的大量输送,它对西风带环流和天气有明显影响:计算表明,在云带出现后,对流层上部的温度、纬向风以及北半球能量分布都有一定的变化。在宽云带内紧靠云带南侧对流层上部(300~500 hPa)发生增暖现象,而在云带北侧变冷,从而对流层上部西风应得到增强。云带的连接与其上空纬向风局地增大相联系,并且这种风的最大值有往下游传播的趋势,在东太平洋产生较持久的影响。

我国北方地区发生的特强降雨往往与北上台风或减弱成的低气压有关。例如,1996 年 8 月 3—5 日,海河南系发生了 1963 年 8 月特大暴雨以来范围最广、强度最大的一次特大暴雨(简称"96.8"暴雨)。暴雨落区覆盖了太行山的东西两侧,即冀中南、晋东南和豫北等地区。位于暴雨中心的石家庄、邢台两市的太行山迎风坡气象站过程雨量普遍超过 400 mm。"96.8"暴雨的形成是热带天气系统北上与中纬度系统共同作用的结果,9608 号台风减弱成的热带低压与副热带高压之间形成的偏南中低空急流,携带来自热带对流层中下部的暖湿气流持续不断地大量输送到华北南部,为强降雨的发生提供了水汽和能量条件。

④赤道降水与副热带急流的关系

赤道地区的降水与副热带和温带环流都有一定的关系。根据皮叶克尼斯的假定,异常强的赤道降水产生的潜热释放可引起哈得莱环流的加速,产生绝对角动量由热带向中纬度输送的加强,结果在赤道降水异常强的该经度范围内,使纬向西风加速。在雨季,印尼—新几内亚降水区释放的潜热增加,这常常有助于西太平洋上空副热带急流的加强。据印尼和新几内亚强降水和弱降水的对比分析表明,两者在澳大利亚地区中高纬度环流有显著差异,对于降水偏多月(1971 年 10 月),在 30°—40°S有强西风带,对于降水偏少月(1972 年 10 月),30°—40°S 西风弱。澳大利亚地区 14 年资料还表明,热带降水和副热带西风强度之间有显著的相关,共同期为 6 个月以上,并且没有时间后延。

3)南北半球的相互作用

很早以前,我国气象工作者从统计上就指出,南半球寒潮暴发影响西太平洋台风生成。但由于资料不足,对相互作用的具体天气过程很少分析。随着卫星观测的出现,在热带海洋上可以得到大量的卫星测风,从而有可能对南北半球的相互作用过程有进一步的认识。

人们发现,南半球的冷空气活动强烈时,跨赤道气流会增强,可导致北半球赤道反气旋的产生,此后在赤道反气旋的推动下,可使原来不活跃的赤道辐合带北上并迅速活跃起来,最后导致台风的生成。这种过程反映了能量从一个半球到另一个半球的经向传播,而这种传播又与冬半球的冷涌密切有关。

南半球热带气旋生成前,在赤道地区,西风增强,南半球信风稳定,使在热带气旋生成点附近辐合增强。北半球热带气旋生成前,赤道气压上升区经向范围要小些,并且更接近生成经度,这反映了南半球冷涌要比北半球冷涌略弱一些。

(2)应用气象卫星云图预报天气

气象卫星云图是预报热带天气的有力工具之一。目前,卫星云图对热带天气的预报应用很广,但研究得最多、效果最显著的首推台风预报。

热带地区多位海洋和沙漠,陆地上气象测站稀少,观测质量欠佳。除热带气旋和热带辐合带外,热带地区的天气系统和天气过程也不如中纬度的那样明显。气象要素的系统性变化量往往小于其日变化的范围,因此,难以通过天气图去掌握天气演变的线索。同时,现行使用的各种数值天气预报模式的预报结果,在热带地区的效果都远不如中纬度地区的好。这说明热带地区的天气预报,无论在理论上、技术方法上,还是在资料上,都存在着较多的问题,具有独特的难度。而且,在可以预见的将来,上述情况也难以出现明显的改善。正因为如此,充分利用气象卫星观测到的热带云系及其移动和发展,对于深入了解大气中正在发生的物理过程,改善热带地区天气预报有着极为重要的意义。

1)热带辐合带

在卫星云图上的低纬地区,在热带辐合带(ITCZ)的位置上表现为一条东西走向的云带,其上有强烈的积雨云活动。在辐合带中常有扰动出现,每个扰动伴随着一片稠密的积雨云区。有时云带很窄(2~3个纬距),但云区连续且长达数千千米;有时云带断裂成为一个个大云团,其直径可达5~10个纬距,其中有些表现为涡旋云系。这种扰动云系一般自东向西移动,西太平洋上的大多数台风就是由它们发展起来的。ITCZ包括季风槽和信风槽两种。季风槽由西南季风和偏东信风汇合而成,槽中风速小,扰动较为活跃。信风槽是由东北信风和东南信风汇合而成,表现为一条辐合渐近线云带,扰动不太活跃。

2)热带云团

热带云团是由几个中尺度对流系统顶部的卷云砧合并而成的大片卷云覆盖区,直径为100~1000 km,生命史为1~5天不等。根据热带云团发生发展的大尺度背景流场条件的不同,可以把它们分为信风云团、季风云团和"玉米花"云团三种类型。季风云团出现在季风槽中或出现在单一的气流中,其主要特点是范围大,对流旺盛,热带气旋主要由它发展而成。信风云团出现在副热带高压南侧偏东信风中,一般来说,它的尺度较季风云团小,对流亦不及季风云团旺盛,并且经常与东风波或高空冷涡等天气系统对应,它一般较有规律地自东向西移动,平均移动速度为每天5~7个纬距。"玉米花"云团多由若干个积雨云单体组织成的中尺度对流系统,尺度较前两种云团小,多出现在热带大陆上,具有明显的日变化。

3)热带对流层上部槽(TUTT)

在北半球夏季,对流层上层(200 hPa附近)流场中在太平洋和大西洋中部呈现为洋中槽,或称为热带对流层上部槽(TUTT)。卫星云图上,热带海洋地区对流层上部呈西南—东北走向的TUTT表现为一条由多个涡旋云系组成的云带。这种槽一个出现在大西洋,另一个出现在太平洋中东部,5—11月均可出现,但7—9月发展最强,持续时间亦最长。它与低层的季风槽一起构成西北太平洋地区热带气旋的两个来源。

4)东风波

夏季在西北太平洋上,当副热带高压脊线位于30°—35°N时,在其南侧的东风气流中,有时可以看到东风波云系。它通常向西南方向进入我国南海东北部,有时影响我国闽南和广东沿海,造成暴雨或大暴雨天气。较强的东风波具有较为完整的螺旋云系,而弱的东风波则表现为一团小范围的云区。图10.37中给出了东风波的

700 hPa流线及云区素描图,这是由西太平洋进入南海的东风波的一种典型云系分布及流场结构。

综上所述,气象卫星特别适合于担当热带气旋(在北大西洋和东太平洋地区称为飓风,在西太平洋和太平洋中部地区称为台风)的监视任务。自从 1960 年以来,气象卫星已经观测到了数以千计的热带气旋,这些观测结果为预报员提供了大量的有关热带气旋的位置、强度、移动方向及登陆后的暴雨诊断的信息。由此得到

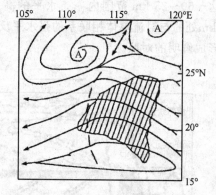

图 10.37 东风波 700 hPa 流线及云系素描

的大部分知识已用于日常的天气分析预报业务中,并且在热带气旋报警系统中起着重要的作用。利用卫星图像资料分析热带气旋的技术方法在很大程度上是建立在热带气旋发展和运动的概念模式基础之上的。这种模式是根据卫星观测资料凭经验建立的,多年来,又随着卫星观测手段及分析技术的提高而得到了改进。模式包括了典型的热带气旋发展过程中连续几天的逐日云型描述、云特征测算和云型素描图两个方面,反映了卫星图像上热带气旋的典型生命史。

(3)雷达应用

1)热带飑线及层状云均匀降水区

热带飑线是由排列成带的成熟积雨云组成的,其结构示意如图 10.38 所示。图中与成熟线元相联系的单虚线流线表示对流尺度上升气流,单实线流线为下沉气流;与尾线云砧相联系的双实线流线表示中尺度下沉气流,双虚线流线表示中尺度上升气流,浅阴影区表示弱雷达回波,黑影区表示在融化带中和在成熟对流云区中的强降水区中的强雷达回波,波纹线表示云的外观边界。在对流云带前方(图中左边)不断有新的对流云生成,而在对流云带后方,老的对流云消亡,形成宽阔的尾随层状云区。飑线前方低层有高温、高湿空气流入飑线对流云区,云顶高达 12～16 km。尾随层状云区的范围可达 200 km 以上,层状云区中的降水是水平均匀的。其上层的降水物主要是冰质点,它们来源于飑线前缘上的对流单体,当飑线向前运动时,这些冰质点便相对地向后运动。一支由前向后的中层急流,把质点带到尾随层状云区中。冰质点在尾随层状云区下降并融化,形成一个融化层,在雷达回波上形成一条亮带。

图 10.39 所示为热带层状云降水区的雷达回波垂直剖面图,图上最外围的等值线表示最弱可测回波,内部的等值线分别为 23 dBz,28 dBz,33 dBz,38 dBz 和 43 dBz。其显著特征是水平均匀性范围宽广(70～100 km),维持时间长,一般 2～3 h。图上距

雷达-50～25 km范围内一条水平的高反射率(或亮带)清晰可辨,它距雷达50～60 km处的与对流单体相联系的强水平反射率梯度和垂直方向伸展的短生命期回波型形成鲜明的对照。

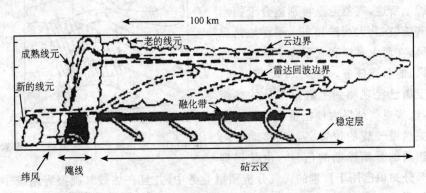

图 10.38　热带飑线垂直剖面示意图

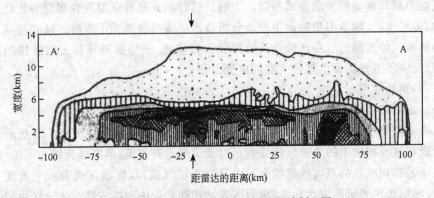

图 10.39　热带均匀降水区的雷达回波剖面图

2)热带中尺度对流系统生命史模式

热带中尺度对流系统,包括热带飑线和非飑线 MCS(Leary 和 Houze 称之为中尺度降水特征 MPF),其发展过程一般要经历四个阶段,即:形成阶段、加强阶段、成熟阶段、消亡阶段。根据雷达资料总结归纳出的热带中尺度对流系统的生命史模式如图 10.40 所示,它表明了在热带中尺度系统发展期间,对流云降水和层状云降水混合物的变化。在系统的形成(t 时刻)和加强阶段($t+3$ h 时刻),以较强的对流单体降水起主要作用,到了成熟阶段($t+6$ h 时刻),由对流降水和较轻的范围较大的层状云降水相混合的降水,而到消亡阶段($t+9$ h 时刻),则以较轻微的层状云降水为主。

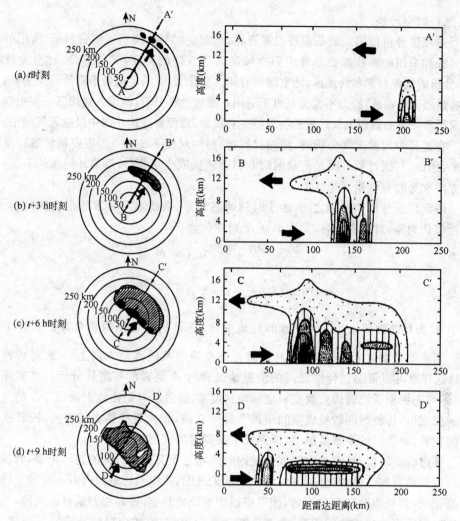

图 10.40　由雷达观测到的热带中尺度对流系统的生命史模式

10.4　中尺度天气分析预报技术

10.4.1　中尺度资料分析

　　常规观测资料的分析,只能反映大尺度以上的天气系统特征,对于几十千米到几百千米的中尺度天气系统,则会在分析场中漏掉。为了描述这类中尺度天气系统,反映它们的物理特性,必须进行与大尺度不同的中尺度天气分析。

(1)时空转换

中尺度分析使用大量非常规观测资料,如雷达、卫星、飞机观测资料等,所用的分析方法和采用的参数都必须考虑到中尺度天气系统的特征,其特点是:时空分辨率高;分析的气象要素和物理量,随空间和时间的变化大;不满足地转平衡等约束关系;对一些强烈天气系统,静力平衡关系也不适用。通过这种分析,能深入地探索一些短期内造成严重灾害的强烈天气系统的物理特性和成因,以便有效地作出中尺度天气预报。

在进行中尺度天气分析时,测站过稀,使得中尺度系统的一些重要特征难以反映出来,因此,可通过某一测站记录的时间曲线转换成空间分布,以弥补记录的不足,这种方法称为时空转换。

假定在所分析的各图之间,由于时间间隔较短,系统本身要素的个别变化不大,可近似认为零,对系统而言,要素 A 的个别变化为:

$$\frac{\delta A}{\delta t} = \frac{\partial A}{\partial t} + \boldsymbol{C} \cdot \boldsymbol{\nabla} A = 0$$

因此,
$$\frac{\partial A}{\partial t} = -\boldsymbol{C} \cdot \boldsymbol{\nabla} A \qquad\qquad (10.1)$$

式中,$\boldsymbol{C}$ 为系统的移速,$\frac{\partial A}{\partial t}$ 为要素的局地变化,它可从各台站的要素自记曲线上求出。当系统移动速度已知时,由上式即可完全确定系统移动方向上 A 的空间梯度 $\boldsymbol{\nabla} A$,这样就可以帮助在台站之间的空隙地区进行 A 要素的等值线分析。在实际运用时,可先根据系统的历史演变确定移动速度 $\boldsymbol{C}$,然后从自记曲线上读出 1 h 的气象要素变化值,再将时间转换成空间距离。时间在前,朝向系统移去的方向,按转换的空间位置,将读出的要素值填上,即完成了某要素的时空转换。

通过时空转换,还可将中尺度系统内时间相近而又不同时刻的观测记录,转换为同一时刻的资料。例如,分析某时的中尺度天气图,在中系统范围内有一时间不同的观测记录,若观测时间相差不远,即可根据中系统的移速,按照相差的时间间隔,把这一段时间间隔转换成空间距离,在系统移动方向上,向前或向后转换成空间位置,将此观测记录填在图上,这样就增加了中尺度天气图上的资料。

(2)客观分析与尺度分析

客观分析是将不规则分布的测站资料用内插的方法,转换成网格资料,以进行各种物理量计算。常用的客观分析方法有逐步订正法、最优内插值法、有限元法、拉格朗日插值和样条插值等。

同时,由于实际气象要素场包含着各种尺度的运动,为了研究中尺度,须将其与大尺度背景分离开来,即尺度分离。常用的尺度方法有带通滤波、Shuman-Shapiro滤波方案等。

目前,中尺度系统的分析方法大体有两类:第一类是将客观分析和滤波结合起来,如 Barnes 曾将这种方法用于准地转 Q 矢量的诊断分析中,之后,Maddox 又用 Barnes 的尺度分离方法,很好地揭示了大气中 MCC 的存在及其结构;第二类是运用滤波算子,通过空间或时间平滑而进行中尺度分析的方法,如 Shuman-Shapiro 所用的空间平滑滤波。

1)Barnes 方法

①分析方法

这是一种客观分析与尺度分离结合的方法。气象场的客观分析方法很多,其基本原理是一样的。对于空间某一位置(如某一网格点)的某气象要素值 k_0 可以表示为下列函数形式:

$$k_0 = \frac{\sum\limits_{n=1}^{N} \overline{\omega}_n k_n}{\sum\limits_{n=1}^{N} \overline{\omega}_n} \qquad (10.2)$$

这里,k_0 为第 n 个测站的某气象要素观测值,$\overline{\omega}_n$ 为对第 n 个测站的权重函数,N 为影响 k_0 值的测站总数。用不同的客观分析方法,$\overline{\omega}_n$ 有不同的函数形式。用不同的函数表示的 $\overline{\omega}_n$ 值,所求得的 k_0 值不尽相同,很难确定哪种函数最佳,这是因为对任一气象要素场,除了观测值以外,我们事先并不知道这个网格点的气象要素精确值。

Barnes 提出的具有滤波功能的中尺度客观分析方法中,假定某一气象要素 $f(x,y)$ 的观测是连续的,对任一网格点 (x,y),各观测站与其距离为 r_n,有:

$$f_0(x,y) = \int_0^{2\pi} \int_0^{\infty} f(x+r\cos\theta, y+r\sin\theta) \cdot \overline{\omega}_n(r_n,c) r \mathrm{d}r \mathrm{d}\theta \qquad (10.3)$$

这里,θ 为 r_n 与 x 轴的夹角,$\overline{\omega}_n(r_n,c)$ 为权重函数,即:

$$\overline{\omega}_n = \frac{1}{4\pi c} \exp\left(-\frac{r_n^2}{4c}\right) \qquad (10.4)$$

c 为确定响应波长的参数。如果气象要素 $f(x,y) = A\sin kx$(假定沿 y 方向是均匀分布的),其中 A 是振幅,k 是波数,即 $k = \frac{2\pi}{L}$,L 是波长。经过一些数字演算后,可以得到:

$$f_0(x,y) = \exp\left(-\frac{4\pi^2 c}{L^2}\right) A\sin kx = R_0 f(x,y) \qquad (10.5)$$

其中

$$R_0(c,k) = \exp\left(-\frac{4\pi^2 c}{L^2}\right)$$

$R_0(c,k)$ 称为响应函数,它表示经过加权平均分析后,所得到的值与观测的响应程度,或滤波后的波动振幅与原来振幅之比。对于某一波长,如果 $R_0 = 1$,表示此波在滤波过程中完全保留下来,不受削弱;如果 $R_0 = 0$,则波被完全滤去。一般 R_0 在 0 与 1 之间。当 L 很短时,R_0 趋于 0;当 L 很长时,R_0 趋于 1。而且,在 c 值逐渐减小时,有效切断波长也变得越来越窄。从理论上说,c 值可以根据所研究的波长选定,但在实用中,c 值的下限受测站(或网格点)之间的距离限制。如果这个距离为 d,则所研究的最短波长不能小于 $2d$。

为了得到滤波场,先确定一个 c 值。设第 N 个测站某气象要素观测值为 $f_n(x, y)$,即 N 个测站对同一网格点 (i, j) 插值得到 $f_0(i, j)$。

$$f_0(i, j) = \frac{\sum_{n=1}^{N} \overline{\omega}_n f_n(x, y)}{\sum_{n=1}^{N} \overline{\omega}_n} \tag{10.6}$$

这里的 $f_0(i, j)$ 是一个初值,再将其一次迭代来订正,即将 c 乘以一个常数 $g (0 < g < 1)$。有:

$$f(i, j) = f_0(i, j) + \frac{\sum_{n=1}^{N} \overline{\omega}'_n D_n}{\sum_{n=1}^{N} \overline{\omega}'_n} \tag{10.7}$$

其中

$$D_n = f'_n(x, y) - f_n(x, y)$$

$$\overline{\omega}'_n = \frac{1}{4\pi c} \exp\left(-\frac{r_n^2}{4gc}\right)$$

$\overline{\omega}'_n$ 是修正的权重函数,$f'_n(x, y)$ 是将网格点的 $f_0(i, j)$ 值内插到第 n 个测站值。订正后的响应函数为:

$$R = R_0(1 + R_0^{g-1} + R_0^g)$$

在 $g \leqslant 0.5$ 时,短波长的响应函数有明显的恢复。一般情况下,只要做一次迭代,取 $g = 0.2 \sim 0.4$,就可以较满意地获得所需空间尺度扰动。

权重函数中的 g 和 c 是由系数的尺度确定的。当它确定后,根据(10.6)式和(10.7)式求出两个低通场(保留大尺度波)后,即可以得到所需的带通场(保留某一波段的波)为:

$$B(i, j) = r[f_1(i, j) - f_2(i, j)] \tag{10.8}$$

r 为恢复函数,它是最大响应函数的倒数。

②操作步骤

对于地面气象要素,上述分析的主要操作步骤为:

(a)读入分析区域每个观测站的经纬度;

(b)计算各网格点相对于坐标原点的位置;

(c)读入每个测站的温度、露点、风向、风速和气压等数据；

(d)取影响半径。这是对于一个被计算的网络点,使用以该点为中心,对周围参与加权平均的测站范围加以确定；

(e)确定影响半径范围各测站与网格点间的距离 r_n；

(f)使用

$$f(i,j) = f_0(i,j) + \frac{\sum\limits_{n=1}^{N} \overline{\omega}'_n D_n}{\sum\limits_{n=1}^{N} \overline{\omega}'_n}$$

计算各点的 $f(i,j)$ 值。f 表示温度、露点、风向、风速、气压以及由此所计算出的相应物理量；

(g)以上是第一次低通滤波,算得的量以 $f_1(i,j)$ 表示。接着,再作第二次低通滤波,这一次使用权重函数,要取不同的 c 值,求得的量以 $f_2(i,j)$ 表示；

(h)在每一个网格点上将 $f_1(i,j)$ 减去 $f_2(i,j)$,由此得到的带通滤波值。由带通滤波得到的场,有一个中心响应波长,即经过带通滤波,其他波长的振幅均削减很多,或者削减到近于零,而在此波长附近却保留很多,成为一个峰度较大、极大值又很显著的响应曲线。一般要求保留中心响应波长的振幅为原来未经滤波时的 70%,也即响应函数为 0.7。然后,全场各点的值均乘以恢复系数,得到所需的中尺度气象场,已滤去了大尺度和小尺度场,但它的等值线数值主要只有相对意义。

以上是对于地面气象要素场的分析,如果用于高空气象场分析,其步骤基本相同,不同的是范围和格距大,中心响应波长也会比地面长很多,此时应采用另一组 c_1 与 c_2 值。

(2)Shuman-Shapiro 方法

在中尺度滤波分析中,常用 Shuman-Shapiro 滤波方法。这种方法的基本思路是:选取适当的滤波系数 S,用滤波算子滤去 n 倍格距的波动,再用原始场减去滤波后的平滑场,就可分离出 n 倍格距波长的扰动场。Shuman 给出的一维滤波算子(三点盟波)为:

$$\overline{f}_i = (1-S)f_i + \frac{S}{2}(f_{i+1} + f_{i-1}) = f_i + \frac{S}{2}(f_{i+1} + f_{i-1} - 2f_i) \quad (10.9)$$

如果有谐波形式的扰动:

$$f = Ae^{ikx} \quad (10.10)$$

将上式代入(10.9)式后即得:

$$\overline{f}_i = R(S,n)f_i \quad (10.11)$$

这里的 R 为响应函数,它表示为:

$$R(S,n) = 1 - S(1 - \cos k\Delta x) = 1 - 2S\sin^2 \frac{k}{2}\Delta x = 1 - 2S\sin^2 \frac{\pi\Delta x}{L} = 1 - 2S\sin^2 \frac{\pi}{n}$$

$$(10.12)$$

其中，$L = n\Delta x$ 为格距函数。

同样，对二维问题，在 $\Delta x = \Delta y$ 时有 9 点滤波算子：

$$\overline{f}_{i,j} = f_{i,j} + \frac{S(1-S)}{2}(f_{i+1,j} + f_{i,j+1} + f_{i-1,j} + f_{i,j-1} - 4f_{i,j})$$

$$+ \frac{S^2}{4}(f_{i+1,j+1} + f_{i-1,j+1} + f_{i-1,j-1} + f_{i+1,j-1} - 4f_{i,j}) \qquad (10.13)$$

其响应函数：

$$R(S,n) = \left(1 - 2S\sin^2 \frac{\pi}{n}\right)^2 \qquad (10.14)$$

可见，如果取 $S = \frac{1}{2}$，$n = 2$，得到 $R = 0$，因而通过滤波算子的平滑运算，可以滤去 2 倍格距的扰动。如果 $n = 10$，则 $R = 0.905$，也即经过滤波算子平滑运算后，使原波长扰动减幅 10%，但如果连续进行 10 次运算，也可将系统振幅减至 0.37。

令 $R(S,n) = 0$，得到 S 与 n 的关系为：

$$S = \frac{1}{2}\frac{1}{\sin^2\left(\dfrac{\pi}{n}\right)} \qquad (10.15)$$

结果如表 10.1 所示：

表 10.1　不同滤波系数的滤波功能

n	2	3	4	5	6	7	...
S_n	0.5	0.667	1.0	1.4472	2	2.656	...

可见，当滤波系统分别取 $1/2, 2/3, 1.0, \cdots$，可以滤去 $2, 3, 4, \cdots$ 倍格距波。但在滤去波的同时，其他波的振幅也受到不同程度的歪曲（削弱或加强），因而用原始场减去滤场后，所分离出来的中尺度扰动，可以混杂较多其他波长的分量。解决这个问题的方法，还需要使用对较长波分量有恢复作用的算子。

实际作中尺度分离的滤波分析，都是在一个有限区域内进行的，根据所研究的中尺度分析要求，要认真考虑算子的选择滤波特性，使所研究的中尺度波段的各波分量不致被明显地歪曲，并尽可能减少边界对区域内部的影响。

10.4.2　中尺度的诊断分析

（1）热力稳定度分析

大气的不稳定性或稳定性，指处于某种平衡状态下的气流在受到一个扰动后，扰动将会增强或减弱的趋向。很多大气对流现象都是与大气的不稳定性相联系的。例如，在对流层中常见的尺度为十几米至几千米的小扰动或积云对流通常与动力不稳定或切变型（开尔文—亥姆霍茨）不稳定有关，而尺度为几十千米至几百千米的中尺度云团或雨带则有可能与 CISK 和惯性—浮力不稳定（对称不稳定）有关。

1）条件性不稳定

由大气层结参数表示的静力稳定度或不稳定度判据为：

$$\frac{\mathrm{d}\,\overline{\theta}}{\mathrm{d}z} \begin{cases} > 0 & \text{静力稳定} \\ = 0 & \text{中性} \\ < 0 & \text{静力不稳定} \end{cases}$$

静力不稳定大气有利于对流发生，但是实际大气往往是静力稳定的。所以对流活动一般并不直接由静力不稳定造成，而通常是由"条件性不稳定"造成的。当大气中包含水汽时，由于气块上升绝热冷却产生凝结，而凝结释放潜热使气块所受的浮力增大，从而变得不稳定。一般把对于干空气（或未饱和湿空气）来说为静力稳定的，而对于饱和湿空气来说为静力不稳定的（或对于干绝热运动是稳定的，而对于湿绝热运动是不稳定的）大气层结称为"条件性不稳定"层结。由于近年来提出了"第二类条件性不稳定"的概念，所以也可以把这里所说的条件性不稳定称为"第一类条件性不稳定"，判据为：

$$\frac{\partial\,\overline{\theta_e}}{\partial z} \begin{cases} > 0 & \text{条件性稳定} \\ = 0 & \text{条件性中性} \\ < 0 & \text{条件性不稳定} \end{cases}$$

2）第二类条件性不稳定（CISK）

单纯的条件性不稳定（第一类条件性不稳定）不能很好地解释热带和中纬度地区的有组织的、水平尺度较大、时间尺度较长的对流云团。

首先，条件性不稳定不仅要求满足 $\frac{\partial\overline{\theta_e}}{\partial z} < 0$，而且要求大气达到饱和状态。在大气不饱和情况下，就要求低层辐合强迫上升使湿空气块先达到饱和，才有可能出现条件性不稳定的对流状态。对热带大气而言，在热带对流层低层一般满足 $\frac{\partial\overline{\theta_e}}{\partial z} < 0$ 的条件，但是热带平均相对湿度低于 100%。因此，热带中的积云对流并不总是发展旺盛的，只有在有辐合上升配合时才有旺盛的对流发生。这说明在热带地区形成旺盛的对流活动不能只依靠单纯的条件性不稳定的层结性，还必须有产生辐合上升运动的大尺度流场的配合。其次，分析表明，第一类条件性不稳定所产生的不稳定波动的最大增长率只是单个积云尺度的运动。因此，用单纯的条件性不稳定难以解释何以能产生巨大的对流云团。这就使人们认识到，在对流发生后，小尺度

对流加热对促使大尺度流场加强的作用。Charney 等(1964)首先研究了这种小尺度对流与大尺度流场的相互作用,并将其归纳为下述过程:首先,大尺度流场通过摩擦边界层的抽吸作用,对积云对流提供了必需的水汽辐合和上升运动,反过来积云对流凝结释放的潜热又成为驱动大尺度扰动所需要的能量,于是小尺度积云对流和大尺度流场通过相互作用,相辅相成地都得到了发展。这种通过不同尺度运动的相互作用使对流和大尺度流场不稳定增长的物理机制就称为"第二类条件性不稳定",简称 CISK。

第二类条件性不稳定最早是用来解释热带扰动的发展的,近年来也有人用它来解释中纬度的中尺度对流系统的发展。

3)条件性对称不稳定(CSI)

近年来,许多观测研究都注意到,锋面云和降水经常集中在与锋面相平行的地带中。这些雨带之间的距离为 $80\sim300$ km,而雨带的长度则更长。这些雨带与等温线的交角很小。在理论上,形成这些雨带的原因可能有:锋区内 Ekman 层的不稳定;锋上产生的重力波以及不同平流所引起的对流等。D. A. Bennetts 和 B. J. Hoskins 等则提出了另一种值得注意的可能原因,他们认为这些雨带可能是对称斜压不稳定的一种表现形式。粗略地说,这种不稳定性的判据是水平温度梯度较大或理查逊数较小,或等位温面比等 M 面倾斜。

但是,在干空气情况下,对称不稳定条件($Ri<1$)在 100 km 尺度的锋区内一般是难以满足的。在这种情况下,如果我们不考虑潜热释放的作用,则原来对称稳定的大气不可能变成对称不稳定的。因此,Bennetts 和 Hoskins 进一步研究了在有效静力稳定度减小的潮湿大气中对称不稳定的可能性。他们把一个粗略的潜热释放模式引入对称不稳定理论中,从而引出了"条件性对称不稳定"(简写为 CSI)的概念。简单地说,当对称稳定的大气由于潜热释放的作用而变为对称不稳定时,便可以说这种大气是"条件性对称不稳定"的。

4)开尔文—亥姆霍兹(K—H)不稳定

如果在一条不连续的切变线上涡度集中,则线性气流的不稳定性(即在某处有最大的切变涡度)可能变得特别显著。这种和不连续性相联系的不稳定性称为开尔文—亥姆霍兹不稳定(简称 K—H 不稳定)。

10.4.3　中尺度数值模拟和预报

中尺度气象学的根本任务与目标是提高暴雨、台风等灾害性天气的监测和短时预报水平。随着探测技术水平的迅速发展与成熟,目前实时监测的能力已有很大提高,主要困难在于时空和量的精细业务预报水平还不高,解决这个问题的根本途径在于发展完善的中尺度天气业务数值预报模式。

　　灾害性天气数值预报,必须描写 $20\sim200$ km 的 β 中尺度天气系统,这类天气常常具有强对流性质,模式的典型水平格距应在 $2\sim20$ km。当格距取为 10 km 以下时,静力平衡假定不再适用,必须用非静力平衡模式。目前国际上比较成熟的非静力平衡模式有 RAMS,MMS,ARPS 等。美国正在研发的 WRF 和我国自行研制的 GRAPES 等模式将为提高局地灾害性天气预报水平作出贡献。

　　展望未来,发展我国中尺度数值预报系统,使我国数值天气预报形成全球、有限区域预报的配套系统,需解决的几个问题为:

　　1)改进模式中物理过程的处理。目前中尺度模式中的物理过程参数化基本还是沿用大尺度模式中的参数化,随着模式分辨率的提高,模式能分辨系统的尺度减小,大尺度模式中的有关物理过程的处理不再适用,需要考虑如何合理地处理各种物理过程以及它们之间的耦合,采用有物理基础的微物理过程。

　　2)中尺度遥感探测资料的四维同化。提高了模式的分辨率后,含有中尺度信息的初值场的建立对中尺度数值预报的成功与否至关重要,仅用全球模式作初始场再用常规观测资料订正已不能满足中尺度模式对初值的要求,解决遥感系统(卫星、雷达等)资料三维或四维资料同化理论和方法是关键问题之一。

　　3)高性能计算机的支持和计算方法的改进。模式分辨率提高和物理过程的细化对计算速度和内存有更高的要求,因而需要有高性能计算机的支持,同时采用并行计算和网络互联方法提高运行和资料传输、产品分发的速度和效率,才能使中尺度数值预报实现业务化。

思　考　题

　　1. 短期天气预报技术主要由哪些方面构成? 各方面技术主要体现是什么?

　　2. 简述短期天气预报制作的一般思路。

　　3. 短时预报和临近预报的时效是多少?

　　4. 短时临近天气预报的主要内容是什么?

　　5. 我国目前主要关注的三类强对流天气(冰雹、雷暴大风、短历时强降水)的标准是什么?

　　6. 分析和预报强对流天气的主要着眼点要有哪些?

　　7. 请简述短时预报思路。

　　8. 冰雹天气的临近预报思路是什么?

　　9. 雷暴大风天气的临近预报思路是什么?

参 考 文 献

包澄澜 . 1980. 热带天气学[M]. 北京:科学出版社.

方翔,许健民,张其松 . 2000. 高密度云导风资料所揭示的发展和不发展热带气旋的对流层上部环流特征[J]. 热带气象学报,**16**(3):218-224.

国家气象局卫星中心 . 1991. 气象卫星图集[M]. 北京:气象出版社.

胡欣,马瑞隽 . 1998. 海河南系"96.8"特大暴雨的天气剖析[J]. 气象,**24**(5):8-13.

孔玉寿,章东华 . 2000. 现代天气预报技术[M]. 北京:气象出版社.

喻世华,陆胜元,等 . 1986. 热带天气学概论[M]. 北京:气象出版社.

章国材,矫梅燕,李延香,等 . 2007. 现代天气预报技术和方法[M]. 北京:气象出版社.

Leary C A, Houze R A. 1979. The structure and evolution of convection in a tropical cloud cluster [J]. *J. Atmos. Sci.* ,**36**:437-457.

第 11 章 预报员工作平台(MICAPS V3.0)

11.1 MICAPS V3.0 系统介绍

MICAPS 是"气象信息综合分析处理系统"的英文(Meteorological Information Comprehensive Analysis and Processing System)简称。MICAPS 是与中国气象局气象卫星综合应用业务系统(简称"9210 工程")通信、数据库系统配套的支持天气预报制作的人机交互系统。

11.1.1 系统结构

MICAPS 是我国气象预报业务系统的一部分,在气象业务系统中的位置如图 11.1 所示。

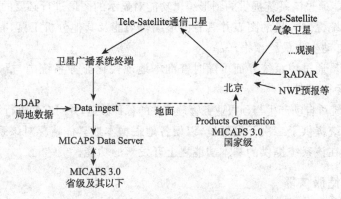

图 11.1 MICAPS 在气象业务系统中的位置

MICAPS 3.0 包括数据服务器、应用服务器和客户端三部分。

MICAPS 3.0 客户端总体功能结构如图 11.2 所示。

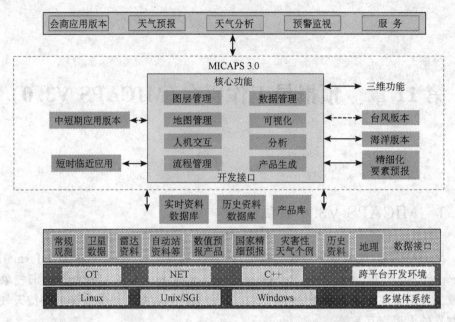

图 11.2　MICAPS 3.0 客户端功能结构图

11.1.2　MICAPS 的功能

（1）预报员通过该系统可检索和用图形图像方式显示数据库中所有与业务预报有关的数据，并能通过该系统提供的图形编辑功能对显示的图形进行必要的编辑修改。

（2）该系统提供大量的图表并具有图形编辑功能及其他分析工具，有助预报员制作预报并可自动生成最终预报产品。

（3）预报员通过该系统界面可随时查询本地现代化业务系统中与预报业务有关的各子系统运行状态。

（4）该系统可自动产生与预报业务管理有关的各种数据，并对它们进行管理和输出。

（5）该系统提供了二次开发环境，以便各地根据本地具体情况对该系统的各分量进行调整，或在该系统提供的基本功能之上开发新的功能。

11.1.3　数据服务器

数据来源：CMA-CAST 和地面通信线路获得的数据、本地数据。

目录结构：参考管理员手册。

服务器管理：参考管理员手册。

数据服务器提供 MICAPS 3.0 使用的数据，并自动更新，系统开发组提供数据服务器管理工具（参见系统管理员手册）。

11.1.4　可用数据类型

(1)MICAPS 第一版和第二版定义的数据

MICAPS 第 1 类数据:地面填图数据

MICAPS 第 2 类数据:高空填图数据

MICAPS 第 3 类数据:单要素数据填图数据

MICAPS 第 4 类数据:等经纬度和等距格点数据

MICAPS 第 5 类数据:T-lnP 数据

MICAPS 第 6 类数据:(预留)

MICAPS 第 7 类数据:台风路径数据

MICAPS 第 8 类数据:城市预报数据

MICAPS 第 9 类数据(非投影后数据):地图数据,支持 MICAPS 定义的非投影后数据

MICAPS 第 10 类数据:综合图数据(系统对该数据格式进行了扩展)

MICAPS 第 11 类数据:矢量场格点数据

MICAPS 第 12 类数据:预留格式数据

MICAPS 第 13 类数据(因地图放大比例与早期版本不同,部分图片显示比例需要调整):图像数据

MICAPS 第 14 类数据:交互操作结果数据,该版本对该数据格式进行了扩展

MICAPS 第 15 类数据(前期版本定义的调色板数据,3.0 版不再使用该类数据)

MICAPS 第 16 类数据

MICAPS 第 17 类数据

MICAPS 第 18 类数据:剖面图数据,该版本对该数据格式进行了扩展

MICAPS 第 779 类数据(MICAPS 2.0 增加的数据类型)

MICAPS 第 780 类数据(MICAPS 2.0 增加的数据类型)

(2)MICAPS 3.0 定义或其他常用气象数据格式

AMDAR 数据(第 31 类数据)

闪电定位数据(MICAPS 3.0 定义的第 41 类数据)

GPS 水汽数据(MICAPS 3.0 定义的第 42 类数据)

一维图数据(第 32、33 类数据)

多要素填图数据(第 34 类数据)

闪电定位新格式数据(第 41 类数据)

GPS 数据(第 42 类数据)

地图信息数据(第 9 类数据扩展格式)

自动站 Z 文件

风廓线 Z 文件

AWX 格式卫星云图及产品

HDF 格式卫星云图标称图产品

GPF 格式卫星云图数据

雷达基数据

雷达 PUP 产品

netCDF 数据

(3)通用数据格式

MIF 格式地理信息数据

SHP 格式地理信息数据

11.1.5 快速操作

(1)安装

MICAPS 3.0 安装程序包括 32 位、64 位 WindowsXP,推荐运行环境分别为 WindowsXP 32 位和 64 位简体中文专业版本,选择合适的版本,运行安装光盘中该版本目录下的 setup.exe,按照提示安装 MICAPS 3.0,缺省安装目录为 C:\MICAPS 3.0。

系统安装完毕后将在桌面产生一个指向执行程序的快捷方式,如果删除或修改了安装目录中文件,使用该快捷方式启动系统,系统将恢复删除和修改的程序。

(2)操作

系统启动:单击或双击桌面或程序组中的快捷图标,即可启动 MICAPS 3.0。

主界面说明:系统启动后主界面如图 11.3 所示,包括标题栏、菜单、工具条、图组控制、显示设置、图层属性设置、图形显示区域和状态栏几个部分。

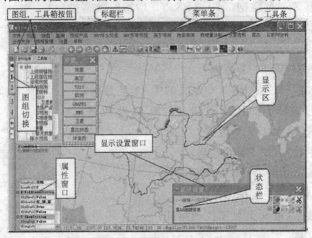

图 11.3　MICAPS 3.0 主界面

　　打开文件:系统提供文件名检索、参数检索、菜单(综合图)检索、资料检索窗口(综合图)检索、翻页检索等多种资料打开方式外,还增加了通过资源管理器浏览将数据文件直接拖放到主界面打开(每次可以拖放多个文件)。

　　图层操作:图层操作可以通过图层数据属性控制窗口中的图层选择窗口(图 11.4)或显示设置窗口(图 11.5)完成。

图 11.4　图层选择窗口

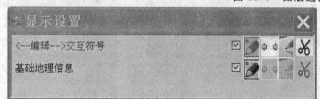

图 11.5　显示设置框口

　　图层选择窗口和显示设置窗口显示当前图组中显示的所有图层的说明,可以通过这两个窗口设置指定图层的显示、隐藏、图层删除等操作。

　　交互操作:打开第四类格点数据、第 14 类交互结果或在菜单上选择新建交互符号层,并选择编辑该层后,点击"工具箱",出现编辑符号,可以使用各种符号进行交互操作,线条类(槽线、锋面、预报线、等值线等)均可以修改,选择"剪切"符号后,按下左键并移动鼠标可以移动符号或线条,按下右键则删除选择的符号或线条,交互符号层的所有交互操作均可以撤销。在任何时候可以按下鼠标中键移动地图。

　　保存:系统可以保存交互操作结果、当前显示的图片。选择菜单"文件"的子项"保存",可以保存交互结果,选择工具栏的保存按钮、菜单"文件"的子菜单项"保存图片"可以保存当前显示的图片(屏幕显示范围),该图片自动保存到指定目录,文件名自动生成。可以通过按下 Ctrl 键再用鼠标右键拉框保存选择范围的图像,此时需要输入保存的文件名。

　　退出:通过菜单"文件"的子菜单项"退出"和主窗口的关闭按钮退出程序。

11.2　数据检索

11.2.1　文件名检索

文件名检索即在文件检索窗口中直接选取所需数据的文件名,系统将读取选中文件的信息,在图形显示区内显示相应的图形或图像。

文件检索窗口见图 11.6。

图 11.6　文件检索窗口

11.2.2　菜单检索

菜单检索即利用系统提供的菜单直接选取所需数据对应的菜单项,系统打开对应的综合图,在图形显示区内显示相应的图形或图像。

(1)缺省菜单资料检索

缺省资料检索菜单提供比较完整的资料检索,包括监测、地面观测、高空观测、卫星、雷达、模式预报产品(降水、形势、物理量诊断等)、预报产品制作等菜单项。

(2)菜单检索定义

可以自行定义资料检索菜单(详见 MICAPS 使用手册)。

11.2.3　参数检索

MICAPS 系统的参数检索功能由参数检索功能模块提供,用户打开工具栏上的

参数检索按钮,显示参数检索窗口(图 11.7),可在参数
检索窗口中选择所需数据的各种参数,如时次、层次、要
素等,系统将根据这些参数自动检索有关数据并显示
图形。

　　参数检索数据有 6 种类型的数据减缩模板,分别为
地面、高空、模式、卫星、雷达和其他。

11.2.4　综合图检索

　　(1)综合图定义

　　综合图是能够作为一个整体被检索的一组数据。这
一组数据的信息被储存在一个由用户命名的综合图文件
中,当用户选择这个文件时,系统根据文件中的信息,把
相应数据的最新时次的图形、图像自动叠加显示在显示
区中。

图 11.7　参数检索窗口

　　(2)检索综合图

　　有三种方法可以打开综合图:

　　1)选择"文件"菜单中的"打开"或单击工具栏的打开
文件图标,出现打开文件对话框,找到综合图所在的路
径,选取综合图并打开。

　　2)单击菜单栏预先定义的综合图文件所对应的子菜
单打开综合图。

　　3)利用主界面左侧的资料检索窗口(图 11.8)内显
示的综合图目录及文件名(或数据文件名),打开预先定
义的综合图或数据文件。该窗口显示的综合图为通过系
统配置文件指定的目录及第一级子目录下的文件,也可
以是其他格式的数据文件,系统安装缺省默认的综合图
目录为 c:\MICAPS 3.0\zht。

　　(3)定义综合图

　　1)利用 MICAPS 3.0 定义综合图

　　如果要将当前打开的所有文件保存为一个综合图,
选择菜单"文件"的菜单项"保存综合图"。

　　2)其他方式定义综合图

　　可以使用记事本等编辑工具直接建立或编辑综合图
文件。

图 11.8　资料检索窗口

11.2.5　翻页与层次变化

当已经有若干数据显示在图形显示区后,还可通过翻页功能检索其他时次的数据或其他层次的数据。

向上或向下移动层次时是根据当前文件所在目录上级目录下各子目录按排序后的顺序向上或向下移动,如果所有子目录均为数字,则按数字大小排序,否则按字符串排序,因此如果各子目录并非一类数据,或目录名称没有规律,则可能出现意想不到的移动方式。

前后翻页目前使用按文件翻页的方式,没有进行时间同步,正在编辑或隐藏数据不翻页。

11.2.6　动画

(1)动画设置

系统缺省动画设置:动画属性设置可以通过直接修改安装主目录下的配置文件set.ini 修改,也可以通过配置程序修改该文件的内容。

临时动画设置:可以通过菜单"视图"下的子菜单项进行设置,系统退出后设置不保存。

(2)单层动画

可以通过点击显示设置窗口上单层动画按钮,对单独一个图层进行动画。

(3)文件动画

可以通过点击工具栏上的动画按钮对所有图层进行动画,正在编辑的图层、地图、站点信息等不参加动画。

(4)时间同步动画

可以通过点击显示设置窗口上单层动画按钮,对单独一个图层进行动画。

11.3　图形显示设置和编辑

11.3.1　地图与地理信息

系统提供两个地图显示模块,一个是基本地图(basemap),显示系统指定格式的地图数据,用于基本地图的显示和操作,一个是用户地图(usermap)的显示,显示MICAPS第 9 类地图数据(不包含投影后数据的显示)。

(1)基本地图显示

该模块安装在 C:\MICAPS 3.0\modual\basemap 目录下,提供基本地图的显示。

基本地图的属性设置(图 11.9),可以设置各类数据颜色、线宽和显示/隐藏属性,也可以设置单省显示或使用指定多边形裁剪当前显示地图。

单省显示:基本地图属性设置中,可以选择显示全国、单个省份或指定多边形内的图形。

流域显示:系统提供了七大江河流域的数据,在属性选择中可以选择显示,也可以以指定的江河流域裁剪地图。

南海显示:基本地图属性设置中,可以设置是否显示南海诸岛和图例显示。

区县名称显示:可以在属性中选择显示地区和县名称显示,改数据使用的是安装目录下 stations. dat 的数据,可以通过修改该文件修改默认显示的站点名称。

(2)用户自定义地图

系统可显示非投影的 MICAPS 第 9 类数据,因此,用户可以自行定义该类数据用于显示用户地图数据。

11.3.2　地面观测资料显示

(1)常规地面观测资料显示(第一类数据)

该模块用于显示地面观测资料(MICAPS 第 1 类数据)。该模块安装目录为 modual\surface。

注意:兼容 MICAPS 2.0 填写方式,温度填写一位小数,气压填写三位数字。

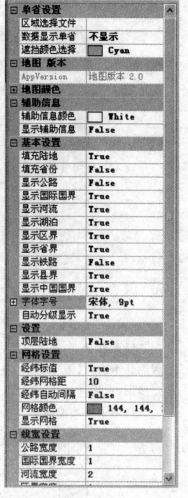

图 11.9　基本地图属性设置

模块设置:该模块的配置文件在模块安装目录下,缺省设置文件为 surface. ini。可以通过修改该文件修改系统的初始属性。

属性设置:可以通过属性窗口设置的属性有字体、颜色、显示隐藏、监视等部分,并可通过属性设置窗口打开三线图显示。

要素显示设置:在属性窗口中选择填图要素设置选项,将出现填图要素设置窗口(图 11.10)。

右键单击改变要素的显示和隐藏属性,双击左键出现颜色选择框,可以改变要素填图符号或数字的颜色。

要素选择窗口中包含确定、取消、全填、全隐和默认五个按钮,分别对应确认选择、取消选择并关闭该窗口、全部显示、全部隐藏和使用默认显示设置功能。

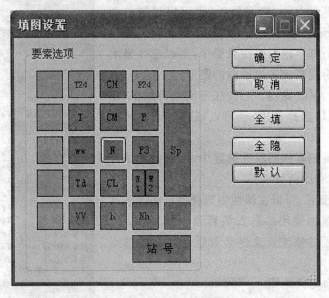

图 11.10　地面要素填图设置

三线图显示：在属性设置中选择地面三线图，将其属性设置为 true，则弹出地面三线图显示窗口（图 11.11），在主窗口移动鼠标，选择站点，窗口将显示该测站的地面三线图。显示时间长度可以通过时间选择改变。

三线图下方的地面填图可以选择只填云量和风，也可以选择填全部信息。

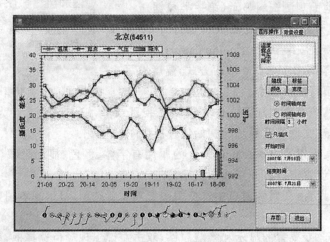

图 11.11　地面三线图显示窗口

(2)自动站资料显示

通过修改配置文件进行配置,配置文件位于安装根目录下的自动站资料可以写成地面观测(第一类)数据格式,按照地面填图显示,也可以直接使用 Z 文件格式显示。

(3)单要素地面观测资料显示(第三类数据)

该模块功能是分析和显示离散点数据(MICAPS 第三类数据),缺省安装在 C:\MICAPS 3.0\modual\discrete 目录下。

站点变化显示:通过属性设置窗口,可以打开时间变化显示窗口(图 11.12)。显示该窗口时,移动鼠标,将显示鼠标所在位置站点的时间变化直方图。

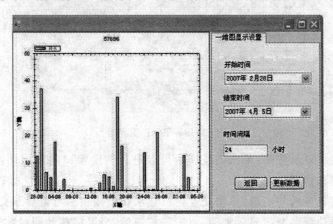

图 11.12　离散点数据的时间变化

11.3.3　高空观测资料显示

(1)高空观测填图

该功能模块用于显示高空观测资料(MICAPS 第 2 类数据),该模块安装目录为 modual\high。

(2)T-lnP 图

1)T-lnP 图文件打开

三种方法打开 T-lnP 图文件:①通过"高空观测"菜单的子菜单项"T-lnP",打开最新 T-lnP 图文件;②通过工具栏按钮"打开文件",或"文件"菜单的"打开"子菜单项打开"打开文件"对话框;③直接拖动最新 T-lnP 文件放到主窗口上。

2)T-lnP 图操作

打开 T-lnP 文件后,一般直接显示 T-lnP 图界面,如果没有显示该界面,可通过选择该图层后,在属性设置窗口中设置"显示 T-lnP"属性为 true,即可显示 T-lnP 图界面。

T-lnP 图界面分为以下几部分：工具条、风矢端图、物理量列表、显示区、工作页（图 11.13）。

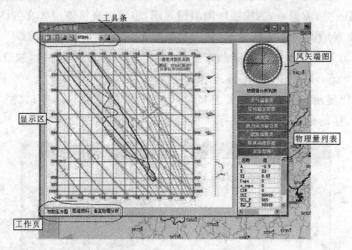

图 11.13　T-lnP 图界面

①辅助窗口显示按钮：单击该按钮后可以进行辅助窗口的显示切换。辅助窗口包括风矢端图和物理量列表。

②交互窗口显示与消隐：单击交互窗口显示切换按钮后可以显示交互窗口。

③鼠标浮动帮助窗口显示消隐：点击该按钮后，当鼠标移动到对数气压图的任一位置后，系统将动态显示该点的各物理量值。

④数据导出向导：单击该按钮后可进行数据保存，将算出的物理量计算生成文本文件。

⑤T-lnP 图片保存按钮：点击该按钮后弹出文件保存对话框，可以将 T-lnP 图保存下来，在保存的时候可以进行多种格式选择，目前支持 WMF，JPG，BMP，GIF，PNG 等多种格式。

（3）探空时空剖面制作

1）空间剖面图显示

打开探空数据文件（第 5 类数据），在属性窗口选择"显示空间剖面"属性为"true"，打开空间剖面显示窗口（图 11.14）。

显示空间剖面时，可以通过左键在主窗口单击选择剖面（选择点数最多不超过20 个），单击右键结束选择，显示空间剖面。

在空间站点剖面图右侧有属性设置栏，也可根据需要修改设置。可以选择填图要素（风、温度、高度、露点）、分析线条（等风速线、温度、高度、温度露点差）以及要素的分析间隔，也可以选择线条颜色。修改属性后，可以点击"写入配置文件"保存选择的属性。

点击"保存图片"按钮可以保存绘制的剖面图为图像文件,系统支持保存 BMP、GIF、PNG、JPG 和矢量 WMF 格式文件。

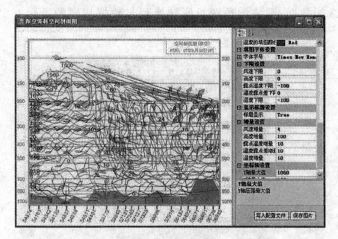

图 11.14　空间剖面图

2)时间剖面图显示

在属性窗口选择"时间剖面图"属性为"true"后,将弹出时间剖面图窗口。如图 11.15。在图像显示窗口区内 T-lnP 数据站点上用鼠标点击要作时间剖面图的站点,在弹出的时间剖面图右侧下方选择时间段,然后点击"绘制"按钮,则显示该站点时间剖面分析图。

显示属性与空间剖面图类似,时间剖面图也可以保存为图像文件。

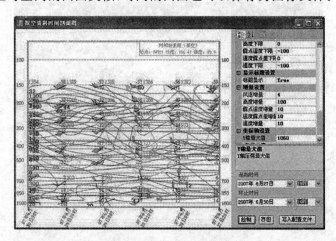

图 11.15　时间剖面图

11.3.4　卫星资料显示

（1）MICAPS 第 13 类数据显示

打开第 13 类数据，系统将地图投影转换到与数据相同的投影并显示云图图像（图 11.16）。

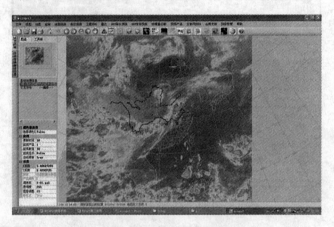

图 11.16　MICAPS 第 13 类数据显示

选择该图层后，属性设置窗口中显示该类数据可选择的属性设置，主要包括调色板的选择和放大比例设定。

选择"选择调色板"，出现调色板选择框（图 11.17），可以根据云图种类选择适合的调色板，点击"确定"按钮，新选择的调色板生效。

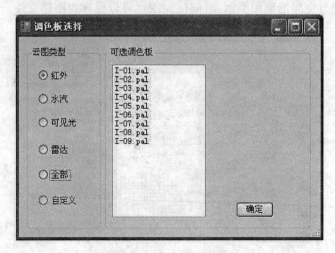

图 11.17　调色板选择

　　放大比例调整用于显示位置不正确时,通过调整比例,可以正常显示云图图像。目前,根据"CMA-CAST"下发的全国雷达拼图和云图数据针对不同投影调整了放大比例,无须再次调整。

　　(2)GPF 格式云图显示

　　GPF 格式云图是中规模云图接收站接收并处理后的云图格式。云图接收系统将接收到的云图数据处理为多种投影的 GPF 格式数据,每个数据文件中可以有多个通道数据。使用该系统可以提高云图在天气预报中的时效性。

　　1)数据显示

　　本系统可以显示等经纬度投影格式的 GPF 云图数据,也可以显示兰勃托、麦卡托或北半球极射赤面投影的 GPF 云图数据(图 11.18),并可通过属性窗口选择通道、调色板等,也可以改变图形的透明度。等经纬度云图数据可以在等经纬度、麦卡托、兰勃托和北半球极射赤面投影地图上显示。

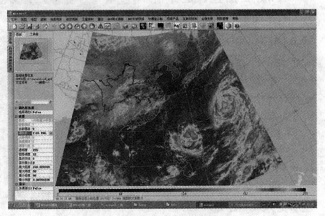

图 11.18　GPF 格式云图显示

　　2)多通道合成显示

　　设置"多通道合成"属性为 true,则同时使用水汽、红外和可见光三个通道分别设置为红、绿、蓝三种颜色,显示合成后的图像(图 11.19)。

图 11.19　GPF 云图多通道合成显示

（3）AWX 格式云图及产品显示

1）AWX 数据命名规则和数据组织

AWX 数据存放在数据服务器的 satellite 目录下，按投影方式、范围、通道和卫星分类分别放在不同目录下（参见 MICAPS 管理员手册）。

数据命名采用长文件名方式，文件名中包含卫星、通道、范围、时间等信息。

2）AWX 数据显示

本系统可以显示 AWX 格式的云图图像数据和产品数据。

AWX 云图包含定标信息，显示 AWX 云图后，在图像上移动鼠标，在状态栏会显示鼠标位置的定标信息（红外通道显示亮温值，可见光通道显示反射率值）。

AWX 产品包括云分类、大气运动矢量（云导风）、向外长波辐射（OLR）、TBB、总云量、降水估计等，除云导风显示为风场（图 11.20）外，一般提供等值线、图像、等值线

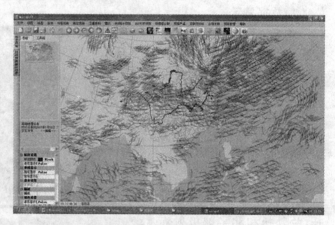

图 11.20　云导风显示

和图像叠加显示三种方式（图 11.21），云导风提供分层显示，所有云导风数据分为高、中、低三层显示。产品显示可以通过属性设置图像显示和等值线分析的开始和结束值，即只显示或分析值在指定范围的部分，如 TBB，可以只显示亮温低于指定温度值的部分。

图 11.21　OLR 显示（显示图像并叠加等值线分析）

（4）云图动画

缺省安装将安装两个云图动画模块，分别为多种数据格式（MICAPS 第 13 类数据、GPF 和 AWX 云图数据）的云图动画和 AWX 云图与产品叠加动画。

1）多种数据格式的云图动画

点击工具栏上云图动画图标（图 11.22），出现云图动画设置窗口（图 11.23）。

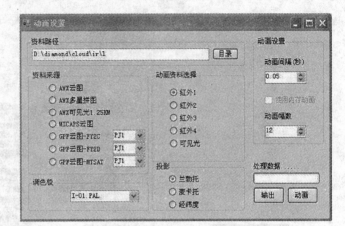

图 11.22　云图动画按钮　　　　　　　图 11.23　云图动画设置窗口

通过动画资料、投影方式、调色板、资料来源选择资料，也可以直接通过点击按钮"目录"直接选择云图所在目录选择资料，可以设置动画图像幅数和动画时间间隔，点击按钮"动画"处理资料，处理完毕后自动开始云图动画显示（图 11.24）。

点击"输出"按钮，则云图动画输出为动画 GIF 文件，文件保存路径和文件名可在弹出的文件保存对话框中选择输入。

图 11.24　云图动画显示窗口

　　生成云图动画时可以叠加地图，默认仅叠加海岸线数据，如果需要增加其他信息，可以修改安装模块下的地图数据文件"海岸线 1. dat"。

　　2）AWX 云图和产品叠加动画

　　点击工具栏上 AWX 云图和产品动画图标（图 11.25），出现云图动画设置窗口（图 11.26）。

图 11.25　AWX 云图动画按钮　　　　　图 11.26　云图动画设置窗口

　　通过卫星、时间段选择，并可以选择叠加在云图上的产品，点击确定即开始云图动画，为了保证动画速度和效果，每次最多叠加两个产品，在动画之前，可以设置选择产品的分析和显示属性。动画显示窗口如图 11.27 所示，可以调整动画间隔时间，停止和重新开始动画等。

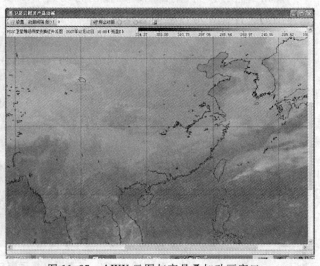

图 11.27　AWX 云图与产品叠加动画窗口

11.3.5　雷达资料显示

雷达 PUP 产品数据可以使用主程序打开文件显示或使用雷达组件显示,雷达基数据需要使用雷达组件处理和显示。

(1)主窗口显示雷达 PUP 产品

本系统可以显示雷达 PUP 产品及基数据,可以直接打开雷达 PUP 产品数据文件,也可以通过系统提供的检索界面(图 11.28)检索数据显示。

图 11.28　雷达 PUP 产品检索界面

通过该检索界面,一次最多可同时打开 9 部雷达的同一 PUP 产品,产品名单上蓝色名称的产品目前均可以打开显示,点击产品名称,直接打开最新数据显示,如果显示反射率和基本速度,点击仰角按钮,直接显示最新数据,点击按钮 R 和 V,则在右侧列表中列出目前指定目录内所有产品。

(2)雷达组件

雷达组件是建立在 MICAPS 3.0 上的雷达资料显示分析平台,提供数据显示能力,也可以用来独立使用。

在主窗口上选择雷达菜单的"单站雷达显示"菜单项,主界面上将显示配置文件中所有的雷达站位置(图 11.29),在雷达位置点击鼠标左键,启动独立雷达终端显示。

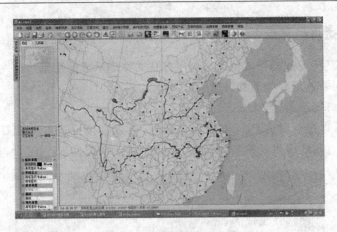

图 11.29　雷达站位置显示

1)系统界面

雷达单站显示启动后将显示如图 11.30 界面。

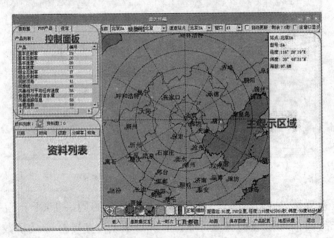

图 11.30　雷达组件显示终端界面

雷达组件界面分为五个区域,左边上端是主控制面板,包含资料的选择和基本设置,左边下端是资料列表区域,右边的上方是快捷功能区,主要用来快速切换站点和进入自动模式,右边的中间是主显示区域,是雷达数据显示和操作的主要区域,右边下部是功能按钮区域,包含一些普通的操作按钮。

2)控制面板

控制面板包括基数据选择(图 11.31)、PUP 产品选择(图 11.32)和系统设定(图 11.33)三部分,选择"基数据"则在资料列表框中列出当前设定目录下的雷达基数据文件名列表,双击文件名,可以显示选择的数据;选择"PUP",则在选择 PUP 产品的种类后,列出设定目录内该类产品的文件名,双击文件名显示该数据;选择"设定",显示系统设定面板,可以设置系统的相关环境变量,当进入系统设定后,文件列表和部分选项将被禁止操作。

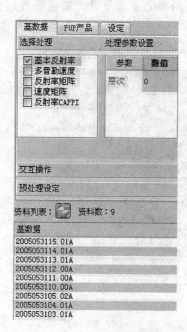

图 11.31　基数据选择

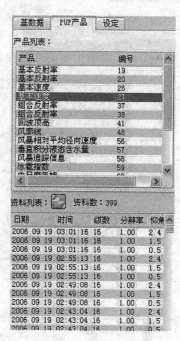

图 11.32　PUP 产品选择

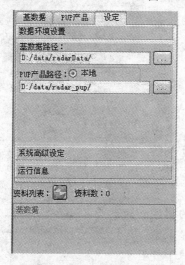

图 11.33　系统设定

（3）雷达拼图显示

可显示的雷达拼图种类有：①MICAPS 第 13 类数据格式的雷达拼图；②MI-CAPS 扩展第 13 类格式的雷达拼图（该格式为经纬度网格数据，即独立窗口雷达显示终端输出的数据格式）；③中国气象局武汉暴雨研究所新开发的雷达拼图格式（图 11.34）。

不同格式雷达拼图由不同功能模块显示，属性设置略有不同。

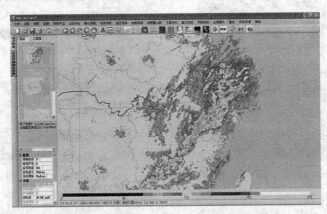

图 11.34　雷达拼图显示

11.3.6　模式产品显示

（1）等值线显示

显示格点数据等值线分析（MICAPS 第四类数据），该模块安装目录为 C：\MICAPS 3.0\modual\diamond14。

（2）流线显示

MICAPS 3.0 可以显示通用矢量格点数据的流线（第 11 类数据格式），该模块安装相对目录为 modual\streamline。

属性设置：可以设置的属性有流线线型、密度、颜色、显示隐藏等部分，同时可以在流线上叠加分析等风速线场、散度场、涡度场（图 11.35）。

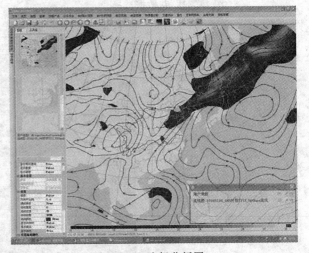

图 11.35　流场分析图

（3）剖面图制作

点击工具栏上的格点剖面制作按钮,生成一个格点剖面图层,同时显示空间剖面图窗口(如果没有出现剖面图窗口,可以选择格点剖面图层,在属性中设置显示剖面图窗口值为 true,显示空间剖面图窗口)。

1)剖面图设置

模式剖面图模块安装目录为 C:\MICAPS 3.0\modual\numsection,该目录下包括两个配置文件:spacesection. ini 和 timesection. ini。

spacesection. ini 为空间剖面配置文件,可以设定资料目录、数据显示范围、剖面显示的属性等,timesection. ini 为时间剖面配置文件,除上述设置外,还可以设置时间剖面最长时间限制等。

2)空间剖面图显示

在格点剖面属性中选择显示空间剖面窗口后,弹出空间剖面图窗口,可以在空间剖面显示窗口中选择资料路径,气象要素列表框将显示该目录下的所有子目录,选择要素(即该目录下的子目录名)后,文件列表框显示该子目录下最低层包含的文件名列表,选择一个文件后,用鼠标左键在主窗口地图上选择两个点,使用该两点的连线制作空间垂直剖面(图 11.36)。

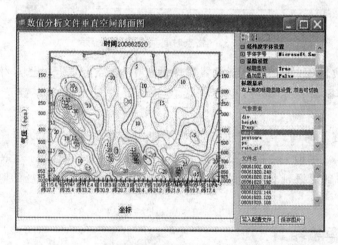

图 11.36　格点剖面图显示

除了在工具栏上点击剖面图制作按钮弹出剖面图制作窗口外,也可以直接打开MICAPS 定义的第 18 类格式数据文件,直接生成剖面图(打开方式与其他格式数据相同),MICAPS 第三版对第 18 类数据格式进行了扩展,在文件名中可以使用时间通配符,可以使用相对或绝对路径。

直接打开第 18 类数据文件时,属性、要素和文件名选择列表不再有效。

3)时间剖面图显示

在格点剖面属性中选择显示时间剖面后,弹出时间剖面图窗口,可以在时间剖面显示窗口中选择资料路径,气象要素列表框将显示该目录下的所有子目录,选择要素(即该目录下的子目录名)后,文件列表框显示该子目录下最低层包含的文件名列表,选择一个文件后,修改属性设置中"选点经度"和"选点纬度"设定制作时间剖面的位置,点击"绘制"按钮,绘制时间剖面图(图 11.37)。

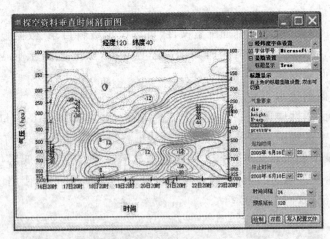

图 11.37　格点时间垂直剖面图显示

如需更改剖面的位置,重新设置属性设置中"选点经度"和"选点纬度"值,点击"绘制"按钮,刷新显示即可,也可直接在主窗口中点击鼠标左键选择剖面点的位置。

选择的终止时间是绘制剖面时分析场使用的最后时间,可以选择时间间隔和预报延长时段(小时)绘制预报场的剖面,绘制时终止时间以前的数据使用分析场,终止时间到预报延长时效的数据使用预报场,预报场和分析场的时间间隔需要相同。

11.3.7　交互编辑

(1)线条、符号的编辑及交互工具的使用

提供交互的符号有:天气符号(雨、雪、风、雷暴等)、天气系统符号(槽线、锋面等)、等值线、等值线标值、文字说明、天气区域(雨区、雪区等)、闭合区的填充、高低值标志等符号。提供的交互操作有:符号的创建、删除、移动等,线条符号的添加、删除、移动和修改等,以及各种操作的撤销。所有符号的操作都是在交互层中进行处理的。

（2）城市预报制作

城市预报数据使用的是 MICAPS 第 8 类数据格式，注意其中的风速值是报文代码，对应值见表 11.1。

模块设置：该模块安装目录为 modual\cityfcsti，配置文件在模块安装目录下，缺省设置文件为 cityfcsti.ini。

每个城市预报都包括了两个时段的预报（12 h 和 24 h），要素包括天气现象、温度和风。功能上设有单站编辑和区域编辑两种，即用户可以按区域对 12 h 预报和 24 h 预报的数据，分别进行交互修改。也可以对单站的 12 h 预报和 24 h 预报的数据同时进行修改。

表 11.1　风速报文代码表

风速代码	0	1	2	3	4	5	6	7	8	9
风级	3级以下	3～4级	4～5级	5～6级	6～7级	7～8级	8～9级	9～10级	10～11级	11～12级

（3）精细化预报订正

精细化预报订正模块是一种基于站点的精细化预报订正工具，主要适用于省、市级气象台预报员使用。此平台为 MICAPS 3.0 的一个模块（graphicforecasteditor），安装目录为 C:\MICAPS 3.0\modual\graphicforecasteditor，与该模块相关的配置文件均存放在该目录下。

（4）预警信号制作

单击工具栏预警信号制作按钮 ，出现预警信号制作窗口（图 11.38）

预警信号模块提供省、地两级预警信号文本制作功能，通过在界面上选择预警信号种类、级别、模板、区域等信息，自动生成预警信号发布文档，可以输出 WORD 格式文档（需要安装 Office 2003），也可以输出文本文件。

省份和气象台设置：除在配置文件中设置，启动时默认指定气象台名称外，也可以在系统启动后在界面上选择修改。（建议每个气象台安装系统后，修改配置文件，避免每次在使用时修改该设置。）

信号种类、级别和区域选择：直接在预警种类中选择种类，在级别中选择该类预警信号的级别，根据种类的不同，可选级别也不相同。

输出文档：可以输出文本文件和 Microsoft Word 格式的预警信号预报文件。

区域选择：可以在界面上直接选择行政区域，省级气象台制作预警信号时，只能选择地区级行政区，地级气象台制作预警信号时，可以选择县级行政区。

退出预警信号制作界面：直接点击预警信号窗口右上角的关闭按钮即可。

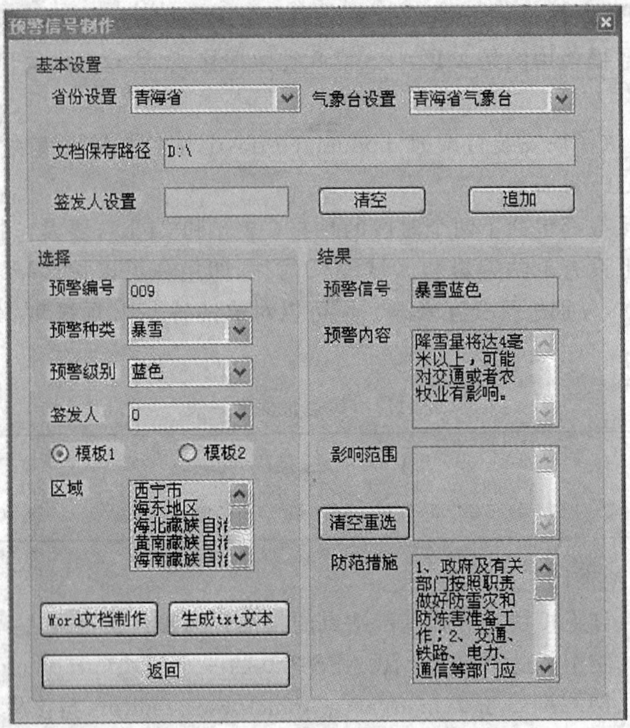

图 11.38　预警信号制作窗口

11.4　预报会商材料制作

会商支持模块安装在目录 C:\MICAPS 3.0\modual\weatherBF 下,该模块加载后,将在系统菜单中增加"会商支持"菜单。

11.4.1　会商支持菜单

会商支持菜单(图 11.39)包含以下几个菜单项:

图片清除:清除指定目录下自动保存的图片(默认为 C:\MICAPS 3.0\savepic)。

图片生成:自动保存当前显示内容为 PNG 格式图片(默认保存目录为 C:\MICAPS 3.0\savepic)。

图片批量生成:根据图片生成列表文件,自动生成多幅图片。

图 11.39　会商支持菜单

动画间隔：设置输出动画 GIF 文件的图片动画时间间隔(秒)。

输出动画：将自动保存的 PNG 文件输出为动画 GIF 文件。

会商制作：启动会商组件。

自定义动画制作：使用已有图片制作动画文件。

11.4.2　会商组件的启动

MICAPS 启动后，如果加入了会商系统组件，在工具按钮栏会出现会商系统组件的图标：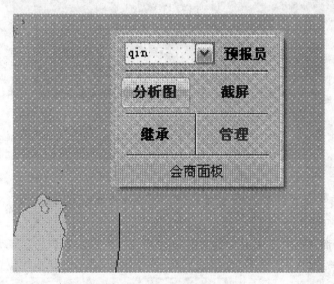，点击该图标，出现 MICAPS 会商组件的控制面板(图 11.40，也可以使用"会商支持"菜单的"会商制作"菜单项)，帮助预报员利用 MICAPS 完成的预报分析，加入到会商幻灯片中去。

图 11.40　会商系统组件控制面板

11.4.3　会商幻灯片的制作

会商系统控制面板在预报员进行天气分析时是半透明地浮在 MICAPS 上，不影响预报员对气象资料的显示、分析和编辑的操作。

当预报员完成在 MICAPS 视图上的分析操作后，只需要在会商系统组件的控制面板上点击"分析图"，即可将当前分析好的图形加入到天气会商幻灯片中，并且按照预先设定的模板进行排版(模板的设定和排版由会商系统的管理程序进行设置)。

除此之外，非 MICAPS 主窗体显示的其他图形(如 T-lnP 和三线图等)，如果也要进入到会商系统中,只能通过"截屏"获取。

11.4.4　天气会商幻灯片的管理

在 MICAPS 中,通过简单的点击即可完成对天气会商幻灯片的入选。如果预报员还想对已经入选的幻灯片作简单的修改、编辑等,可以通过"会商幻灯片管理程序"。

选择"管理",出现幻灯片的预览界面,为 MICAPS 的子窗体(图 11.41)。

图 11.41　空界面(含一个封面)

上方是预览和编辑区,下方是工具栏。选择相应的项可以编辑幻灯片。

(1)编辑幻灯片

新版的会商系统中,幻灯片中的文字、图形都是一个图层,可以任意移动,任意缩放。

移动操作:选中一个图形、文字或形状,按住鼠标左键,任意拖放位置。

缩放操作:选中一个图形文字或形状,按住鼠标右键,拖放实现缩放。

详细编辑:在幻灯片浏览编辑状态下选中一个图形文字或形状,单击右键,弹出该图形文字或形状的属性,可以详细编辑(图 11.42、图 11.43、图 11.44),如:图形暂时有六种特效。文字有发

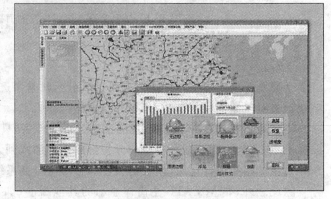

图 11.42　对图形图层单击右键,弹出图形属性

光字和普通的阴影字(图 11.45)。

图 11.43　对文字图层单击右键,弹出文字属性

图 11.44　对矢量图层单击右键,弹出矢量属性

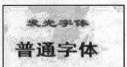

图 11.45　字体

1)加入文字

在文本框中加入文字,点击左侧按钮  ,即可将文字选入幻灯片。在幻灯片中,文字可按上述操作修改(图 11.46)。

图 11.46　加入文本输入框

2)加入矢量图

在幻灯片浏览编辑状态下,左边的魔术棒 图标(图 11.47)中选择一个矢量图,然后在幻灯片上勾勒出多种矢量形状,其操作同样符合前述的移动、缩放规则,包括箭头、矩形、圆形、直线、封闭区域、手绘线、天气符号、天气区、槽线、锋面、高温线等多种符号。

图 11.47　选择矢量图

3)加入 MICAPS 分析资料

点击　　,则将当前的 MICAPS 显示加入到当前幻灯片中,增加了一个新图层。

如图 11.48 所示。

图 11.48　继续加入 MICAPS 分析图

4）背景修改

一般幻灯片模板都带有背景，所以不需要修改背景。如果确实想换，可以在幻灯片"无图层区"单击右键，弹出界面（图 11.49），双击图形区可以弹出背景选择的对话框，选择喜欢的图片作为背景即可。后面模板设置时也同样使用本操作。

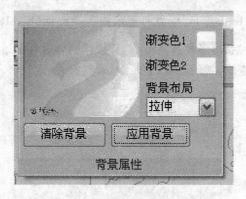

图 11.49　背景修改

（2）删除幻灯片

选择 ，则删除当前幻灯片。

11.4.5　可单独运行会商系统

选择 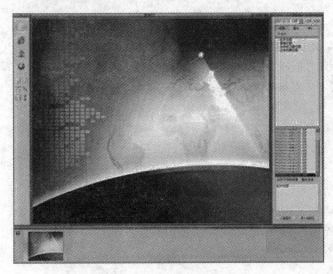，则以当前用户进入会商系统独立程序，该程序主要是为了方便在会商中播放已经生成的会商文件，可以使用该系统进行独立的会商文件制作，或者启动 MICAPS 安装目录\modual\weatherbf\weatherbriefing.exe，弹出登录界面输入或选择用户即可进入图 11.50 界面。

图 11.50　空界面(含一个封面)

如果在当前时次，该用户没有制作过会商，则打开一个空界面，有一个默认的封面(可设置，图 11.50)。

新版的会商系统中，幻灯片中的文字、图形都是一个图层，可以任意移动，任意缩放。

在缩略图中，选中一个幻灯片，则进入幻灯片浏览编辑状态，如果以前该用户制作过会商，则根据用户名打开会商文档进行进一步编辑。

制作界面的右边，在选择项后可以浏览各种气象图形，只不过进行了更好的分类。操作方法和很多业务系统类似，故略。另外，如果选择了动画，鼠标移到中间的图形显示动画区，在正下方会自动隐现一个动画速度控制器。

制作界面下方是会商幻灯的预览缩略图(图 11.51)。选择缩略图，在中间的显示区显示该幻灯片。

图 11.51　缩略图列表

和 MICROSOFT PPT 类似,通过拖放操作可以调整各个幻灯片的位置。

参 考 文 献

吴洪 . 2008. 气象信息综合分析处理系统 MICAPS 3.0 系统培训教材[M]. 中国气象局培训中心 .
MICAPS 联合开发中心 . 2008. 气象信息综合分析处理系统 MICAPS 3.0 系统管理员手册[M].
　　中国华云技术开发公司 .

第 12 章　　灾害性天气预警与服务

12.1　灾害性天气种类

灾害性天气是可以对大自然和人类的生命、生产活动造成严重灾害的天气。灾害性天气包括：台风引起的强风暴雨、其他系统引起的暴雨（特别是中尺度暴雨）、飑线、龙卷风、冰雹、雷雨大风、雷电、强冷空气、低温、大雪、冻雨、雾凇、沙尘、雾、高温天气等。上述灾害性天气，依据影响天气系统，从短期预报角度出发，可归类如下五类：

第一类：飑线、龙卷风、冰雹、雷雨大风、雷电

此类强天气具有影响某地区的历时短、强度大、局地性强等特点，其影响系统在常规天气图上应该有较明显反映，一般发生于振幅较大的高空槽、低涡、强切变线、强冷锋、台风等强天气系统中。

第二类：强冷空气、低温、大雪、冻雨

此类灾害性天气具有持续时间较长、强度大、范围广等特点，其影响系统在常规天气图上有较明显反映，一般发生于强冷空气暴发期间，影响系统主要有振幅较大的高空槽、低空切变线、低涡、冷锋等强天气系统。强冷空气来临前一般都有明显升温过程，一旦冷空气暴发，降温比较剧烈。

第三类：雾凇、雾

此类灾害性天气具有持续时间较长、范围较大等特点，其影响系统特别是雾的影响系统在常规天气图上的一般反映是：地面气压场弱或接近均压场、气压梯度小，地面和边界层内风速小，近低层湿度大，高空位势高度等值线梯度小且多为脊前或反气旋内（尤其是辐射雾），具备降温的条件；前期降水过程结束后，在有利的天气形势下易发生雾。

第四类：沙尘

沙尘天气具有持续时间较长、强度大、范围广等特点，其影响系统在常规天气图上有明显反映，一般发生于温带气旋、强冷空气影响期间，影响系统主要有振幅较大的高空槽、地面温带气旋、强冷锋、低空急流等强天气系统。

第五类:高温

高温天气具有持续时间较长、范围大等特点,其影响系统在常规天气图上有较明显反映,一般发生于西风带大陆暖高压脊、副热带高压控制之下。

12.2　灾害性天气的预测预警

灾害性天气由于其高度的非线性结构,预报难度大、时效短。一般来说,生命史越长、范围越大,其预报时效也长,例如寒潮,可能提前5天作出预报;台风,国际上通行发布3天预报,到2015年,5天的台风预报可以达到可用水平;区域大风和沙尘暴也可能在3天前作出预报;2~3天前作出的区域性暴雨预报也有相当的水平。但对于中小尺度气象灾害,由于其生命史短、范围小,可预报时效短。目前,中尺度数值天气预报并没有直接预报这些中小尺度天气灾害的能力,国际上正在大力发展灾害性天气集合概率预报业务,这是灾害性天气短期预报的一个重要方向。

临近预报(0~3 h)是弥补中小尺度灾害性天气短期预报能力不强的最重要的手段。基于天气雷达资料处理和外推技术建立的灾害性天气临近预报,虽然时效一般只有0.5~1 h,但是空间分辨率可以达到1 km,灾害性天气预报精细度很高。我国已建设的新一代天气雷达网,为预报员作好临近预报提供了一个很好的平台。对于突发气象灾害,如果能提前半小时预报出它的位置和强度,同时又能将警报发送到受影响的地区,就可以大大减少生命财产的损失,临近预报的效益是很明显的。在作好灾害性天气临近预报业务的同时,还需要研发客观定量的临近预报系统,融合天气雷达、气象卫星、自动气象站等观测资料和数值预报产品,开发基于边界层、风暴和云特性的预报算法,预报风暴产生、发展和消亡,区分龙卷风、冰雹、大风、强降水等,进一步帮助预报员作好临近预报,同时延长预警的时效,向灾害性天气精细的短时预报(3~12 h)进军。

下面就灾害性天气的预测预警方法进行介绍,由于篇幅所限,相应灾害性天气的预警标准未在文中给出。

12.2.1　诊断分析与预报

各种灾害性天气,各有其影响天气系统特点。但诊断分析与预报原理都是一样的,具体步骤如下:

(1)诊断分析

任何天气现象或要素的预报,都应依据气候学(时空分布特征)、影响天气系统(或天气型)、物理参数三步曲来诊断分析、预报。在了解了气候特征后,重点考虑以下几个环节:首先分析各灾害性天气的实况,包括逐小时、逐 6 h、24 h 天气实况,强度、范围、均匀(局地或大范围)程度、移动方向和移动速度;其次分析各灾害性天气与大尺度环流背景场、三维影响系统的配置关系,分析各灾害性天气与相应天气现象的物理参数的配置关系,寻找阈值。分析的目的是总结和归纳天气概念模型、物理参数概念模型。分析各数值预报模式的性能或能力,检验各数值预报模式产品(包括重点考虑层次的高度场、风场、温度场、降水场)的预报能力,检验各数值预报模式的物理参数预报能力,即预报误差分析。根据某一预报能力较好的模式检验结果,进行订正,制作灾害性天气的落区潜势预报。在灾害性天气落区潜势预报基础上,利用卫星、雷达、地面自动站等资料制作短时临近预报和预警。

1)飑线、龙卷风、冰雹、雷雨大风、雷电

此类天气主要考虑前期的热力、水汽条件的积聚,暖湿气流的发展、加强、向北伸展,较强冷空气的暴发,再配合物理参数、一些预报指标进行诊断分析预报。

参考发达国家的诊断分析,结合我国特殊天气、气候、地理特征,依据各种对流参数,诊断分析,找出相关较好的参数,制作强对流天气预报。

2)强冷空气、低温、大雪、冻雨

此类天气主要考虑前期的升温过程、水汽状况及其输送条件,较强冷空气的暴发时间、影响区域,再配合相关物理参数、一些预报指标进行诊断分析。

3)雾凇、雾

此类天气主要考虑前期的湿度条件,未来是否为弱风或准静风,是否有降温条件,若未来为晴天则考虑辐射雾,若为多云或阴天则在近地面适当风速情况下考虑平流雾或混合雾等,再配合某些气象要素阈值、一些预报指标进行诊断分析。

4)沙尘

此类天气主要考虑前期的升温过程、地表热力状况(植被、冻土层融化)、前期无降水持续时间、起沙风速条件、冷高压强度、地面气压梯度、低空温度梯度等,再配合相关物理参数、一些预报指标进行诊断分析。

5)高温

此类天气在北方内陆主要考虑低层的热低压发展、850 hPa 增温、高层暖脊,在南方主要考虑副高的西伸北抬以及强度。再配合物理量、一些预报指标进行诊断分析。

上述灾害性天气,再配合卫星云图、雷达资料、地面自动站资料等,作短时临近诊断分析和预警预报。

图 12.1 是强雷暴预报的一个流程图。

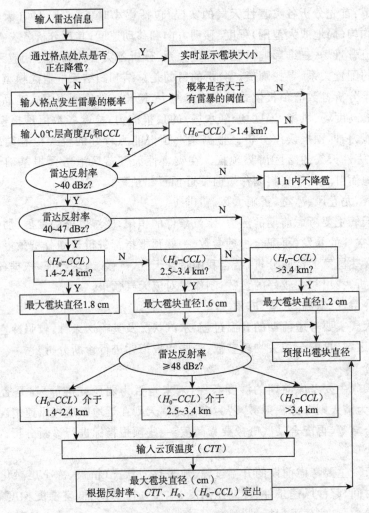

图 12.1　强雷暴预报流程图

(2)灾害性天气预报方法

在灾害性天气预报中,天气学概念模型、物理量配料法和集合预报是三种重要的方法,下面分别举例介绍。

1)用天气学概念模型对灾害性天气分类研究

这种方法被广泛采用,如分析特强沙尘暴过程当天、前 12 h、前 24 h 的高空和地面、500 hPa、700 hPa、地面影响系统的热力、动力结构、活动特征,以及高空急流与沙尘暴关系等,将形成我国北方特强沙尘暴的天气系统归纳成冷锋型、蒙古气旋与冷锋混合型、蒙古冷高压型和干飑线与冷锋混合型 4 种类型,并在此基础上归纳出不同类型所产生的灾害天气特点。

2)用配料法制作灾害性天气落区预报

1996 年 Doswell 等提出了一种新的强对流天气的预报方法——"配料法"。以暴雨的预报为例,一场暴雨的总降水量为:

$$P = E\,\overline{qw}D$$

其中,D 为降水持续的时间,q 是比湿,w 是上升速度,E 是比例系数。比例系数 E 是从云里落到地面的降水量与进入暴雨区上空的水汽总量之比。

从上式可知,暴雨的降水量决定于上升速度、水汽的供应量以及降水持续的时间,最强降水量出现在降水率最强而且降水持续时间最长的地方。因此,贯穿暴雨预报的线索是形成暴雨必要的配料,配料是主要的,而天气型是次要的,某次暴雨过程的出现可以和标准天气型相差甚远。

对于暴雨和强对流系统方式发展的配料通常有对流不稳定、水汽和抬升机制。对于不同的强天气其"配料"的主要成分也是不同的。如在我国夏季暴雨中,最主要的"配料"应是水汽,而对于强对流天气,强烈的中尺度抬升机制则更加重要。

3)用集合预报制作灾害性天气预报

图 12.2 是加拿大气象中心制作的北美洲 72 h 地面预报图,使用 16 个初值(成员)作集合预报,预报未来 72 h 美国东北部和加拿大东南部地区出现雨、大雪和小雪的概率分别为 5/16,8/16,3/16。

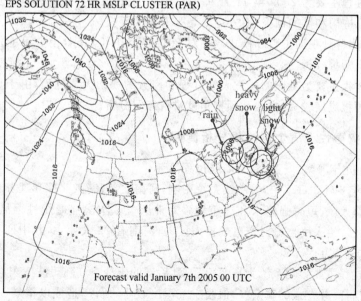

图 12.2　北美洲 72 h 地面预报图

12.2.2 灾害性天气预报预警个例实习

(1)利用各种观测资料和模式预报场预报 2009 年 6 月 3 日下午至夜间我国可能发生的强对流天气区域

主要关注 2009 年河南、安徽"6.3"飑线过程的分析预报预警。针对此次过程大风的预报和短临预警进行练习。其过程的预报着眼点是：

①重点分析冷涡稳定少动大尺度背景下，大尺度环流是否有利形成上干冷下暖湿的不稳定条件，特别注重中高层干冷空气的侵入（干冷平流）和底层暖湿平流的形成，详细分析对流不稳定能量聚集机制。

②在有利的大尺度触发条件下，重点分析强对流触发机制：如高空槽、低层切变线、地面锋面等，注重中尺度触发条件的形成，如中尺度辐合线、中尺度低压、以前风暴出流边界、中尺度地形等条件，详细分析对流不稳定能量释放机制。

③分析大气的层结结构，垂直的风切变、稳定度、水汽条件。分析对流相关综合指数，对流能量的三维分布和数值预报给出的变化趋势，天气系统和高对流能量区的配置。

④分析地形特点。

(2)利用各种观测资料及模式数据对 2009 年 11 月 9—12 日全国可能发生的灾害性天气做出预报分析

此次过程主要为 2009 年 11 月 9—12 日北方暴雪、南方强对流。主要关注北方低温、暴雪、冻雨和雾的预报，南方主要是强对流的预报。

(3)利用各种观测资料和模式数据对 2012 年 5 月 5—7 日南方可能发生的灾害性天气作出预报分析

此次过程主要为重庆的风雹天气过程和南方的暴雨天气过程，由于重庆风雹天气过程的预报难度较大，主要从预警角度进行练习分析。

12.2.3 灾害性天气个例过程分析简评

(1)2009 年河南、安徽"6.3"飑线过程简评

2009 年 6 月 3 日下午，受飑线系统影响，河南北部、安徽北部和江苏中北部等地出现了雷暴大风、短时强降水和冰雹等强对流天气。本次强飑线过程风力强、移速快、天气剧烈，给人民生命财产造成极大损失，河南有 22 人死亡，其中商丘市受灾人口达到 241.92 万。

这次过程主要影响系统为高空冷涡，其后部的干冷空气随短波槽东移南下，低层存在切变辐合，并有强的暖空气，但暖空气湿度较小，所以，造成以雷暴、大风而非强降水为主的强对流天气（图 12.3）。

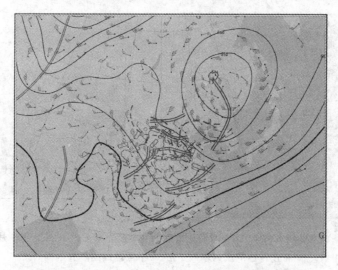

图 12.3　2009 年 6 月 3 日 08 时高空环流综合分析图

（双实线为 500 hPa,700 hPa,850 hPa 辐合线；虚线为 500 hPa 温度槽、850 hPa 暖脊、
850 hPa 湿区；空心点划线为 700 hPa,850 hPa 干线）

①本次过程的对流系统的云系发展、南移表现出了一定的系统性：3 日上午首先是分散的对流云团出现在陕西和山西北部,中午前后发展成 3 个 β 中尺度对流系统并在南移过程中尺度进一步加大,但在河南北部形成两条带状对流云区后云顶亮温有所减弱；18 时后,带状对流云区南侧强烈发展,逐渐形成 α 中尺度对流系统影响河南、安徽。

②雷达回波分析表明,本次飑线过程的强回波带的发展,是在从陕西、山西向东南方向移动的一条较弱的回波带东段在河南北部减弱后突然在黄河附近开始的。强回波带在东南移动经过商丘时呈现明显的弓状；强回波带剖面分析,回波顶高达 12 km 左右,镶嵌多个对流单体（MβCS）,每个对流单体又包含多个 MγCS（图 12.4）。

③本次过程的主要大尺度天气系统高空东北冷涡稳定少动,冷涡东南部的有短波小槽东移南下；对流层低层存在切变辐合,并有强的暖温度脊。

④高空东北冷涡西南部不断提供干冷空气（冷平流和干平流）、西北气流控制下华北平原晴空而使高温持续积累,以及底层水汽条件的改善（虽然不明显）使大量可以产生对流活动的不稳定能量得以增长贮存；高空西北气流中的短波小槽东移南下以及底层山西东移的对流带对流单体出流边界与地面辐合线可能是飑线的触发机制（图 12.5）。

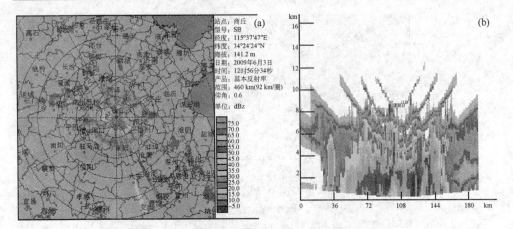

图 12.4 （a）2009 年 6 月 3 日 21 时商丘雷达的基本反射率图；（b）2009 年 6 月 3 日 21 时
商丘雷达的反射率因子沿（a）中黑虚线的垂直剖面

图 12.5 2009 年 6 月 3 日地面中尺度综合分析（a）14 时；（b）17 时；（c）20 时；（d）23 时
（实线为等压线，虚线为等 3 h 变压线，粗空心线为干线，细箭头线为流线，
粗实心虚线为风辐合线，灰色阴影区为雷暴区）

（2）2009 年 11 月 9—12 日北方暴雪、南方强对流过程简评

2009 年 11 月 9—12 日全国发生大范围灾害性天气。北方主要为低温、暴雪、冰冻、雾，南方主要为暴雨和强对流。

此次北方冷空气影响时间长，累积降温幅度大（图 12.6）。降雪强度大，影响范围广（山西、河北、陕西、河南、湖北、山东），低温降雪持续时间长，积雪深，灾害重。河南东南部的冻雨主要集中出现在 11 日 08 时至 12 日 08 时，受冻雨影响，河南东南部出现了 5～19 mm 不等的电线积冰。12 日夜间至 14 日上午，华北、黄淮、江淮出现了雾。

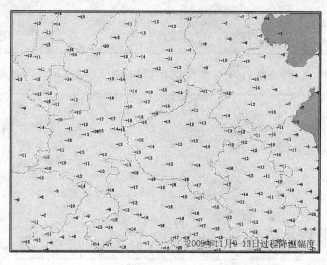

图 12.6　2009 年 11 月 9—13 日过程降温幅度

此次暴雪发生的气候背景是厄尔尼诺中部型，对应北方气温低、降雪频次多。北支锋区稳定在 40°N 附近，锋区上多短波槽活动，河套小槽引导西路冷空气东移与东北冷涡尾部的东路冷空气叠加，造成持续降温、过程降温幅度大。地面图上为东风回流形势，河套倒槽向北强烈发展，倒槽前的暖湿空气与东南气流交汇，为降雪区输送充沛的水汽。地面冷锋移动缓慢，为降雪区提供动力抬升条件（图 12.7）。700 hPa 低空急流为暴雪区提供了持续的水汽，700 hPa 切变线附近水汽、风向、风速强烈辐合，为强降雪提供上升运动条件（图 12.8）。强的低空急流有利于低层水汽的辐合以及锋面的形成；在本次暴雪过程中，干冷东北风急流有利于地面锋面形成，使西南暖湿气流抬升，低层东南急流和中上层西南急流使水汽得以集聚。在暴雪发生前，暴雪区上空具有高不稳定能量区，暴雪区上空的高不稳定能量具有对流不稳定的特点，遇到北方南下冷空气的抬升，不稳定能量得到释放，造成暴雪天气。此次暴雪预报的着眼点是：①对降温时段和强度的准确判断；②关键是作好降水性质的预报，850 hPa 温度特征线的指示作用（图 12.9）；③500 hPa 涡度、700 hPa 垂直速度和 700 hPa 相

对湿度对强降雪有很好的预报参考作用。

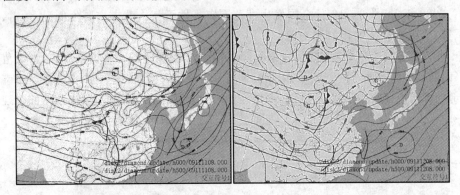

图 12.7　2009 年 11 月 11 日和 12 日 08 时 500 hPa 和 1200 hPa 形势场

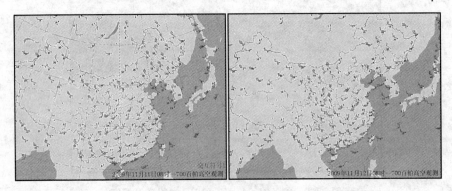

图 12.8　2009 年 11 月 11 日和 12 日 08 时 700 hPa 高空观测

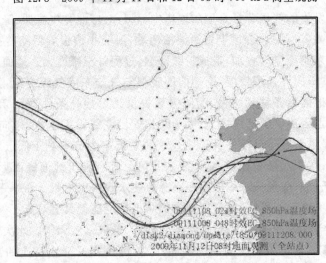

图 12.9　欧洲中心模式预报——2009 年 11 月 12 日 08 时 850 hPa 温度场、实况温度场和地面观测

此次冻雨预报的着眼点是作好特殊温度层结的预报：中空（700～850 hPa）暖层和低空（850 hPa 以下）冷层的预报。700 hPa 和 850 hPa 的逆温层结对冻雨预报有很好的指示意义，冻雨区南界可达 850 hPa 0℃线位置，北界在 700 hPa 0℃线或以北附近区域（图 12.10）。

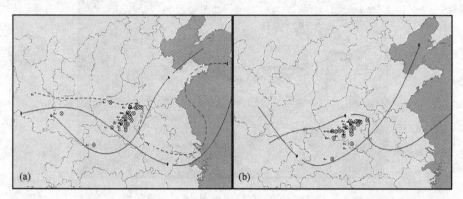

图 12.10　2009 年 11 月 11 日 700 hPa 和 850 hPa 0℃线位置及相对应的地面冻雨位置
(a)08 时；(b)20 时

此次雪后雾的成因分析：大雪过后，由于地面积雪深，造成近地层空气相对湿度大。气温低，地面普遍结冰，冰面辐射降温剧烈，近地面易形成逆温层。冷锋前部的均压场或弱气压梯度场内，水平风速小。冷空气南压缓慢，雾天气长时间持续。

南方强对流天气过程：2009 年 11 月 9 日至 12 日，长江中下游地区出现了一次较大范围的强降水天气过程，其中湖南、湖北、江西、浙江、福建等地还出现了雷雨大风、冰雹和短时强降水等强对流天气，造成 9 人死亡、3 人失踪等人员、财产损失。9 日 14 时，500 hPa 中高纬为平直纬向环流型，112°E 附近有一短波槽，我国中东部位于槽前，低层江南东北部有一低涡，对应地面为低压倒槽区，存在闭合中心位于江西北部，北部有冷空气自华北、黄淮南下，与从华南北上的暖湿气流交汇于江南地区（图 12.11），造成了此次大范围的降水和强对流天气过程。分析表明，此次强对流天气是在低槽东移、生成气旋然后入海过程中发生的。中尺度飑线和中尺度对流系统是造成此次灾害的主要天气系统。水汽条件来看，长江中下游地区湿度较大，经向度不断增加的低空西南急流为强对流天气区提供了充足的水汽；中层冷空气的侵入以及前期地面的增温为强对流天气的发生提供了高的不稳定能量；冷暖空气在底层交汇，强烈的锋生作用、地面低压倒槽（图 12.12）、低空切变线是强对流产生的触发机制。

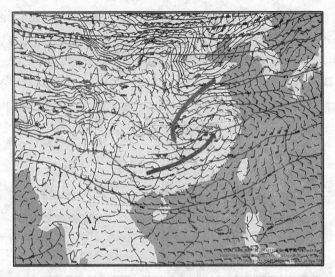

图 12.11　2009 年 11 月 9 日 14 时环流形势

[500 hPa 高度（粗实线）、850 hPa 风场、地面气压（细实线）]

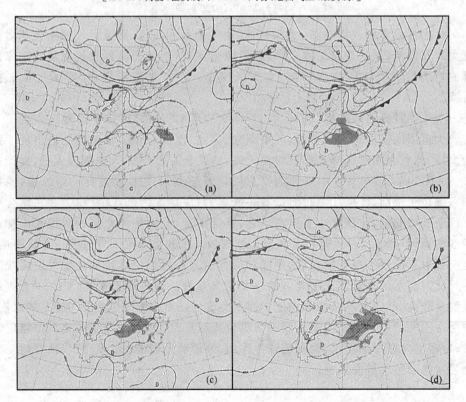

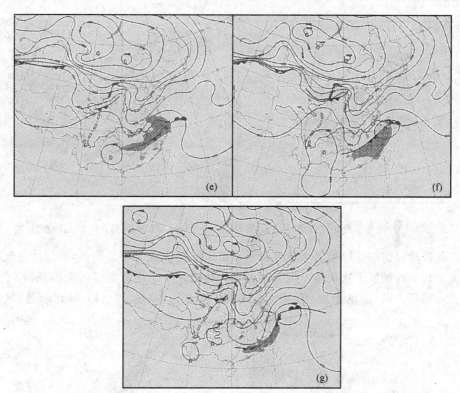

图 12.12　地面形势图(a)8 日 20 时;(b)9 日 02 时;(c)9 日 08 时;(d)9 日 14 时;
(e)9 日 20 时;(f)12 日 02 时;(g)12 日 08 时
(阴影区为雷暴区)

(3)2010 年 5 月 5—7 日南方强对流天气过程简评

2010 年 5 月 5—7 日江南、华南、西南地区东部出现强对流天气过程(图 12.13(a)),引发雷雨大风、冰雹及大范围暴雨等灾害性天气。此次南方强对流引发的灾害性天气具有影响范围大、持续时间长、短时降雨强、瞬时风速大、灾害影响范围广、人员与财产损失大、次生灾害重等特点。

5 日夜间在重庆出现了局地雷雨大风、冰雹等强对流天气。其中,垫江沙坪镇和梁平回龙镇最强风速分别达到 31.2 m/s 和 30.0 m/s(11 级),为当地有气象记录以来的极大值,瞬时风速大。5—7 日江南、华南、西南地区东部大部分地区为中到大雨,其中重庆中南部、贵州中部、湖南中部、江西中部及南部、广东中东部出现了大范围的暴雨和大暴雨(图 12.13(b))。其中广东中东部出现大范围的大暴雨,330 个测站降水量为 120~250 mm,12 个测站超过 250 mm,韶关翁源的新江镇 422.7 mm 为过程最大雨量,增城 6 日 23 时至 7 日 00 时的 1 h 降雨量达 126 mm。强降水出现范围大、持续时间长,短时降雨强。

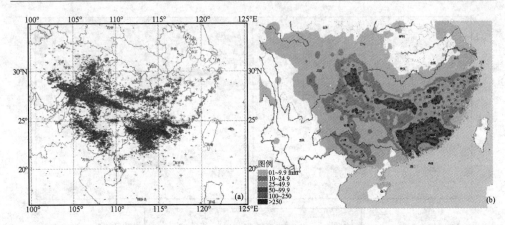

图 12.13　2010 年 5 月 5 日 20 时至 7 日 08 时闪电分布(a);5 日 08 时至 7 日 20 时降水量(b)

　　此次过程前期低层增温增湿有利于不稳定层结形成与能量积累,较强冷空气和中低层切变线触发了这次强对流天气过程。对流区上空湿度层结结构的差异,导致重庆以雷雨大风、冰雹为主,而其他地区以强降水为主(图 12.14);锋区较强,坡度

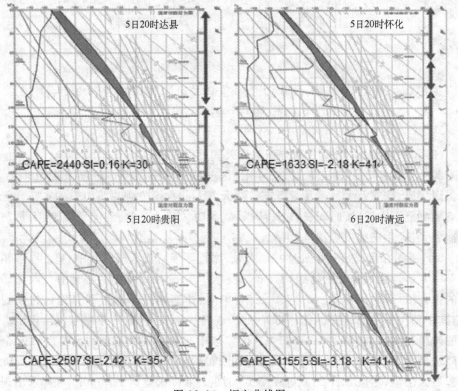

图 12.14　探空曲线图

大,高层存在下伸的 θ_{se} 呈漏斗状分布,在锋区上有较强的上升运动与比湿,有利于对流性天气产生;卫星云图上孟加拉湾热带对流云团水汽羽的输送有利于促进对流云团发展(图 12.15),具有一定的预报提前指示意义;重庆雷达观测表明回波具有弱回波区、三体散射、速度图中上层辐散等强对流天气回波特征,湖南、广东以低质心高度的强降水回波为主(图 12.16);地形对强对流增强和对暴雨的增幅作用明显(图 12.17)。

预报技术着眼点与难点:

重庆强对流的局地性强,预报难度较大;历史上 500 hPa 西北气流控制下,广东出现大范围暴雨的个例极少,因此预报难度较大;从物理量场诊断,物理量的分布与量级上,难以直接预报降水的范围与量级,尤其对广东出现的特大暴雨而言,预报仍然存在着较大难度。

图 12.15　水汽云图

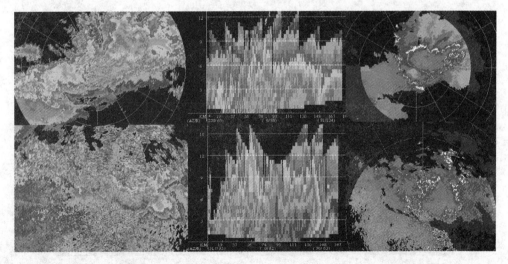

图 12.16　2010 年 5 月 6 日 09:17 邵阳(上 3 幅)与 7 日 00:12 广州雷达回波图(下 3 幅)

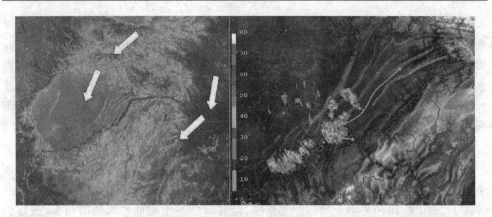

图 12.17 重庆地形作用

此次重庆风雹灾害的预警分析：

重庆强对流影响垫江的那个多单体强风暴产生了强烈下击暴流和冰雹,注意 5 日 20 时周边探空,见图 12.18。对流有效位能 2400,垂直风切变很明显(地面至 6 km 超过 16 m/s),零度层到地面高度 4.5 km 左右,低层相对湿度大,中高层很干, 是产生强冰雹和强雷暴大风的有利环境。雷达回波图(图 12.19)显示 6 日凌晨 01 时左右一个多单体强风暴,具有典型雹暴结构,同时有明显中层径向辐合和风暴顶辐 散,表明很可能出现伴随冰雹和强降水的强烈下击暴流导致的雷暴大风,对于极端大 风的可能预警提前时间为 6 min 左右,而对于冰雹和雷暴大风的一般性警报提前时 间可以有 20～30 min。

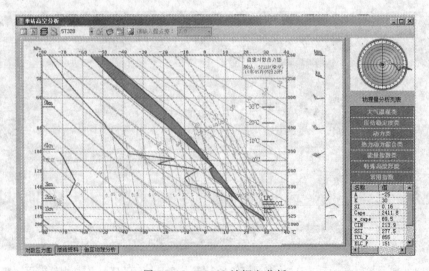

图 12.18 57328 站探空分析

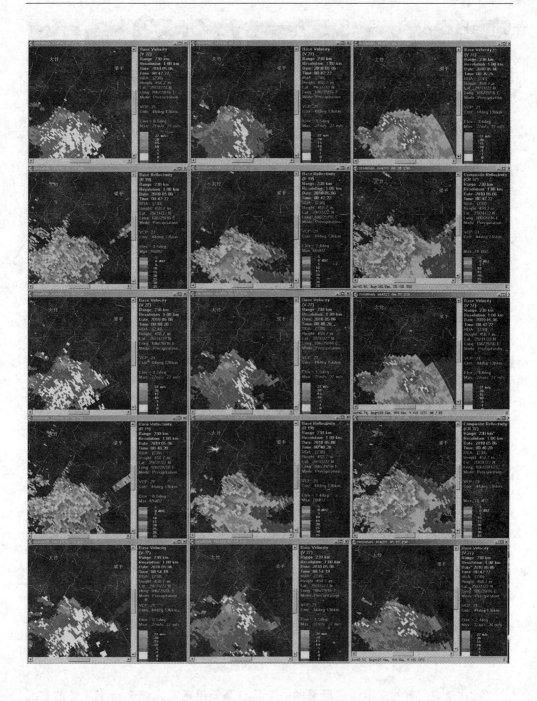

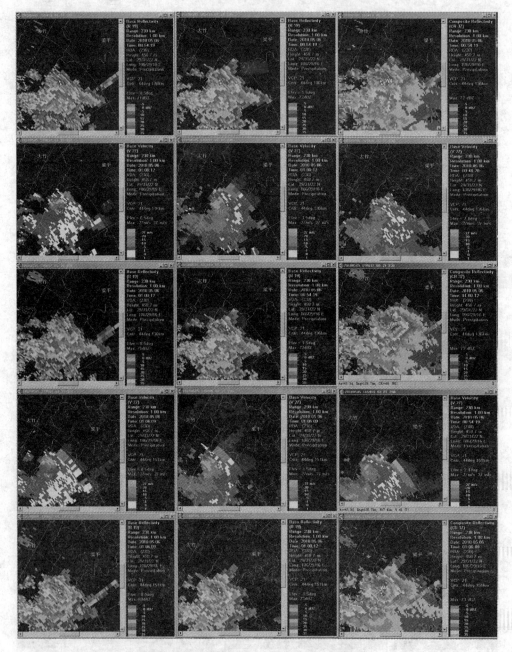

图 12.19 雷达回波

此次造成灾害的多单体强风暴的一个特点是低层暖湿入流来自于风暴的东北侧,而不是通常的东南侧、南侧或西南侧。

12.3 灾害性天气服务

我国是世界上受气象灾害影响最严重的国家之一,气象灾害种类多、强度大、频率高,严重威胁人民生命财产安全,给国家和社会造成巨大损失。据统计,我国每年因各种气象灾害造成的农作物受灾面积达 5000 万 hm²,受台风、暴雨(雪)、干旱、沙尘暴、雷电、冰雹、霜冻和雾等重大气象灾害影响的人口达 4 亿人次,造成的经济损失相当于国内生产总值的 1%~3%。提供准确及时的气象预报预警服务,提高全社会防御灾害事件的能力和水平,最大限度地保护人民生命财产安全,对经济发展和社会进步具有很强的现实意义。

气象服务在经济发展全局中的地位越来越重要,作用越来越突出,要求越来越高。我国气象灾害监测预报和预警水平取得了长足进步,气象灾害防御能力不断增强。决策气象服务为各级政府防御和减轻气象及相关灾害提供了科学依据。初步建成了包括广播、电视、报纸、电话、手机短信、网络、警报系统、海洋预警电台等多种传播手段的气象服务信息发布平台,气象服务覆盖面不断扩大。社会经济效益明显,气象灾害造成的人员伤亡和经济损失都较以往大大降低。

气象部门在灾害性天气发生前,及时提供灾害监测预报预警、预评估、影响分析、防御措施和应对建议等信息;灾害性天气发生过程中,提供滚动监测预报预警、跟踪评估等信息;灾害性天气发生后,提供灾害过程总结、历史比较分析和灾害总体评估等信息;针对国外发生的重大灾害性天气,提供面向我国的借鉴性服务材料。在面向防灾减灾的气象服务过程中,公共气象服务的重点任务包括:逐步加强气象灾情收集上报和评估,开展气象灾害普查、气象灾害风险评估、气象灾害影响评估,加强气象灾害预测预警与分析服务、气象灾害预警信息发布,建立气象灾害防御队伍,加强气象灾害应急处置,开展气象灾害防御科普宣传。

为了加强气象灾害的防御,避免、减轻气象灾害造成的损失,保障人民生命财产安全,《气象灾害防御条例》对气象灾害预防、监测、预报、预警、应急处置、法律责任等方面进行了规定。

公共气象服务业务包括气象灾害防御管理、面向政府的决策气象服务、面向社会的公众气象服务和面向行业的专业专项气象服务,涉及防灾减灾、气候变化应对、生态文明建设、国民经济建设、人民生活水平提高等方面。

公共气象服务业务的总体布局如下:

——气象灾害防御:气象灾害风险评估和区划业务主要集中在国家和省级,气象灾害信息收集、气象灾害普查和调查、气象灾害应急保障和气象防灾减灾宣传由国家、省、地、县承担,城乡气象灾害防御队伍建设集中在省、地、县级。

——决策气象服务：由国家、省、地、县四级承担，省级及以下气象机构应当在上级指导产品的基础上，结合本地天气气候特点和决策气象服务的实际需要，提供决策部门需要的气象服务产品。

——公众气象服务：由国家、省、地、县四级承担，省级及以下气象机构应当在上级指导产品的基础上，结合本地天气气候特点，提供精细化的公众气象服务产品。

——专业专项气象服务：专业气象服务由国家、省、地、县四级承担，省级及以下气象机构应当在上级指导产品的基础上，结合本地天气气候特点和专业气象服务的实际需要，提供有针对性的专业气象服务产品。重大活动气象保障、国家重大工程项目气象服务及国防和军事安全气象服务等专项气象服务主要由国家和省级担任，地、县级在上级指导下开展针对性服务。

精细化预报的概念和需求不仅我们国家提出了，也是发达国家天气预报服务的发展趋势。美国近年来提出的"无缝隙"战略，就是要使气象预报在时空分布上连续无间断，在预报对象上能够涵盖和满足各种用户的需求，这实际上就是"精细化预报"。为此，美国国家环境预报中心（NCEP）在其未来 20 年的业务发展计划中提出了更加精细化的发展目标：龙卷风的预警时间要从平均 12 min 提前到 40 min；雷暴的预警时间从平均 18 min 提前到 5 h；飓风登陆的预警时间从平均 20 h 提前到 4 天；洪水的预警时间从平均 43 min 提前到 4 h；海洋对流风暴的预警提前 30 h 等。20 世纪 90 年代以来，我国开始建设中尺度灾害性天气监测预警系统和新一代天气雷达站网，可以获取大量 β 中尺度（200 km～20 km）和一些 γ 中尺度（20 km～2 km）的信息，中尺度数值天气预报也投入了业务，为精细天气预报提供了可能。可见，面向气象服务需求，在预报预警细化分类的基础上，对预报预警精细化程度的要求将不断提高。

灾害性天气和气象灾害监测分析业务建设的主要任务为，在国家级和省级研发灾害性天气、气象灾害的特征识别技术。利用现代信息处理技术，针对灾害性天气以及干旱、地质灾害、山洪、城市洪水、道路结冰、积雪、电线积冰、森林和草原火险等气象灾害不同特征，通过各种观测资料的融合分析在 MICAPS 平台下实现灾害性天气和气象灾害的人机交互识别和报警功能，建立灾害性天气和气象灾害的监测分析业务。通过完善区域联防制度，实现上下游台站间的信息通报。加强气象灾害的现场调查和地区间观测数据的实时共享。完善预警软件系统的协同能力，提升灾害性天气和气象灾害的监测能力。

改革开放以来各级气象部门的服务意识、敏感性、主动性、及时性和准确性不断增强，决策服务水平明显提高，重大气象预警应急管理得到各级政府和社会各界的充分肯定。

思　考　题

1. 我国有哪些灾害性天气？大致可以分为哪几类？其影响系统是什么？
2. 天气现象或要素的预报，一般应依据哪几步来进行？
3. 请给出强对流天气诊断分析预报步骤。
4. 高温天气的预报主要从哪几个方面进行诊断分析？
5. 请给出三种重要的灾害性天气预报方法。

参 考 文 献

丁一汇. 1991. 高等天气学[M]. 北京：气象出版社.

矫梅燕. 2010. 现代天气业务[M]. 北京：气象出版社.

孔玉寿. 2005. 现代天气预报技术[M]. 2 版. 北京：气象出版社.

曲晓波,王建捷,杨晓霞,等. 2010. 2009 年 6 月淮河中下游三次飑线过程的对比分析[J]. 气象,36
(7)：151-159.

孙弈敏. 1994. 灾害性浓雾[M]. 北京：气象出版社.

张小玲,张涛,刘鑫华,等. 2010. 利用高空地面资料的中尺度天气主观分析技术[J]. 气象,36(7)：
143-150.

张小玲,周庆亮,谌芸,等. 2010. 中尺度天气分析技术在强对流天气预报中的应用[C]. 2009 年灾
害性天气预报技术论文集. 288-296.

章国才,矫梅燕,等. 2007. 现代天气预报技术和方法[M]. 北京：气象出版社.

中国气象局. 2010. 中央气象台气象灾害警报发布办法. 气发〔2010〕89 号.

中国气象局. 2009. 现代天气业务发展指导意见. 征求意见修改稿三.

朱乾根,林锦瑞,寿绍文. 1980. 天气学原理和方法[M]. 北京：气象出版社.

Doswell C A Ⅲ, Brook H E, Maddox R A. 1996. Flash flood forecasting：An ingredients-based
methodology[J]. *Wea. Forecasting*, **11**：560-581.

Johns R H, Doswell C A Ⅲ. 1992. Severe local storms forecasting[J]. *Wea. Forecasting*, **7**：588-
612.

Liu Xinhua, Zhou Qingliang, Zhang Tao, *et al*. 2011. The Summarization of the severe convective
weather on November 9 in the middle and lower reaches of Yangtse River[C]. 2011 *Interna-
tional Conference on Remote Sensing*, *Environment and Transportation Engineering*,
RSETE 2011-*Proceedings*：5587-5590.

Zhou Qingliang, Zhang Xiaoling, Liu Xinhua, *et al*. 2011. The Summarization of the squall on
June 3 in 2009 in Henan and Anhui Province[C]. 2011 *International Conference on Remote
Sensing*, *Environment and Transportation Engineering*, *RSETE* 2011-*Proceedings*：
5591-5594.

附录 1　气象辅助图表

在作天气分析时,除了应用天气图(包括地面、高空天气图)以外,还应用很多种辅助图表,这些辅助图表统称为辅助天气图。辅助天气图的种类很多,可以根据分析、预报工作的需要而择用。常用的辅助天气图有剖面图、高空风分析图、温度—对数气压图、能量图、等熵面图,变温、变压图以及降水量图等。本附录只对部分辅助天气图的制作和应用作一扼要的介绍。

一、剖面图分析

地面图和等压面图都是从水平方向或准水平方向来对大气进行解剖的。为了更详细地了解大气的三度空间结构,往往还须制作空间垂直剖面图,简称剖面图。

剖面图是气象要素在垂直面上的分布图,以水平距离做横坐标,用高度或气压的对数尺度做纵坐标。

1. 剖面基线的选择

剖面图所取横坐标轴的沿线称为基线。基线的选择,没有一定的规定,一般可以从以下几个方面考虑。

(1)为了要了解某一子午面上的温度场和风场的构造,就把基线选在这个子午面上。这样的剖面图,称为经圈剖面图。

(2)当我们要研究某一天气系统或天气现象区时,可以取一个能明确表示这天气系统或天气区的方向作为剖面图的基线。例如,要了解锋面的空间结构,那么基线最好与锋区相垂直。

(3)所选剖面上的测站记录不可太少,否则分析结果就不够准确。基线上的测站间的距离也不能太远,否则难以分析,其结果也不会准确。为了补救测站稀少的缺陷,在实际工作中可以把离基线不远的测站记录,沿等压面上的等温线或等高线方向投影到剖面的基线上,或者垂直投影到剖面的基线(简称剖线)上。选用的测站离开剖线的距离应在 100 km 之内,在测站稀少地区,这一距离可以适当放宽(如在

300 km之内)。

(4)剖线左右两方所表示的方向一般是统一规定的。剖线如为纬线方向(或接近纬线方向)则应把西方定在左方,东方定在右方,而如为经线方向(或接近经线方向)则应把北方定在左方,南方定在右方。

2. 剖面图填写与分析的规定

填写剖面图时,先在各站位置上作垂直线,在垂直线下方注明站名或站号,根据剖线上各地的海拔高度,绘出剖线上的地形线。

(1)填写项目

在剖面图上要填写探空报告中标准层和特性层的各项记录:

TT:气温,以摄氏度(℃)为单位。

T_dT_d:露点,以摄氏度(℃)为单位。

qq:比湿,以克/千克(g/kg)为单位。

$\theta_{se}\theta_{se}$:假相当位温(也可以用位温$\theta\theta$),以绝对温度(K)表示。

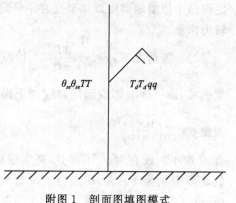

此外,将各高度上的高空风向、风速记录填在相应的等压面高度上,填写方法与等压面图相同。

以上各项按填图模式(附图1)填写,同时将剖线上测站同一时刻的地面天气报告填写在剖线的下方。

附图1 剖面图填图模式

(2)分析项目与技术规定

①等温线:每隔4℃用红铅笔画一条实线,各线数值应为4的倍数,负值应写负号。

②等假相当位温线(或等位温线):每隔4 K用黑铅笔画一条实线,各线数值应为4的倍数。

③等比湿线:用紫色铅笔将0.5,1,2,4,6…g/kg等值线分析成细实线(自2 g/kg以后,每隔2 g/kg画一条线)。这一项可根据需要确定是否分析。

④锋区:按地面图上有关分析锋的规定,标出剖面上不同性质锋的上、下界,如冷锋的上、下界用蓝铅笔实线标出,而它的地面位置则用黑铅笔印刷符号在剖面图底标出。

⑤对流层顶:用蓝色铅笔实线标出其顶所在位置。

⑥其他:根据需要有时还可以在剖面图上分析涡度、散度、水平风速、地转风速、垂直速度并标出云区、降水区、积冰层、雾层等。

3. 剖面分析

(1)等温线与等 θ 线之间的关系

温度与位温有如下关系式：

$$\frac{\partial \theta}{\partial z} = \frac{\theta}{T}(\gamma_d - \gamma)$$

由此式就很容易得出下列推论：

1)在剖面图上，如气层层结 $\gamma < \gamma_d$，则 $\frac{\partial \theta}{\partial z} > 0$，位温随高度向上递增，而且如果温度随高度增加，即 $\frac{\partial T}{\partial z} > 0$，$\gamma < 0$ 时，则 $\frac{\partial \theta}{\partial z} \gg 0$，即位温随高度向上递增很快，说明在稳定层结中位温随高度增加要比在不稳定层结中快。也就是在稳定层结中，等位温线较为密集。

2)一般情况下，$\gamma < \gamma_d$，$\frac{\partial T}{\partial z} < 0$，即温度随高度递减，而 $\frac{\partial \theta}{\partial z} > 0$，即位温随高度向上递增。又根据 $\theta = T\left(\frac{1000}{P}\right)^{AR_d/c_{pd}}$，$T$ 愈高，θ 愈大，T 愈低，θ 愈小。设有两点 A 和 B，高度相同，A 点的 T，θ 分别为 T_A，θ_A，B 点的 T，θ 分别为 T_B，θ_B，设 $T_A > T_B$，则 $\theta_A > \theta_B$，再在 B 的垂直方向上找两点 B_1 和 B_2，则 B_1 点位于 AB 高度以下，B_2 点位于 AB 高度以上。所以，在剖面图上等温线与等 θ 线两者的位相正好相反。如附图 2 所示，当等温线向下凹(即为冷空气堆)

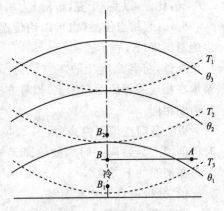

附图 2　冷空气堆的剖面
(实线为等位温线，虚线为等温线)

时，等 θ 线便向上凸起来；相反，等温线向上凸时，等 θ 线向下凹。

3)当 $\gamma = \gamma_d$ 时，$\frac{\partial \theta}{\partial z} = 0$，位温随高度不变。

4)当 $\gamma > \gamma_d$ 时，层结不稳定，$\frac{\partial \theta}{\partial z} < 0$，位温随高度递减。

(2)等 θ_{se} 线的分析

在水汽比较充足的地方，在剖面图上分析 θ_{se} 而不用 θ，其理由是：θ_{se} 对干、湿绝热过程来说都是保守的。作气团分析时 θ_{se} 比 θ 好。在锋区附近常有降水过程，θ 就失去保守性，而 θ_{se} 还是准保守的，也就是说在凝结或蒸发的过程中 θ_{se} 是准保守的。

在剖面图上分析等 θ_{se} 线有以下两种作用：

1)等 θ_{se} 线随高度的分布,能反映大气层结对流性不稳定的情况。即当 $\dfrac{\partial\theta_{se}}{\partial z}<0$ 时,大气为对流性不稳定;当 $\dfrac{\partial\theta_{se}}{\partial z}>0$ 时,大气是对流性稳定。

2)根据等 θ_{se} 线的分布,可判断上升运动区和下沉运动区。在等 θ_{se} 线分布上,自地面向上伸展的舌状高值区($\dfrac{\partial\theta_{se}}{\partial z}<0$),多为上升运动区;自高空指向低层的舌状高值区($\dfrac{\partial\theta_{se}}{\partial z}>0$),多为下沉运动区。

(3)对流层顶的分析

对流层与平流层之间的界面,称为对流层顶。对流层中温度一般随高度降低。平流层下部温度随高度变化可能是逆温、等温或递减率很小三种情况中之一种。由于热带对流层顶高,寒带对流层顶低,所以,平流层中冷暖水平分布与对流层往往相反。等温线通过对流层顶时有显著的转折,折角指向较暖的一方。对流层顶经过分析一般定在温度最低或递减率有显著突变处。对流层顶几乎与等 θ 线平行。平流层中因为 γ 很小或为负值,而且气压较低,温度较低,因而 $\dfrac{\theta}{T}>1$ 。此比值较大,而且 $\gamma_d-\gamma>0$,此数值也较大,故 $\dfrac{\partial\theta}{\partial z}>0$,此数值也较大,因此在对流层顶之上,等位温线非常密集(附图3)。

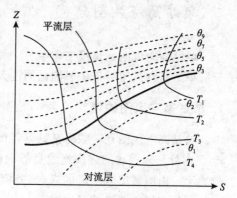

附图3　对流层顶的热力结构
(细实线为等温线,虚线为等位温线)

(4)锋区分析

锋区是个倾斜的稳定层。锋区内温度水平梯度远大于气团内的温度水平梯度。等温线通过锋区边界时有曲折。等温线在锋区内垂直方向上表现为稳定层。等 θ_{se} 线与锋区接近平行,而且等 θ_{se} 线在锋区内特别密集(附图4)。

(5)风场分析

根据需要而在剖面图上绘制实

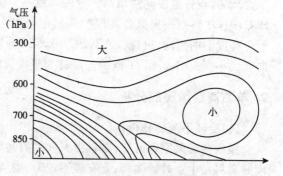

附图4　锋附近等 θ_{se} 线分布示意图

际风或地转风的等风速线(全风速或某个方向的分量)。下面介绍一些等风速线分布的一般情况:

①在对流层里,除低纬外,以西风为主,风速向上增加;递增速度与气层平均温度水平梯度成比例。特别是锋区上空,风速的垂直切变很大。

②在高层的风随着高度的增加,而逐渐趋向热成风方向。所以,大致可以认为:背风而立,低温在左,高温在右。

③西风带常出现风速做大中心,即高空急流区,它应与主要锋区同时出现;中心位置在锋区之上,对流层顶之下,常在对流层顶断裂的地方。

④赤道附近,极地低层及平流层低层以上一般是东风带所在地。

二、单站高空风图分析

单站高空风图是预报工作中另一种常用的辅助图。尤其是在缺乏等压面图时,分析单站高空风图对于了解测站周围天气系统的分布和空间结构,就更为重要。

1. 单站高空风图的填绘

单站高空风图是一张将某站测得的高空风风向、风速填在极坐标上的图。由极点 O 向外呈辐散状的许多直线是等风向线,在各直线的端点标有风向的方位(以度数表示。内圈数值表示风的来向,外圈数值表示风的去向)。以 O 点为圆心的不同半径的许多同心圆是等风速线。

在摩擦层以上风随高度的变化遵从热成风原理。所以,从摩擦层顶(高度为数百米)开始,由下向上按测风报告填写各层风的记录。填写的方法是:根据测风报告中的某层风向,在图上找到相应的风向线,再根据该层的风速,沿此风向线找到相应风速值的点,在这里点上加点;在该点旁注明风记录的高度(以 km 为单位,填写到小数一位)。其他各层按同法填写。附图 5 就是一张已经填好的单站高空风图。图中 A,B,C,$\cdots$,H 各点是根据各高度的测风记录点上加点。矢量 OA,OB,$\cdots$,OH 分别表示各高度上的风向、风速。AB,BC,$\cdots$,GH 分别表示两相邻高度之间的热成风的方向和大小。A,B,C 到 H 点的连线称为热成风曲线。

2. 单站高空风图的分析

(1)冷暖平流的分析

根据热成风原理可知,在自由大气中的某层若有冷平流时,则该层中的风随着高度升高将发生逆时针偏转;若有暖平流时,则风随高度升高将发生顺时针偏转。利用单站高空风分析图可以很清楚地判断风随高度而所偏转的方向,因而也就很容易地用它来判明测站上空冷暖平流的实际情况。例如,在附图 5 中,在地面以上 1～3 km 的气层中,风随高度升高是呈逆时针偏转的,表示该层中有暖平流。

(2)大气稳定度的分析

1)相对不稳定区的分析。在单站高空风分析图上,根据各层的热成风方向就可以判断出各层中相对冷暖区的分布。如有上下相邻两个较厚的气层(通常厚度大于 1000 m),热成风方向有明显的不同,则可将两气层的热成风平移到图上的空白处,绘成交叉的两条矢线,因而,如附图 6 所示的那样构成四个部分。交点表示本站所在处,四个部分分别表示相对于测站的部位。凡是上层为冷区、下层为暖区的那个部位,就是相对的不稳定区,如图中偏西的区域。

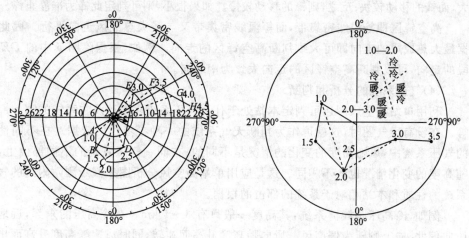

附图 5　单站高空风图　　　　　附图 6　相对不稳定区的分析

2)大气稳定度变化的判断。利用单站高空风分析图,还可以通过对各层的冷暖平流符号以及平流强度的变化来判断大气稳定度的变化。例如,当下层有冷平流,上层有暖平流时,则气温直减率趋于减小。气层稳定度将增大。反之,当下层为暖平流,上层为冷平流时,则气温直减率趋于增大,气层稳定度将减小(或不稳定度增大)。附图 6 中给出的实例是:上层有暖平流,下层有冷平流,说明气层稳定度将趋于增大(或不稳定度趋于减小)。不过务必注意,不稳定度将趋于增大或减小只能表示不稳定度演变的一种趋向,而不应理解为气层已经处于不稳定或稳定的状态之下。气层实际的稳定度状况应同时应用温度—对数气压图等工具来作深入的分析。

(3)锋面的分析

利用单站高空风分析图,还可判断锋面性质、锋区所在的位置、锋区的强度以及锋的移速和走向等。

在锋区内,因温度水平梯度很大,热成风也就很大。同时,当测风气球向上穿过冷锋时,因有较强的冷平流,所以,风随高度的升高而有明显的逆时针偏转;而当气球向上穿过暖锋时,因有较强的暖平流,所以,风随高度的升高而有明显的顺时针偏转。根据这些特点,我们就可根据风随高度发生怎样的偏转来判断有无锋面存在以及锋面的性质。例如,在附图 5 中,DE 较长,即 $2.5\sim3.0$ km 的这一气层热成风较大,并且风随高度升高而作逆时针偏转,由此我们便可判断,在 $2.5\sim3.0$ km 的气层中可能存在冷锋。如最大热成风线段愈长,则锋区愈强。

另外,这种工具也可作为天气图定性判断锋面移速的补充方法之一。具体做法是:

从极坐标原点作一垂直于锋区热成风矢线(或其延长线)的直线(见附图 5),直线的长度就表示该层垂直于锋区风速分量的大小。如愈大,则垂直于锋面的风速分量愈大,而锋的移动较快;反之,则锋的移动较慢。如果很小,则可判定此锋为准静止锋。

高空锋区即等温线密集带,而等温线密集带又与最大热成风走向平行。因此根据最大热成风的走向即可大致判断高空锋区的走向。例如,根据附图 5 中的 DE 线段的走向,可以判断高空锋区的走向大致为南北向。

(4)气压系统的分析和判断

利用单站高空风图还可判定本站处于什么气压系统之中以及在系统的哪一部位等。在没有天气图时,这就可作为判断天气系统的一种参考性的依据。在不同性质的气压系统中,风随高度的变化的情况是不同的;在同一气压系统的不同部位上,风随高度的变化情况也各不相同。这是应用单站高空风分析图来判断测站附近的气压系统的性质和本站相对于系统的部位的根据。

例如,冷高压是浅薄系统,其高度一般只有 $3\sim4$ km。在冷高压的东部,近地面风向偏北,向上则转为偏南风。风向随高度升高而逆转,同时风速随高度升高而出现一风速减小层。又如冷低压,这是一种深厚系统,气旋式环流随高度升高而加强,所以,在冷低压内风向随高度变化不大,而风速则随高度升高而增大。

三、温度—对数气压图分析

温度—对数气压(T-lnP)图是我国气象台站普遍使用的一种热力学图解。它能反映探空站及其附近上空各种气象要素的垂直分布情况。因此,在天气分析和预报中有着非常广泛的应用。

1. 温度—对数气压图的构造和点绘

温度—对数气压图的纵、横坐标,分别表示气压的对数($\ln\dfrac{p_0}{p}$)及温度(T)。温度以摄氏度为单位,每隔 10℃ 标出度数(粗字,另列小字表示绝对温度)。气压以 hPa(百帕)为单位,在图的右部从 1050 hPa 起,自下向上递减到 200 hPa,每隔 100 hPa 标上百帕数。在图的左部,从 250 hPa 起自下向上递减至 50 hPa,每隔 50 hPa 标注百帕数,每小格表示 2.5 hPa。纵坐标上气压最低值为 50 hPa。因为当气压愈低时,1 hPa气压差的垂直距离便愈大,由于图面大小的限制,纵坐标的气压最低值不可能设计得太低,而且因为气压 p 趋于零时,$-\ln p$ 便趋于无穷大,所以图上不可能有$p=0$的坐标。

图上有五种基本线条,除与纵、横坐标平行的等温线和等压线外,还有三种倾斜的曲线。它们是:①干绝热线(即等位温线),表示未饱和空气在绝热升降运动中状态的变化。这种线上,每隔 10 度标出位温(θ)的数值(当气压低于 200 hPa 时,位温值标注在括号中)。②湿绝热线(即等 θ_{se} 线),表示饱和空气在绝热升降运动中状态的变化。在这种曲线上,每隔 10 度标有假相当位温(θ_{se})数值。③等饱和比湿线,是饱和空气比湿的等值线。每条线上都标有饱和比湿值。当气压值低于 200 hPa 时,等饱和比湿值标在括号中。

日常分析时,在温度—对数气压图的纵坐标上常常填写位势高度、风向、风速等记录,并在图上绘制以下三种曲线:

(1)温度—气压曲线(简称温压曲线或层结曲线),表示测站上空气温垂直分布状况。其作法是:将各高度上的气压、温度数据,用钢笔一一点绘在图上,然后将这些点依次用线段连接起来,便成温压曲线。

(2)露点—气压曲线(简称露压曲线),表示测站上空水汽垂直分布的状况。其作法是:将各层上的气压、露点数据用钢笔一一点绘在图上,然后用虚线依次连接起来,便成露压曲线。

(3)状态曲线(或称过程曲线),表示气块在绝热上升过程中温度随高度而变化的曲线。某一高度上的气块若先经历了干绝热上升,达到饱和后,再经历湿绝热上升的过程,则在温度—对数气压图上,要先通过该气块的温压点,平行于干绝热线而画线;同时通过该气块的露压点平行于等比湿线而画线,两线相交于一点,从交点平行于湿绝热线再画一线,这样便作成状态曲线。

2. 一些特征高度及对流温度的求法

(1)抬升凝结高度(LCL)

抬升凝结高度是气块绝热上升达到饱和时的温度。LCL 求法(附图 7):通过地面温压点 B 作干绝热线,通过地面露压点 A 作等饱和比湿线,两线相交于 C 点,C 点所在的高度就是抬升凝结高度。

有时,由于考虑到地面湿度的代表性较差,也用 850 hPa 到地面气层内的平均温度及露点代表地面温度及露点来求 LCL。有时,近地面有辐射逆温层,此时可用辐射逆温层顶作为起始高度来求 LCL。

（2）对流凝结高度（CCL）

假如保持地面水汽不变，而由于地面加热作用，使层结达到干绝热递减率，在这种情况下气块干绝热上升达到饱和时的高度就是对流凝结高度。CCL的求法：通过地面露点作等饱和比湿线，它与层结曲线相交，交点所在的高度就是对流凝结高度（如附图7中F点）。

当有逆温层存在时（近地面的辐射逆温层除外），对流凝结高度的求法是：通过地面露点作等饱和比湿线，与通过逆温层顶的湿绝热线相交，交点 H' 所在的高度就是对流凝结高度（附图8）。

（3）自由对流高度（LFC）

自由对流高度是指在条件性不稳定气层中，气块受外力抬升，由稳定状态转入不稳定状态的高度。LFC的求法：根据地面温、压、露点值作状态曲线，它与层结曲线相交之点所在的高度就是自由对流高度（如附图7中D点）。

（4）对流上限（平衡高度EL）

对流上限是指对流所能达到的最大高度。对流上限的求法：通过自由对流高度的状态曲线继续向上延伸，并再次和层结曲线相交之点所在的高度，就是对流上限（平衡高度），即经验云顶（如附图7中E点）。

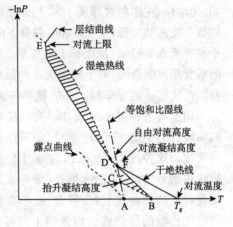

附图7　温度—对数气压图

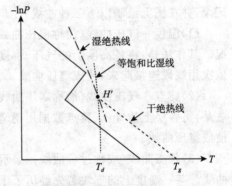

附图8　在有逆温层存在的情况下 T_g 的求法

（5）对流温度（T_g）

对流温度是气块自对流凝结高度干绝热下降到地面时所具有的温度。对流温度的求法：沿经过对流凝结高度的干绝热线下降到地面，所对应的温度即为对流温度 T_g（附图7）。

在有非近地面的逆温层存在的情况下，T_g 的求法有所不同。一般说来首先求出通过逆温层（或等温层）上限的湿绝热线和通过地面露点的等饱和比湿线的交点 H'，然后再通过 H' 作干绝热线与 P_0（地面气压）等压线的交点的温度即为 T_g（附图8）。

（6）0℃层高度（Z_0）与−20℃层高度（Z_{-20}）

0℃层高度（Z_0）与−20℃层高度（Z_{-20}）在强对流天气分析预报中常常用到。

0℃层高度 Z_0 即0℃"空气"所在的高度。这里的空气可以有两种含义，即环境空气与气块空气。若指环境空气 0℃所在高度,可利用探空资料求出;若是指气块 0℃所在高度,可利用状态曲线求出。通常,0℃层高度指的是环境温度为 0℃所对应的高度。

与 Z_0 类似,Z_{-20} 也有两种含义。若指环境空气 -20℃所在高度,可利用探空资料求出;若是指气块 -20℃所在高度,可利用状态曲线求出。

3. 温度—对数气压图在强对流预报中的应用

T-lnP 图是一种预报强对流的重要工具。将它与天气图和综合图解配合使用,可以取得较好的效果。

用 T-lnP 图预报强对流可分为以下两个步骤:①利用探空资料作出探空曲线,分析大气层结稳定状况,求算特征高度(抬升凝结高度、自由对流高度、对流上限等),分析稳定度指标。②用天气图、单站高空风分析图来判断层结曲线、稳定度演变趋势。

用来衡量热力不稳定大小的物理含义最清晰的参数是对流有效位能 CAPE 和对流抑制 CIN。对流有效位能(CAPE)是气块在给定环境中绝热上升时的正浮力所产生的能量的垂直积分,是对流潜在强度的一个重要指标。在温度—对数气压 T-lnP 图上,CAPE 正比于气块上升状态曲线 A 和环境温度层结曲线 C 从自由对流高度 F 至对流上限 B(也称为平衡高度)所围成的区域的面积(附图 9)。另外,除了 CAPE 外,在附图 9 中自由对流高度以下的负浮力区域面积的大小称为对流抑制 CIN,也是一个重要的对流参数,抬

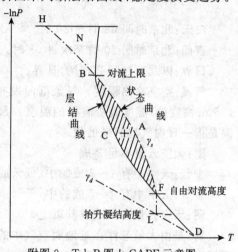

附图 9　T-lnP 图上 CAPE 示意图

升力必须克服 CIN 大小的负浮力才能将气块抬升到自由对流高度 F。

估计当天下午本站层结稳定状况,配合天气系统分析判断当天有无雷暴发生的可能。若预计可能发生对流云,而且对流上限(云顶)可达到 -20℃等温线高度以上,则预报可能发生雷暴。强雷暴还会引起大风。上干下湿的对流性不稳定气层即在 T-lnP 图上温度层结曲线与露点曲线下部紧靠、上部分离,呈"喇叭状"配置时,就有利于形成雷暴大风。采用经验公式 $V \approx 2 \times (T_g - T_c)$ 来计算可能产生的风速,式中 T_g 为对流温度,T_c 为 08 时由层结曲线或状态曲线上的 0℃层湿绝热下降到地面时的温度。

在系统较弱的情况下或在一个气团内部,由于午后地表受日射增热而使层结变为不稳定,往往容易发生"热雷暴"。热雷暴的预报主要从探空曲线和预报最高温度入手。首先利用探空曲线求出对流温度 T_g。如果午后的最高温度大于 T_g,则当天下午有发生热雷暴的可能。

附录2　常用气象专业术语解释

一、天气预报中的常用名词、术语

白天：北京时间08时至20时。

夜间：北京时间20时至次日08时。

日界：以北京时间20时为日界。

气温：空气冷热程度。气象部门发布的气温是指在观测场中百叶箱内（距地面1.5 m高度处）温度表所测得的温度。最高气温是指一日内气温的最高值。最低气温是指一日内气温的最低值。

晴：天空云量不足3成。

少云：天空中有1～3成的中、低云或4～5成的高云时的天空状况。

多云：天空中有4～7成的中、低云或6～10成的高云时的天空状况。

阴：天空云量占9成或其以上。

雾：是由大量悬浮在近地面空气中的微小水滴或冰晶组成的气溶胶系统，是近地面层空气中水汽凝结（或凝华）的产物。目标物的水平能见度在1 km以内。

小雨：日降水量不足10 mm。

大雨：日降水量25.0～49.9 mm。

暴雨：降雨强度和量均相当大的雨。在我国除个别地区之外，一般指日（24h）降水量50～99.9 mm。

大暴雨：一般指日（24 h）降水量100～250 mm。

雷阵雨：忽下忽停并伴有电闪雷鸣的阵性降水。

冰雹：是一种固态降水物，呈现为圆球形或圆锥形的冰块，由透明层和不透明层相间组成。直径一般为5～50 mm，最大的可达100 mm以上，雹的直径越大，破坏力就越大。

冻雨：雨滴冻结在低于0℃的物体表面或地面上，又称雨凇（由雾滴冻结的，称雾凇），常坠断电线，使路面结冰，影响通信、供电、交通等。

雨夹雪:近地面气温略高于 0℃,湿雪或雨和雪同时下降。

小雪:日降雪量(纯雪融化成水,下同)0.1~2.4 mm。

中雪:日降雪量 2.5~4.9 mm。

大雪:日降雪量 5.0~9.9 mm。

暴雪:日降雪量≥10.0 mm。

(注:上述雪量的量值,不包括湿雪的量值在内,如湿雪量值达≥10.0 mm 时,不作为"暴雪"处理。若"雨夹雪"(雨和雪同时下)24 h 的总量值≥10.0 mm,且雪深南方达≥5 cm,北方达≥10 cm时才算暴雪。)

二、天气系统

飑线:气象上所谓飑,是指突然发生的风向突变、风力突增的大风现象。飑线是指风向和风力发生剧烈变动的天气变化带。沿飑线可以出现雷暴、大风、暴雨、冰雹、龙卷风等剧烈的天气现象。飑线是强对流系统中破坏性最强和最大的系统之一。飑线的水平尺度一般为几千米至 100 km,宽度不足 1 km 至几千米。飑线多发生在春夏过渡季节冷锋前的暖区中;此外,台风前缘也常有飑线出现。

龙卷:积雨云中向地面伸出一条外形像一个巨大漏斗的云柱,称之为龙卷。龙卷漏斗云的轴一般垂直于地面,在发展后期,当上下层相差较大时,可成倾斜状或弯曲状。其下部直径最小的只有几米,一般为数百米,最大可达千米以上;上部直径一般为数千米。龙卷的中心气压很低,造成很大的水平气压梯度,从而导致强烈的风速,一般估计为 50~150 m/s,最大可达 200 m/s,一般伴有雷雨或冰雹。龙卷的移向、移速是由其母云(产生龙卷的积雨云)的移动决定的,母云的移速通常为 40~50 km/h,最快可达 90~100 km/h。根据龙卷产生的地区可分为陆龙卷(产生在陆地上空)和水龙卷(产生在海面或水面上空)。目前,主要是对龙卷母云和龙卷气旋的雷达回波特征进行识别,在雷达平面显示器上,龙卷气旋表现为"涡"状或"钩"状回波,以"钩"状回波为常见。

副热带高压:在南北半球都存在的近似沿纬圈排列的高压系统。在低层,这种高压带的轴线平均约位于纬度 35°处。冬季,副热带海洋上的高压脊和大陆上的高压区组成一个连续高压带。而夏季这个高压带在大陆上发生断裂,这时大陆上是热低压区。这一点在北半球尤其明显,在夏季 500 hPa 图上可见。北半球副热带高压常常分裂成 6~7 个单体,其中在西太平洋上空的副热带高压,称为西太平洋副热带高压,对我国的天气和气候的影响较大。

急流:是指大气中一股强而窄的气流带。急流的水平长度达上万千米,宽数百千米,厚几千米。急流中心的长轴称为急流轴,它近于水平分布。急流中心最大风速在对流层的上部必须大于或等于 30 m/s,它的风速水平切变量级为每 100 千米 5 m/s,

垂直量级为每千米 5～10 m/s。按急流出现的高度不同,一般可分为高空急流和低空急流。

低空急流:是对流层下部离地面 1000～4000 m 层中的一支强风带,中心风速一般在 12 m/s,最大可达 30 m/s。

高空急流:是围绕地球的强而窄的气流。它集中在对流层上部或平流层中,其中心轴向是准水平的,具有强的水平切变和垂直切变,有一个或多个风速极大值,叫急流带。

冷锋:冷暖气团的交界面称为锋面。冷锋指锋面在移动过程中,冷气团起主导作用,推动锋面向暖气团一侧移动,这种锋面称为冷锋。

暖锋:指锋面在移动过程中,暖气团起主导作用,推动锋面向冷气团一侧移动,这种锋面称为暖锋。

静止锋:指当冷暖气团势力相当,锋面移动很少时,称为静止锋。一般把 6 h 内锋面位置无大变化的锋定为静止锋。

锢囚锋:指暖气团、较冷气团和更冷气团(三种性质不同的气团)相遇时先构成两个锋面,然后其中一个锋面追上另一个锋面,即形成锢囚。我国常见的是锋面受山脉阻挡所造成的地形锢囚或冷锋追上暖锋或两条冷锋迎面相遇形成的锢囚。

低压槽和高压脊:呈波动状的高空西风气流上,波谷对应着低压槽,槽前暖空气活跃,多雨雪天气,槽后冷空气控制,多大风降温天气;波峰与高压脊对应,天空晴朗。

西风槽:北半球副热带高压北侧的中、高纬度地区,3 km 以上(700 hPa)的高空盛行西风气流,称为西风带。西风带中的槽线,称为西风槽。

冷槽:西风带中冷性高度槽,有明显的温度槽与之相配合。

高空冷涡:高空形势图上,具有气旋式(北半球呈逆时针旋转)且高度比四周为低的涡旋。在高空常与冷空气中心相配合,故又称为高空冷涡。冷涡外围特别是冷涡的东南象限由于低层空气暖,而高层空气冷,存在着较强的对流活动,因此常伴有雷阵雨等强对流天气。

低压:在同一高度上中心气压低于四周的大气涡旋,称为"低气压",简称为低压,也称为气旋。在北半球,低压区的气流作逆时针旋转;在南半球,气流作顺时针旋转。气旋按其所在地理位置和热力属性的不同,可分为温带气旋和热带气旋两类。

东亚大槽:亚洲大陆东岸(140°E)附近,对流层中上部常定的西风大槽。系海陆分布及青藏高原大地形对大气运动产生热力和动力影响的综合结果。

季风槽:在西南季风期,位于印度半岛中部的低气压槽。

气旋波:极锋受扰动而产生的一种波动,是温带气旋形成的最初阶段。气旋波进一步发展后,波动前段的锋变成暖锋,后段的锋变成冷锋,冷暖锋交接处称为波顶。

东风波:指产生在副热带高压南侧深厚东风气流里的自东向西移动的倒"V"字形低压槽。

赤道反气旋(赤道高压):出现在赤道缓冲带内的反气旋。

热带风暴:中心附近地面最大风力达 8 级以上的热带气旋,西北太平洋曾称台风。

三、天气现象

露:近地面层空气中水汽因地面或地物表面热量放散温度下降而凝结在其上的水珠。

霜:近地面空气中水汽直接凝华在温度低于 0℃的地面上或近地面物体上的白色松脆冰晶。

雾:雾是由大量悬浮在近地面空气中的微小水滴或冰晶组成的气溶胶系统,是近地面层空气中水汽凝结(或凝华)的产物。能见度降至 1 km 以下为雾,能见度在 1～10 km 为轻雾。

霾(Haze)/灰霾(Dust-haze):是指由于尘粒或烟粒致使能见度减小到 1～2 km。霾与雾、云不一样,与晴空区之间没有明显的边界,霾粒子的分布比较均匀。由于灰尘、硫酸、硝酸及硫酸盐、硝酸盐等粒子组成的霾,其散射波长较长的光比较多,因而霾看起来呈黄色或橙灰色。

倒春寒:春季气温回升后遇较强冷空气入侵而出现的持续低温阴雨天气。一般冬春过渡季节,气温逐渐上升,但有的年份,冬末比较温暖,入春后,常因较强的冷空气袭击导致气温剧降而明显低于常年同期平均值,这种前暖后冷的天气称为"倒春寒"。

倒黄梅:出梅进入盛夏已数日,长江中下游气象要素已具盛夏特征后又再转入具有梅雨特点的天气。

寒露风:秋季冷空气侵入后引起显著降温使水稻减产的低温冷害。在中国南方,它多发生在"寒露"节气,故名"寒露风"。

霜冻:温度低于 0℃的地面和物体表面上有水汽凝结成白色结晶的是白霜,水汽含量少未结霜称为黑霜,对农作物都有冻害,称为霜冻。

暴风雪:即雪暴,大量的雪被强风卷着随风运行,并且不能判定当时是否有降雪,水平能见度小于 1 km 的天气现象。

强对流:是强迫对流的简称。由于外界加热或抬升作用造成流体温度的不均匀性所导致的流体对流运动。大气中的强迫对流以热对流最多。但气流过山,天气系统辐合所产生的抬升作用常常也可造成动力强迫对流。

雷雨大风:指局部天气突然变化现象,乌云滚滚,电闪雷鸣,狂风夹着强降水,有时伴随有冰雹呼啸而过,风力可达 6 级以上,它涉及的范围只有几千米至几十千米。雷雨大风在春、夏、秋 3 季都可以发生。

闪电:积雨云云中、云间或云地之间产生放电时伴随的电光。但不闻雷声。

　　雷:伴随闪电的轰鸣声。

　　雷暴:伴有雷击和闪电的局地性对流天气。常伴有强烈的阵雨或暴雨,有时有冰雹和龙卷。

　　浮尘:悬浮在大气中的沙或土壤粒子,使水平能见度小于 10 km 的天气现象。

　　尘卷风:由于局地增热不均匀而形成的旋转式尘柱。

　　沙尘暴:强风将地面尘沙吹起使空气很混浊,水平能见度小于 1 km 的天气现象。

　　阵风:瞬间风速忽大忽小,有时还伴有风向的改变,持续时间十分短促的现象。

　　黑风:瞬间风速较强、能见度特低的一种特强沙暴天气的俗称。

　　干热风:又称"火风""热风""干风",是一种高温低湿并伴有一定风力的天气现象,风速在 2 m/s 或其以上,气温在 30℃ 或其以上,相对湿度在 30% 或其以下。干热风一般出现在 5 月初至 6 月中旬高温少雨的天气。

　　焚风:沿背风坡下吹的干热的地方性风。最早指越过阿尔卑斯山后在德国、奥地利谷地变得干热的气流。这是由于气流在迎风坡上升释出水汽而得其凝结热,在背风坡一侧以干绝热下降增温所致。在中纬度相对高度不低于 800～1000 m 的任何山地都会出现焚风现象,甚至更低的山地也会产生焚风效应。1956 年 11 月 13 日,14 日太行山东麓石家庄气象站曾观测到在短时间内气温升高 10.9℃ 的焚风现象。焚风可以促进春雪消融,作物早熟;同时,也易引起森林火灾、干旱等自然灾害。

　　下击暴流:一般在地面或地面附近引起辐散型灾害性大风的强烈下沉气流。

四、遥感

　　红外云图:由气象卫星上的红外探测仪通过红外通道对地球大气进行扫描观测所得到的图像。

　　可见光云图:气象卫星通过可见光波段(一般为 0.5～0.7 μm)探测所获得的图像。

　　水汽云图:气象卫星通过水汽通道探测获得大气水汽含量分布图像。水汽通道一般选在大气中水汽强烈吸收的波长区间。例如,对流层上层的水汽探测使用5.7～7.1 μm,一般的波长选用 1.40～1.75 μm。对水汽通道获得的辐射率进行反演才可得到水汽含量。

　　多普勒雷达:利用多普勒效应原理,测量目标物径向运动的速度的雷达。多普勒效应是指当目标物的运动指向(背向)雷达站时,雷达接收到的回波载频将高于(低于)发射波的载频。频率变化的量级虽小,但其值正比于目标物径向运动的速度分量。因此,根据回波载频的变化,即可计算出目标物的径向运动速度。常采用对回波信号进行谱分析或相关分析,来获取目标的径向速度。多普勒雷达的组成部分与普通雷达相似,但发射机和接收机的结构要复杂得多。气象上所用的多普勒雷达大多工作于脉冲波方式,称为脉冲多普勒雷达。用于探测天气系统的称为多普勒天气雷达。由于多普勒天气雷达能够测量云雨区域的流场结构,对于研究天气系统的动力学状态极为重要。所以,它是大气探测的重要设备。在气象服务中,多普勒天气雷达是强风暴警戒的有力工具。

平显/高显:雷达水平回波的显示图像称为平显(PPI),雷达垂直回波的显示图像称为高显(RHI)。

"3S"技术:地理信息系统(GIS)、全球定位系统(GPS)和遥感测量系统(RS),简称"3S"技术。

GPS 系统:全名是 Navigation Satellite Timing and Ranging/Global Position System,即"卫星测时测距导航/全球定位系统",简称 GPS 系统。GPS 全球定位系统包括 3 部分:GPS 卫星、地面监控系统和 GPS 用户设备。GPS 可以提供准确的位置信息,与电子地图结合为移动目标提供导航和跟踪。

附录3　气象业务技术规范

一、绘制地面天气图的技术规定

1. 等压线

在实际工作中,绘制地面图上等压线时,应遵守下列规定:

(1)在亚洲、东亚、中国区域地面天气图上,等压线每隔 2.5 hPa 分析一条(在冬季气压梯度很大时,也可以每隔 5 hPa 分析一条),其等压线的数值规定为:…,1000.0,1002.5,1005.0,…在北半球、亚欧地面天气图上,则每隔 5 hPa 分析一条,其等压线的数值规定绘制:…,1000,1005,1010,…

(2)在地面天气图上等压线应画到图边,否则应闭合起来。在没有记录的地区可作例外,但应将各条并列的等压线末端排列整齐,落在一定的经线或纬线上。在非闭合的等压线两端应标注等压线的百帕数值。如等压线是闭合的,则在等压线的上端开一小缺口,在缺口中间标注百帕数值,这数值要标注得与纬线平行。

(3)在低压中心用红色铅笔标注"低"(或"D"),代表低压;高压中心用蓝色铅笔标注"高"(或"G"),代表高压;在台风中心用红色铅笔标注"⌒",代表台风。上述符号大小应视最内一条闭合等压线的范围来决定。标注高低中心的符号时要注意以下几点:①高低中心的符号应标注在气压数值最高或最低的地方。在有风向记录时,高压中心符号应标注在气压记录数值最高测站的右侧(背风而立时),低压中心符号应标注在气压记录数值最低测站的左侧(背风而立时)。离开的距离看风速大小而定,风速大,可离得远一些,风速小,则可靠得近些。其原因是,对高压而言,在最高气压数值测站的右侧地区的气压应比该测站的气压更高;对低压而言,在最低气压数值测站的左侧地区的气压应比该测站的气压更低。②高低压中心的符号还要标注在反气旋式或气旋式流场的中心,而不一定标注在最内一条闭合等压线的几何中心处。如果在最内一条闭合等压线的范围内,流场有两个甚至三个中心时,则应标注两个或三个中心。在相邻两站的风向相反时,可确定这两站中间有一气旋或反气旋流场的中心。如果没有相反风向的测站时,则需要有三个风向不同的测站,才能确定一个气旋或反气旋流场的中心。③高低压中心确定后,在"高"和"低"符号的下方,应根据可靠的气压记录标明气压系统的中心数值。气压中心数值要用黑色铅笔标注百帕整数值。高压中心的数值用最高气压记录,小数进为整数。低压中心的数值用最低气压记录,小数可略去。如高压最高记录为 1036.4 hPa,则高压中心标注 1037;如低压最低气压记录为 996.8 hPa,则低压中心标注 996。如果用来作为确定气压系统中心数值的气压记录不可靠时,或是气压系统中没有记录时,则气压中心的百帕数值应适当地按气压梯度的分布及该系统前一时刻的中心数值来估计。

(4)绘制地形等压线时,首先要注意数条等压线不能交于一点,而且要进出有序,两侧条数相等;其次,地形等压线要画在山的迎风面或冷空气一侧,与山脉走向平行,不能横穿山脉。

2. 等三小时变压线

(1)等三小时变压线用黑色铅笔以细虚线绘制。

(2)等三小时变压线以零为标准,每隔 1 hPa 绘制一条。但在某些很强烈的变压中心的周围,等变压线很密集时,可每隔 2 hPa 绘制一条。在气压变化不大(小于 1 hPa)时,可只画零值变压线。

(3)每条线的两端要注明该线的百帕数和正负号。

(4)在正变压中心(负变压中心),用蓝(红)色铅笔标注"+"("-"),并在其右侧注明该范围内的最大变压值的实际数值,包括第一位小数在内。

二、绘制等压面图(AT)的技术规定

1. 等高线

(1)等高线用黑色铅笔以平滑实线绘制。在亚欧区域天气图上,各等压面上的等高线每隔 40 位势米(gpm)画一条。在每条线的两端均须标明位势米的千位、百位和十位数,并规定:

在 AT_{850} 图上画等高线…,144,148,152,…

在 AT_{700} 图上画等高线…,296,300,304,…

在 AT_{500} 图上画等高线…,496,500,504,…在冬半年(10 月至来年 3 月)每隔 80 gpm 画一根,如 496,504,512 等。

当等高线过于稀疏时,可用黑色断线加画规定数值以外的等高线。

(2)在 AT 图上,高位势区中心以蓝色铅笔标注"G"(或"高")字,低位势中心以红色铅笔标注"D"（或"低"）字。"G""D"字的标注位置与海平面气压场图上确定高、低中心位置的原则相同。

2. 等温线

（1）等温线用红色铅笔实线绘制。以 0℃ 为基准，每隔 4℃ 分析一条等温线，如 $-4℃,0℃,4℃,8℃$ 等。所有等温线两端须标明温度数值。夏季或必要时可每隔 2℃ 画一条等温线。

（2）温度场的冷暖中心，分别用蓝色铅笔标注"L"（或"冷"）字和用红色铅笔标注"N"（或"暖"）字。

3. 等比湿线

（1）为了表示湿度场，AT_{850} 图上应绘制等比湿线，但不必在全图范围内绘制，而只在有关地区绘制即可。也可用等露点线来代替等比湿线（每隔 2℃ 分析一条等露点线）。

（2）等比湿线用绿色铅笔以平滑实线绘制。规定绘制 $0.5,1,2,4,6$ 等线（2 g/kg 以上每隔 2 g/kg 画一条），并在每条线上标明数值。

（3）在比湿最大和最小区域中心用绿色铅笔标注"Sh"（或"湿"）字和"Gn"（或"干"）字。

4. 槽线和切变线

在 AT 图上要用棕色铅笔画出当时的槽线和切变线，用黄色铅笔描上前 12（或 24）h 的槽线和切变线。

三、天气图中尺度天气分析技术规范

1. 高空分析

（1）风

风场的分析是为了寻找低层的辐合区、高层的辐散区以及高低空的垂直风切变。因此，风场的分析包括切变线（辐合线）、急流、显著流线和急流核分析（分析符号见附表 1）。

附表 1　中尺度天气分析符号

等压线	等风速线	等温度线	过去12h槽线、切变线	过去12h暖锋	过去12h冷锋	24h等变温
飑线	湿轴	冷堆	等θ_{se}线	24h等变高线	干舌	湿舌
3h显著升压线	3h显著降压线	等露点温度差($T-T_d$)线	等露点温度或比湿)线	500hPa季节温度特征线	等850hPa与500hPa温度差(.T85)线；等700hPa与500hPa温度差(.T75)线	

	地面	925 hPa	850 hPa	700 hPa	500 hPa	200 hPa
干线						
辐合线						
显著流线						
急流轴						
切变线						
温度脊						
等变温线						
显著降温						
温度槽						

①低空急流(LLJ)：当 850 hPa 或 925 hPa 有 2 个以上连续测站风速超过 12 m/s 时，700 hPa 有 2 个以上连续测站风速超过 16 m/s 时，在 925 hPa，850 hPa 和 700 hPa 等压面上沿超过相应等压面风速阈值的大风区的几何中心分析低空急流轴，并在急流轴上标注最大风速值。

②中空急流(MLJ)：当 500 hPa 有 2 个以上连续测站风速超过 20 m/s 时，沿 20 m/s 以上大风区的几何中心分析中空急流轴，并在急流轴上标注最大风速值。

③高空急流(ULJ)：当 200 hPa 有 2 个以上连续测站风速超过 40 m/s 时，沿 40 m/s 以上大风区的几何中心分析高空急流轴，并在急流轴上标注最大风速值。

④显著流线：当风速未达到低空急流的标准，但有风速明显比周围大的最大风带出现，且位于干湿气流区之间，或者位于切变线、靠近急流轴的位置时，分析显著流线，并在流线上标注最大风速值。

⑤切变线(辐合线)：在对流层低层和中层，当风场具有明显的风向切变时，沿风的交角最大(风向改变最大)的位置分析切变线；当风场具有明显的风速辐合时，沿最

大风速的前端分析辐合线。

⑥急流核：当 200 hPa 风速大于或等于 28 m/s 时，间隔 4 m/s 分析等风速线。并规定穿越高空急流轴的闭合等风速线的最内圈为急流核，标注风速值。

（2）温度

温度场的分析是为了判断垂直方向的热力不稳定和水平方向的冷暖平流。因此，温度场的分析内容包括温度脊（暖脊）、温度槽（冷槽）、变温和温度差。

①冷堆：在 500 hPa 等压面上，当出现类似切断低压状的温度场冷中心时，在该温度冷中心分析冷堆。

②温度脊（暖脊）：暖脊是指从高温区中延伸出来的狭长区域。从暖中心出发，沿等温度线曲率最大处分析温度脊。分析 925 hPa，850 hPa 和 700 hPa 等压面。

③温度槽（冷槽）：冷槽是指从低温区中延伸出来的狭长区域。从冷中心出发，沿等温度线曲率最大处分析温度槽。分析 500 hPa 等压面。当冷空气比较深厚时，在 700 hPa 也可分析温度槽。

④变温：温度随时间的变化。夏半年分析 24 h 变温，冬半年分析 12 h 变温。当变温超过 -3℃时，分析显著降温区。分析 500 hPa 等压面。当冷空气比较深厚时，在 700 hPa 也可分析变温。

⑤温度差：分析 850（700）hPa 等压面与 500 hPa 等压面之间的温度差异。在干线的湿区一侧，当 850（700）hPa 与 500 hPa 的温度差超过 28（20）℃时，间隔 4℃分析等温差线。

（3）湿度

大约 70% 的水汽集中在近地面的 3km 以内。因此，湿度场的分析主要在 700 hPa 及其以下，分析内容包括露点锋（干线）、显著湿区（湿舌）和干舌。

①露点锋（干线）：露点锋是水平方向上的湿度不连续线。露点锋的一种特殊形式即干线。当相邻两站的露点温度相差 10℃以上时，沿湿度梯度最大处分析干线。分析 925 hPa，850 hPa 和 700 hPa 等压面。

②显著湿区（湿舌）：当温度露点差（$T-T_d$）小于或等于 5℃，或相对湿度（RH）超过 70% 时，分析显著湿区（湿舌）。分析 925 hPa 和 850 hPa 等压面。

③干舌：当温度露点差（$T-T_d$）大于 15℃，或相对湿度（RH）小于 50% 时，分析干舌。分析 700 hPa 和 500 hPa 等压面。

2. 地面分析

（1）3 h 变压

①3 h 显著升压：当 3 h 变压值达到 1 hPa 以上时分析显著升压区。

②3 h 显著降压：当 3 h 变压值小于或等于 -1 hPa 时分析显著降压区。

（2）风

①辐合线:当地面风具有明显的风向气旋性切变时,沿风的交角最大(风向改变最大)的位置分析辐合线。当地面风具有明显的风速辐合时,沿最大风速的前端分析辐合线。

②显著流线:显著流线通常用于帮助确定地面最大辐合区或者低层的最大风带。当有多个连续测站出现同向大风速,即可标注显著流线,流线走向与风向一致,并标注最大风速值。

(3)湿度

①干线:当相邻两站的露点温度相差 5℃以上时,沿湿度梯度最大处分析干线。

②湿舌:当温度露点差($T-T_d$)小于或等于 5℃,或相对湿度(RH)超过 70％时,分析湿舌。

(4)天气区

主要天气区的分析方法与大尺度天气图分析一致。当出现雷暴、大风、冰雹、短时强降水(20 mm/h,西部干旱地区可考虑 10 mm/h)等对流或强对流天气时,标注天气区。当出现零星的天气时在发生地标注对应天气符号。当出现成片的天气时,将发生区域用浅灰色阴影覆盖,并在阴影区中心标注天气符号。

(5)边界线(锋)

①锋:锋的分析是地面分析中的重要内容。水平锋的两侧各种气象要素急剧变化。锋的分类和符号及分析规范参照大尺度天气图分析。

②边界线:当气象要素的变化幅度达不到锋的分析要求时,分析由温度、露点、气压、风、天气、云覆盖等的不连续产生的各种边界线。需要分析的中尺度不连续线根据其重要程度排序如下:温度、露点温度、气压槽、辐合线、干线、出流边界、变压、飑线等。业务预报中,在地势平坦地区参考气压场、温度场的等值线客观分析结果,沿等值线密集区的前沿分析由气压、温度的不连续产生的中尺度边界线。其分析符号用地面锋的符号代替。

附录 4　　天气图分析预报中记录的判断使用

一、天气图分析预报中考虑的主要地形

天气图上所填的观测记录大致分为两类,一类反映大范围大气运动,如气压和云;另一类反映某局地的大气运动特点,如风和温度等。因此,在分析天气图时要注意区分。如高原与平原相接的地方,因为地形原因,测站之间温度差异较大。初学者可能误会有地面锋面的存在。

局地天气特点与地形有密切的关系,如局地海拔的高度可影响到空气的温度和湿度等,而局地地形地貌影响到空气的流动,从而与风有很大关系。所以,了解熟悉某些地形、地理位置是必要的。下面扼要介绍几个形势预报常提到的大地形:

(1)新地岛以东的喀拉海:位于 70°N 以北约 60°E 附近,冷空气或不稳定低压槽常经此地东移南下。

(2)乌拉尔山:位于 60°E 附近,是长条状山脉,南北达 15 个纬度以上,大致作为欧亚大陆分界,同时它的东西两侧常有明显的槽、脊形成和稳定,对槽脊的减弱、发展起一定的地形作用。

(3)黑海、里海、咸海:常是偏西路径的冷空气或低槽所经之地,然后再经新疆影响我国。

(4)巴尔喀什湖和贝加尔湖:简称巴湖和贝湖,前者是影响我国的西方路径冷空气或低槽经过和停留之地,后者则是常用它表示长波槽、脊所在位置。

(5)阿尔泰山:位于新疆东北与蒙古国相接,在冬半年蒙古一侧常有冷空气停留,从而形成上面两端测站气压差较大。

(6)天山:是北疆和南疆的大致分界,冷空气常在天山以北堆积一段时间,然后东移南下,故有时可分析天山冷锋,有时是静止锋。

(7)祁连山:其北侧为河西走廊,南侧为柴达木盆地,当冷空气或锋面从北侧经过时常出现较大的 $+\Delta P_3$。

(8)阴山:位于河套北端,是蒙古地区冷空气南下影响华中、华北、华东地区的必经之地。

(9)秦岭:常使河套地区来的冷空气发生短暂堆积,使北侧常有较大的＋ΔP₃出现。

(10)长白山:位于中朝边境,其北侧地面常有冷空气堆积而形成长白山地形高压。

(11)武夷山:当冷空气南下到达东南沿海时常产生地形锢囚锋,冷空气分别从长江中下游平原及东海南下,使冷锋在武夷山附近发生弯曲形成武夷山锢囚锋。

(12)高原、平原和盆地:主要的高原有青藏高原、黄土高原、云贵高原、内蒙古高原,它们与平原之间因海拔不同,地形落差大,故在交界面附近有温差形成,尤其黄土高原与华北平原之间,不要误认为有锋面存在。平原有东北、华北、长江中下游平原,它们是我国工农业及经济较发达的地区,气象台站密集,也是灾害性天气频繁发生的地区。盆地主要有准噶尔盆地(位于北疆)、塔里木盆地(位于南疆),那里地广人稀,测站稀少,故不要随意舍弃记录。还有柴达木盆地,因受地形影响,在 700 hPa 上常有地形性的柴达木低压生成,四川盆地西侧为山脉和高原,由于地形下坡作用,在盆地附近高空图上常可分析有明显的低压槽。

二、天气图分析预报中错误记录的分析方法

由于仪器或人为观测等原因,天气图上的测站记录有时发生错误,影响天气系统的分析。需对天气图记录进行综合分析,以判断天气图上的正确记录,舍弃错误记录。主要可以从以下几个方面进行分析:

(1)区域差异:一般邻近区域内相同气团的性质相似,即各要素的数值接近,如果差异明显,可能有错误;

(2)风压关系:根据地转风和梯度风原理,北半球气旋性环流中心处的气压值应该比周围测站要低,反气旋性区域内的气压值则比周围要高;地面高压越近中心风速越小,低压则相反。如果不吻合,则可能有错误。

(3)高低空对应:天气系统为三维结构,空间各层次上的天气系统存在对应关系。如深厚系统在不同层次都存在一致的对应天气系统,但系统中心位置会有差异。

(4)温压关系:稳定大气,一般大尺度系统满足静力平衡关系,如低压区温度较低。

(5)局地条件:地形可以影响到风、温度等。如地形高的地方温度低,下垫面不同植被覆盖情况下气温的变幅不同。

(6)参考卫星云图:局地地区测站记录稀疏或错误太多,如印度半岛地区,这时可以参考卫星云图来分析天气系统的存在与性质。

当然，由于常规天气图注重大尺度系统，光滑线条的分析本身就是对小尺度系统的一种平滑过滤，因此，有时不考虑并不一定就是资料有误。

三、特殊区域记录和系统的分析

(1)蒙古气压场、风和温度的分析

蒙古高原地区平均海拔 1500 m，与 850 hPa 平均高度相当，分析时注意与 850 hPa 的配合，两层系统的分布有较好的对应关系，大同小异。通过高低空配合及前后的连续性来分析。要注意气压系统或冷空气的强弱，在较强系统和强冷空气活动时好用。此外，可用历史资料进行统计对比分析。

根据经验，蒙古地区 08 时气压易偏高，14 时易偏低。当测站的气压不好判断时，一般情况下应使用温度低的气压记录，订正温度高的气压记录。这是因为蒙古高原海拔高，温度低是较为正常的。根据中央气象台李延香的总结，蒙古地区冬半年气压值好用的站有：44212，44231，44282，44341，44373，44298，44304；偏低的站有：51076，51186，44214，44218，44277，44288，44354，44352；偏高的站有：44287，44292，53192，50727。

由于蒙古东部和西部山脉影响，在西部山脉走向为西北—东南向，对应风向也为西北或东南向；东部山脉走向为东北—西南向，风向也为东北或西南向。另外，蒙古测站多在河谷中，如乌兰巴托 44292 和 44231 位于东西向的河谷中，44303 位于东北—西南向的河谷中，测站山谷风明显。一般在 02 时、08 时图上为山风，而在 14时、20 时图上为谷风。位于湖泊周围的站多湖风，白天风来自湖上多南风，而夜间多北风，如 44207 等站。特别是当系统较弱时明显。考虑蒙古沙漠，在春、夏季，气温日较差大，夜间辐射逆温、风力小，白天强烈增温，热力扰动加强，产生动量下传，风速加大，与上空风向趋于一致。蒙古山地多，焚风现象也多见，如 44218，曾出现气温 12 h内上升 20℃ 的记录。

(2)长白山高压

在我国东北的长白山附近经常有山地小气候出现，当地面图上几个站的气压常比周围高时应分析小高压，该小高压被称为长白山高压。这个高压的存在、它的强度和中心位置的变化，直接影响周围十几个站的地方性风的大小和方向。由于高压控制，局地下沉气流，污染物在低层，对这些站的能见度预报也至关重要。

(3)东北华北地形槽

东北、华北平原吹偏西风时，易出现明显的地形槽。其形成原因之一可用"过山槽"的原理解释。即由位涡守恒原理，因东北、华北西高东低地形，偏西风气流过高山下坡时气柱拉伸便形成地形槽。地形槽特点是风场不清楚，没有天气，水汽条件差，

为干槽。因此,不要在没有风区的地形槽中分析锋面。

(4)北方地区冷空气过境前后一些台站出现偏南风

"南高北低"的形势,当冷空气抵达低压的东南方时,冷风后多吹偏南风。在东北地区、28 区、29 区多见。局地高山站、地形作用,如因河谷作用,西安冷锋过后吹西南风,而因为秦岭作用,兰州、西宁常吹东南风。

(5)高山站和船舶站记录分析

高山站的气压,因温度低,订正后的海平面气压一般偏高。

高山站的记录风常作为地面天气预报的指标。如:庐山、黄山转西南风,风速 ≥ 8 m/s,五台山偏北风 ≥10 m/s 为未来 12～24 h 长江下游将出现降雨。夏季,五台山转西南风,未来 6～12 h 北京将出现降雨。把高山站的风与非高空风发报时次的地面上的风结合起来可以提供高空系统强度和移动变化的信息。

船舶记录的天气状况、云、天气现象可能不够准确;由于用的是空盒气压表,其测量的气压值不够准确;因船舶行驶,观测水平,海浪颠簸等,其测量的风有时与实际风向相反。

(6)高原上高空图的分析

高原上 500 hPa 图上的测风记录,除了个别站外,一般是有代表性的,所以在分析时都必须认真地加以考虑。高原上经常有些浅弱的小槽、小脊或闭合系统不断地活动,为了分析预报准确,必须以 20 gpm 的间隔来分析等高线,以 2℃间隔来分析等温线。天气系统较弱时,08 时测风报告经常为西北风,20 时转为西南风,对于这种情形不要误认为有高空槽逼近。这时要把 400 hPa、300 hPa 等其他层次及 500 hPa 本层次的历史演变结合起来,作出综合判断以确定是否有槽接近。不同于其他区域和地方,把地面、850 hPa、700 hPa 和 500 hPa 作为主要的天气图进行分析,高原上 400 hPa 等压面仍是天气分析的重要层次。主要有如下三个方面的原因:①高原平均高度在 4000 m 以上,500 hPa 还在摩擦层的顶部,只有到了 400 hPa 以上才能代表自由大气;②400 hPa 是高原上相对湿度最大的层次,400 hPa 附近的水汽输送对高原降水过程有重大影响,因此 400 hPa 温度露点差($T-T_d$)通常是高原上降水的有效指标之一;③400 hPa 也是高原上平均对流最强的层次。

高原天气系统分析要把握 ΔP_{24} 与 500 hPa 等压面的 24 h 变高(ΔH_{24})的关系。当高原上空 500 hPa 有明显的槽(或低压)、脊(或高压)活动时,地面的 ΔP_{24} 负值中心通常位于 500 hPa 脊线后部到槽线前部之间(附图 10(a));地面的 ΔP_{24} 正值中心则在 500 hPa 槽线后部到脊线前部之间(附图 10(b))。ΔP_{24} 零线往往与槽线相配合。零线走向大体与槽线一致,大多数情况下 ΔP_{24} 零线落后于槽线,超前于槽线的情况很少见到。

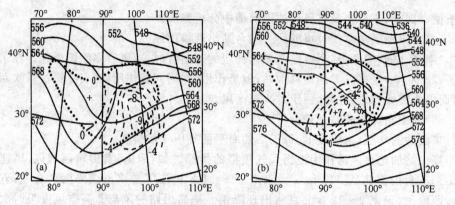

附图 10　高原 500 hPa 等高线及槽与地面等 ΔP_{24} 变压线

参 考 文 献

寿绍文,刘兴中,王善华,等.1993.天气学分析基本方法[M].北京:气象出版社.

寿绍文,励申申,徐建军,等.1997.中国主要天气过程的分析[M].北京:气象出版社.

寿绍文,励申申,王善华,等.2002.天气学分析[M].北京:气象出版社.

朱乾根,林锦瑞,寿绍文.1981.天气学原理与方法[M].北京:气象出版社.

Crisp Msgt Charlie A. 1979. Training guide for severe weather forecasters[M]. United States Air Force, Air Weather Service (MAC), Air Force Global Weather Central(AFGWC).

Miller R C. 1972. Notes on ananlysis and severe-storm forecasting procedures of the Air Force Global Weather Central[R]. Technical Report 200 (Rev). Air Weather Service (MAC) United States Air Force.